“十三五”江苏省高等学校重点教材（2018-2-239）

基因工程实验项目化教程

韦平和　彭加平　陈海龙　主编

JIYIN GONGCHENG SHIYAN XIANGMUHUA JIAOCHENG

U0389995

化学工业出版社
·北京·

内 容 简 介

《基因工程实验项目化教程》为“十三五”江苏省高等学校重点教材。全书选取L-天冬酰胺酶Ⅱ为目标产品，以大肠杆菌L-天冬酰胺酶Ⅱ基因（*ansB*）的克隆和表达为主线，按照基因工程的操作流程将相关知识和技能分解为前后连贯的9个项目、34项任务，涉及的内容主要包括核酸分离纯化、聚合酶链式反应（PCR）、DNA体外重组、重组子筛选和鉴定、基因诱导表达与产物分析、琼脂糖和聚丙烯酰胺凝胶电泳以及基因工程实验安全与防护等。本书突出知识、技能和素质的同步提升，深入浅出，图文并茂，适合项目载体、任务驱动、学生主体的行动导向教学。

本书可供职业本科、应用型本科院校生物科学类、生物工程类、药学类专业使用，也可供高职高专生物技术类、制药技术类等相关专业使用，还可以作为相关企事业单位参考用书。

图书在版编目（CIP）数据

基因工程实验项目化教程/韦平和，彭加平，陈海龙主编.—北京：化学工业出版社，2022.9（2024.8重印）
ISBN 978-7-122-41762-6

Ⅰ.①基… Ⅱ.①韦…②彭…③陈… Ⅲ.①基因工程-实验-教材 Ⅳ.①Q78-33

中国版本图书馆CIP数据核字（2022）第109239号

责任编辑：迟 蕾 张雨璐 李植峰　　装帧设计：王晓宇
责任校对：刘曦阳

出版发行：化学工业出版社（北京市东城区青年湖南街13号 邮政编码100011）
印　　装：北京科印技术咨询服务有限公司数码印刷分部
787mm×1092mm 1/16 印张16 字数390千字 2024年8月北京第1版第2次印刷

购书咨询：010-64518888　　售后服务：010-64518899
网　　址：http://www.cip.com.cn
凡购买本书，如有缺损质量问题，本社销售中心负责调换。

定　价：49.80元

《基因工程实验项目化教程》编写人员

主　　编　韦平和　彭加平　陈海龙

编写人员（按姓名笔画排列）

马菱蔓　（中国药科大学）

王　洲　（南通大学）

韦平和　（泰州学院）

朱年青　（泰州学院）

刘为营　（天津医科大学）

沈　雯　（泰州学院）

陈海龙　（泰州学院）

高新星　（泰州学院）

曹喜涛　（江苏科技大学）

彭加平　（泰州学院）

前言

基因工程是在分子水平上对生命复杂现象的认识和操作，自20世纪70年代初诞生以来，经过50年的快速发展，已广泛应用于医药、化工、农业、食品和环境等多个领域，取得了巨大的经济和社会效益，而且正在孕育和催生新的产业革命，迫切需要培养一批与之相适应的高素质应用型人才。目前，许多应用型本科、职业本科高校生物制药等专业开设基因工程课程，该课程内容丰富、概念抽象、技术含量高、操作流程长。传统的基因工程教材，内容偏于理论化，实验安排大多是独立的，缺少技术上的系统性和连贯性，不利于培养以应用型为目标定位的生物制药专门人才。为进一步提高人才培养质量，确立学生中心、产出导向、持续改进理念，强化师生互动、生生互动，加强研究型、项目式学习，我们以新工科专业建设理念为指导，借鉴CDIO工程教育模式，应用项目化教学改革成果，编写了《基因工程实验项目化教程》，以提高学生的实践能力、创新意识和综合素质，适应当前一流本科课程建设以及生物医药产业快速发展对人才培养提出的新要求。

本书选取世界上第一个治疗癌症的酶——L-天冬酰胺酶Ⅱ为目标产品，以大肠杆菌L-天冬酰胺酶Ⅱ基因（*ansB*）的克隆和表达为主线，按照课程教学目标以及基因工程的操作流程和生产实际，对课程内容进行了重新整合，编排了由九个项目组成的前后连贯的一个综合性大实验，即基因工程实验安全及防护→基因工程实验常用溶液及培养基配制→大肠杆菌基因组DNA的制备→PCR扩增大肠杆菌L-天冬酰胺酶Ⅱ基因（*ansB*）→质粒pET-28a的制备→琼脂糖凝胶电泳检测基因组DNA、PCR产物及质粒pET-28a→L-天冬酰胺酶Ⅱ基因（*ansB*）和质粒pET-28a的酶切与连接→将重组质粒pET-28a-*ansB*转化至大肠杆菌BL21→重组子的鉴定及*ansB*基因表达产物分析。其中，第一个项目讲授实验安全，第二个项目训练溶液配制，为后续七个项目的前导项目；在后续七个项目中，前一项目是后一项目的基础，后一项目的实验材料由前一项目提供；每个项目由3~5个任务组成，按照“项目载体、任务驱动、学生主体”方式，学生在完成任务过程中获得知识、技能和素质的同步提升。每个项目设置“基础知识”作为完成任务的理论准备；“项目实施”以任务为载体进行技能训练；其中的“结果与分析”或“思考与分析”有助于培养学生分析和解决实际问题的能力；“能力拓展”用于扩展学生的知识面和操作技能；“实践练习”用于复习、巩固和提高所学的知识、技术及技能。

江苏科技大学曹喜涛博士、南通大学王洲博士、中国药科大学马菱蔓博士、天津医科大学刘为营博士以及泰州学院沈雯、朱年青和高新星博士参加了教材编写，泰州学院陈海龙博士对本书初稿进行了修改和补充，最后全书由韦平和和彭加平统稿和定稿。在教材编写过程中，参考了相关教材、专著及论文，在此表示感谢。

由于编者水平有限、经验不足，教材中存在的不妥和不足之处，敬请同行和广大师生批评指正。

编　者

2022年2月

目录

目录

目录

目录

目录

项目一　基因工程实验安全及防护

学习目标

通过本项目的学习，对基因工程操作流程有整体认识，重视基因工程实验中存在的生物危害，掌握基因工程实验中常用试剂和仪器的正确使用、标准操作和注意事项。

1. 知识目标

（1）掌握基因工程的概念及操作流程；

（2）理解基因工程实验中的危险因素、危害程度和生物安全水平分级；

（3）熟悉不同生物安全水平的操作规范；

（4）掌握消防安全“四懂四会”。

2. 能力目标

（1）掌握基因工程实验常用有毒化学试剂的使用及防护；

（2）掌握基因工程实验常见仪器设备的操作规程和注意事项；

（3）掌握基因工程实验生物危害废品的处理方法；

（4）掌握防火防爆及触电预防基本技术。

项目说明

本项目是本教材的第一个项目，为后续八个项目的前导项目，主要介绍两方面内容：一是基因工程的概念、操作流程和发展概况，让学生感知基因工程，特别是操作层面上的基因工程基本流程。教材的项目编排顺序，也是根据这一操作流程进行设计的；二是基因工程实验中涉及的生物安全知识和防护技术，重点介绍基因工程实验常用试剂和仪器的正确使用、标准操作以及生物废料的处理方法。此外，在能力拓展部分还介绍了实验室火灾及预防、触电及急救。通过这些安全知识和防护技术的学习，保障学生顺利完成各项实验任务，同时做到不伤害自己、不危害他人、不污染环境，体现安全第一、以人为本。

基础知识

（一）基因工程概述

1. 基因工程的概念

基因工程（gene engineering）是指将一种供体生物体的目的基因与适宜的载体在体外进行拼接重组，然后转入另一种受体生物体内，使之按照人们的意愿稳定遗传并表达出新的基因产物或产生新的遗传性状。供体基因、受体细胞和载体是基因工程的三大要素。基因工程的最大特点是打破了常规育种难以突破的物种界限，可使原核生物和真核生物之间、动物与植物之间，甚至人与其他生物之间的遗传信息进行重组和转移，开辟了定向改造生物遗传特性的新领域。因而，基因工程是现代生物技术中最具生命力、最引人注目的核心技术，已广泛应用于医药、化工、农业、食品、能源和环保等领域，并取得了巨大的经济和社会效益。

基因工程是在分子水平上对基因进行操作的复杂技术，所以也称为基因操作（geneic manipulation）；基因工程的核心是基因和载体的重组，基因与载体都是DNA分子，因此也叫做重组DNA技术（recombinant DNA technique）；基因与载体连接形成的重组DNA分子需要在受体细胞中扩增，故又将基因工程表述为分子克隆（molecular cloning）或基因克隆（gene cloning）。另外，与基因工程相关的术语还有遗传工程（genetic engineering）。遗传工程比基因工程所包含的内容要广泛，基因工程主要指基因重组、克隆和表达（分子水平上操作、细胞水平上表达），而遗传工程包括分子水平上的遗传操作（基因工程）和细胞水平上的遗传操作（细胞工程），包括人工改造生物遗传特性、细胞融合、花粉培育、常规育种、有性杂交等。

随着基因工程的快速发展和产业化应用，基因工程的内涵变得更为宽泛，即广义的基因工程包括上游的基因操作和下游的基因工程应用，前者侧重于基因重组、分子克隆和克隆基因的表达（即基因工程菌或细胞的构建），后者侧重于基因工程菌或细胞的大规模培养以及目的基因表达产物的分离纯化。广义的基因工程为DNA重组技术的产业化设计与应用，是一个前后衔接、高度统一的有机整体。上游基因重组的设计必须以简化下游操作工艺和设备要求为指导思想，而下游应用则是上游基因重组设计的体现和保证，这是基因工程产业化的基本要求。

2. 基因工程的操作流程

狭义的基因工程，即基因工程菌或细胞的构建，其基本流程可分为以下四个环节，如图1-1所示。

（1）目的基因的获得

获得目的基因的方法主要有鸟枪法、化学合成法、聚合酶链式反应（polymerase chain reaction，PCR）法等。鸟枪法一般包括提取细胞总DNA，经酶切、克隆至特定载体，再转化至特定宿主细胞，构建具有一定大小的基因文库，然后以同源基因为探针进行杂交获得目的基因。化学合成法合成的DNA片段一般较短，需用DNA连接酶进行连接，从而获得较长的DNA片段。PCR法是目前获得目的基因的常用方法，但其先决条件是基因的核苷酸序列必须已知，才能设计引物并进行PCR扩增。也可采用反转录PCR（RT-PCR）等方法，直接从富含目的基因的实验材料提取RNA，在逆转录酶的作用下获得互补DNA（cDNA），以此为模板进行PCR扩增获得目的基因。

（2）重组DNA分子的构建

目的基因只是一段DNA片段，一般不是一个完整的复制子，自身也不能高效地直接进入受体细胞，必须借助基因工程载体才能导入受体细胞进行扩增和表达。基因工程载体包括质粒、噬菌体、黏粒和病毒载体等。选择什么类型的载体要根据基因工程的目的和受体细胞的性质来决定。只有在体外对目的基因与具有自我复制功能、并带有选择标记的载体，用限制性核酸内切酶定点切割使之片段化或线性化，然后以DNA连接酶将二者连接起来形成重组DNA分子，才能将目的基因有效地导入受体细胞进行扩增和表达。

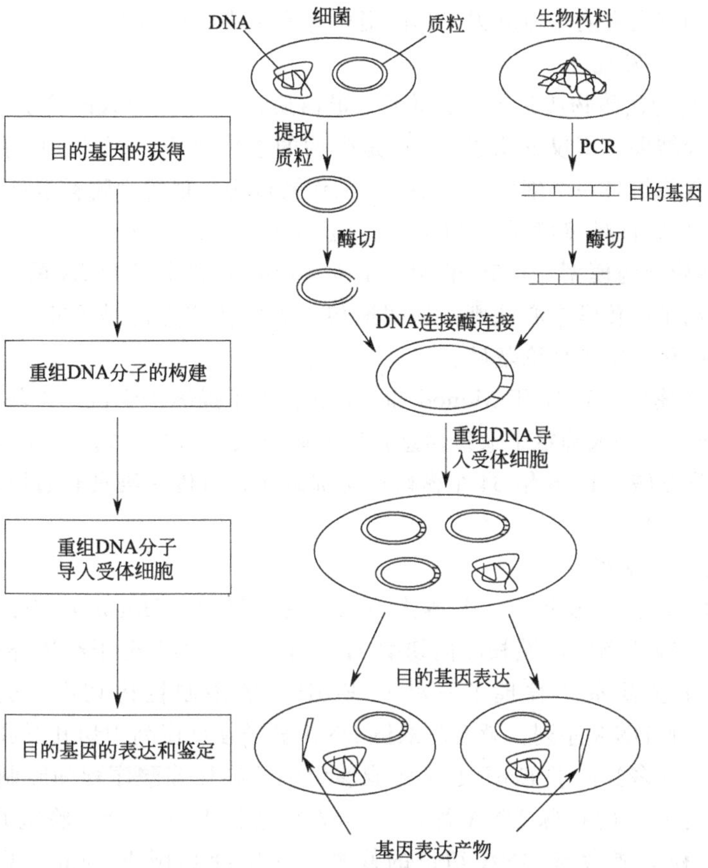

图 1-1　基因工程操作流程图

(3) 将重组 DNA 分子导入受体细胞

重组 DNA 分子导入受体细胞的方法根据载体及受体细胞的不同而不同。若受体细胞为细菌和酵母细胞，主要采用化学转化法和电转化法；若受体细胞为植物细胞，主要采用基因枪法或 Ti 质粒导入的方法；若受体细胞为动物细胞，主要采用显微注射法、逆转录病毒法、胚胎干细胞法及体细胞核移植等方法；若受体细胞为人体细胞，则主要采用逆转录病毒、腺病毒或腺伴随病毒等载体导入法。

(4) 目的基因的表达和鉴定

导入受体细胞中的 DNA 分子，有可能是含有目的基因的重组 DNA 分子，也有可能是不含目的基因的载体 DNA 分子。含有外源目的基因的受体细胞增殖叫阳性克隆。可通过酶切、PCR 和分子杂交等分子生物学方法来鉴定是否为阳性克隆。通过鉴定筛选出的阳性克隆，可选择直接诱导使目的基因在受体细胞中高效表达，并针对基因的表达产物，采用聚丙烯酰胺凝胶电泳测定其分子量、特定的测活方法检测其生物活性以及酶联免疫方法确定其抗原性等方法进一步鉴定和分析；或将目的基因再克隆到其他特异的表达载体上，并导入其他受体细胞，以便在新的背景下实现功能表达，产生人们所需的物质，或使受体系统获得新的遗传特性。

3. 基因工程发展简况

(1) 基因工程诞生的背景

从 20 世纪 40 年代开始到 70 年代初，微生物遗传学和分子遗传学研究领域理论上的三大发现和技术上的三大发明，对基因工程的诞生起到了决定性的作用。

① 理论上的三大发现。

a. 证明了生物的遗传物质是DNA而不是蛋白质。1944年Avery等人公开发表了肺炎链球菌的转化实验结果，不仅证明了DNA是生物的遗传物质，而且证明了可以通过DNA把一个细菌的性状传给另一个细菌。Avery的工作被认为是现代生物科学革命的开端。

b. 明确了DNA的双螺旋结构和半保留复制机制。1953年Watson和Crick提出了DNA分子的双螺旋结构模型。1958年Meselson和Stahl证实了DNA的半保留复制模型。1958年Crick提出了遗传学中心法则，证明遗传信息的传递方向是DNA→RNA→蛋白质，为遗传和变异的操作奠定了理论基础。

c. 破译了遗传密码。1961年Monod和Jacob提出了操纵子学说，为基因表达调控提供了新理论。Nirenberg等人确定了遗传信息是以密码方式传递的，每三个核苷酸组成一个密码子，编码一个氨基酸。1966年64个密码被全部破译。遗传密码具有通用性，为基因的可操作性提供了理论依据。

② 技术上的三大发明。

a. 工具酶的发现。1970年Smith等人在流感嗜血杆菌（*Haemophilus influenzae*）Rd菌株中分离出第一种Ⅱ型限制性核酸内切酶*Hin*dⅡ，使DNA分子在体外精确切割成为可能。1972年Boyer实验室又发现了一种叫*Eco*RⅠ的限制性内切酶，这种酶每当遇到“GAATTC”这样的DNA序列，就会将双链DNA分子在该序列中切开形成DNA片段。此后，又相继发现了许多类似于*Eco*RⅠ这样能够识别特异核苷酸序列的限制性核酸内切酶，使研究者可以获得所需的特殊DNA片段。1967年世界上有5个实验室几乎同时发现了DNA连接酶，这种酶能参与DNA切口的修复。1970年美国Khorana实验室发现的T_4 DNA连接酶，具有更高的连接活性，为DNA片段的连接提供了技术基础。

b. 基因工程载体的发现。科学家有了对DNA切割与连接的工具酶，还不能完成DNA体外重组的工作，因为大多数DNA片段不具备自我复制的能力。为了使DNA片段能够在受体细胞中进行繁殖，必须将获得的DNA片段连接到一种能够自我复制的特定DNA分子上，这种DNA分子就是基因工程载体。基因工程的载体研究先于限制性核酸内切酶。从1946年起，Lederberg就开始研究细菌的致育因子F质粒，到20世纪50～60年代相继在大肠杆菌中发现抗药性R质粒和大肠杆菌素Col质粒。1973年Cohen将质粒作为基因工程的载体使用，获得基因克隆的成功。

c. 逆转录酶的发现。1970年Baltimore等人和Temin等人同时各自发现了逆转录酶，逆转录酶的功能打破了早期的中心法则，也使真核生物目的基因的制备成为可能，为真核生物基因工程打开了一条通路。

(2) 基因工程的诞生

1972年，美国斯坦福大学的Berg研究小组应用限制性核酸内切酶*Eco*RⅠ，在体外对猿猴病毒SV40 DNA和λ噬菌体DNA分别进行酶切消化，然后用T_4 DNA连接酶将两种酶切片段连接起来，第一次在体外获得了包含SV40和λDNA的重组DNA分子。1973年，斯坦福大学的Cohen研究小组将大肠杆菌的抗卡那霉素（Kan^r）质粒R6-5 DNA和抗四环素（Tet^r）质粒pSC101 DNA混合后，加入限制性核酸内切酶*Eco*RⅠ对DNA进行切割，再用T_4 DNA连接酶将它们连接成为重组DNA分子，然后转化到大肠杆菌，结果在含卡那霉素和四环素的平板上，选出了既抗卡那霉素又抗四环素的双抗重组菌落，这是第一次重组

DNA 分子转化成功的基因克隆实验，标志着基因工程的诞生。

(3) 基因工程的发展

基因工程技术一经诞生便取得了迅速发展。1976 年 4 月 7 日，美国基因泰克（Genentech）公司成立，1977 年 1 月该公司成功利用大肠杆菌细胞生产了生长激素抑制素（somatostostatin）；1978 年他们又利用基因工程技术生产了重组人胰岛素（humulin），并于 1982 年获得 FDA 批准，由制药巨头礼来公司（Eli Lilly and Company）投放市场，标志着世界上第一个基因工程药物的诞生。从此，开拓了现代生物技术产业，开启了基因工程制药新时代，实现了包括生长激素、干扰素、白细胞介素、凝血因子Ⅷ、组织纤溶酶原激活剂（t-PA）等在内的一批基因工程药物的迅速生产和市场推广。“一个基因，一个产业”，基因工程制药发展成今天的生物医药战略性新兴产业。

1982 年，Palmiter 等把大鼠生长激素基因导入小鼠受精卵获得转基因小鼠——超级巨鼠。

1983 年，Zambryski 等以根癌农杆菌 Ti 质粒为转化载体，获得了含有细菌新霉素抗性基因（neo^{r}）的第一个转基因植物——转基因烟草。

1983 年，Mullis 发明了 PCR 技术。

1985 年，基因工程微生物杀虫剂通过美国环保署的审批。

1990 年，美国国立卫生研究院（NIH）的 Anderson 等利用逆转录病毒将正常的腺苷脱氨酶（ADA）基因导入因先天性腺苷脱氨酶缺陷而患重度联合免疫缺陷综合征（SCID）的 4 岁女孩 Ashanti de Silva 的淋巴细胞内，开创了医学界基因治疗的新纪元。

1990 年，被誉为生命科学“阿波罗登月计划”的人类基因组计划（HGP）启动。

1993 年，世界上第一种转基因食品“转基因晚熟番茄”正式投放美国市场。

1996 年，利用体细胞核移植技术，英国爱丁堡罗斯林（Roslin）研究所 Wilmut 研究小组第一次成功培育出了克隆羊多莉。

2000 年，人类基因组工作框架图正式发布。

2000 年，含有绿色荧光蛋白（GFP）的第一只转基因猴安迪在美国诞生。

2010 年，美国 Venter 研究所在《科学》（*Science*）杂志上报道了首例“人造细胞”的诞生，这是地球上第一个“由人类制造并能够自我复制的新物种”。

2019 年，美国科学家借助基因编辑技术 CRISPR-Cas9，制造出了第一种经过基因编辑的爬行动物——小型白化蜥蜴。由于白化病患者经常有视力问题，因此该最新突破有助于研究基因缺失如何影响视网膜发育。

自 20 世纪 70 年代初诞生以来，基因工程无论是在基础理论研究领域，还是在生产实际应用方面，都取得了许多惊人的成就，为解决人类社会发展面临的健康、食品、能源、环境等重大问题提供了有力的手段，开辟了崭新的路径。

（二）基因工程实验安全及生物安全操作规范

1. 基因工程实验危险因素及防护策略

(1) 危险因素

基因工程实验面临的危险因素主要有：①实验微生物；②重组 DNA 和遗传修饰生物；③化学试剂，包括有毒化学品、易燃易爆化学品、不相容化学品等；④仪器设备，包括高压电器的火灾和触电事故等；⑤辐射，包括电离辐射和非电离辐射；⑥实验动物。

生物危害是基因工程实验安全的显著特征。基因工程实验的对象主要是细菌、病毒等微生物和实验动植物，它们可以是重组DNA实验中的DNA供体、受体乃至遗传嵌合体。这些对象的致病性、致癌性、抗药性、转移性和生态环境效应往往千差万别，一旦操作不当就会引起严重后果。其潜在危害主要表现在：一是感染操作者，造成实验室性感染；二是含有重组DNA的细菌、病毒及动植物逃逸出实验室，造成社会性污染。因此，基因操作时必须了解危险因素，重视生物危害，明确安全隐患，严格遵守操作规程，并采取必要的防范措施。

(2) 防护策略

生物安全防护是指避免生物危害物质对操作人员的伤害和对环境污染的综合措施。在基因工程实验室中，对接触生物危害物质的操作人员必须采取以下三条防护策略：

① 尽量防止操作人员在污染环境中接触生物危害物质；

② 设法封闭生物危害物质产生的根源，防止其向周围环境扩散；

③ 尽量减少生物危害物质向周围环境意外释放。

防护策略的基本观点，是对生物危害采取控制的手段，达到预防为主，防患于未然。控制可分为物理控制和生物控制两类。物理控制是对基因操作中可能产生的生物危害物质，从物理学角度进行控制的一种防护方法。它涉及操作方法、实验设备、实验室建筑和相应的设施等内容。生物控制是从生物学角度建立的一种特殊安全防护方法，即利用一些经过基因改造的有机体作为宿主-载体系统，使它们除了在特定的人工条件下以外，在实验室外几乎不能生存、繁殖和转移。这样，即使这类重组体不慎泄漏出物理控制屏障，也不能在实验室外继续存活，从而达到控制的目的。

2. 危险度等级和生物安全水平

(1) 危险度等级

世界卫生组织（WHO）《实验室生物安全手册（第三版）》根据感染性微生物对个体和群体的危害程度，将其分为四级：

① 危险度1级（无或极低的个体和群体危险）。

不太可能引起人或动物致病的微生物。

② 危险度2级（个体危险中等，群体危险低）。

病原体能够对人或动物致病，但对实验室工作人员、社区、牲畜或环境不易导致严重危害。实验室暴露也许会引起严重感染，但对感染有有效的预防和治疗措施，并且疾病传播的危险有限。

③ 危险度3级（个体危险高，群体危险低）。

病原体通常能引起人或动物的严重疾病，但一般不会发生感染个体向其他个体的传播，并且对感染有有效的预防和治疗措施。

④ 危险度4级（个体和群体的危险均高）。

病原体通常能引起人或动物的严重疾病，并且很容易发生个体之间的直接或间接传播，对感染一般没有效的预防和治疗措施。

(2) 生物安全水平

根据生物因子的危险度和采取的防护措施，将生物安全防护水平（bio-safety level, BSL）分为一级、二级、三级和四级，一级防护水平最低，四级防护水平最高。

我国《实验室生物安全通用要求》（GB19489-2008），以BSL-1、BSL-2、BSL-3、BSL-

4 表示仅从事体外操作的实验室的相应生物安全防护水平，以 ABSL-1、ABSL-2、ABSL-3、ABSL-4 表示包括从事动物活体操作的实验室的相应生物安全防护水平。

WHO《实验室生物安全手册（第三版）》将实验室分为三个级别：①基础实验室：具一级和二级生物安全防护水平；②防护实验室：具三级生物安全防护水平；③最高防护实验室：达到四级生物安全防护水平。见表 1-1。

表 1-1　与微生物危险度等级相对应的生物安全水平、实验室类型、操作和设施

危险度等级	生物安全水平	实验室类型	实验室操作	安全设施
1 级	基础实验室——一级生物安全水平	基础的教学、研究	微生物学操作技术规范	不需要；开放实验台
2 级	基础实验室——二级生物安全水平	初级卫生服务；诊断、研究	微生物学操作技术规范，加防护服、生物危害标志	开放实验台，此外需生物安全柜，用于防护可能生成的气溶胶
3 级	防护实验室——三级生物安全水平	特殊的诊断、研究	在二级生物安全防护水平上增加特殊防护服、准入制度、定向气流	生物安全柜和/或其他所有实验室工作所需要的基本设备
4 级	最高防护实验室——四级生物安全水平	危险病原体研究	在三级生物安全防护水平上增加气锁入口、出口淋浴、污染物品的特殊处理	Ⅲ级生物安全柜或Ⅱ级生物安全柜并穿着正压服；双开门高压灭菌器（穿过墙体）；经过滤的空气

不过，WHO 最近发布的《实验室生物安全手册（第四版）》在前言中明确提出，以前三个版本按风险、危险度和生物安全水平对生物因子和实验室进行分类，这种分法虽合乎逻辑，但也导致了一种误解，即生物因子的危险度直接对应于实验室的生物安全水平。事实上，针对一种特定情况的实际风险，不仅受到正在操作的生物因子的影响，而且还受到正在执行的操作程序和从事该活动的实验室人员的能力的影响。因此，第四版取消了生物安全水平分级，强调了基于风险评估和循证思维的理念，可以在每个个案基础上平衡安全措施与实际的风险，目的是使各国能够实施经济上可行和可持续发展的实验室生物安全以及与自身情况和优先事项相关的生物安全政策和措施。

(3) 风险评估

风险评估是 WHO《实验室生物安全手册（第四版）》的重点。图 1-2 为第四版列出的风险评估整体方法框架图，包括收集信息（gather information）、评估风险（evaluate the risks）、制定风险策略（develop a risk control strategy）、选择并实施风险控制措施（select and implement risk control measures）、风险复查和控制措施（review risks and risk control measures）五个环节。

图 1-3 是以“暴露或泄漏的后果”（consequences of exposure/release）和“暴露或泄漏的可能性”（likelihood of exposure/release）为坐标系的风险评估矩阵，暴露或泄漏的后果分为严重（severe）、中等（moderate）、微小（negligible）三种情况。

图 1-4 是根据暴露或泄漏的可能性和后果所需采用的风险控制措施，分为核心要求（core requirements）、加强控制措施（heightened control measures）和最高防护措施（maximum containment measure）。图中最大面积的左下区域“核心要求”采用 BSL-1 和 BSL-2 实验室，最小面积的右上区域“最高防护措施”采用 BSL-4 实验室，其余区域“加强控制措施”采用 BSL-3 实验室。

图 1-2　风险评估框架图

暴露或泄漏的后果	严重	中	高	极高
	中等	低	中	高
	微小	极低	低	中
		不可能	可能	极可能
		暴露或泄漏的可能性		

图 1-3　风险评估矩阵

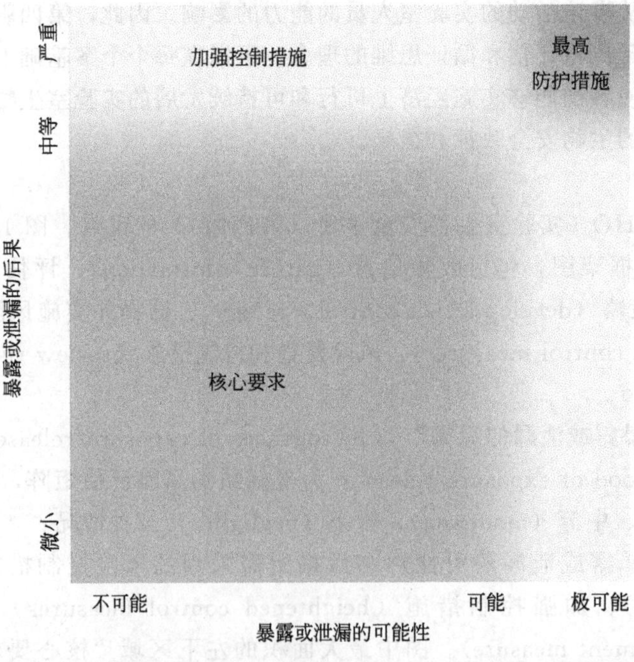

图 1-4　基于暴露或泄漏的可能性和后果所需采用的风险控制措施

3. 基础实验室生物安全操作规范

（1）基本操作规范

① 实验室内应备有可供阅读的实验室安全和操作手册，所有实验人员必须阅读该手册内容，了解生物实验室特殊危害，遵循标准操作规范。

② 实验人员在进行实验之前必须进行有关潜在生物危害、避免接触感染性物质、限制材料的释放等方面的培训，并证明已理解所培训的内容。

③ 禁止在实验室工作区域进食、饮水、吸烟、化妆、处理隐形眼镜、放置食物及个人物品，不提倡在实验室佩戴首饰。

④ 严禁用口吸移液管，严禁将实验材料置于口内，严禁用口舔标签。

⑤ 长发必须盘在脑后并扎起来，以免接触手、样品、容器或设备。

⑥ 只有经批准的人员方可进入实验室工作区域。

⑦ 实验室的门应保持关闭。

⑧ 伤口、抓伤、擦伤要用防水胶布包扎。

⑨ 实验室应保持清洁整齐，严禁摆放与实验无关及不易去除污染的物品（如杂志、书籍和信件）。

⑩ 所有进入实验室和在实验室工作的人员，包括参观者、培训人员及其他人员必须穿戴防护服，不得在实验室内穿露脚趾和脚后跟的鞋子。

⑪ 为了防止眼睛或面部受到喷溅物、碰撞物或人工紫外线辐射的伤害，必须戴安全眼镜、面罩（面具）或其他防护设备。

⑫ 在进行可能直接或意外接触到血液、体液以及其他具有潜在感染性的材料或感染性动物的操作时，应戴上合适的手套。手套用完后，应先消毒再摘除，随后必须洗手。

⑬ 严禁穿着实验室防护服离开实验室（如去餐厅、办公室、图书馆、员工休息室和卫生间）。在实验室内用过的防护服不得和日常服装放在同一柜子内。

⑭ 如果已知或可能发生暴露于感染性物质时，污染的衣服必须先经过去除污染处理，然后送到洗衣房（除非洗衣房设备在防护实验室内，并能有效去除污染）。

⑮ 应限制使用皮下注射针头和注射器。除了进行肠道外注射或抽取实验动物体液，皮下注射针头和注射器不能用于替代移液管或作为其他用途使用。

⑯ 在脱去手套后、离开实验室之前或在操作完已知或可能的污染物之后的任何时候，必须洗手。

⑰ 工作台面必须保持清洁，发生具有潜在危害性的材料溢出的情况以及在每天工作结束之后，都必须用合适的杀菌剂清除工作台面的污染。如工作台面出现渗漏（如裂缝、缺口或松动）必须更换或维修。

⑱ 所有受到污染的材料、标本和培养物在废弃或清洁再利用之前，必须清除污染。污染的液体在排放到生活污水管道之前必须清除污染（采用化学或物理学方法）。

⑲ 用于消毒的高压灭菌锅的控制系统必须定期进行调节（根据高压灭菌锅的使用频率决定，如每周一次），以保持有效性，记录结果和周期日志并存档。

⑳ 在进行包装和运输时必须遵循国家和（或）国际的相关规定，必须使用防止破裂的容器。

㉑ 在生物有害物质操作和储存的区域，必须有可使用的有效杀菌剂。

㉒ 如果窗户可以打开，则应安装防止节肢动物进入的窗纱。

㉓ 出现溢出、事故以及明显或可能暴露于感染性物质时，必须向实验室主管报告。实验室应保存这些事件或事故的书面报告。

㉔ 应当制定节肢动物和啮齿动物的控制方案。

(2) 二级防护水平的操作规范

除了按照基本操作规范外，以下是二级防护水平最低的操作要求。

① 利用可避免感染性物质泄漏的良好的微生物实验室进行操作。

② 在有可能产生气溶胶以及涉及高浓度的或大体积的生物毒性物质的程序时，必须使用生物安全柜。

③ 每个实验室外面都必须张贴国际通用的生物危害警告标志，注明生物危害的符号、防护水平，列出实验室责任人的联系方式，如图 1-5 所示。

图 1-5　生物危害警告标识

④ 仅限于实验人员、动物管理员、后勤保障人员和其他工作人员进入实验室。

⑤ 在防护实验室工作的所有人员必须进行项目操作流程方面的培训。受训人员必须有经过培训的工作人员陪同；参观者、后勤保障人员、门卫和其他人员，必须经过培训或者是与他们在防护区活动相当的指导。

⑥ 必须制定关于如何处理溢出物、生物安全柜防护失败、火灾、动物逃逸及其他紧急事故的书面操作程序，并予以遵守执行。

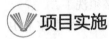

项目实施

任务 1-1　基因工程实验常用的有毒化学试剂及其防护

【任务描述】

生物危害物质是基因工程实验面临的主要危险因素，其防护主要依赖上述生物安全操作规范。有毒化学试剂是基因工程实验遇到的重要危险因素，本任务主要掌握溴乙锭、二甲基亚砜、苯酚和氯仿（三氯甲烷）等 15 种常用有毒化学试剂的性质、使用和相关注意事项。

1. 溴乙锭（$C_{21}H_{20}BrN_3$）

溴乙锭（ethidium bromide，EB）是一种强诱变剂，具有中度毒性，是基因操作经常使用的一种有害致癌物质。接触含有 EB 的染液要戴手套，不要将该染色液洒在桌面或地面上。凡是污染有 EB 的器皿或物品，必须经专门处理后，才能进行清洗或弃去。

(1) EB 溶液的配制方法

在 100mL 水中加入 1g EB，磁力搅拌数小时以确保其完全溶解，配制成 10mg/mL 的溶液，置棕色瓶，室温保存。配制溶液时要在通风橱内操作，并戴防毒面罩。

(2) EB 溶液的净化处理

① EB 浓溶液（即浓度＞0.5mg/mL 的 EB 溶液）的净化处理。

先加入足量的水使 EB 浓度降低至 0.5mg/mL 以下，然后在所得溶液中加入 1 倍体积的 0.5mol/L $KMnO_4$，小心混匀，再加入 1 倍体积的 2.5mol/L HCl，小心混匀，于室温放置数小时，最后加入 1 倍体积的 2.5mol/L NaOH，混匀后放入废液桶，定期统一收集后进行处理。

② EB 稀溶液（如含有 0.5μg/mL EB 的电泳缓冲液）的净化处理。

每 100mL 溶液中加入 100mg 粉状活性炭，于室温放置 1h，不时摇动。用 Whatman 1 号滤纸过滤溶液，滤液放入废液桶，统一处理。用塑料袋封装滤纸和活性炭，作为有害废物定点填埋。

(3) EB 污染物的处理。

枪头、一次性手套、抹布等放置到垃圾袋中，琼脂糖凝胶暂放烧杯，定期进行焚烧处理。

2. 二甲基亚砜（C_2H_6OS）

二甲基亚砜（dimethyl sulfoxide，DMSO）常温下为无色黏稠的透明液体，弱碱性，几乎无臭，稍带苦味，是一种既溶于水又溶于有机溶剂的非质子极性溶剂，常用作细胞的冻存液和配制 AS（乙酰丁香酮）。研究表明，DMSO 存在一定的毒性，与蛋白质疏水基团发生作用，导致蛋白质变性，具有血管毒性和肝肾毒性。用的时候要避免其挥发，要准备 1%～5%的氨水备用，皮肤沾上之后要用大量的水以及稀氨水洗涤。

3. 焦碳酸二乙酯（$C_6H_{10}O_5$）

焦碳酸二乙酯（diethyl pyrocarbonate，DEPC）是 RNA 酶的强烈抑制剂，能和 RNA 酶活性基团组氨酸的咪唑环反应而抑制酶活性，常用于灭活广泛存在的 RNA 酶。用 0.1% DEPC 水溶液浸泡用于制备 RNA 的离心管、烧杯和其他用品。

DEPC 是一种潜在的致癌物质，操作时应尽量在通风橱中进行，并避免接触皮肤。DEPC 毒性并不是很强，但吸入的毒性是最强的，使用时要戴口罩，不小心沾到手上应立即冲洗。RNaseAway™ 试剂可以替代 DEPC，操作简便，价格低廉，且无毒性。只需将 RNaseAway™ 直接倒在玻璃器皿和塑料器皿的表面，浸泡后用水冲洗去除，即可以快速去除器皿表面的核糖核酸酶（ribonuclease，RNase），并且不会残留而干扰后续实验。

4. 苯甲基磺酰氟（$C_7H_7FO_2S$）

苯甲基磺酰氟（phenylmethylsulfonyl fluoride，PMSF），白色至微黄色针状结晶或粉末，是一种高度毒性的丝氨酸蛋白酶抑制剂，在生物化学领域常被用来制备细胞裂解液。PMSF 在水中会迅速降解，所以一般会用无水乙醇、异丙醇或者二甲亚砜（DMSO）来制备储备溶液。一般 PMSF 执行蛋白水解抑制作用的浓度为 0.1～1mmol/L。PMSF 会特异性结合到丝氨酸蛋白酶的活性丝氨酸残基，但不会结合到非活性丝氨酸残基。

PMSF 严重损害呼吸道黏膜、眼睛及皮肤，吸入、吞进或通过皮肤吸收后有致命危险。操作时要戴合适的手套和护目镜，始终在通风橱里进行。一旦眼睛或皮肤接触了 PMSF，应立即用大量水冲洗，凡被 PMSF 污染的工作服应予丢弃。

5. 二硫苏糖醇（$C_4H_{10}O_2S_2$）

二硫苏糖醇（dithiothreitol，DTT）是一种强效的小分子有机还原剂，将巯基（—SH）保持在还原态（蛋白质巯基保护剂），常用于还原蛋白质和多肽中的二硫键，或更普遍用于阻止蛋白质中半胱氨酸残基之间形成分子内或分子间的二硫键，但 DTT 往往无法还原包埋于蛋白质结构内部（溶剂不可及）的一些隐藏的二硫键，这类二硫键的还原常需先将蛋白质变性（高温加热或加入变性剂，如 6mol/L 盐酸胍、8mol/L 尿素或 1% 十二烷基硫酸钠）。DTT 散发难闻的气味，可因吸入、咽下或皮肤吸收而危害健康。当使用固体或高浓度储存液时，要戴手套和护目镜，在通风橱中操作。与 β-巯基乙醇相比，二者作用相似，但 DTT 的刺激性气味要小很多，毒性也比 β-巯基乙醇低很多。

6. 苯酚（C_6H_5OH）

苯酚又名石炭酸、羟基苯，常温下为白色晶体，熔点 40.85℃（超纯，含杂质熔点提高），有特殊气味。苯酚对皮肤、黏膜有强烈的腐蚀作用，被苯酚腐蚀的皮肤最初出现一个白色软化的区域，以后会产生剧烈的灼热感，它可通过皮肤被吸收。由于苯酚能局部麻醉，皮肤灼伤往往不能迅速察觉，一旦苯酚溅到皮肤上，应立即脱去污染的衣着，用大量流动清水冲洗至少 15min，也可先用 50% 乙醇擦洗创面或用甘油、聚乙烯乙二醇或聚乙烯乙二醇和乙醇混合液（7∶3）抹洗，再用大量流动清水冲洗。如果苯酚溅到眼睛上，应立即提起眼睑，用大量流动清水或生理盐水彻底冲洗至少 15min，并就医。

7. 三氯甲烷（$CHCl_3$）

三氯甲烷俗称氯仿，带有特殊气味的无色透明液体，易挥发，易与乙醇、苯、乙醚混溶，微溶于水。熔点为 −63.5℃，沸点为 61.3℃。吸入、消化道摄入和皮肤接触可造成伤害，能影响肝、肾和中枢神经系统，导致头疼、恶心、轻微黄疸、食欲不振、昏迷。长期和慢性暴露能引起动物致癌，是可疑的人类致癌物。操作时需穿防护服，使用丁腈橡胶手套。如氯仿溅到皮肤或眼睛上，应立即用大量流动清水冲洗至少 15min。不相容的化学品有强碱、某些金属（如铝、镁、锌）粉末、强氧化剂，强碱与氯仿或其他氯代烷混合会引发一系列爆炸。加热降解时形成剧毒的光气。可侵蚀塑料、橡胶。纯氯仿对光敏感，故应存放于棕色瓶中。

8. 十二烷基硫酸钠［$CH_3(CH_2)_{11}OSO_3Na$］

十二烷基硫酸钠（sodium dodecyl sulfate，SDS）为白色或浅黄色结晶或粉末，分子量为 288.38，熔点为 204～207℃。属阴离子表面活性剂。易溶于水，与阴离子、非离子复配伍性好，具有良好的乳化、发泡、渗透、去污和分散性能。对黏膜、上呼吸道、眼和皮肤有刺激作用，可引起呼吸系统过敏性反应。SDS 的微细晶粒易漂浮和扩散，称量时要戴面罩，称量完毕后需清除残留在工作区和天平上的 SDS。

9. 丙烯酰胺（C_3H_5NO）

丙烯酰胺（acrylamide，AM），白色晶体物质，分子量 71.08，沸点 125℃，熔点 82～86℃。DNA 测序、SSR（简单重复序列标记）及蛋白质分离等技术中作电泳支持物，具有神经毒性，可透皮吸收。丙烯酰胺的作用具有累积性。称取粉末状丙烯酰胺及亚甲双丙烯酰胺时，应戴手套在通风橱内进行。聚合后的聚丙烯酰胺凝胶没有毒性，可随普通垃圾一起扔掉，但不要倒入下水道。

10. 四甲基乙二胺（$C_6H_{16}N_2$）

四甲基乙二胺（*N*,*N*,*N′*,*N′*-tetramethylethylene diamine，TEMED）是一种无色透明的液体，有微腥臭味，与水混溶，可混溶于乙醇及多数有机溶剂，在基因操作中常用于配制聚丙烯酰胺凝胶。该物质非常易燃，应保持容器密封，远离火种、热源，储存于阴凉、通风处；有腐蚀性，会导致灼伤；具强神经毒性，要防止误吸；易挥发，使用后盖紧瓶盖。操作时应穿戴合适的口罩、实验服和一次性手套，万一接触眼睛或皮肤，立即使用大量清水冲洗。

11. 甲醛（HCHO）

无色、有强烈刺激性气味的气体。分子量 30.03。易溶于水、醇和醚。甲醛在常温下是气态，通常以水溶液形式出现。35%～40%的甲醛水溶液叫做福尔马林。甲醛对眼和皮肤有强烈的刺激作用；对呼吸道有刺激作用；甲醛蒸气有毒，长时间暴露于甲醛蒸气能出现哮喘样症状——结膜炎、咽喉炎或支气管炎；皮肤接触后可引起皮肤过敏；可能产生不可恢复的健康问题；为可疑致癌物。穿防护服，在通风橱或通风良好条件下操作。如溅到皮肤或眼睛上，应立即用大量流动清水冲洗至少 15min。浓的甲醛溶液在低于 21℃储存时会变浑浊，故应于 21～25℃保存。

12. 三氯乙酸（$C_2HCl_3O_2$）

三氯乙酸（trichloroacetic acid，TCA），无色结晶，有刺激性气味，易潮解，溶于水、乙醇、乙醚。有很强的腐蚀性，吸入粉尘对呼吸道有刺激作用，可引起咳嗽、胸痛和中枢神经系统抑制；眼直接接触可造成严重损害，重者可导致失明；皮肤接触可致化学性灼伤。操作时应戴合适的手套和护目镜，如不慎触及眼和皮肤，立即用大量水冲洗。

13. 叠氮化钠（NaN_3）

叠氮化钠为白色六方晶系晶体，无味，无臭，不溶于乙醚，微溶于乙醇，溶于液氨和水。虽无可燃性，但有爆炸性，受热、接触明火或受到摩擦、震动、撞击时可发生爆炸，不能用金属勺或刮刀取样称量等操作。因其无吸湿性，一般不会板结成团，只需牛角勺就能取样。NaN_3 剧毒，对细胞色素氧化酶和其他酶有抑制作用，并能使体内氧合血红蛋白形成受阻，可通过呼吸道、消化道、皮肤吸收引起中毒，导致多系统损伤。含有叠氮化钠的溶液要标记清楚，操作时戴合适的手套和安全护目镜，操作时要格外小心。

14. 放线菌素 D（$C_{62}H_{86}N_{12}O_{16}$）

放线菌素 D 为鲜红色结晶，无臭，熔点 243～248℃（分解），几不溶于水，遇光及热不稳定，有引湿性，是由链霉菌产生的、主要通过与 DNA 结合而抑制 RNA 合成的一种抗生素，别名更生霉素。放线菌素 D 是致畸剂和致癌剂。配制该溶液时必须戴手套并在通风橱内操作，不能在开放的实验桌面上进行。遮光，密闭，在阴凉处（不超过 20℃）保存。

15. Trizol

Trizol 是从细胞和组织中提取总 RNA 的即用型试剂，在破碎和溶解细胞时能保持 RNA 的完整性，因此对纯化 RNA 及标准化生产 RNA 十分有用。Trizol 的主要成分是苯酚。苯酚的主要作用是裂解细胞，使细胞中的蛋白质、核酸解聚得到释放。苯酚虽可有效地变性蛋白质，但不能完全抑制 RNA 酶活性，因此 Trizol 中还加入了 8-羟基喹啉、异硫氰酸胍、β-巯基乙醇等来抑制内源和外源 RNase。Trizol 对人体有害，使用时应戴一次性手套，注意防止溅出，如皮肤接触 Trizol，应立即用大量去垢剂和水冲洗。

任务 1-2 掌握基因工程实验常见仪器设备的操作规程和注意事项

【任务描述】

仪器设备操作不当不仅影响实验结果的准确性，而且成为基因工程实验中的重要危险因素。本任务主要掌握生物安全柜、高压蒸汽灭菌器、离心机和紫外透射仪等 10 种常见仪器设备的标准操作规程和使用注意事项。

1. 冰箱和冰柜

使用冰箱和冰柜时，应注意以下事项：

① 应定期除霜和清洁，清理出所有在储存过程中破碎的安瓿和试管等物品。清理时，需戴上厚的橡胶手套，清理后要对内表面进行消毒。

② 储存在冰箱内的所有容器，应清楚地标明内装物品的科学名称、储存日期和储存者姓名。未标明或废旧的物品，应当高压灭菌并丢弃。

③ 应保存一份冻存物品的清单。

④ 除非有防爆措施，否则冰箱内不能放置易燃溶液。冰箱门上应注明这一点。

2. 超净工作台

超净工作台又称净化工作台，是为适应科研、生产和检测等工作对局部区域洁净度的需求而设计的，其工作原理是：在特定的空间内，通过风机将室内空气吸入预过滤器初滤，经由静压箱进入高效过滤器二级过滤，从高效过滤器出风面吹出的洁净气流以垂直或水平气流的状态送出，可以排除工作区原来的空气，将尘埃颗粒和生物颗粒带走，使操作区域达到百级洁净度，保证科研、生产和检测环境洁净度的要求。

(1) 使用程序

① 使用工作台时，先用经清洁液浸泡的纱布擦拭台面，然后用消毒剂擦拭消毒；

② 接通电源，打开紫外灯照射消毒，处理净化工作区内工作台表面积累的微生物 30min，然后关闭紫外灯，开启送风机；

③ 工作台面上，不要存放不必要的物品，以保持工作区内的洁净气流不受干扰；

④ 操作结束后，清理工作台面，收集废弃物，关闭风机及照明开关，用清洁剂及消毒剂擦拭消毒；

⑤ 最后开启工作台紫外灯，照射消毒 30min 后，关闭紫外灯，切断电源；

⑥ 每两个月用风速计测量一次工作区平均风速，如发现不符合技术标准，应调节调压器手柄，改变风机输入电压，使工作台处于最佳状况；

⑦ 每月进行一次维护检查，并填写维护记录。

(2) 注意事项

超净台使用寿命长短与空气的洁净度有关。对多粉尘环境，超净台宜放在有双道门的室内使用。任何情况下不应将超净台的进风罩对着开敞的门或窗。实验结束关闭风机后，应拉下防尘玻璃挡板。

3. 生物安全柜

按照我国现行的医药行业标准《Ⅱ级 生物安全柜》(YY 0569—2011)，生物安全柜(biological safety cabinet，BSC)为负压过滤排风柜，防止操作者和环境暴露于实验过程中产生的生物气溶胶，分为Ⅰ级、Ⅱ级和Ⅲ级。Ⅰ级生物安全柜保护操作人员和环境；Ⅱ级生物安全柜保护操作人员、环境和实验物品（试样）；Ⅲ级生物安全柜是全封闭、不泄漏结构的通风柜，人员通过与柜体密闭连接的手套在安全柜内实施操作，能更加严格地保护操作人员、环境和实验物品（试样），适用于高风险的生物试验。Ⅱ级生物安全柜应用广泛，按排放气流占系统总流量的比例及内部设计结构分为A1、A2、B1、B2共四种类型。

(1) 操作规程

① 操作前应将本次操作所需的全部物品移入安全柜，避免双臂频繁穿过气幕破坏气流，并且在移入前用75%乙醇擦拭表面消毒，以去除污染。

② 打开风机5～10min，待柜内空气净化并气流稳定后再进行实验操作。将双臂缓缓伸入安全柜内，至少静止1min，使柜内气流稳定后再进行操作。

③ 安全柜内不放与本次实验无关的物品。柜内物品摆放应做到清洁区、半污染区与污染区基本分开，操作过程中物品取用方便，且三区之间无交叉。物品应尽量靠后放置，但不得挡住气道口，以免干扰气流正常流动。

④ 操作时应按照从清洁区到污染区进行，以避免交叉污染。为防可能溅出的液滴，可在台面上铺一用消毒剂浸泡过的毛巾或纱布，但不能覆盖住安全柜格栅。

⑤ 柜内操作期间，严禁使用酒精灯等明火，以避免产生的热量产生气流，干扰柜内气流稳定，且明火可能损坏高效过滤器。

⑥ 工作时尽量减少背后人员走动以及快速开关房门，以防止安全柜内气流不稳定。

⑦ 在实验操作时，不可打开玻璃视窗，应保证操作者脸部在工作窗口之上。在柜内操作时动作应轻柔、舒缓，防止影响柜内气流。

⑧ 安全柜应定期进行检测与保养，以保证其正常工作。工作中一旦发现安全柜工作异常，应立即停止工作，采取相应处理措施，并通知相关人员。

⑨ 工作完成后，关闭玻璃窗，保持风机继续运转10～15min，同时打开紫外灯，照射30min。（紫外灭菌时要关闭通风，紫外光对人体有害，注意个人防护。）

⑩ 安全柜应定期进行清洁消毒，柜内台面污染物可在工作完成且紫外灯消毒后用2%的84消毒液擦拭。柜体外表面则应每天用1%的84消毒液擦拭。

⑪ 柜内使用的物品应在消毒后再取出，防止将病原微生物带出而污染环境。

(2) 注意事项

① 缓慢移动原则。柜内操作时手应尽量平缓移动，以避免影响正常的风路状态。

② 平行摆放原则。柜内摆放的物品应尽量呈横向一字摆开，以避免回风过程中物品和物品之间产生交叉污染，同时避免堵塞背部回风隔栅，影响正常风路。

③ 避免震动原则。柜内应尽量避免使用离心机、旋涡混合器等震动仪器，因为震动会使得积留在滤膜上的颗粒物抖落，引起操作室内洁净度降低。

④ 样品移动原则。需要移动柜内两种及以上物品时，须遵循低污染性物品向高污染性物品移动原则，以避免污染性高的物品在移动过程中产生对柜体内部的大面积污染。

⑤ 明火使用原则。柜内尽量不要使用明火，因为在明火使用过程中会产生的细小颗粒杂质，并被带入滤膜区域，从而损伤滤膜。若无法避免非使用不可，宜使用低火苗的本生灯。

4. 高压蒸汽灭菌器

(1) 操作步骤

① 将内层灭菌桶取出，向外层锅内加入适量水，使水面与三角搁架相平。

② 放回灭菌桶，装入待灭菌物品。注意不要装得太挤，以免妨碍蒸汽流通而影响灭菌效果。三角瓶与试管口端均不要与桶壁接触，以免冷凝水淋湿包扎纸而透入棉塞。

③ 加盖。先将盖上的排气软管插入内层灭菌桶的排气槽内，再以两两对称方式同时旋紧相对的两个螺栓，使螺栓松紧一致，以防漏气。

④ 打开电源开关加热，同时打开排气阀，使水沸腾以排除锅内的冷空气。待冷空气完全排尽后，关上排气阀，让锅内的温度随蒸汽压力增加而逐渐上升。当锅内压力升到所需压力时，控制热源，维持压力至所需时间。一般121℃，灭菌20min。

⑤ 灭菌所需时间到后，关闭电源开关，让灭菌锅内温度自然下降，当压力表的压力降至0时，打开排气阀，旋松螺栓，打开盖子，取出灭菌物品。如果压力未降到0时，打开排气阀，就会因锅内压力突然下降，使容器内的培养基由于内外压力不平衡而冲出烧瓶口或试管口，造成棉塞沾染培养基而发生污染。

(2) 注意事项

① 专人操作，不得离开，不得在公共场所使用。

② 插座必须连接地线，并确保电源插头插入牢固。

③ 安全阀和压力表使用期限满一年应送法定计量检测部门检测并鉴定。

④ 使用前应注意检查安全阀是否正常，水位不能过低。

⑤ 液体培养基灭菌后应自然冷却，不能立即放气，以免引起激烈的减压沸腾，使容器中的液体四溢。

⑥ 灭菌后久不放气，锅内有负压，盖子打不开。需将放气阀打开，使内外压力平衡，再打开盖子。

5. 离心机

(1) 平衡对称

离心机工作时能产生很大的离心力。当转头所带样品处于不平衡状态时，就会产生很大的力矩，轻者引起机器发抖和震动，重者会扭断转轴造成事故。因此，要特别注意离心样品的平衡装载。离心管至少要两两平衡，并置于转头的对称位置。离心转速越高，对平衡的要求也越高。

平衡时，不仅要保证静平衡（即对称的两管样品等重），还要保证动平衡。因为离心时产生的力矩，不仅与样品的重量有关，还和样品的旋转半径有关。例如，一管水和半管沙子虽然重量相等，但半管沙子的旋转半径要大些，所以力矩相差较大，转动起来并不平衡，因此处于对称位置的两个离心管还须装载密度相近的样品。例如，同时离心两个样品，一管是利用蒸馏水稀释的，另一管是用60%的蔗糖配制的。虽然两管重量相等，但不可配成一对离心，而必须另装一管水和一管60%的蔗糖作为平衡物分别配重。

(2) 注意事项

① 仪器必须放置在坚固水平的台面上。

② 不得使用伪劣的离心管，不得用老化、变形、有裂纹的离心管。

③ 不能将离心管装得过满，样品液面距离心管管口要留出适当空间。

④ 对于危险度 3 级和 4 级的微生物，必须使用可封口的离心桶（安全杯）。

⑤ 按平衡对称原则，放置离心管于转头腔体内，旋紧转头腔体盖。

⑥ 离心过程中，操作人员不得离开离心机室，一旦发生异常情况，如噪声或机身振动时，应立即切断电源。

⑦ 在离心机未停稳的情况下不得打开盖门。

⑧ 离心结束后，关闭电源开关，取出转头倒置于实验台上，擦干转头上的水和腔体内的水，使离心机盖处于打开状态。

6. 电泳仪

电泳仪的一般操作规程和注意事项如下：

① 确定电泳仪电源开关处于关闭状态。

② 连接电源线，确定电源插座有接地保护。

③ 将黑、红两种颜色的电极线对应插入仪器输出插口，并与电泳槽相同颜色插口连接好。

④ 确定电泳槽中的电泳缓冲液配制是否符合要求。

⑤ 打开电源开关，根据实验需要调节电流或电压。

⑥ 电泳期间，避免身体接触电泳缓冲液和样品，以免触电。

⑦ 发现异常情况（如出现异味），应立即关闭并检查。

⑧ 电泳完毕后，关闭电源，将电极线从电泳槽拔除。

7. 暗箱式紫外透射仪

(1) 操作规程

① 打开电源。

② 将电泳琼脂糖凝胶放入仪器内。

③ 将电源选择开关至“ON”侧。

④ 调节选择开关分别在 254nm、310nm 和 265nm 三个波长处观测。

⑤ 如需拍照，可在正上方的光圈处拍照。

⑥ 观察完毕，清除箱内物品。

⑦ 关掉电源开关，切断电源。

(2) 注意事项

要注意对溴乙锭和紫外辐射的防护。必须戴手套进行凝胶操作，并注意不要污染暗箱的表面。在关闭暗箱门之前不要打开紫外灯，以免受到紫外辐射的伤害。

8. 紫外可见分光光度计

(1) 注意事项

① 开机前将样品室内的干燥剂取出，仪器自检过程中禁止打开样品室盖。

② 比色皿内溶液以皿高的 2/3～4/5 为宜，不可过满以防液体溢出腐蚀仪器。测定时应保持比色皿清洁，池壁上液滴应用擦镜纸擦干，切勿用手捏透光面。测定紫外波长时，需选用石英比色皿。

③ 测定时，禁止将试剂或液体物质放在仪器的表面上，如有溶液溢出或其它原因将样品槽弄脏，要尽可能及时清理干净。

④ 实验结束后将比色皿中的溶液倒尽，然后用蒸馏水或有机溶剂冲洗比色皿至干净，倒立晾干。关闭电源，将干燥剂放入样品室内，盖上防尘罩，做好使用登记。

(2) 问题处理

① 如果仪器不能初始化，关机重启。

② 如果吸收值异常，依次检查：波长设置是否正确（重新调整波长，并重新调零）、测量时是否调零（如被误操作，重新调零）、比色皿是否用错（测定紫外波段时，要用石英比色皿）、样品准备是否有误（如有误，重新准备样品）。

9. 超声波细胞破碎仪

超声波细胞破碎仪的使用方法和注意事项如下：

① 超声波细胞破碎仪应安放在干净、干燥处，不可放置在潮湿、高温、灰尘及有腐蚀性气体的地方。

② 仪器后面板上变幅杆选择开关应与变幅杆型号规格相对应。

③ 切忌空载，一定要将变幅杆插入样品液体内后才能开机，否则会损坏换能器或超声发生器。

④ 变幅杆（超声探头）插入液面，深度在 10～15mm，探头末端距离容器底部大于 30mm，探头要居中，不要贴壁。超声波是垂直纵波，插入太深不容易形成对流，影响破碎效率。

⑤ 超声时间：应以时间短、次数多为原则，超声时间每次不要超过 5s，间隔时间应大于或等于超声时间，以便于热量散发。

⑥ 超声功率：不宜太大，以免样品飞溅或起泡沫。样品容量小于 10mL，功率应在 200W 以内，选用 2mm 超声探头（2mm 的小探头功率严禁超过 350W）；样品容量 10～200mL，功率应在 200～400W，选用 6mm 超声探头；样品容量 200mL 以上，功率应在 300～600W，选用 10mm 超声探头。

⑦ 容器选择：容器容量的选择应与样品的多少相协调，一般有多少样品就选多大的容器，而且采用细长形容器破碎效果更好。例如，20mL 的处理量用 20mL 的烧杯。

100mL 的大肠杆菌样品，供参考的超声参数设置为：超声 5s，间隙 5s，次数 70 次，总时间 10min，功率 300W。

⑧ 超声波在液体中起空化效应，使液体温度很快升高，除采用短时间多次破碎外，可同时在容器外加冰浴冷却。若样品放在 1.5mL 的 EP 管里，一定要将 EP 管固定好，以防冰浴融化后液面下降导致空载。

⑨ 换能器在支架上要固定牢靠，防止从立杆上滑下。变幅杆末端切勿碰撞，防止变形或损伤。

⑩ 日常保养：用完后用乙醇擦洗探头或用清水进行超声。

10. 凝胶成像系统

以 Gel Logic 212 Pro 凝胶成像分析系统为例，其操作规程和注意事项如下：

(1) 操作规程

① 打开暗箱门，将样品放进透明样品托盘。

② 启动 MI 软件，点击左上角“GL212 Pro Acquire”按钮进入拍照窗口。

③ 点击预览，通过室内光调整样品位置。

④ 通过 F. O. V（光学变焦）旁的“＋”“－”按钮调整合适的视野，要求样品尽可能充满拍照视野。

⑤ 勾中“Auto Foucs”（自动对焦），点击“Auto”进行自动对焦，对焦清晰后即可取消“Auto Foucs”。

⑥ 在“Illumination”（光源）下拉菜单中选择需要用到的光源，紫外选择“UV Trans”，白光选择“EpiWhite”，右侧圆形图标亮则灯开，灰色显示则灯关。

⑦ 在“Emission Filter”下拉菜单中选择 EB 滤光片（或其他滤光片，如果有安装的话）。

⑧ 在预览窗口下的“Exposure”（曝光）栏下面点击“Auto”进行自动曝光计算。

⑨ 若需对图像亮度（明暗程度）进行调节，可以通过改变光圈和曝光时间进行调节：

A. 改变光圈大小：“Aperture”旁“＋”“－”键（推荐）；

B. 改变曝光时间：“Exposure”栏下“＋”“－”键进行粗调和微调，或直接输入曝光时间。

⑩ 预览图像确定后点击“Capture”键进行拍照。

（2）注意事项

① 在使用紫外光源照相过程中，不可打开凝胶成像系统前面板。

② 图像照片经分析后，分析结果一旦保存，再次打开图像时就会进入上次保存的结果，所以开始时电泳的方向和区块不要选错。

③ 拍照完毕需先保存原始图像，再对复制的图像进行分析。

④ 每个步骤设定之后不要忘记选择确定键，否则确定的值不会被认可。

⑤ 防止紫外线对皮肤及眼睛的损伤，避免紫外线直接照射皮肤与眼睛。

⑥ EB 是强诱变剂，有致癌性，操作时须戴手套。所有含 EB 的物品在弃置前必须进行净化处理。

⑦ 实时预览的数据传输较大，若电脑配置较低，在预览时改变参数后的图像效果延迟较大，需耐心等待，切勿反复点击不停改变参数，以免程序无法响应死机。

⑧ 正确选择光源，确保成像时光源是开着的——“Illumination”下圆形图标亮。

⑨ 拍照完成后特别是关机前，确保光源是关闭的——“Illumination”下圆形图标灰。

⑩ 确定滤光片是否被选取、是否选对。

任务 1-3　基因工程实验生物危害废品的处理

【任务描述】

基因工程实验室的废液、废气和废渣等“三废”必须经过处理才能排放，特别是具有生物危害的废品必须经过消毒后才可丢弃。本任务主要掌握高压灭菌、化学消毒、辐射灭菌和焚烧处理等四种生物废料处理方法。

1. 废料的日常管理

除了废气集中排放以外，所有待处理的废液和固体废料都应就地进行分类放置。

含有病原体的废液应与化学酸碱废液、溶剂分开，污染致病菌的固体物料应与一般的垃圾分开，而这些传染性的废料分开放置时，又须注意针对处理设备（如焚烧炉）的要求，严格分拣。处置玻璃器皿碎片和金属利器之类的废料，采用其他的方法（如蒸汽灭活或消毒）

达到处理要求。

对不能立即现场处理的废料必须用密闭的容器进行妥善的包装。包装材料根据处理方法决定，常用塑料袋，有一定强度，可直接作为外包装，亦可作为其他容器包装的衬里，但不能盛放金属利器和液体。其他材料如玻璃、纤维板、纸板等制成的各种容器均可应用，比塑料袋有更好的强度，但各有一定的局限性，视处理要求和废料状态而定。对于场外处理废料的包装，应注意防止跑冒滴漏等影响环境卫生安全的意外事故。

传染性废料运输必须使用专用车辆，同时应注意运输过程中废料包装的完整性，尽量减少废料暴露。

一般说来，废料应及时处理，存放时间越短越好。存放地点应仅限于经过培训的专职人员进入。存放过程应尽量减少暴露，防止病原体迅速滋生，必要时备有冷冻系统，并有经常性的清洗消毒制度。

2. 废料的处理方法

下面介绍含有生物危害的废弃物的消毒去除污染方法。

(1) 高压灭菌

对于污染的衣物、器械、容器、工具均可采用高压灭菌。有不同形式、多种规格的灭菌设备可供选用。该法的关键是，必须去除设备空间内以及被处理物料空隙中的空气，使蒸汽穿透至各个部位，达到温度均匀和停留时间一致的要求。固体物料中的空气通常随物料类型、数量、包装、填装密度、外形大小而有很大差异，为了达到彻底灭菌要求，应制定标准操作规程，预先进行真空脱气，并采用由脂肪嗜热芽孢杆菌组成的生物指示剂检查灭菌效果。

(2) 化学消毒

有气体熏蒸和液体浸泡等方式。环氧乙烷气体可用于衣物、外科器械以及不耐热的器件、仪器或精密器材等的灭菌。其处理方法可以用200mg/L（10%）低浓度、温度不低于20℃、停留时间18h的长期法；也可用800～1000mg/L的高浓度、温度55～60℃、停留时间3～4h的快速法。所用设备要求密闭，可以是固定容积的容器，也可以是不透气的囊袋。环氧乙烷对细菌、病毒均有灭活作用。其他可作为消毒处理的如β-丙醇酸内酯蒸气，对细菌、真菌和病毒均有较强作用，对芽孢杀灭效果更好，浓度4～5mg/L，温度25℃、接触时间10min，可使99%的芽孢失活，比环氧乙烷迅速。对于玻璃器皿、耐蚀器件的处理，可用2%碱性戊二醛、5%过氯乙酸、3%甲酚皂液之类的消毒剂进行浸泡。

(3) 辐射灭菌

利用^{60}Co、^{137}Cs产生的射线辐照污染生物危害物的固体材料，可以达到一定的灭活作用。辐射灭菌的效果常受氧效应、还原剂及致敏剂、湿含量的影响而有很大差异。辐射灭菌方法非常适用于受污染的精密器械、塑料制品、玻璃器材的灭菌，目前它的应用已逐步扩大，但仍受装置和费用的限制。

(4) 焚烧处理

对于一次性使用的、可燃的传染性废料、病原体培养物、含有细胞毒性的发酵液滤渣、实验动物尸体等均可进行焚烧处理，使之破坏分解为CO_2、H_2O、NO_2等挥发性气体以及金属氧化物的灰分。焚烧处理的效果与焚烧炉的设计、操作温度和焚烧时间有关，同时也受废料性质的影响。通常，致病性的废料需要较低的温度与较短的焚烧时间，而细胞毒性物质废料则需要较高的温度和较长的焚烧时间。

能力拓展

（一）火灾及预防

在各种灾害中，火灾是最普遍、最经常发生的灾害。火灾大多数是在不经意的情况下发生的，可能就丢了一个烟头，就会引发一场大的火灾。火灾带来的灾难往往是毁灭性的。国家标准《消防词汇 第1部分：通用术语》(GB/T 5907.1—2014) 把火灾定义为在时间或空间上失去控制的燃烧，把燃烧定义为可燃物与氧化剂作用发生的放热反应，通常伴有火焰、发光和（或）烟气的现象。

1. 火灾分类

国家标准《火灾分类》(GB/T 4968—2008)，根据可燃物的类型和燃烧特性将火灾定义为六个不同的类别。

A类火灾：固体物质火灾。这种物质通常具有有机物性质，一般在燃烧时能产生灼热的余烬。如木材、干草、煤炭、棉、毛、麻、纸张等火灾。

B类火灾：液体或可熔化的固体物质火灾。如汽油、煤油、柴油、原油、甲醇、乙醇、沥青、石蜡、塑料等火灾。

C类火灾：气体火灾。如煤气、天然气、甲烷、乙烷、丙烷、氢气等火灾。

D类火灾：金属火灾。如钾、钠、镁、钛、锆、锂、铝镁合金等火灾。

E类火灾：带电火灾。物体带电燃烧的火灾。

F类火灾：烹饪器具内的烹饪物（如动植物油脂）火灾。

火灾属于生产安全事故，根据国务院颁发的《生产安全事故报告和调查处理条例》，火灾分为特别重大火灾、重大火灾、较大火灾和一般火灾四个等级，其等级标准分别为：

特别重大火灾：是指造成30人以上死亡，或者100人以上重伤，或者1亿元以上直接财产损失的火灾。

重大火灾：是指造成10人以上30人以下死亡，或者50人以上100人以下重伤，或者5000万元以上1亿元以下直接财产损失的火灾。

较大火灾：是指造成3人以上10人以下死亡，或者10人以上50人以下重伤，或者1000万元以上5000万元以下直接财产损失的火灾。

一般火灾：是指造成3人以下死亡，或者10人以下重伤，或者1000万元以下直接财产损失的火灾。

注："以上"包括本数，"以下"不包括本数。

2. 火灾发展阶段

室内火灾可分成三个阶段，即火灾初期增长阶段、充分发展阶段和衰减阶段，如图1-6所示。在前面两个阶段之间，有一个温度急剧上升的狭窄区，通常称为轰燃区，它是火灾发展的重要转折区。轰燃所占时间较短，因此，把它看成一个事件，不作为一个阶段。

(1) 初期增长阶段

初期增长阶段从出现明火算起，主要特征是燃烧面积较小，只局限于着火点处的可燃物燃烧，局部温度较高，室内各点的温度不平衡，平均温度较低。燃烧的发展大多比较缓慢，有可能形成火灾，也有可能中途自行熄灭，燃烧发展不稳定。初起阶段持续时间长短不定，一般油气类火灾的初起阶段极为短暂。初起火灾只要能及时发现，用很少的人力和简单的灭火工具就可以将火扑灭。

（2）充分发展阶段

室内火灾持续燃烧一定时间后，燃烧范围不断扩大，温度不断升高，当房间内的上层温度达到400～600℃时，会引起轰燃。轰燃是室内火灾由局部燃烧向所有可燃物表面都燃烧的突然转变，是一种瞬态过程，其中包含着室内温度、燃烧范围、气体浓度等参数的剧烈变化。轰燃的发生标志着室内火灾由初期增长阶段转变为充分发展阶段。但不是每个火场都会出现轰燃，大空间建筑、比较潮湿的场所就不易发生。

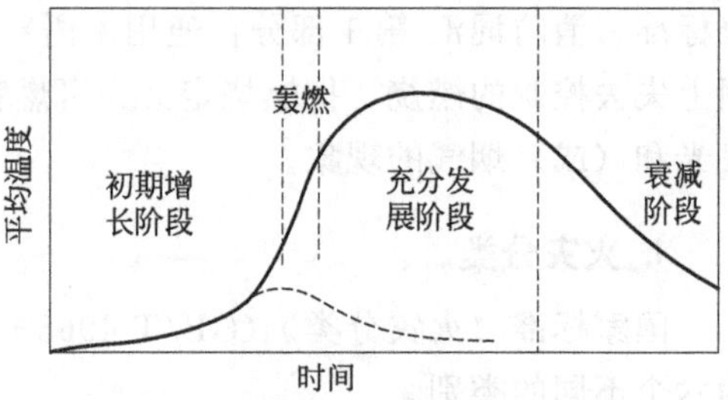

图 1-6　室内火灾温度-时间曲线

进入充分发展阶段后，燃烧速度不断加快，燃烧温度急剧上升，燃烧面积迅猛扩张，火灾包围整个设施或者建筑物，火灾进入猛烈阶段。在火灾作用下，设备机械强度降低，设备开始遭到破坏，变形塌陷，甚至出现连续爆炸。扑救猛烈阶段火灾是极为困难的，需要组织大批的灭火力量，经过较长时间的艰苦奋战，付出很大代价，才能控制火势，扑灭火灾。

（3）衰减阶段

在火灾充分发展阶段的后期，随着室内可燃物数量的减少，火灾燃烧速度减慢，燃烧强度减弱，温度逐渐下降，直至逐渐熄灭。一般认为火灾衰减阶段是从室内平均温度降到其峰值的80%时算起。但此阶段燃烧空间内温度仍然很高，如果立即打开密闭空间，引入较多新鲜空气，或停止灭火工作，则仍有发生爆燃的危险。

根据火灾发展的阶段性特点，在灭火中，必须抓紧时机，力争将火灾扑灭在起初阶段。同时要认真研究火灾发展阶段和猛烈阶段的扑救措施，正确运用灭火方法，以有效地控制火势，尽快扑灭火灾。

3. 爆炸

火灾会引起爆炸，爆炸也能引起火灾。

国家标准《消防词汇 第1部分：通用术语》(GB/T 5907.1—2014）把爆炸定义为在周围介质中瞬间形成高压的化学反应或状态变化，通常伴有强烈放热、发光和声响。

爆炸现象一般具有以下特征：①爆炸过程瞬间完成；②爆炸点附近的瞬间压力急剧升高；③发出响声；④周围介质发生震动或物质遭到破坏。

爆炸分为物理爆炸、化学爆炸和核爆炸。物理爆炸是由于液体变成蒸气或者气体迅速膨胀，压力急速增加，并大大超过容器的极限压力而发生的爆炸。如蒸气锅炉、液化气钢瓶等的爆炸。化学爆炸是因物质本身起化学反应，产生大量气体和高温而发生的爆炸。如炸药的爆炸，可燃气体、液体蒸气和粉尘与空气混合物的爆炸等。化学爆炸是消防工作中防控的重点。实验室爆炸事故多发生在具有易燃易爆炸物品和压力容器的实验室。

4. 防火防爆技术

《中华人民共和国安全生产法》第三条指出：安全生产工作应当以人为本，坚持安全发展，坚持安全第一、预防为主、综合治理的方针，强化和落实生产经营单位的主体责任，建立生产经营单位负责、职工参与、政府监管、行业自律和社会监督的机制。《中华人民共和国消防法》第二条指出：消防工作贯彻预防为主、防消结合的方针，按照政府统一领导、部门依法监管、单位全面负责、公民积极参与的原则，实行消防安全责任制，建立健全社会化的消防工作网络。

可燃物、助燃物、点火源是燃烧三要素。三者结合是燃烧的基本条件，预防火灾就是要避免三者结合，而灭火的原理则是破坏三者的结合。因助燃物主要是氧气，普遍存在于空气中，所以防火防爆主要是控制可燃物、点火源以及火灾和爆炸的蔓延。

(1) 控制可燃物

① 控制可燃物的用量，实验室尽量少用或不用易燃易爆物。改进实验条件，使用不易燃易爆的溶剂。一般低沸点溶剂比高沸点溶剂更具易燃易爆的危险性，例如乙醚。相反，沸点高的溶剂不易形成爆炸浓度，例如沸点在110℃以上的液体，在常温通常不会形成爆炸浓度。

② 加强密闭。为了防止易燃气体、蒸气和粉尘与空气混合，形成易爆混合物，应该设法使实验室储存易燃易爆品的容器封闭保存。对于实验室微量的、正在进行的、有可能产生压力反应不能密闭的、尾气少量的，要通入下水道，大量的要加以吸收或回收，消除安全隐患。

③ 做好通风除尘。实验室易燃易爆品完全密封保存和反应是有困难的，总会有部分蒸气、气体或粉尘泄漏，所以实验室必须通风除尘，通过实验室的通风换气，使实验室的易燃、易爆和有毒物质的浓度达不到最高允许浓度。通风分为自然通风和机械通风，后者是依靠机械造成的室内外压力差，使空气流动进行交换，如鼓风机、通风橱、排气扇等。

④ 惰性化。在可燃气体、蒸气和粉尘与空气的化合物中充入惰性气体，降低氧气、可燃物的体积分数，从而使化合物气体达不到最低燃烧或爆炸极限，这就是惰性化原理。在化工生产中，采取的惰性气体（或阻燃性气体）主要有氮气、二氧化碳、水蒸气、烟道气等。

⑤ 实时监测空气中易燃易爆物的含量。实时监测实验室内部易燃易爆物的含量是否达到爆炸极限，是保证实验室安全的重要手段之一。在可能泄漏可燃或易爆品区域设立报警装置是实验室的一项基本防爆措施。

(2) 控制点火源

消除点火源是防火和防爆的最基本措施。实验室点火源一般有明火、高温表面、摩擦、碰撞、电气火花、静电火花等。

① 明火：明火是指敞开的火焰、火星和火花等。敞开的火焰具有很高的温度和热量，是引起火灾的主要着火源。实验室明火主要有点着的酒精灯、煤气灯、酒精喷头、烟头、火柴、打火机、蜡烛等。实验室内禁止吸烟。

② 高温表面：高温表面的温度如果超过可燃物的燃点，当可燃物接触到该表面时就有可能着火。常见的高温表面有通电的白炽灯泡、电炉、烘箱等。

③ 摩擦与撞击：摩擦与撞击往往会引起火花，从而造成安全事故，因此有易燃易爆品的场所，应采取措施防止火花的产生。硝酸铵、氯酸钾、高氯酸铵等易爆品，实验室不要大量储存，少量使用时也要轻拿轻放，避免撞击。含有易燃易爆品的实验室，不能穿带钉子或带金属鞋掌的鞋。

④ 电（气）火花：电（气）火花可分为工作火花和事故火花两类，前者是电气设备（如直流电焊机）正常工作时产生的火花，后者是电气设备和线路发生故障或错误作业出现的火花（线路短路、超负荷、通风不畅等）。为了防止电火花引起的火灾，在易燃易爆品场所，应选用合格的电气设备，最好是防爆的电气设备，并做好定期检查和维护。

电火花是电极间的击穿放电，电弧是大量电火花汇集而成的。在切断感性电路时，断路器触点分开瞬间，在触点之间的高电压形成的电场作用及触点上的高温引起热电子发射，使断开的触点之间形成密度很大的电子流和离子流，形成电弧和电火花。电弧形成后的弧柱温度可高达6000～7000℃，甚至10000℃以上，不仅能引起可燃物燃烧，还能使金属熔化、飞溅，构成危险的火源。在有爆炸危险的场所，电火花和电弧是十分危险的因素。

⑤ 静电火花：静电也会产生火花，引起火灾。人体的静电防止主要措施有：进入实验室不穿化纤类服装（棉制衣物产生的静电较少），要穿防静电的实验服、鞋袜、帽、手套等；长发最好盘起，防止头发与衣服摩擦产生静电；人体接地是消除人体静电最为常用的方法，实验室入口处设有裸露的金属接地物，如接地的金属门、扶手、支架等，人体接触到这类物质即可以导出人体内的静电。

(3) 控制火灾和爆炸的蔓延

一旦发生火灾和爆炸事故，要尽一切可能将其控制在一定的范围内，防止火灾和爆炸的蔓延，实验室一般可以采取以下办法。

① 实验室不要存放大量的易燃易爆品，少量存储也要规范合理放置，例如固液分开、酸碱分开、氧化剂和还原剂分开、危险化学品与普通化学品分开放置等。存放化学试剂的冰箱应有防爆功能。

② 实验室常用设施不能为易燃品，要用防火材料，例如吊顶、实验台、药品柜、通风橱、窗帘等。

③ 通风橱应有防爆功能，一些危险性的实验应在通风橱内进行，一旦发生安全事故，可以控制在通风橱内，防止进一步蔓延。

④ 实验室必须配备足量的消防器材，如灭火器、灭火毯、消防沙桶等。

⑤ 实验楼应设置消防设施，如火灾自动报警系统、自动灭火系统、消火栓（消防栓）系统，以及应急广播、应急照明。

⑥ 实验人员应具备很强的安全意识，会熟练使用消防器材。一旦火势失控，在安全撤离时关闭相应的防火门，防止火势蔓延扩散。

5. 消防安全“四懂四会”及“四个能力”

(1) 消防安全“四懂”

① 懂岗位火灾的危险性。

具体内容为：a. 防止触电；b. 防止引起火灾；c. 可燃、易燃品、火源。

② 懂预防火灾的措施。

具体内容为：a. 加强对可燃物质的管理；b. 管理和控制好各种火源；c. 加强电气设备及其线路的管理；d. 易燃易爆场所应有足够的、适用的消防设施，并要经常检查，做到会用、有效。

③ 懂灭火方法。

灭火的基本方法有四种：冷却灭火方法、隔离灭火方法、窒息灭火方法、抑制灭火方法。

a. 冷却灭火法

将冷灭火剂直接喷洒在可燃物上，使可燃物的温度降低到燃点以下，从而使燃烧停止。除用冷却法直接灭火外，还可用水冷却尚未燃烧的可燃物质，防止其达到燃点而着火；也可用水冷却受火势威胁的生产装置或容器，防止其受热变形或爆炸。实验室冷却灭火要注意燃烧的物质或附近不能具有和水（用水灭火）或二氧化碳（用干冰灭火）起反应的物质。

b. 隔离灭火法

将正在燃烧的可燃物与附近其他可燃物隔离开，中断可燃物的供给，造成缺少可燃物而使燃烧停止。例如关闭实验可燃液体或气体管道的阀门，将火源附近的易燃易爆物品移到安全地点，采取措施阻拦、疏散可燃液体或气体扩散，拆除与燃烧物毗邻的易燃建筑物，建立阻止火势蔓延的空间地带等。

c. 窒息灭火法

采取适当措施，阻止空气进入燃烧区，或用惰性气体稀释空气中的含氧量，使燃烧物得不到足够的氧气而熄灭。采用石棉毯、湿麻袋、沙土、泡沫等不燃或难燃材料覆盖燃烧物或封闭着火孔洞、桶口等，都是窒息灭火法。但必须注意，因为炸药不需要外界供给氧气即可发生燃烧和爆炸，所以窒息法对炸药不起作用；沙土不可用来扑灭爆炸或易爆物发生的火灾，以防止沙子因爆炸迸射出来而造成人员伤害。另外，居民油锅起火，将锅盖盖上即可灭火，如果液化石油气器具发生火灾，在关闭阀门无效或没有条件关闭阀门断绝气源的情况下，可用浸湿的棉被覆盖燃烧器具使火窒息，灭火以后打开门窗驱散室内气体。

d. 抑制灭火法

将化学灭火剂喷至燃烧物表面或喷入燃烧区参与燃烧反应，使燃烧过程中的自由基消失或自由基浓度降低，抑制或终止使燃烧得以继续或扩展的链式反应，从而使燃烧停止。常见的灭火剂有干粉和七氟丙烷，可有效扑灭初起火灾。

④ 懂逃生方法。

a. 自救逃生时要熟悉周围环境，要迅速撤离火场；

b. 紧急疏散时要保证通道不堵塞，确保逃生路线畅通；

c. 紧急疏散时要听从指挥，保证有秩序地尽快撤离；

d. 当发生意外时，要大声呼喊他人，不要拖延时间，以便及时得救，也不要贪婪财物；

e. 要学会自我保护，尽量保持低姿势匍匐前进，用湿毛巾捂住嘴鼻；

f. 保持镇定，就地取材，用窗帘、床单自制绳索，安全逃生；

g. 逃生时要直奔安全通道，不要进入电梯，防止被关在电梯内；

h. 当烟火封住逃生的道路时，要关闭门窗，用湿毛巾塞住门窗缝隙，防止烟雾侵入房间；

i. 当身上的衣物着火时，不要惊慌乱跑，就地打滚，将火苗压住；

j. 当没有办法逃生时，要及时向外呼喊求救，以便迅速地逃离困境。

(2) 消防安全“四会”

① 会报警

a. 大声呼喊报警，使用手动报警设备报警；

b. 如使用专用电话、手动报警按钮、消火栓按键击碎等；

c. 拨打 119 火警电话，向当地公安消防机构报警。

② 会使用消防器材

各种手提式灭火器的操作方法简称为：一拔（拔掉保险销），二握（握住喷管喷头），三压（压下握把），四喷（对准火焰根部喷射）。

③ 会扑救初起火灾

在扑救初起火灾时，必须遵循先控制后消灭、救人第一、先重点后一般的原则。

④ 会组织疏散逃生

a. 按疏散预案组织人员疏散；

b. 酌情通报情况，防止混乱；

c. 分组实施引导。

(3) 消防安全“四个能力”

① 检查消除火灾隐患能力

四查、四禁，即查用火用电，禁违章操作；查通道出口，禁堵塞封闭；查设施器材，禁损坏挪用；查重点部位，禁失控漏管。

② 组织扑救初起火灾能力

第一灭火力量、第二灭火力量，即发现火灾后，起火部位人员 1min 内形成第一灭火力量（第一梯队）；火灾确认后，单位人员 3min 内形成第二灭火力量（第二梯队）。

③ 组织疏散逃生能力

两熟悉、两掌握，即熟悉疏散通道，熟悉安全出口，掌握疏散程序，掌握逃生技能。

④ 消防宣传教育能力

三要、一掌握，即要有消防宣传人员，要有消防宣传标识，要有全员培训机制，掌握消防安全常识。

（二）触电及急救

1. 触电事故的种类

人体触及带电体与电源构成闭合回路，就会有电流通过人体，从而对人体造成各种不同程度的伤害。触电事故就是指电流流过人体时对人体产生不同程度伤害的事故。造成触电事故的原因有：线路或设备安装不符合要求；设备运行管理不当，绝缘损坏漏电；不熟悉用电知识或意外、草率行事；安全组织和技术措施不完善等。触电对人体的伤害与通过人体的电流大小、电压高低、时间长短以及电流途径等因素有关。

触电事故按照电流对人体的伤害，分为电击和电伤两类。

(1) 电击及其分类

电击是指电流通过人体内部，直接对内部器官、组织造成伤害，它会破坏人的心脏、呼吸及神经系统的正常功能，甚至危及生命。人体触及带电的导线、漏电设备的外壳或其他带电体，以及雷击或电容器放电，都可能导致电击。电击是最危险的伤害，绝大部分触电死亡事故是由电击造成的，日常所说的触电事故基本上是指电击。电击的主要特征有：伤害人体内部、在人体外表没有显著的痕迹、致命电流较小。

按照发生电击时电气设备的状态，电击可分为直接接触电击和间接接触电击。

① 直接接触电击：指人体直接触及设备和线路正常运行时的带电体所发生的电击（如误触接线端子发生的电击），也称为正常状态下的电击。

② 间接接触电击：指人体触及正常状态下不带电，而当设备或线路故障时意外带电的导体所发生的电击（如触及漏电设备的外壳发生的电击），也称为故障状态下的电击。

(2) 电伤及其分类

电伤是指电流的热效应、化学效应和机械效应对人体造成的伤害，一般会在人体外部形成伤痕。触电伤亡事故中，纯电伤性质的及带有电伤性质的约占 75%（电烧伤约占 40%）。尽管大约 85%以上的触电死亡事故是电击造成的，但其中大约 70%含有电伤成分，因此预防电伤具有更加重要的意义。电伤主要包括：

① 电烧伤：是最常见也是最严重的一种电伤，多由电流的热效应和电弧引起，又可分为电流灼伤和电弧烧伤，具体症状是皮肤发红、起泡、甚至皮肉组织被烧坏或烧焦。

② 电烙印：当载流导体较长时间接触人体时，因电流的化学效应和机械效应作用，接触部分的皮肤会变硬并形成圆形或椭圆形的肿块痕迹，如同烙印一般。这些永久性痕迹处皮肤失去原有弹性、色泽，表皮坏死，失去知觉。

③ 皮肤金属化：在电弧高温的作用下，金属熔化、蒸发，产生的金属微粒飞溅渗入皮肤表层，使皮肤变得粗糙坚硬并呈青黑色或褐色。皮肤金属化多与电弧烧伤同时发生。

2. 触电方式

按照人体触及带电体的方式和电流流过人体的途径，触电方式可分为直接接触触电和间接接触触电两类，常见的触电方式有单相触电、两相触电、跨步电压触电和漏电触电等。

(1) 单相触电

人在地面或其它接地体上，人体的某一部位触及一相带电体时，电流经过人体流入大地或带电体，这种触电方式称为单相触电，它属于直接接触触电，单相触电形式最为常见。

(2) 两相触电

人体两处同时触及同一电源的两相带电体时，电流从电源的一相经过人体流入另一相，这种触电方式称为两相触电，它也属于直接接触触电。两相触电时，人体承受的电压为线电压，因此危险程度远大于单相触电，轻则导致烧伤或致残，严重会引起死亡。

(3) 跨步电压触电

偶有一相高压线断落在地面时，电流通过落地点流入大地，此落地点周围形成一个强电场，距落地点越近，电压越高。影响半径范围约 10m，当人进入此范围时，两脚之间的电位不同，就形成跨步电压，跨步电压通过人体的电流就会使人触电，步幅越大，造成的危害越大。跨步电压触电属于间接接触触电。

(4) 漏电触电

电气设备或用电设备在运行时，常因绝缘损坏而使其金属外壳带电，当人体接触时，电流从带电部位经过人体流入大地或接地体，这种触电方式称为漏电触电，它属于间接接触触电。漏电触电电压受到漏电电阻的影响，一般小于或等于相电压。

单相触电、两相触电和跨步电压触电，如图 1-7 所示。

3. 触电防护措施

(1) 直接接触电击的防护

直接接触电击的基本防护原则是：应当使危险的带电部分不会被有意或无意地触及。最为常见的直接接触电击的防护措施为绝缘、屏护和间距。这些措施的主要作用是防止人体触及或过分接近带电体时造成触电事故。

绝缘是指利用绝缘材料对带电体进行封闭和隔离。绝缘材料又称电介质，是在允许电压下不导电的材料，但不是绝对不导电的材料。绝缘材料的主要作用是在电气设备中将不同电位的带电导体隔离开来，使电流能按一定的路径流通，还可起机械支撑和固定，以及灭弧、散热、储能、防潮、防霉或改善电场的电位分布和保护导体的作用。

屏护是一种对电击危险因素进行隔离的手段，即采用遮栏、护罩、护盖、箱匣等把危险的带电体同外界隔离开来，防止人体触及或接近带电体引起触电事故。屏护可分为屏蔽和障

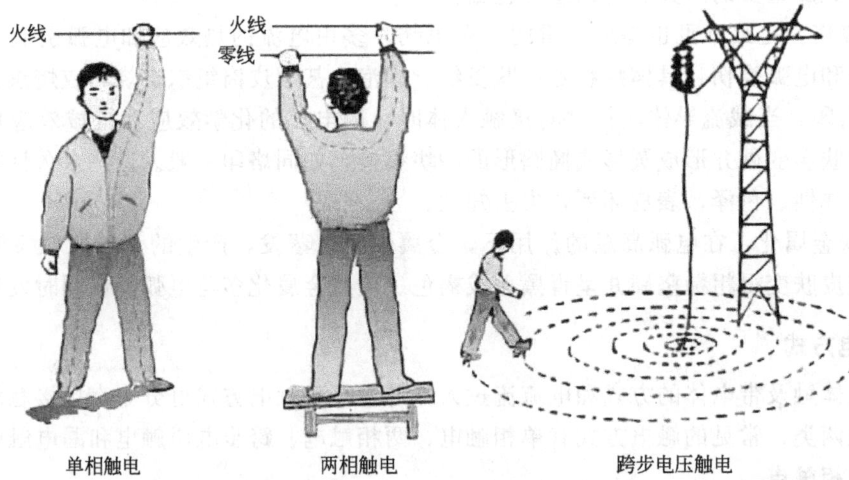

图 1-7　三种常见触电方式

碍。两者的区别：后者只能防止人体无意识触及或接近带电体，而不能防止有意识移开、绕过或翻过障碍触及或接近带电体。因此屏蔽是完全的防护，障碍是不完全的防护。屏护装置主要用于电气设备不便于绝缘或绝缘不足以保证安全的场合。

间距是指带电体与地面之间，带电体与其它设备和设施之间，带电体与带电体之间必要的安全距离。间距的作用是防止人体触及或接近带电体引起触电事故；避免车辆或其他器具碰撞或过分接近带电体造成事故；防止火灾、过电压放电及各种短路事故，以及方便操作。

(2) 间接接触电击的防护

间接接触电击即故障状态下的电击，在电击死亡事故中约占50%。这种电击在尚未导致死亡的伤害中所占的比例要大得多。保护接地、接零、加强绝缘、电气隔离、不导电环境、等电位联结、安全电压和漏电保护都是防止间接接触电击的技术措施，其中接地、接零和漏电保护是防止间接接触电击的基本技术措施。

4. 实验室安全用电注意事项

① 安装或放置电气设备时，设备与设备、设备与墙体、设备与通道之间应保持合理的距离，以免人员走动时刮碰到设备，或给维修带来触电隐患。

② 使用室内电源时，应首先查看仪器设备的使用电压，220V 还是 380V，插头是两插还是三插。不要使用劣质插头插座。

③ 使用电器时，手要干燥。不要用潮湿的手接触处于通电状态的仪器设备，不要用湿抹布擦拭带电的插座或仪器设备。不要用试电笔测试高压电。

④ 连接、拆装或整体移动仪器设备时，严禁带电操作，不要私自维修仪器设备。

⑤ 不得有破损或裸露带电部分，对不可避免的裸露部分应用绝缘胶带作绝缘处理。

⑥ 不要用过粗的保险丝或用铜丝代替保险丝，保持闸刀开关、磁力开关等面板完整，以防止短路时发生电弧或保险丝熔断飞溅伤人。

⑦ 所有电气设备的金属外壳都应按要求保护接地或保护接零，经常检查电气设备的保护接地、接零装置，保证连接牢固。

⑧ 一般不应在无人监控情况下长时间开启电气设备，不要过度依赖电气开关的自动控制，要注意观察电气设备的工作状态，预防传感器失灵而导致电路失控。

⑨ 修理或安装电器时，应先切断电源，并在明显处放置“禁止合闸”警示牌。安装或维修完成后，接通电源，及时用试电笔或万用表检查电气设备各个部分带电情况。

⑩ 雷雨天气应停止带电的实验操作，避免发生雷击事故。不要走进高压电杆、铁塔、避雷针的接地导线周围 20m 之内。当遇到高压线断落时，周围 10m 范围之内禁止人员入内，如已经在 10m 范围之内，应单足或并足跳出危险区。

⑪ 实验室内不要存放超量的低沸点有机溶剂或易燃易爆品，以防止这些危化品的蒸气达到爆炸极限时遇到电火花而发生燃烧或爆炸。

⑫ 实验完毕，应及时关闭总电源。

⑬ 一旦有人触电，应首先切断电源，然后抢救。

5. 触电急救方法

据统计，电击导致心跳、呼吸停止的患者，如在 1min 内正确施救，救活的成功率可达 90%，4min 内施救救活的成功率可达 60%，而超过 10min 才施救，救活的成功率下降为 10%以下，即使侥幸被救活，智力也将受到极大影响，甚至成为没有任何意识的“植物人”。因此，一旦有人触电，应迅速就地展开救治。

(1) 触电现场急救原则

触电现场急救应遵循以下八字原则：迅速、就地、准确、坚持。

① 迅速：要动作迅速，争分夺秒、千方百计地使触电者脱离电源，将其移到安全地方，并立即检查触电者的伤情，同时及时拨打 120 急救电话。

② 就地：救护者必须在现场（安全地方）就地对触电者实施抢救，以免耽误最佳抢救时间引起不可逆的损失。

③ 准确：准确判断触电者的伤情，采取的抢救方法和急救操作必须准确到位。

④ 坚持：急救必须坚持到底，直到触电者逐渐恢复生命体征或有医务人员接替救治。医务人员判定触电者已经死亡，再无法抢救时，才能停止抢救。

(2) 使触电者脱离电源的方法

发现有人触电，切不可惊慌失措，首先要迅速使触电者脱离电源，然后根据触电者的具体情况，进行相应的救治。

① 使触电者脱离低压电源的方法有：

a. 如果触电地点附近有电源开关或电源插销，可立即关闭开关或拔出插销。

b. 如果触电地点附近没有或找不到电源开关或电源插销，可用带有绝缘柄的电工钳或带有干燥木柄的斧头、铁锹等利器切断电源线。

c. 当电线搭落在触电者身上或压在身下时，可用干燥的木棍、竹竿、木板、衣服、绝缘手套和绳索等绝缘物作为工具，挑开电线或拉开触电者，使触电者脱离电源。

d. 触电者的衣服如果是干燥的，又没有紧缠在身上，不至于使救护人直接触及触电者的身体时，可用一只手抓住触电者不贴身的衣服，将其拉离电源。

e. 救护人可用几层干燥的衣服或围巾将手裹住，站在干燥的木板、木桌椅、绝缘橡胶垫或衣服堆上，用一只手拉触电者的衣服，使其脱离电源。千万不要赤手直接去拉触电人，以防造成群伤触电事故。

f. 如果触电者由于肌肉痉挛，手指紧握导线不放松或导线缠绕在身上时，可首先用干燥的木板塞进触电者身下，再采取其他办法切断电源。

② 使触电者脱离高压电源的方法有：

a. 立即通知有关部门停电。

b. 应戴上绝缘手套，穿上绝缘靴，使用相应电压等级的绝缘工具，拉开高压跌开式熔断器或高压断路器。

c. 可抛掷裸金属软导线，使线路短路，迫使继电保护装置动作，切断电源，但应保证抛掷的导线不触及触电者和其他人。

③ 注意事项：

a. 应防止触电者脱离电源后可能出现的摔伤事故。当触电者站立时，要注意触电者倒下的方向，防止摔伤，当触电者位于高处时，应采取措施防止其脱离电源后坠落摔伤。

b. 救护人不可直接用手或使用金属和其他潮湿的物件作为救护工具，而要使用适当的绝缘工具。

c. 救护人要用一只手操作，以防自己触电。

d. 夜间发生触电事故时，应解决临时照明问题，以便在切断电源后进行救护，同时应防止其他事故发生。

(3) 现场救护

症状判断：将触电者脱离电源后，应快速、准确判断触电者的症状，才能开展对症施救。症状判断先要进行意识判断，检查触电者意识是否清醒，抢救人员可轻拍触电者肩部，并大声呼其姓名或“你怎么啦”，以判断触电者有无意识，但禁止摇动伤员头部呼叫伤员。若触电者意识不清，则应将其平放仰卧在坚硬的地面上，在10s内，救护者采用如图1-8所示的姿势，采用“看、听、感、试”的方法，对触电者进行呼吸、心跳判断。“看”，看伤员的胸部、腹部有无起伏动作；“听”，听伤员的口鼻处有无呼气声；“感”，救护者用面颊感受有无气流流过；“试”，救护者用一只手的食指与中指试一试颈动脉有无搏动。

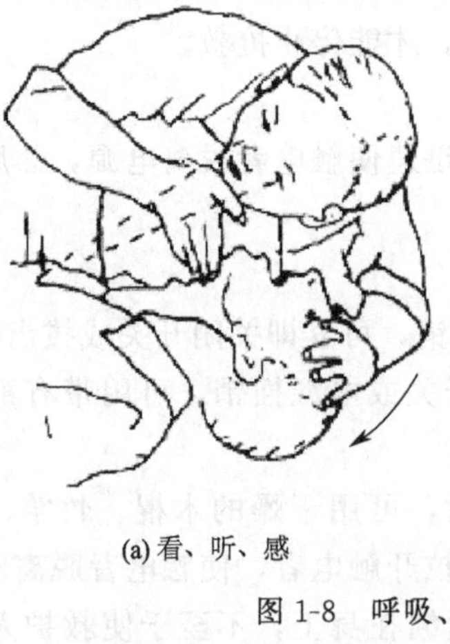

(a) 看、听、感

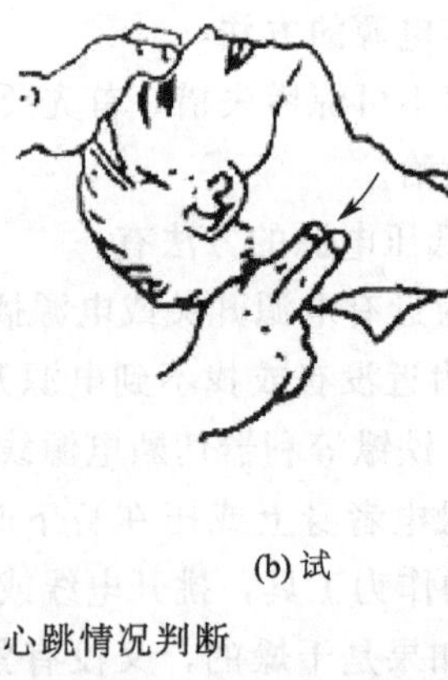

(b) 试

图 1-8　呼吸、心跳情况判断

对症施救：症状判断完成后，应迅速采取相应的救助措施，具体包括：

① 若触电者意识清醒或虽曾一度昏迷，但未失去知觉，此时应让触电者就地躺平或将触电者抬到通风良好的地方安静休息，让其慢慢恢复正常，注意不要让触电者走动，以减轻其心脏负担，并严密观察呼吸和心跳变化。

② 若触电者呼吸、心跳存在，只是一度陷入昏迷状态，此时可通过“轻拍双肩，呼唤双耳”唤醒触电者的意识。若无反应时，可配合掐压人中穴、合谷穴约5s，以唤醒其意识。

③ 若触电者心跳停止、呼吸尚存，则应对触电者做胸外心脏按压。

④ 若触电者呼吸停止、心跳尚存，则应对触电者做人工呼吸。

⑤ 若触电者呼吸和心跳均停止，应立即按心肺复苏法进行抢救。

（4）成人心肺复苏法

心肺复苏法支持生命的三项基本措施是胸外心脏按压、畅通气道和人工呼吸。按照美国心脏学会（AHA）2015 年公布的国际心肺复苏（CPR）新指南标准，三项基本措施的操作顺序为先胸外心脏按压，然后清理口腔异物、畅通气道，最后进行人工呼吸。成人胸外心脏按压与人工呼吸的比例为 30∶2，并规定胸外心脏按压 30 次，人工吹气 2 次为一个循环，做完五个循环后进行急救效果判断。若只做人工呼吸，应每隔 5s 吹一次气，依次不断，一直到呼吸恢复正常。每分钟大约吹 12 口气，最多不得超过 16 口气。在抢救过程中，应不断地对触电者的呼吸和心跳是否恢复进行判定，如已有呼吸，可暂停人工呼吸；如已有脉搏，可暂停胸外心脏按压；如脉搏和呼吸均未恢复，则应用心肺复苏法坚持不懈地进行抢救，直到专业的医护人员接替救治。

① 胸外心脏按压。

按压位置：胸骨中下 1/3 处（两乳头连线的中点）。

按压姿势：a. 跪在触电者的一侧，一手掌根部紧贴于胸部按压部位，另一手掌放在此手背上，两手平行重叠且手指交叉互握稍抬起，使手指脱离胸壁。b. 腰部稍弯曲，上身略向前倾，使肩、肘、手腕绷直成一条直线，按压时，要以髋关节为支点，利用上半身的重力垂直按压。c. 按压后，掌跟立即全部放松（双手不要离开胸膛），以使胸部自动复原，让血液回流入心脏。胸外心脏按压操作步骤如图 1-9 所示。

操作要求：按压深度 5～6cm，按压频率 100～120 次/min。

注意事项：触电者仰面躺平在平硬处，头部放平，头下严禁枕物，以免头部比心脏高，导致流向头部的血流量减少。

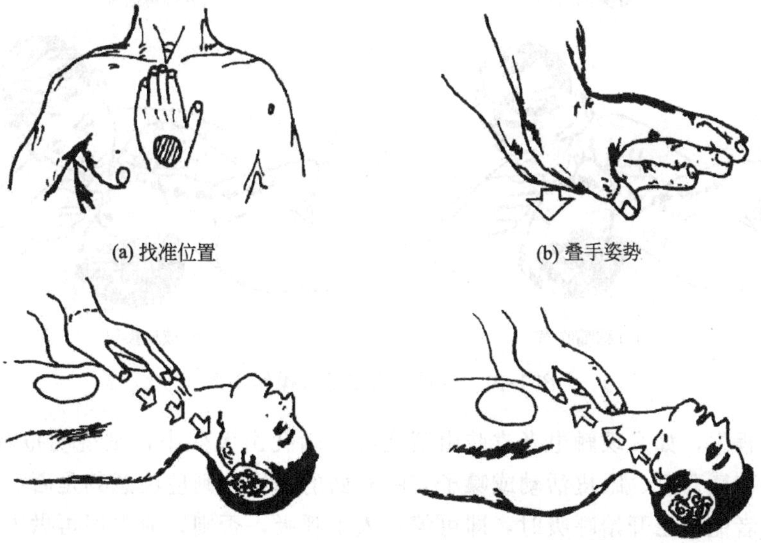

(a) 找准位置　(b) 叠手姿势

(c) 向下按压　(d) 突然松手

图 1-9 胸外心脏按压操作步骤

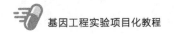

② 清理口腔异物、畅通气道。

清理口腔异物：让触电者头部侧转90°，一只手将触电者嘴巴打开，用另一只手的中指和食指沿着嘴角伸向口内将异物掏出。

畅通气道：一手压额，一手提颏，两手协同推动，将头后仰，舌根随之抬起，气道即可通畅。

操作要求：成人头部后仰的程度应使下颌骨与地面垂直。

注意事项：严禁头成仰起状清理异物，以免异物再次注入气道。

③ 口对口人工呼吸。

头部后仰：压额提颏，使触电者头部后仰，下巴垂直地面。

捏鼻掰嘴：用压住额头的手的拇指和食指捏住触电者的鼻孔，另一只手的拇指和食指向前下方拉其下颌，使嘴巴张开。

贴嘴吹气：吸一口新鲜空气屏住，用嘴包住触电者的嘴，将空气送入触电者的口中。

放松换气：吹完气后，嘴巴离开触电者的嘴，捏鼻子的手松开，让触电者自动呼气。

操作要求：每次1～1.5s，吹气量为600～1000mL。

注意事项：解开衣扣、松开上身衣服，解开裤带，摘下假牙，以使胸部能自由扩张。

口对口人工呼吸操作步骤如图1-10所示。

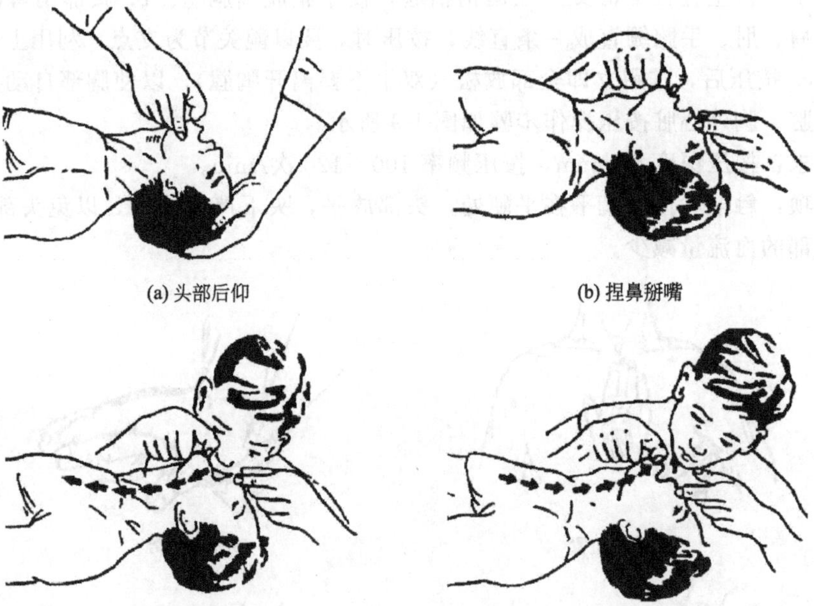

(a) 头部后仰　(b) 捏鼻掰嘴　(c) 贴嘴吹气　(d) 放松换气

图1-10　口对口人工呼吸操作步骤

在抢救过程中，如发现触电者皮肤由紫变红，瞳孔由大变小，则说明抢救收到了效果；如触电者嘴唇稍微开合、眼皮活动或嗓子有咽东西的动作，则应注意其是否有自动心跳和自动呼吸。触电者能自己开始呼吸时，即可停止人工呼吸，否则，应立即再做人工呼吸。

实践练习

1. 基因工程是指将一种供体生物体的目的基因与适宜的______在体外进行拼接重组，然后转入另一种

______生物体内，使之按照人们的意愿稳定遗传并表达出新的基因产物或产生新的遗传性状。

2. 构建基因工程菌的基本流程可分为四个环节，分别是目的______的获得、重组 DNA 分子的构建、将重组 DNA 分子______受体细胞、目的基因的表达和鉴定。

3. WHO《实验室生物安全手册（第四版）》列出的风险评估整体方法框架图，包括收集信息、评估______、制定风险______、选择并实施风险控制______、风险复查和控制措施等五个环节。

4. 以下属于致癌物质的有（　　）。A. 溴乙锭；B. 十二烷基硫酸钠；C. 放线菌素 D；D. 丙烯酰胺；E. 焦碳酸二乙酯。

5. 国家标准《消防词汇 第 1 部分：通用术语》（GB/T 5907.1—2014），把火灾定义为在时间或______上失去控制的______。

6. 室内火灾可分成三个阶段，即火灾______增长阶段、______发展阶段和衰减阶段。防火和防爆最基本的措施是消除______。灭火的基本方法有四种，分别是冷却灭火方法、隔离灭火方法、______灭火方法、______灭火方法。

7. 触电事故按照电流对人体的伤害，分为电______和电______两类。触电现场急救应遵循以下八字原则：迅速、______、准确、______。

8. 以下与基因工程不相关的术语是（　　）。A. 基因操作；B. 基因克隆；C. DNA 改组技术；D. 分子克隆；E. 重组 DNA 技术。

9. 遇到火灾时，要保持镇定，尽量保持低姿势匍匐前进，用湿毛巾捂住嘴鼻，逃生时要直奔通道，不要乘坐电梯，为什么？

10. 简述使用高压蒸汽灭菌锅和高速离心机的注意事项。

（彭加平、韦平和）

项目二　基因工程实验常用溶液及培养基配制

学习目标

通过本项目的学习，明确试剂配制质量直接决定着实验的成败和数据的可靠性，重视实验准备工作，掌握基因工程实验常用试剂和培养基配制的基本知识和操作技能。

1. 知识目标

（1）理解化学试剂的规格和生物试剂的分类及特点；

（2）掌握溶液浓度的表示、调整和互换方法；

（3）熟悉常用细菌和酵母培养基的种类；

（4）了解试剂盒和体外诊断试剂的概念及种类。

2. 能力目标

（1）掌握微量移液器的使用方法及注意事项；

（2）掌握基因工程实验常用溶液和抗生素的配制方法；

（3）掌握基因工程实验常用细菌培养基的配制方法；

（4）掌握生物实验室玻璃器皿的洗涤方法。

项目说明

实验中花费的大多数时间不在实验程序性操作，而在配制试剂、准备使用工具以及分析实验上。开始实验前通常需要配制大量的溶液，在实验过程中也要进行试剂的配制，而溶液配制的质量直接决定着实验的成败和数据的可靠性。在基因工程实验中，有些实验不成功往往就是由于试剂配制不当造成的，例如试剂规格不够、浓度计算错误、未作除菌处理以及试剂保存不当等。因此，项目二也是作为后续项目的前导项目，着重提高和训练学生在基因工程实验常用试剂和培养基配制方面的基本知识及操作技能。

基础知识

（一）化学试剂的规格和生物试剂的分类

1. 化学试剂的规格

化学试剂又称试剂或试药，是进行化学研究、成分分析的相对标准物质，广泛用于物质的合成、分离、定性和定量分析。试剂规格又叫试剂级别，一般按试剂的纯度、杂质的含量来划分规格标准。我国试剂的规格基本上按纯度划分，常用的四种规格如下。

(1) 优级纯或保证试剂 (guaranteed reagent, GR)

一级品，主成分含量很高、纯度很高（99.8%），适用于精确分析和研究工作，有的可作为基准物质，使用绿色标签。

(2) 分析纯试剂 (analytical reagent, AR)

二级品，主成分含量很高、纯度较高（99.7%），干扰杂质很低，适用于工业分析及化学实验，使用红色标签。

(3) 化学纯试剂 (chemical pure, CP)

三级品，主成分含量高、纯度较高（99.5%），存在干扰杂质，适用于化学实验和合成制备，使用蓝色标签。

(4) 实验试剂 (laboratory reagent, LR)

四级品，主成分含量高，纯度较差，杂质含量不做选择，只适用于一般化学实验和合成制备，使用黄色标签。

除上述几个等级外，还有高纯试剂、基准试剂和光谱纯试剂等。纯度远高于优级纯的试剂叫做高纯试剂（≥99.99%）。高纯试剂是在通用试剂基础上发展起来的，它是为了专门的使用目的而用特殊方法生产的纯度最高的试剂。它的杂质含量要比优级试剂低 2 个，3 个或更多个数量级。因此，高纯试剂特别适用于一些痕量分析，而通常的优级纯试剂达不到这种精密分析的要求。目前，除对少数产品制定国家标准外（如高纯硼酸、高纯冰乙酸、高纯氢氟酸等），大部分高纯试剂的质量标准还很不统一，在名称上有高纯、特纯、超纯等不同叫法。基准试剂作为基准物质，常用于标定标准溶液，其主成分含量一般在 99.95%～100.0%，杂质总量不超过 0.05%。光谱纯试剂主要用于光谱分析中作标准物质，其杂质用光谱分析法测不出或杂质低于某一限度，纯度在 99.99%以上。

2. 生物试剂的分类及特点

生物试剂（biochemical reagent，BR）是由生物体提取、生物技术制备或化学合成的用于生物研究和成分分析的各种纯度等级的物质，以及临床诊断、医学研究用的试剂。

(1) 生物试剂的分类

由于生物技术发展迅速、应用广泛，因此该类试剂品种繁多、性质复杂。目前，生物试剂主要有以下四种分类方法。

① 按生物学的分支学科来分类。

如生化试剂、分子生物学试剂、细胞生物学试剂、神经生物学试剂、免疫学试剂、植物试剂、动物试剂等。

② 按生物体中含有的基本物质来分类。

如蛋白质、多肽、氨基酸及其衍生物、核酸、核苷酸及其衍生物、酶、辅酶、糖类、脂类及其衍生物、甾类和激素、抗体、生物碱、维生素、胆酸与胆酸盐、植物生长调节剂、卟啉类及其衍生物等。

③ 按研究的用途来分类。

如缓冲剂、培养基、电泳试剂、色谱试剂、分离试剂、免疫试剂、标记试剂、分子重组试剂（*Taq* 酶、限制性核酸内切酶、DNA 连接酶）、DNA 和蛋白质分子量标记、电镜试剂、临床诊断试剂、食品检测试剂、诱变剂、诱导剂、抗生素、抗氧化剂、防霉剂、表面活性剂、标准品以及各种试剂盒等。

④ 按一些新技术、新方法需要使用的物质来分类。

如亲和层析、DNA 测序、PCR、分子克隆、微阵列（DNA chip）、细胞信号、基因组学、蛋白质组学、糖生物学等研究需要使用的试剂。

(2) 生物试剂的特点

① 品种多。

近年来发展迅速、层出不穷的各种分子生物学试剂，使生物试剂已成为化学试剂中的一个庞大门类，有商品 10000 多种，在中国销售的品种有 2500 种左右。

② 纯度高。

基因操作所用试剂必须是分析纯、电泳纯或分子生物学试剂级。

③ 规格多。

如酶试剂，有粗制酶、结晶酶、多次结晶酶以及不含某些杂酶的酶制剂等多种。一些 DNA Marker（DNA 分子量标记），有的可使用 200 次，有的只能使用 50 次、100 次。

④ 包装单位小。

有的包装只有 5mg、10mg，甚至更低，如基因操作使用的 *Taq* 酶、限制性核酸内切酶、DNA 连接酶等一个包装只有几十微升。

⑤ 贮运条件高。

如多数酶试剂怕热，需在 0～5℃下保存，有些基因工程工具酶需在－20℃下保存，而另一些试剂如 RNA 则需在－70℃下保存。

⑥ 操作要求严。

如溶菌酶、蛋白酶 K 溶液须用无菌水配制，并且整个过程须在无菌环境下操作。有的试剂配制后，须 121℃高压灭菌或用 0.22μm 滤膜过滤除菌。

⑦ 试剂盒多。

如 SOD 试剂盒、质粒提取试剂盒、RNA 提取试剂盒、黄曲霉毒素试剂盒、农残检测试剂盒，以及各种临床诊断试剂盒等。

（二）溶液浓度的表示、调整和互换

1. 溶液浓度的表示

溶液浓度是指在一定质量或一定体积的溶液中所含溶质的量。常用的浓度有质量分数、体积分数、物质的量浓度等。

(1) 质量分数（%）

质量分数是 100g 溶液中所含溶质的质量（g），即溶质（g）＋溶剂（g）＝100g 溶液。配制质量分数溶液时：

① 若溶质是固体：

称取溶质的质量＝需配制溶液的总质量×需配制溶液的质量分数

需用溶剂的质量＝需配制溶液的总质量－称取溶质的质量

例如，配制 10％氢氧化钠溶液 200g

溶质（固体氢氧化钠）的质量为：200g×0.10＝20g

溶剂（水）的质量为：200g－20g＝180g

因此，称取 20g 氢氧化钠加 180g 水溶解即可。

② 若溶质是液体：

$$应量取溶质的体积=\frac{需配制溶液总质量}{溶质的密度\times溶质的质量分数}\times需配制溶液的质量分数$$

需用溶剂的质量(或体积)=需配制溶液总质量−(需配制溶液总质量×需配制溶液的质量分数)

例如，配制20%硝酸溶液500g（浓硝酸的浓度为90%，密度为1.49g/cm^3）

需量取90%浓硝酸的体积：$\frac{500}{1.49\times0.9}\times0.2=74.57(\text{mL})$

需用溶剂（水）的体积：500−(500×0.2)=400(mL)

因此，量取400mL水加入74.57mL浓硝酸混匀即可。

但是，上述质量分数（质量/质量分数）表示方法使用得较少，在配制梯度溶液时会用到。人们习惯上使用质量体积分数，即每100mL溶剂中溶解溶质的质量（g）。一般来说，质量分数的溶液被认为是质量/体积，这也是公认的计算方法。例如，20%的NaCl溶液，在70mL水中溶解20g NaCl，再定容至100mL即可。

(2) 体积分数（%）

每100mL溶液中含溶质的体积（mL）。一般用于配制溶质为液体的溶液，如各种浓度的乙醇溶液。例如，配制100mL 75%的乙醇溶液，量取75mL的无水乙醇，再加上25mL的蒸馏水，混合均匀后即可。

(3) 物质的量浓度（mol/L）

物质的量浓度是指1L溶液中含有的溶质的物质的量。

$$物质的量浓度(\text{mol/L})=\frac{\dfrac{溶质的质量(\text{g})}{溶质的分子量}}{1000}$$

$$称取溶质的质量=需配制溶液的物质的量浓度\times溶质的分子量\times\frac{需配制溶液的体积(\text{mL})}{1000}$$

例如，配制2mol/L碳酸钠溶液500mL（Na_2CO_3的分子量为106）：

$$2\times106\times\frac{500}{1000}=106(\text{g})$$

因此，称取106g无水碳酸钠用蒸馏水溶解后，定容至500mL即可。

此外，对尚无明确分子组成，如存在于提取物中的蛋白质或核酸，或一混合物中的生物活性化合物，如维生素B_{12}和血清免疫球蛋白等分子量尚未被肯定的物质，其浓度以单位体积中溶质的质量（而非mol/L）表示，如g/L、mg/L和μg/L等，称为质量浓度。

2. 溶液浓度的调整

(1) 浓溶液稀释法

从浓溶液稀释成稀溶液可根据浓度与体积成反比的原理进行计算：

$$C_1\times V_1=C_2\times V_2$$

式中，C_1为浓溶液浓度；V_1为浓溶液体积；C_2为稀溶液浓度；V_2为稀溶液体积。

例如，将6mol/L硫酸450mL稀释成2.5mol/L可得多少毫升？

$$6\times450=2.5\times V_2$$

$$V_2=\frac{6\times450}{2.5}=1080(\text{mL})$$

（2）稀溶液浓度的调整

将一种低浓度的溶液和另一种高浓度的溶液混合到一种中间浓度的溶液，也可以根据浓度和体积成反比的原理进行计算，公式如下：

$$C\times(V_1+V_2)=C_2\times V_2+C_1\times V_1$$

式中，C 为中间浓度溶液的浓度；C_1 为浓溶液的浓度；V_1 为浓溶液的体积；C_2 为稀溶液的浓度；V_2 为稀溶液的体积。

例如，现有 0.25mol/L 氢氧化钠溶液 800mL，需要加多少毫升的 1mol/L 氢氧化钠溶液，才能成为 0.4mol/L 氢氧化钠溶液？

设所需 1mol/L 氢氧化钠溶液的体积为 x，代入公式：

$$0.4(x+800)=0.25\times800+1\times x$$

$$x=200(\text{mL})$$

3. 溶液浓度互换公式

$$\text{溶质质量分数}(\%)=\frac{\text{溶质的物质的量浓度}\times\text{分子量}}{\text{溶液体积}\times\text{相对密度}}$$

$$\text{溶质的物质的量浓度}(\text{mol/L})=\frac{\text{溶质质量分数}\times\text{溶液体积}\times\text{相对密度}}{\text{相对分子质量}}$$

（三）溶液的配制

1. 称量

称量前，应准备好所有需要的东西，如各种试剂、称量纸、刮刀、牛角匙、记号笔、玻璃棒、pH 试纸、烧杯或三角烧瓶等；称量时，应正确使用天平，保证称量的准确性。下面主要介绍电子天平的使用操作、校准方法以及维护和保养。

（1）电子天平的使用操作

① 预热：接通电源，预热 30min 以上，使天平处于稳定的备用状态。

② 称量：打开天平开关（按开关键），等待仪器自检，使天平处于零位，否则按去皮键。将称量器皿放在天平的称量台上，或取称量纸一张，对折，打开折纸，内面向上放在称量台上，按去皮键清零，用牛角匙取出试剂，轻轻叩打，使试剂徐徐进入器皿内或称量纸上，直至显示器显示所需重量时为止。取出含被称物质的器皿，或用手轻持称量纸的一侧，将试剂转移到烧杯内。

③ 清理：称量完毕，按开关键，关闭电源，清理称量台及天平周围桌面，进行使用登记。

（2）电子天平的校准方法

电子天平一般有内校和外校两种校准方式。其区别是：天平调零过程中外校需要外部校正砝码来调零，内校只需利用天平的内部校准功能来调零。

电子天平内校的操作步骤：

① 天平应预热，时间 2～3h。

② 天平应呈水平状，否则需重新调整。

③ 天平秤盘没有称量物品时，应稳定地显示为零位。

④ 按“CAL”键，启动天平内部的校准功能，稍后天平显示“C”，表示正在进行内部校准。

⑤ 当天平显示器显示为零位时，说明天平已校准完毕。如果在校正中出现错误，天平显示器将显示“Err”，显示时间很短，应重新清零，重新进行校正。

电子天平外校的操作步骤：

① 天平应预热 30min 以上。

② 天平应处于水平状态。

③ 天平秤盘没有称量物品时，应稳定地显示为零位。

④ 按“CAL”键，启动天平的校准功能。

⑤ 天平显示器上显示重量值。

⑥ 将符合精度要求的标准砝码放在天平的秤盘上。

⑦ 当电子天平的显示值不变时，说明外部的校正工作已完成，可将标准砝码取出。

⑧ 天平显示零位处于待用状态。如果在校正中出现错误，天平显示器将显示“Err”，显示时间很短，应重新清零，重新进行校正。

(3) 电子天平的维护与保养

① 应将天平置于稳定的工作台上，避免震动、气流及阳光照射。

② 保持天平称量室的清洁，一旦物品撒落应及时清除干净。

③ 经常对天平进行自校或定期外校，保证其处于最佳状态。

④ 使用前，应调整水平仪气泡至中间位置。

⑤ 操作天平不可过载使用，以免损坏天平。

⑥ 称量易挥发和腐蚀性物品时，要盛放在密闭的容器中，以免腐蚀和损坏天平。

⑦ 天平称量室内应放置干燥剂，常用变色硅胶，应定期更换。

⑧ 如果天平出现故障应及时检修，不可带“病”工作。

2. 调 pH

对于多数溶液，一般先加入约 80%终体积的水到烧杯中，再加入已称量的固体试剂，然后用玻璃棒或磁力搅拌器搅拌溶解（有时需加热）。有些溶液不需确定 pH，溶解后可直接定容至所需体积，但多数溶液需确定 pH，如基因操作中用到的缓冲液都有合适的 pH 值，因此尚需调节溶液的 pH，再定容至所需体积。

酸度计是测定溶液 pH 的最精密仪器。酸度计简称 pH 计，由电极和电计两部分组成。使用中如能正确操作电计、合理维护电极、按要求配制标准缓冲液，可大大减小 pH 示值误差，从而提高实验数据的可靠性。

(1) pH 计的校准和测量

用 pH 计测量溶液的 pH 前，须对 pH 计进行校准，其校准方法一般采用两点标定法，即选择两种标准缓冲液进行校准，先以 pH6.86 标准缓冲液进行“定位”校准，然后根据测试溶液的酸碱情况，选用 pH4.00 或 pH9.18 标准缓冲液进行“斜率”校正。pH 计校准、测量的操作步骤为：

① 将电极洗净并用滤纸吸干，浸入第一种标准缓冲液中（pH6.86），仪器温度补偿旋钮置于溶液温度处。待示值稳定后，调节定位旋钮，使仪器示值为标准缓冲液的 pH 值。

② 取出电极洗净并用滤纸吸干，浸入第二种标准缓冲液中（若待测溶液呈酸性，则选用 pH4.00 标准缓冲液；若待测溶液呈碱性，则选用 pH9.18 标准缓冲液）。待示值稳定后，调节仪器斜率旋钮，使仪器示值为第二种标准溶液的 pH 值。

③ 取出电极洗净并用滤纸吸干，再浸入 pH6.86 标准缓冲液中。如果 pH 值误差超过 0.02，则重复第①、②步骤，直至在两种标准缓冲液中不需调节旋钮都能显示正确的 pH 值。

④ 经 pH 标定的 pH 计，即可用来测定样品溶液的 pH 值。这时，温度补偿旋钮、定位旋钮、斜率旋钮都不要再动。取出电极洗净并用滤纸吸干电极球部后，把电极插在盛有待测样品溶液的烧杯内，轻轻摇动烧杯，待读数稳定后，就显示待测样品溶液的 pH 值。测量完毕，冲洗电极，套上保护帽，帽内放少量补充液（3mol/L 的氯化钾溶液），保持电极球泡湿润。

在校准和测量过程中，需注意保护电极。复合电极的主要传感部分是电极的球泡，球泡极薄，千万不能与硬物接触。此外，校准结束后，对使用频繁的 pH 计一般在 48h 内不需再次标定。如遇下列情况之一，则需重新标定：溶液温度与定标温度有较大差异时；电极在空气中暴露过久，如半小时以上时；定位或斜率旋钮被误动；测量过酸（pH＜2.0）或过碱（pH＞12.0）的溶液后；换过电极后；当待测溶液的 pH 值不在两点标定时所选溶液的中间，且距 pH7.0 又较远时。

(2) 电极的正确使用与保养

目前实验室使用的电极都是复合电极（玻璃电极和参比电极组合在一起的电极称为复合电极），其优点是使用方便，不受氧化性或还原性物质的影响，且平衡速度较快。使用时，将电极加液口上所套的橡胶套和下端的橡皮套全取下，以保持电极内氯化钾溶液的液压差。

① 复合电极不用时，可充分浸泡在 3mol/L 氯化钾溶液中。切忌用洗涤液或其他吸水性试剂浸洗。

② 使用前，检查玻璃电极前端的球泡。正常情况下，电极应该透明而无裂纹，球泡内要充满溶液，不能有气泡存在。

③ 测量浓度较大的溶液时，应尽量缩短测量时间，用后仔细清洗，防止被测溶液沾附于电极而污染电极。

④ 清洗电极后，不要用滤纸擦拭玻璃膜，而应用滤纸吸干，避免损坏玻璃薄膜、防止交叉污染，影响测量精度。

⑤ 测量中注意电极的银-氯化银内参比电极应浸入球泡内氯化物缓冲溶液中，避免电计显示部分出现数字乱跳现象。使用时，注意将电极轻轻甩几下。

⑥ 电极不能用于强酸、强碱或其他腐蚀性溶液。

⑦ 严禁在脱水性介质如无水乙醇、重铬酸钾等中使用。

(3) 标准缓冲液的配制及其保存

标准缓冲溶液性质稳定，有一定的缓冲容量和抗稀释能力，常用于校正 pH 计。常用的标准缓冲液有：邻苯二甲酸氢钾溶液（pH4.003），磷酸二氢钾和磷酸氢二钠混合盐溶液（pH6.864），硼砂溶液（pH9.182）。

① pH 标准物质应保存于干燥处，如混合磷酸盐 pH 标准物质在空气湿度较大时会发生潮解，一旦出现潮解，pH 标准物质即不可使用。

② 配制 pH 标准缓冲液应使用双蒸水或去离子水。

③ 配制 pH 标准缓冲液应使用较小的烧杯来稀释，以减少沾在烧杯壁上的 pH 标准液。存放 pH 标准物质的塑料袋或其它容器，除了应倒干净以外，还应用蒸馏水多次冲洗，然后

将其倒入配制的 pH 标准缓冲液中，以保证配制的 pH 标准缓冲液准确无误。

④ 配制好的标准缓冲液一般可保存 2～3 个月，如发现有浑浊、发霉或沉淀等现象时，不能继续使用。

⑤ 碱性标准缓冲液应装在聚乙烯瓶中密闭保存，防止二氧化碳进入标准缓冲液后形成碳酸，降低其 pH 值。

3. 定容

容量瓶是用来定容的量器。容量瓶的外形是平底、颈细的梨形瓶，瓶口带有磨口玻璃塞。颈上有环形标线，瓶体标有体积，一般表示为 20℃时液体充满至刻度时的容积，常见的有 10mL、25mL、50mL、100mL、250mL、500mL 和 1000mL 等多种规格。容量瓶的使用，主要包括以下三个方面。

(1) 检查

使用容量瓶前应先检查瓶塞是否漏水，检查时加自来水近刻度，盖好瓶塞用左手食指按住，同时用右手五指托住平底边缘［图 2-1(a) 和 (b)］，将瓶倒立 2min，如不漏水，将瓶直立，把瓶塞转动 180°再倒立 2min，若仍不漏水即可使用。

(2) 洗涤

可先用自来水刷洗，若内壁有油污，则应倒尽残水，加入适量的铬酸洗液，倾斜转动，使洗液充分润洗内壁，再倒回原洗液瓶中，用自来水冲洗干净后再用去离子水润洗 2～3 次备用。

(3) 转移

将试剂称量、溶解、调 pH 后的溶液定量转移至容量瓶中。定量转移时，右手持玻璃棒悬空放入容量瓶内，玻璃棒下端靠在瓶颈内壁（但不能与瓶口接触），左手拿烧杯，烧杯嘴紧靠玻璃棒，使溶液沿玻璃棒流入瓶内［图 2-1(c)］。烧杯中溶液流完后，将烧杯嘴沿玻璃棒上提，同时使烧杯直立，将玻璃棒取出放入烧杯内，用少量溶剂冲洗玻璃棒和烧杯内壁，将冲洗液也同样转移到容量瓶中，如此重复操作三次以上。然后补充溶剂，当容量瓶内溶液体积至 3/4 左右时，可初步摇荡混匀，再继续加溶剂至近标线，最后改用滴管逐滴加入，直到溶液的弯月面恰好与标线相切。若为热溶液，则应将溶液冷却至室温后，再加溶剂至标线。盖上瓶塞，将容量瓶倒置，待气泡上升至底部，再倒转过来，使气泡上升到顶部，如此反复 10 次以上，使溶液混匀。

图 2-1　容量瓶的使用

容量瓶不宜长期储存试剂，配好的溶液如需长期保存应转入试剂瓶中。转移前须用该溶液将洗净的试剂瓶润洗 3 遍。用过的容量瓶，应立即用双蒸水洗净备用，如长期不用，应将磨口和瓶塞擦干，用纸片将其隔开。此外，容量瓶不能在电炉、烘箱中加热烘烤，如确需干燥，可将洗净的容量瓶用乙醇等有机溶剂润洗后晾干，也可用电吹风或烘干机的冷风吹干。

4. 溶液配制的一般注意事项

① 称量要精确，特别是在配制标准溶液、缓冲溶液时，更应注意严格称量。有特殊要求的，要按规定进行干燥、衡重、提纯。

② 一般溶液都应用蒸馏水、超纯水或去离子水配制，有特殊要求的除外。

③ 化学试剂根据其纯度分为各种规格，配制溶液时应根据实验要求选择不同规格的试剂。

④ 溶液应根据需要量配制，一般不宜过多，以免积压浪费，过期失效。

⑤ 试剂（特别是液体）一经取出，不得放回原瓶，以免因量器或药勺不清洁而污染整瓶试剂。取固体试剂时，必须使用洁净干燥的药勺。

⑥ 配制溶液所用的玻璃器皿都要清洁干净。存放溶液的试剂瓶应清洁干燥。

⑦ 试剂瓶上应贴标签。写明试剂名称、浓度、配制日期及配制人。

⑧ 试剂用后要用原瓶塞塞紧，瓶塞不得沾染其他污染物或沾污桌面。有些化学试剂极易变质，变质后不能继续使用。

（四）生物实验室玻璃器皿的洗涤

实验中所使用的玻璃器皿清洁与否，直接影响实验结果，往往由于玻璃器皿的不清洁或被污染而造成较大的实验误差，甚至会出现相反的实验结果。因此玻璃器皿的洗涤清洁是非常重要的。

玻璃器皿的清洗方法主要有两种：一是机械清洗方法，即用铲、刮、刷、超声等方法清洗；二是化学清洗方法，即用各种化学去污溶剂清洗。具体的清洗方法需依污垢附着表面的状况及污垢的性质决定。

1. 实验室常用洗涤剂的种类及其应用

(1) 肥皂

使用时多用湿刷子（试管刷、瓶刷）沾肥皂刷洗容器，再用水洗去肥皂。热的肥皂水(5%) 去污力很强，洗去器皿上的油脂很有效。

(2) 去污粉

用时将一般玻璃器皿或搪瓷器皿润湿，将去污粉涂在污点上，用布或刷子擦拭，再用水洗去去污粉。

(3) 洗衣粉

常用1%的洗衣粉溶液洗涤载玻片和盖玻片，能达到良好的清洁效果。

(4) 洗涤液

通常用的洗涤液是重铬酸钾-硫酸洗液，简称铬酸洗液。重铬酸钾与硫酸作用后形成铬酸，铬酸是一种强氧化剂，去污能力很强，广泛用于玻璃器皿的洗涤。铬酸洗液分为浓溶液和稀溶液两种，配方如下：

① 浓配方：重铬酸钾（工业用）50g，蒸馏水150mL，浓硫酸（粗）800mL。

② 稀配方：重铬酸钾（工业用）50g，蒸馏水850mL，浓硫酸（粗）100mL。

③ 配制方法：将重铬酸钾溶解在温热蒸馏水中（可加热），待冷却后，再缓慢加入浓硫

酸，边加边搅拌。配好的溶液呈棕红色或橘红色。应始终存储于有盖容器内，以防变质。此液可多次使用，直至溶液变成青褐色或墨绿色时失效。

2. 各种玻璃器皿的洗涤方法

(1) 新玻璃器皿的洗涤

新购置的玻璃器皿（包括平皿、载玻片、试管、三角瓶等）含有游离碱，应用2%的盐酸溶液浸泡数小时，以中和其碱质，再用水充分冲洗干净。

(2) 一般玻璃器皿的洗涤

三角瓶、培养皿、试管等可用毛刷蘸洗涤剂、去污粉或肥皂洗去灰尘、油污、无机盐等物质，然后用自来水冲洗干净。如果器皿要盛放高纯度的化学药品或者做较精确的实验，可先在洗液中浸泡过夜，再用自来水冲洗，最后用蒸馏水洗2～3次。洗刷干净的玻璃器皿烘干备用。

染菌的玻璃器皿应先经121℃高压蒸汽灭菌20～30min后取出，趁热倒出容器内的培养物，再用热的洗涤剂溶液洗刷干净，最后用水冲洗。染菌的移液管和毛细吸管，使用后应立即放入5%的石炭酸溶液中浸泡数小时，先灭菌，然后再冲洗。

(3) 用过的载玻片及盖玻片的洗涤

用过的载玻片放入1%洗衣粉溶液中煮沸20～30min（注意溶液一定要浸没玻片，否则会使玻片钙化变质），待冷却后，逐个用自来水洗净，浸泡于95%的乙醇中备用。盖玻片浸入1%的洗衣粉溶液中，煮沸1min，待稍冷后再煮沸1min，如此重复2～3次。待冷却后用自来水冲洗，洗净后于95%的乙醇中浸泡。带有活菌的载玻片或盖玻片可先浸在5%苯酚溶液中消毒24～48h后，再按上述方法洗涤。使用前，可用干净纱布擦去乙醇，并经火焰微热，使残余乙醇挥发，再用水滴检查，如水滴在玻片上均匀散开，方可使用。

(4) 计数板的清洗

血球计数板或细菌计数板使用后应立即在水龙头下用水冲净，必要时可用95%乙醇浸泡，或用酒精棉轻轻擦拭，切勿用硬物洗刷或抹擦，以免损坏网格刻度。洗涤完毕，镜检计数区是否残留菌体或其他沉淀物，若不干净，则必须重复洗涤至洁净为止。洗净后自行晾干或用吹风机吹干，放入盒内保存。

(5) 含有琼脂培养基的玻璃器皿的洗涤

先用小刀、镊子或玻璃棒将器皿中的琼脂培养基刮下。如果琼脂培养基已经干燥，可将器皿放在少量水中煮沸，使琼脂熔化后趁热倒出，然后用水洗涤，并用刷子沾洗涤剂擦洗内壁，然后用清水冲洗干净。如果器皿上沾有蜡或油漆等物质，可用加热的方法使之熔化后揩去，或用有机溶剂（苯、二甲苯、丙酮等）擦拭；如器皿沾有焦油、树脂等物质，可用浓硫酸或40%氢氧化钠溶液浸泡，也可用洗涤液浸泡。

(6) 光学玻璃的清洗

光学玻璃用于仪器的镜头、镜片、棱镜等，在制造和使用中容易沾上油污、水溶性污物、指纹等，影响成像及透光率。清洗光学玻璃，应根据污垢的特点、不同结构选用不同的清洗剂、清洗工具及清洗方法。清洗镀有增透膜的镜头，如照相机、投影仪、显微镜的镜头，可用30%的乙醇加70%的乙醚配制成清洗剂清洗。清洗时应用软毛刷或棉球蘸少量清洗剂，从镜头中心向外做圆周运动。切忌将镜头浸泡在清洗剂中清洗。清洗镜头不得用力擦拭，否则会划伤增透膜，损坏镜头。清洗棱镜、平面镜的方法，可依照清洗镜头的方法进行。光学玻璃表面生霉后，光线在其表面发生散射，使成像模糊不清，严重者会使仪器报废。消除霉斑可用0.1%～0.5%的乙基含氢二氯硅烷与无水乙醇配制的清洗剂清洗，潮湿天气还需掺入少量的乙醚，或用环氧丙烷、稀氨水等清洗。使用上述清洗剂也能清洗光学玻璃上的油脂性雾、水湿性雾和油水混合性雾，其清洗方法与清洗镜头方法相似。

3. 玻璃器皿洗涤的注意事项

① 任何洗涤方法，都不应对玻璃器皿造成损伤，所以不能使用对玻璃器皿有腐蚀作用的化学试剂，也不能使用比玻璃硬度大的制品擦拭玻璃器皿。

② 用过的器皿应立即洗刷，放置太久会增加洗刷的困难。

③ 含有对人有传染性或非传染性致病菌的玻璃器皿，应先浸在5%石炭酸溶液内或经蒸煮、高压灭菌后再进行洗涤。

④ 盛过有毒物质的器皿，不要与其他器皿放在一起。

⑤ 难洗涤的器皿不要与易洗涤的器皿放在一起，以免增加洗涤的麻烦。有油的器皿不要与无油的器皿混在一起，否则本来无油的器皿沾上了油污，浪费药剂和时间。

⑥ 强酸、强碱及其他氧化物和挥发性的有毒物品，都不能倒在洗涤槽内，必须倒在废液缸中。

⑦ 用过的升汞溶液，切勿装在铝锅等金属容器中，以免引起金属的腐蚀。

⑧ 盛用液体培养物的器皿，应先将培养物倒在废液缸中，然后洗涤。切勿将培养物尤其是琼脂培养物倒入洗涤槽中，否则会逐渐堵塞下水道。

⑨ 使用洗涤液时，投入的玻璃器皿应尽量干燥，以避免稀释洗涤液。如要去污作用更强，可将之加热至40～50℃（稀铬酸洗液可以煮沸）。器皿上带有大量有机质时，不可直接加洗涤液，应尽可能先行清除，再用洗涤液，否则洗涤液会很快失效。用洗涤液洗过的器皿，应立即用水冲洗至无色为止。洗涤液有强腐蚀性，使用时应注意防护，如溅于桌椅上，应立即用水洗并用湿布擦去。皮肤及衣服上沾有洗涤液，应立即用水洗，然后用苏打（碳酸钠）水或氨液中和。

⑩ 注意安全，洗涤前应检查玻璃器皿是否有裂缝或者缺口。

项目实施

任务2-1 移液器的使用与维护

【任务描述】

试剂配制、量取液体、转移液体均需用到移液器，可以说移液器是基因工程实验室每天都要使用的基本工具。移液器，又称移液枪，它是将少量或微量液体从一个容器转移到另一个容器的计量器具，使用方便，移液准确、精密，但使用不当，无疑影响实验结果。本任务主要掌握移液器的规范操作、注意事项及日常维护。

1. 结构

移液器一般包括控制按钮、调节按钮、吸头推卸按钮（弹射键）、活塞室、体积显示窗、套筒、弹性吸嘴、吸头等，如图2-2所示。

2. 种类

按照排液方式，移液器可分为空气排代式移液器和活塞排代式移液器。

空气排代式移液器：活塞位于移液器内部，活塞通过弹簧的伸缩运动来实现吸液和放液。在活塞的推动下，排出部分空气，利用大气压吸入液体，再由活塞推动空气排出液体。活塞与液体不进行接触。空气排代式是常用的移液器种类。

活塞排代式移液器：活塞位于吸嘴内部，通过改变活塞伸缩进行吸液和放液，活塞与液体之间没有空气段，可以更好地保护液体样本，最大限度地避免交叉污染。主要应用于黏稠度较大的液体如糖浆、甘油等。

按照操作方式，移液器可分为手动移液器和电动移液器。手动移液器通过控制活塞按钮进行液体的移取。电动移液器通过使用马达来精确控制活塞的移动，并增加精准度。

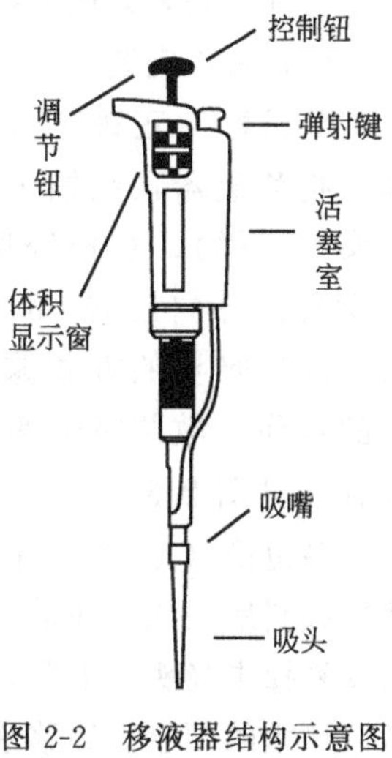

图 2-2　移液器结构示意图

按照通道数量，移液器可分为单道移液器和多道移液器。多道移液器通常包括 8 通道和 12 通道。

按照容量情况，移液器可分为固定容量式移液器和可调容量式移液器。固定容量式移液器只能进行一个容量的移液，可调容量式移液器可以对一定范围内的容量进行移液。

按照灭菌方法，移液器可分为整支高温高压灭菌移液器和半支高温高压灭菌移液器。

按照吸头通用性，移液器可分为通用吸头式移液器和专用吸头式移液器。

移液器常见类型有手动单道、手动多道、电动单道、电动多道（图 2-3）。

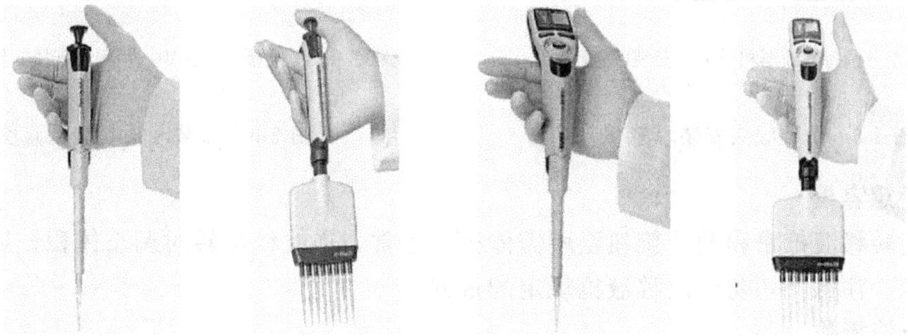

手动单道　　手动多道　　电动单道　　电动多道

图 2-3　移液器常见类型

3. 操作

移液器的握持方法：右手四指（除大拇指外）并拢握住移液器外壳（使外壳突起部分搭在食指近端），大拇指轻轻放在移液器的按钮上（图 2-4）。

一个完整的移液循环，包括吸头安装——容量设定——吸液——排液等四个步骤。每一个步骤都有需要遵循的操作规范。

(1) 吸头安装

单道枪　正确的安装方法叫旋转安装法，具体做法是：把移液器顶端插入吸头（无论是散装吸头还是盒装吸头都一样），在轻轻用力下压的同时，把手中的移液器按逆时针方向旋转 180°。切记用力不能过猛，更不能采取“跺”吸头的方式来进行安装，以免造成移液器不必要的损伤。散装吸头的安装方法见图 2-5，盒装吸头的安装方法见图 2-6。

多道枪（排枪）　将移液器的第一道对准第一个吸头，然后倾斜地插入，往前后方向摇动即可卡紧，切不可用移液器反复撞击吸头来上紧，这样操作会导致吸头变形而影响精度，严重的则会损坏移液器。

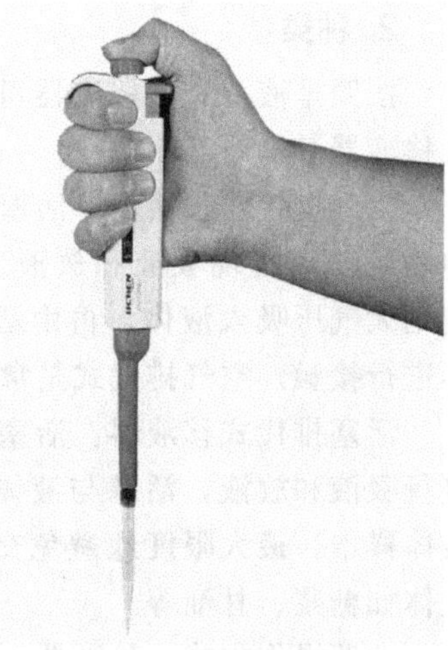

图 2-4　移液器的持法

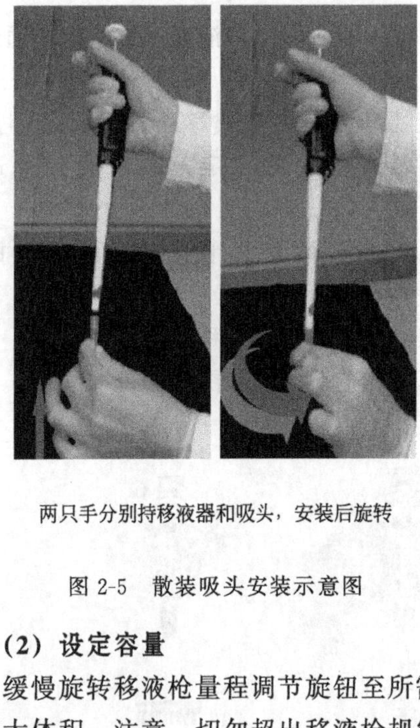

两只手分别持移液器和吸头，安装后旋转

图 2-5　散装吸头安装示意图

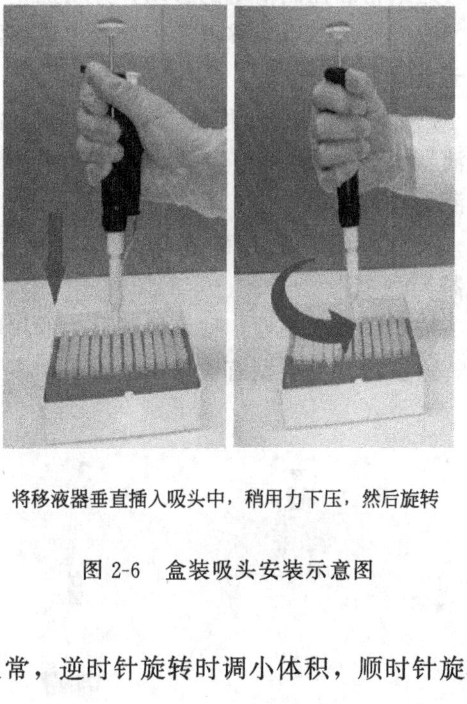

将移液器垂直插入吸头中，稍用力下压，然后旋转

图 2-6　盒装吸头安装示意图

(2) 设定容量

缓慢旋转移液枪量程调节旋钮至所需体积。通常，逆时针旋转时调小体积，顺时针旋转时调大体积。注意：切勿超出移液枪规定的量程。

(3) 吸液操作

① 连接恰当的吸头；

② 按下控制钮至第一档；

③ 将移液器吸头垂直进入液面下 1～6mm（视移液器容量大小而定），为使吸量准确可将吸头预洗 3 次，即反复吸排待吸液体 3 次；

④ 使控制钮缓慢滑回原位，切记不能过快；

⑤ 移液器移出液面前略等待 1～3s；

⑥ 缓慢移出吸头，确保吸嘴外壁无液体。

(4) 排液操作

① 将吸头以一定角度抵住容量内壁；

② 缓慢将控制钮按至第一档并等待 1～3s；

③ 将控制钮按至第二档过程中，吸头将剩余液体排净；

④ 慢放控制钮；

⑤ 按压弹射键弹射出吸头。

吸液、排液操作如图 2-7 所示。

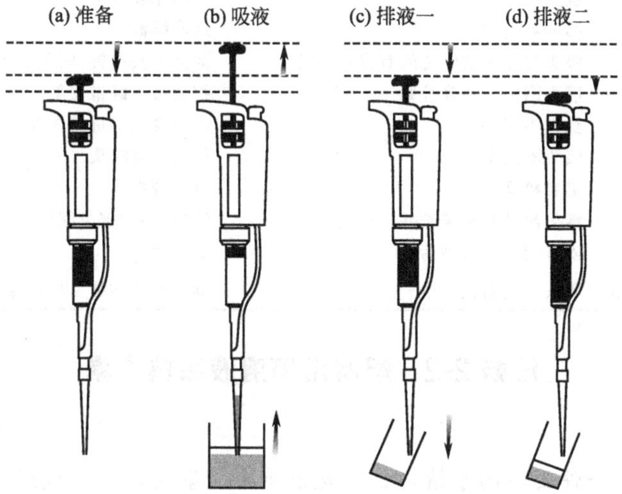

图 2-7　移液器吸、排液示意图

4. 注意事项及维护

① 吸取液体时一定要缓慢平稳地松开拇指，绝不允许突然松开，以防将溶液吸入过快而冲入取液器内腐蚀活塞室而造成漏气。

② 当移液器吸头有液体时切勿将移液器水平或倒置放置，以防液体流入活塞室腐蚀移液器活塞。

③ 移液器使用完毕后，将移液器量程调至最大值，然后将移液器垂直放置在移液器架上。

④ 如液体不小心进入活塞室应及时清除污染物。

⑤ 移液器不得移取有腐蚀性或挥发性的溶液，如强酸、强碱等。

⑥ 平时检查是否漏液的方法：吸液后在液体中停 1～3s 观察吸头内液面是否下降。如果液面下降，首先检查吸头是否有问题，如有问题更换吸头，更换吸头后液面仍下降说明活塞组件有问题，应找专业维修人员修理。

⑦ 避免放在温度较高处以防变形致漏液或不准。

⑧ 需要高温消毒的移液器，应首先查阅所使用的移液器是否适合高温消毒后再行处理。

⑨ 根据使用频率，所有的移液器应定期用肥皂水清洗或用 60％的异丙醇消毒，再用双蒸水清洗并晾干。

⑩ 与移液器相配的吸头，通常是一次性使用的，也可超声清洗后重复使用，还可进行

高压灭菌。卸掉的吸头不要和新吸头混放，以免产生交叉污染。

5. 故障分析及处理

移液器常见故障、可能原因及处理方法见表 2-1。

表 2-1　移液器常见故障、可能原因及处理方法

故障	可能原因	处理方法
吸头内有残液	吸头不匹配	使用原装吸头
漏液或移液量过少	吸头安装不正确	牢固安装
	吸头不匹配	使用原装吸头
	移液器受损	返回维修
	吸头与吸头圆锥之间有异物颗粒	清洁吸头圆锥,安装新吸头
	吸头圆锥未正确拧紧	拧紧吸头圆锥支架
移液超出设定规格	操作不当	按照说明书进行操作
	吸头不匹配	使用原装吸头
	需要校准	重新校准
操作按钮卡住或移动不畅	液体渗进吸头圆锥并已干燥	清洁活塞/密封圈并上润滑剂,清洁吸头圆锥
	安全圆锥滤器被污染	更换滤器
吸头弹出器卡住或移动不畅	吸头弹出器被污染	拆除并清洁弹出器环管和吸头圆锥

任务 2-2　配制常用溶液和抗生素

【任务描述】

试剂配制并不是一件困难的事情，但却是最重要的事情，因为试剂配制的质量直接决定着实验的成败和数据的可靠性。本任务主要掌握基因工程实验中常用贮存液、缓冲液以及一些抗生素的配制方法。

1. 常用溶液

(1) 1mol/L Tris（pH 7.4，pH 7.6，pH 8.0）

在 800mL 蒸馏水中溶解 121.1g Tris 碱，加入浓 HCl 调节 pH 至所需值：pH 7.4，约加浓 HCl 70mL；pH 7.6，约加浓 HCl 60mL；pH 8.0，约加浓 HCl 42mL。加水定容至 1L，分装后 121℃高压蒸汽灭菌 20min。

> 温馨提示：应使溶液冷却至室温后再调 pH，因为 Tris 溶液的 pH 值随温度变化差异较大，温度每升高 1℃，pH 值大约降低 0.03 个单位。例如：0.05mol/L 的溶液在 5℃、25℃和 37℃时的 pH 值分别为 9.5、8.9、8.6。

(2) 0.5mol/L EDTA（pH 8.0）

在 800mL 蒸馏水中加入 186.1g 二水乙二胺四乙酸二钠，充分搅拌，用 NaOH 调节溶液的 pH 值至 8.0（约需 20g NaOH 颗粒），定容至 1L，分装后 121℃高压蒸汽灭菌 20min，室温保存。

> 温馨提示：EDTA 二钠盐需加入 NaOH 将溶液的 pH 值调至接近 8.0 时，才能完全溶解。

(3) 10×TE (pH 7.4，pH 7.6，pH 8.0)

组分浓度为 100mmol/L Tris-HCl，10mmol/L EDTA。

量取 1mol/L Tris-HCl 溶液 (pH 7.4，pH 7.6，pH 8.0) 100mL、0.5mol/L EDTA (pH 8.0) 20mL，置于 1L 烧杯中，加入约 800mL 蒸馏水，混合均匀，定容至 1L，121℃ 高压蒸汽灭菌 20min，室温保存。

(4) 2mol/L NaOH

在 80mL 蒸馏水中逐渐加入 8g NaOH，边加边搅拌，定容至 100mL。将溶液转移至塑料容器后，室温保存。

(5) 2.5mol/L HCl

在 78.4mL 的蒸馏水中加入 21.6mL 的浓盐酸 (11.6mol/L)，均匀混合，室温保存。

(6) 8mol/L 尿素 (pH 8.0) (用于包涵体变性)

称取 0.2422g Tris、2.922g NaCl、48.048g 尿素，溶于 100mL 蒸馏水中，调 pH 至 8.0。

(7) 1mol/L 乙酸钾 (pH 7.5)

将 9.82g 乙酸钾溶解于 900mL 蒸馏水中，用 2mol/L 乙酸调节 pH 值至 7.5 后加入蒸馏水定容至 1L，保存于－20℃。

(8) 乙酸钾溶液 (用于碱裂解)

在 60mL 50mol/L 乙酸钾溶液中加入 11.5mL 冰乙酸和 28.5mL 蒸馏水，即成钾浓度为 3mol/L 而乙酸根浓度为 5mol/L 的溶液。

(9) 3mol/L 乙酸钠 (pH 5.2 和 pH 7.0)

在 800mL 蒸馏水中溶解 408.1g 三水乙酸钠，用冰乙酸调节 pH 值至 5.2 或用稀乙酸调节 pH 值至 7.0，加水定容至 1L，分装后高压灭菌。

(10) 5mol/L NaCl

在 800mL 蒸馏水中溶解 292.2g NaCl，加水定容至 1L，分装后高压灭菌。

(11) 1mol/L $CaCl_2$

在 200mL 蒸馏水中溶解 54g $CaCl_2 \cdot 6H_2O$，用 0.22μm 滤器过滤除菌，分装成 10mL 小份贮存于－20℃。

温馨提示：制备感受态细胞时，取出 1 份解冻并用纯水稀释至 100mL，用 Nalgene (0.45μm 孔径) 过滤除菌，然后骤冷至 0℃。

(12) 2.5mol /L $CaCl_2$

在 20mL 蒸馏水中溶解 13.5g $CaCl_2 \cdot 6H_2O$，用 0.22μm 滤器过滤除菌，分装成 1mL 小份贮存于－20℃。

(13) 1mol/L 乙酸镁

在 800mL 蒸馏水中溶解 214.46g 四水乙酸镁，用水定容至 1L，过滤除菌。

(14) 1mol /L $MgCl_2$

在 800mL 蒸馏水中溶解 203.3g $MgCl_2 \cdot 6H_2O$，用水定容 1L，分装成小份并高压灭菌备用。

(15) 10mol /L 乙酸铵

把 770g 乙酸铵溶解于 800mL 蒸馏水中，加水定容至 1L 后过滤除菌。

(16) 0.1mol /L 腺苷三磷酸 (ATP)

在 0.8mL 蒸馏水中溶解 60mg ATP，用 0.1mol/L NaOH 调 pH 值至 7.0，用蒸馏水定容至 1mL，分装成小份保存于－20℃。

(17) 30%丙烯酰胺

将 29g 丙烯酰胺和 1g 亚甲双丙烯酰胺溶于 60mL 的蒸馏水中，加热至 37℃溶解，补加水至终体积为 100mL。用 0.45μm 滤膜过滤除菌，该溶液 pH 值应不大于 7.0，置棕色瓶中 4℃保存。

温馨提示：丙烯酰胺具有很强的神经毒性并可通过皮肤吸收，其作用具有累积性。称量操作时，应戴手套和面罩。

(18) X-gal

X-gal 为 5-溴-4-氯-3-吲哚-β-D-半乳糖苷，用二甲基甲酰胺溶解 X-gal 配制成 20mg/mL 的贮存液，保存于一玻璃管或聚丙烯管中，装有 X-gal 溶液的试管须用铝箔封裹以防受光照而被破坏，并贮存于－20℃。X-gal 溶液无须过滤除菌。

(19) 1mol/L 二硫苏糖醇 (DTT)

用 20mL 0.01mol/L 乙酸钠溶液 (pH 5.2) 溶解 3.09g DTT，用 0.22μm 滤器过滤除菌，分装成 1mL 小份，贮存于－20℃。

温馨提示：DTT 或含有 DTT 的溶液不能进行高压处理。

(20) β-巯基乙醇 (BME)

一般得到的是 14.4mol/L 溶液，应装在棕色瓶中保存于 4℃。

温馨提示：BME 或含有 BME 的溶液不能进行高压处理。

(21) 1mol/L IPTG

IPTG 为异丙基硫代-β-D-半乳糖苷 (分子量为 238.3)，在 8mL 蒸馏水中溶解 2.38g IPTG 后，用蒸馏水定容至 10mL，用 0.22μm 滤器过滤除菌，分装成 1mL 小份贮存于－20℃。

(22) 10mmol/L 苯甲基磺酰氟 (PMSF)

用异丙醇溶解 PMSF 成 1.74mg/mL (10mmol/L)，分装成小份贮存于－20℃。如有必要可配成浓度高达 17.4mg/mL 的贮存液 (100mmol/L)。

温馨提示：PMSF 严重损害呼吸道黏膜、眼睛及皮肤，吸入、吞进或通过皮肤吸收后有致命危险。一旦眼睛或皮肤接触了 PMSF，应立即用大量水冲洗。被 PMSF 污染的衣物应予以丢弃。

PMSF 在水溶液中不稳定，应在使用前从贮存液中现用现加于裂解缓冲液中。PMSF 在水溶液中的活性丧失速率随 pH 值的升高而加快，且 25℃的失活速率高于 4℃。pH 值为 8.0 时，20μmol/L PMSF 水溶液的半衰期大约为 35min。这表明将 PMSF 溶液调节为碱性 (pH>8.6) 并在室温放置数小时后，可安全地予以丢弃。

(23) 放线菌素D

把20mg放线菌素D溶解于4mL 100%乙醇中，1∶10稀释贮存液，用100%乙醇作空白对照读取A_{440}值。放线菌素D（分子量为1255）纯品在水溶液中的摩尔消光系数为21900，故而1mg/mL的放线菌素D溶液在440nm处的吸光值为0.182，放线菌素D的贮存液应放在包有箔片的试管中，保存于－20℃。

温馨提示：放线菌素D是致畸剂和致癌剂，配制该溶液时必须戴手套并在化学通风柜内操作，而不能在开放的实验桌面上进行，谨防吸入药粉或让其接触到眼睛或皮肤。药厂提供的作为治疗用途的放线菌素D制品常含有糖或盐等添加剂。只要通过测量贮存液在440nm波长处的光吸收确定放线菌素D的浓度，这类制品便可用于抑制自身引导作用。

(24) Tris缓冲液（TBS）(25mmol/L Tris)

在800mL蒸馏水中溶解8g NaCl、0.2g KCl和3g Tris碱，加入0.015g苯酚并用HCl调pH值至7.4，用蒸馏水定容至1L，分装后121℃高压蒸汽灭菌20min，室温保存。

(25) 磷酸缓冲液（PBS）

在800mL蒸馏水中溶解8g NaCl、0.2g KCl、1.44g Na_2HPO_4和0.24g KH_2PO_4，充分搅拌溶解，用HCl调节溶液pH值至7.4，加水定容至1L，分装后121℃高压蒸汽灭菌20min，室温保存。

(26) 20×柠檬酸盐缓冲液（SSC）

在800mL蒸馏水中溶解175.3g NaCl和88.2g柠檬酸钠，加入数滴10mol/L NaOH溶液调节pH值至7.0，加水定容至1L，分装后高压灭菌。

(27) 20×SSPE

在800mL蒸馏水中溶解175.3g NaCl、27.6g $NaH_2PO_4 \cdot H_2O$和7.4g EDTA，用NaOH溶液调节pH值至7.4（约需6.5mL 10mol/L NaOH），加水定容至1L，分装后高压灭菌。

(28) Tris饱和酚

市售酚常含有氧化物杂质，呈粉红色，需重蒸纯化，在160～183℃时以空气冷凝器进行蒸馏，分装于棕色瓶中密封，于－20℃存放。

因为在酸性条件下，DNA分配于有机相，因此使用前必须进行平衡使其pH值>7.8。方法如下：

① 将重蒸酚在68℃水浴中溶解，在热酚中加入8-羟基喹啉至终浓度0.1%（或加0.2% *β*-巯基乙醇），同时加入等体积的1mol/L Tris-HCl（pH 8.0），将它们倒入分液漏斗中，充分混匀。

② 测pH值，若此时pH<7.8，可加入少量固体Tris碱，充分振荡溶解，静置，分层后测上层水相pH值。如pH<7.8，待分层完全后放出下层水相，重复操作①和②，直至pH值达到7.8～8.0。

③ 充分静置，放出下层酚相于棕色瓶中，加入适量容积的0.1mol/L Tris-HCl（pH 8.0）覆盖在酚相上，置4℃冰箱备用。

④ 制备Tris饱和酚中加入8-羟基喹啉、*β*-巯基乙醇的目的在于抗氧化，抑制核酸酶活

性，且8-羟基喹啉呈黄色，有助于方便地识别有机相。如酚相变为粉红色，说明酚相已氧化，应弃去。

2. 常用抗生素

(1) 氨苄青霉素 (ampicillin) (100mg/mL)

溶解1g氨苄青霉素钠于适量的水中，定容至10mL。分装成小份于−20℃贮存。常以100μg/mL的终浓度添加于培养基中。

(2) 羧苄西林 (carbenicillin) (50mg/mL)

溶解0.5g羧苄西林二钠于适量的水中，定容至10mL。分装成小份，−20℃贮存。常以50μg/mL的终浓度添加于培养基中。

(3) 甲氧西林 (methicillin) (100mg/mL)

溶解1g甲氧西林钠于适量的水中，定容至10mL。分装成小份，−20℃贮存。常以37.5μg/mL的终浓度添加于培养基中。

(4) 卡那霉素 (kanamycin) (10mg/mL)

溶解0.1g卡那霉素于适量的水中，定容至10mL。分装成小份，−20℃贮存。常以50μg/mL的终浓度添加于培养基中。

(5) 链霉素 (streptomycin) (50mg/mL)

溶解0.5g链霉素硫酸盐于适量的无水乙醇中，定容至10mL。分装成小份，−20℃贮存。常以10～50μg/mL的终浓度添加于培养基中。

(6) 氯霉素 (chloramphenicol) (25mg/mL)

溶解0.25g氯霉素于适量的无水乙醇中，定容至10mL。分装成小份，−20℃贮存。常以25μg/mL的终浓度添加于培养基中。

(7) 四环素 (tetracycline) (10mg/mL)

溶解0.1g四环素盐酸盐于适量的水中，或者将无碱的四环素溶于无水乙醇，定容至10mL。分装成小份，用铝箔包裹装液管以免溶液见光，−20℃贮存。常以10～50μg/mL的终浓度添加于培养基中。

3. 注意事项

① 基因操作所用试剂须是分析纯或分子生物学试剂级。

② 溶液配制用水尽可能使用灭菌水、蒸馏水或去离子水。多数溶液需用0.22μm孔径滤膜过滤除菌或者高压灭菌（121℃、20～30min）。

③ 用高压灭菌的水、灭菌的容器以及灭菌的贮存液来配制溶液，可延长所配溶液的使用时间。用干燥的化学试剂和无菌水配制的溶液一般不需再灭菌；有些酸、碱和一些有机化合物溶液也不需灭菌，因为微生物在这些溶液中不能生长。

④ 配制的溶液应分装成小份，有些溶液应贮存于4℃或−20℃。

任务 2-3 常用细菌培养基及配制

【任务描述】

微生物繁殖快，种类多，培养容易，易于大规模发酵生产，是基因工程实验的主要材料。微生物的生长离不开培养基，需无菌条件，在培养过程中容易染菌，因此掌握微生物培养基的配制也是基因工程实验的基本技术。本任务主要掌握细菌的常用培养基及配制方法。

1. 常用细菌培养基

培养基是用人工方法配制的各种营养物质比例适宜、适合微生物生长繁殖或产生代谢产物的营养基质。常用的细菌培养基如下，其中 LB 培养基是用于培养基因工程受体菌（大肠杆菌）的常用培养基。

(1) LB 培养基

配制每升培养基，应在 900mL 双蒸水中加入：

胰化蛋白胨	10g
酵母提取物	5g
氯化钠	10g

如配制 LB 固体培养基，则添加琼脂粉 15g

加热至溶质完全溶解，用 5mol/L 氢氧化钠（约 0.2mL）调节 pH 值至 7.0，加入双蒸水至总体积为 1L，121℃高压蒸汽灭菌 20min。

(2) SOB 培养基

配制每升培养基，应在 900mL 双蒸水中加入：

胰化蛋白胨	20g
酵母提取物	5g
氯化钠	0.5g
1mol/L 氯化钾	2.5mL

加热至溶质完全溶解，用 5mol/L 氢氧化钠（约 0.2mL）调节溶液的 pH 值至 7.0，加双蒸水至总体积为 1L，分成 100mL 的小份，121℃高压蒸汽灭菌 20min。培养基冷却到室温后，再在每 100mL 的小份中加 1mL 灭菌的 1mol/L 氯化镁溶液。

(3) SOC 培养基

成分与配制方法与 SOB 培养基相同，只是在培养基冷却到室温后，除了在每 100mL 小份中加 1mL 灭菌过的 1mol/L 氯化镁外，再加 2mL 经除菌的 1mol/L 葡萄糖溶液（1mol/L 葡萄糖溶液的配制：在 90mL 的双蒸水中溶解 18g 葡萄糖，待糖完全溶解后，加入双蒸水至总体积为 100mL，然后用 0.22μm 滤膜过滤除菌）。

(4) TB 培养基

配制每升培养基，应在 900mL 双蒸水中加入：

胰化蛋白胨	12g
酵母提取物	24g
甘油	4mL

将各组分溶解后 121℃高压蒸汽灭菌 20min。冷却到 60℃后，再加 100mL 灭菌的含 170mmol/L KH_2PO_4 和 0.72mol/L K_2HPO_4 的溶液（在 90mL 的双蒸水中溶解 2.31g KH_2PO_4 和 12.54g K_2HPO_4，加入双蒸水至总体积为 100mL，然后 121℃高压蒸汽灭菌 20min）。

(5) 2×YT 培养基

配制每升培养基，应在 900mL 双蒸水中加入：

胰化蛋白胨	16g

酵母提取物	10g
氯化钠	5g

加热至溶质完全溶解，用5mol/L氢氧化钠（约0.2mL）调节pH值至7.0，加入双蒸水至总体积为1L，121℃高压蒸汽灭菌20min。

（6）NZCYM培养基

配制每升培养基，应在900mL双蒸水中加入：

NZ胺	10g
氯化钠	5g
酵母提取物	5g
酪蛋白氨基酸	1g
七水合硫酸镁	2g

加热至溶质完全溶解，用5mol/L氢氧化钠调节pH值至7.0，加入双蒸水至总体积为1L，121℃高压蒸汽灭菌20min。NZ胺：酪蛋白酶促水解物。

（7）NZYM培养基

NZYM培养基除不含酪蛋白氨基酸外，其他成分与NZCYM培养基相同。

（8）NZM培养基

NZM培养基除不含酵母提取物外，其他成分与NZYM培养基相同。

另外，在基因操作中酵母也是经常被使用的微生物，其常用培养基为YPD培养基，配方是：配制每升YPD培养基，应在900mL双蒸水中加入蛋白胨20g，酵母提取物10g，葡萄糖20g，用水补足体积为1L后，高压灭菌。建议在高压灭菌之前，对培养色氨酸营养缺陷型细胞所用的培养基每升添加1.6g色氨酸，因为YPD培养基是色氨酸限制型培养基。如配制平板，需在高压灭菌前加入15g/L的琼脂粉。

2. 细菌培养基的配制、包扎及灭菌

下面以牛肉膏蛋白胨（肉汤）培养基为例，介绍培养基的配制方法。

肉汤培养基的配方：牛肉膏0.3g、蛋白胨1.0g、氯化钠0.5g，加蒸馏水至100mL并调节pH至7.0～7.2。如果加入1.5%的琼脂，则形成固体培养基。具体步骤如下：

（1）称量

按培养基配方比例依次准确地称取牛肉膏、蛋白胨、NaCl放入烧杯中。牛肉膏常用玻璃棒挑取，放在小烧杯或表面皿中称量，用热水溶化后倒入烧杯。也可放在称量纸上，称量后直接放入水中，这时如稍微加热，牛肉膏便会与称量纸分离，然后立即取出纸片。蛋白胨很易吸潮，称取时动作要迅速。

（2）溶解

在烧杯中可先加入少于所需量的蒸馏水，用玻璃棒搅匀，然后加热使其溶解。待试剂完全溶解后，补充水分到所需的总体积。如果配制固体培养基，将称好的琼脂粉放入已溶化的药品中，再加热溶化，在琼脂溶化的过程中，需不断搅拌，以防琼脂糊底使烧杯破裂。最后补足水分。

（3）调pH

在未调pH前，先用pH试纸测量培养基的原始pH值，若pH偏酸，用滴管向培养基中逐滴加入1mol/L NaOH，边加边搅拌，并随时用pH试纸测其pH值，直至pH达7.2。

反之，则用 1mol/L HCl 进行调节。注意 pH 值不要调过头，以避免回调使培养基内各离子浓度发生变化。对于有些要求 pH 值较精确的微生物，其 pH 的调节可用酸度计进行。

(4) 过滤

趁热用滤纸或多层纱布过滤，以利培养结果的观察。无特殊要求的情况下，一般这一步可以省去。

(5) 分装

按实验要求，可将配制好的培养基分装入试管内或三角烧瓶内。分装过程中注意不要使培养基沾在管口或瓶口上，以免沾污棉塞而引起污染。①液体分装：分装高度以试管高度的 1/4 左右为宜。②固体分装：分装试管，其装量不超过管高的 1/5，灭菌后制成斜面。分装三角烧瓶的量以不超过三角烧瓶容积的一半为宜。

(6) 加塞

培养基分装完毕后，在试管口或三角烧瓶口上塞上棉塞，以阻止外界微生物进入培养基内而造成污染，并保证有良好的通气性能。

(7) 包扎

加塞后，将全部试管用细扎口绳捆扎好，再在棉塞外包一层牛皮纸，以防止灭菌时冷凝水润湿棉塞，其外再用一道棉绳扎好。用记号笔注明培养基名称、组别、日期。三角烧瓶加塞后，外包牛皮纸，用棉绳以活结形式扎好，使用时容易解开，同样用记号笔注明培养基名称、组别、日期。

(8) 灭菌

将上述培养基以 0.1MPa、121℃高压蒸汽灭菌 20min。如因特殊情况不能及时灭菌，则应放入冰箱内暂存。

(9) 搁置斜面

若用于制备斜面的固体培养基，则将灭菌过的试管培养基冷至 50℃左右（以防斜面上冷凝水太多），试管口端搁在玻璃棒或其他合适高度的器具上，搁置的斜面长度以不超过试管总长的一半为宜，如图 2-8 所示。

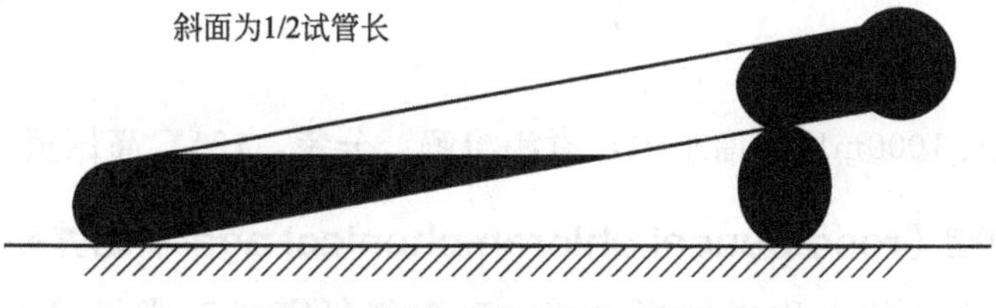

图 2-8　固体培养基斜面的摆法

(10) 无菌检查

将灭过菌的培养基放入 37℃培养箱中培养 24～48h，以检查灭菌是否彻底。

能力拓展

（一）常用酵母培养基

1. YPD 或 YEPD（yeast extract peptone dextrose）培养基

YPD 即酵母浸出粉胨葡萄糖培养基，加入琼脂的为酵母膏胨葡萄糖琼脂培养基。

配方（g/L）：

Yeast Extract（酵母浸出粉）	10g
Peptone（蛋白胨）	20g
Dextrose（glucose）（葡萄糖）	20g
琼脂	20g

配制方法：

溶解 10g 酵母浸出粉（酵母膏）、20g 蛋白胨于 900mL 水中，如制平板加入 20g 琼脂粉，121℃高压蒸汽灭菌 20min，冷却后加入 100mL 20g 葡萄糖（葡萄糖溶液灭菌后加入）。葡萄糖、酵母浸出粉、蛋白胨溶液混合后在高温下可能会发生化学反应，导致培养基成分变化，所以要分别灭菌后再混合。葡萄糖溶液可以过滤除菌，也可以 115℃高压蒸汽灭菌 15min。

2. 马铃薯葡萄糖琼脂（potato dextrose agar，PDA）培养基

配方（g/L）：

马铃薯（去皮切块）	300g
葡萄糖	20g
琼脂	20g

配制方法：

将马铃薯去皮切块，加 1000mL 蒸馏水，煮沸 10～20min。用四层纱布过滤，补加蒸馏水至 1000mL。加入葡萄糖和琼脂，加热溶化，分装，121℃高压蒸汽灭菌 15min。

3. 麦芽浸粉琼脂（malt extract agar，MEA）培养基

配方（g/L）：

麦芽浸出粉	20g
葡萄糖	20g
蛋白胨	1g
琼脂	15g

配制方法：

将上述成分加入 1000mL 蒸馏水中，煮沸溶解，分装，121℃高压蒸汽灭菌 15min。

4. 孟加拉红琼脂（rose bengal chloramphenicol agar）培养基

孟加拉红琼脂培养基也称虎红培养基、玫瑰红氯霉素琼脂培养基，简称 RBC 琼脂（RBC Agar）培养基。

配方（g/L）：

蛋白胨	5.0g
葡萄糖	10.0g
磷酸二氢钾	1.0g
硫酸镁	0.5g
琼脂	20.0g
孟加拉红	0.033g
氯霉素	0.1g

蛋白胨提供碳源和氮源，葡萄糖提供能源，磷酸二氢钾为缓冲剂，硫酸镁提供必需的微量元素，琼脂是培养基的凝固剂，氯霉素可抑制细菌的生长，孟加拉红作为选择性抑菌剂可抑制某些细菌的生长，并可减缓霉菌的蔓延生长。

5. 沙氏葡萄糖琼脂（Sabouraud's dextrose agar，SDA）培养基

配方（g/L）：

蛋白胨	10g
葡萄糖	40g
琼脂	15g
pH	5.6±0.2(25℃)

蛋白胨提供碳源和氮源，葡萄糖提供能源，琼脂是培养基的凝固剂，氯霉素可抑制细菌的生长。沙氏葡萄糖琼脂培养基含糖量比较高，并且其 pH 值比较低，这种特性非常有利于真菌的生长，并且可以有效抑制细菌的生长。

6. 高盐察氏琼脂（salt Czapek Dox agar）培养基

配方（g/L）：

硝酸钠	2.0g
磷酸二氢钾	1.0g
硫酸镁	0.5g
氯化钾	0.5g
硫酸亚铁	0.01g
氯化钠	60.0g
蔗糖	30.0g
琼脂	20.0g
蒸馏水	1000mL

硝酸钠提供氮源，磷酸二氢钾是缓冲剂，硫酸镁、氯化钾、硫酸亚铁提供必需的离子，含量较高的氯化钠具有抑制细菌和减缓生长速度快的毛霉科菌种的作用，蔗糖提供碳源，琼脂是培养基的凝固剂。

（二）试剂盒

1. 试剂盒的概念

试剂盒（kit）是配有进行分析或测定所必需的全部试剂的成套用品，如分子生物学上的核酸提取试剂盒、微生物学上的细菌鉴定试剂盒、医学上特定疾病的诊断试剂盒等。

2. 试剂盒的种类

试剂盒的种类很多，在基因工程实验中用于核酸提取纯化类的试剂盒主要有：核酸提取纯化类磁珠法核酸提取试剂盒、磁珠法提取 DNA 试剂盒、DNA 提取试剂盒（离心柱法）、磁珠法 RNA 提取试剂盒、RNA 提取试剂盒（离心柱法）、磁珠法植物基因组 DNA 提取试剂盒、反转录试剂盒、胶回收试剂盒、PCR 纯化试剂盒、病毒核酸提取试剂盒（磁珠法）、土壤基因组 DNA 提取试剂盒、法医样本 DNA 提取试剂盒（磁珠法）等。用于蛋白质检测类的试剂盒主要有：ELISA 试剂盒、免疫共沉淀试剂盒、化学发光试剂盒、免疫组化试剂

盒、放射免疫试剂盒、免疫荧光试剂盒等。

广泛应用于临床检验和诊断的生化试剂盒可分为液体型、粉剂型、片剂型，有单一试剂、双试剂、多试剂、干试剂等。

(1) 液体型试剂

无论是单试剂还是双试剂型试剂，目前乃至今后仍以液体型为主要剂型。其优点是液体型试剂的试剂组分高度均一、瓶间差异小、测定重复性好和使用方便，无须加入任何辅助试剂及蒸馏水，避免了外源性水质对试剂的影响，性能较稳定，测定结果较为准确。缺点是液体型试剂（尤其是酶试剂）保存时间较短，不便于运输。

① 液体单试剂。

液体单试剂就是将某种生化检验项目所用到的试剂按一定原理混合在一起，组成为一种试剂。应用时，只需将样本和试剂按一定比例混合，即可进行相应的生化反应，然后用适当方法检测结果，使用十分方便。

② 液体双试剂。

液体双试剂就是将某种生化检测项目所用到的试剂，按一定原理分成两类，分别配成两种试剂，通常第一试剂加入后可起到全部或部分消除某些内源性干扰的作用，第二试剂为启动被检测物质反应的试剂，两种试剂混合后才能共同完成被检项目的生化反应，然后用适当方法检测结果。双试剂型试剂盒，保持了单试剂的优点，增强了抗干扰能力和试剂的稳定性，提高了测定的准确性。目前市场上的生化检测试剂盒以液体双试剂为主。

(2) 粉（片）剂型试剂

粉剂型及片剂型试剂就是将试剂的各组分用球磨技术粉碎成粉剂或混合后压成片剂，使用前再加入指定的溶液复溶成液体试剂。

此外，还有快速反应试剂盒、一步法试剂盒、多项同测组合试剂盒（主要用于三点双项同测终点法、三点双项同测连续监测法和三点双项同测终点速率法测定）、卡式试剂盒（试剂首先装入试剂瓶，瓶上使用编码技术，而后根据编码启动调配、使用及更换储存），以及浓缩试剂盒。

3. 试剂盒的使用

试剂盒的产生是为了使实验人员能够摆脱繁重的试剂配制及优化过程，所以试剂盒中一般配备有相应的使用说明书，用户按照说明书不需或只需少量的优化即可得到满意的实验结果。试剂盒使用说明书一般包括公司名称及标志、试剂盒名称、试剂盒组成、规格、贮藏与有效期、操作步骤或使用方法以及注意事项等项目。

① 公司名称及标志：

一般在页眉、页脚处。

② 试剂盒名称：

例如，全血基因组 DNA 磁珠提取试剂盒。

③ 试剂盒组成：

为试剂盒中的所有内容，一般以简单明了的表格形式表现。

④ 试剂盒规格：

例如，100tests/盒，100tests 就是可分析 100 次，或者可分析 100 个样本。

⑤ 贮藏与有效期：

例如，Elution Buffer 和磁珠保存在 4～8℃，其他溶液室温保存，有效期为一年。

⑥ 操作步骤或使用方法：

是试剂盒说明书中最重要的部分，内容准确、简洁、易懂。

⑦ 注意事项：

一般有多条注意事项。例如，磁珠在使用前需在旋涡振荡器上充分混匀。如使用工作站提取，磁珠吸取需在振荡器上进行，或每次吸取前进行吹打，且一次吸取的磁珠必须一次放掉，不可对一次吸取的磁珠进行分液。

（三）体外诊断试剂

体外诊断（in vitro diagnosis，IVD）是指在人体之外，通过对人体样本（血液、体液、组织等）进行检测而获取临床诊断信息，进而判断疾病或机体功能的产品和服务。体外诊断仅耗费 3%的医疗资源，但却提供临床诊断超过 70%的信息，被喻为是医生的“眼睛”，是人类疾病预防、诊断、治疗效果观察以及健康保障决策信息的主要来源，在维护全民健康方面起到至关重要的作用。

体外诊断产品主要由诊断设备（仪器）和诊断试剂构成。诊断试剂可分为体内诊断试剂和体外诊断试剂两大类。除用于诊断的如旧结核菌素、布氏菌素、锡克氏毒素等皮内用的体内诊断试剂等外，绝大部分为体外诊断试剂。体外诊断试剂通常是指根据免疫学、微生物学、分子生物学等反应原理或者方法，发展起来用于人类健康状态评价、疾病的预防、监测及流行病学调查等的生物诊断试剂，包括抗原、抗体、核酸、激素、人体血浆蛋白、肿瘤标志物、人类基因的检测，以及血型、细胞组织配型、免疫组化、生物芯片等试剂。

1. 体外诊断试剂的定义

根据体外诊断试剂的使用和监管特性，在我国现行法规《体外诊断试剂注册管理办法》（国家食品药品监督管理总局令第 5 号）中，将体外诊断试剂分为按医疗器械管理和按药品管理两个大类。

按医疗器械管理的体外诊断试剂是指在疾病的预测、预防、诊断、治疗监测、预后观察和健康状态评价的过程中，用于人体样本体外检测的试剂、试剂盒、校准品、质控品等产品。它们可以单独使用，也可以与仪器、器具、设备或者系统组合使用。

按药品管理的体外诊断试剂是指国家法定用于血源筛查的体外诊断试剂和采用放射性核素标记的体外诊断试剂。

2. 体外诊断试剂的注册分类与命名

根据产品风险程度由低到高，体外诊断试剂分为第一类、第二类、第三类产品。

(1) 第一类产品

① 微生物培养基（不用于微生物鉴别和药敏试验）；

② 样本处理用产品，如溶血剂、稀释液、染色液等。

(2) 第二类产品

除已明确为第一类、第三类的产品，其他为第二类产品，主要包括：

① 用于蛋白质检测的试剂；

② 用于糖类检测的试剂；

③ 用于激素检测的试剂；

④ 用于酶类检测的试剂；

⑤ 用于酯类检测的试剂；

⑥ 用于维生素检测的试剂；

⑦ 用于无机离子检测的试剂；

⑧ 用于药物及药物代谢物检测的试剂；

⑨ 用于自身抗体检测的试剂；

⑩ 用于微生物鉴别或者药敏试验的试剂；

⑪ 用于其他生理、生化或者免疫功能指标检测的试剂。

(3) 第三类产品

① 与致病性病原体抗原、抗体以及核酸等检测相关的试剂；

② 与血型、组织配型相关的试剂；

③ 与人类基因检测相关的试剂；

④ 与遗传性疾病相关的试剂；

⑤ 与麻醉药品、精神药品、医疗用毒性药品检测相关的试剂；

⑥ 与治疗药物作用靶点检测相关的试剂；

⑦ 与肿瘤标志物检测相关的试剂；

⑧ 与变态反应（过敏原）相关的试剂。

第一类体外诊断试剂实行备案管理，第二类、第三类体外诊断试剂实行注册管理。第二类产品如用于肿瘤的诊断、辅助诊断、治疗过程的监测，或者用于遗传性疾病的诊断、辅助诊断等，按第三类产品注册管理。用于药物及药物代谢物检测的试剂，如该药物属于麻醉药品、精神药品或者医疗用毒性药品范围的，按第三类产品注册管理。

体外诊断试剂的命名遵循以下原则：体外诊断试剂的产品名称一般可以由三部分组成。第一部分，被测物质的名称；第二部分，用途，如诊断血清、测定试剂盒、质控品等；第三部分，方法或者原理，如酶联免疫吸附法、胶体金法等，本部分应当在括号中列出。如果被测物组分较多或者有其他特殊情况，可以采用与产品相关的适应证名称或者其他替代名称。第一类产品和校准品、质控品，依据其预期用途进行命名。

3. 体外诊断试剂的方法学分类

按照检测原理和方法，体外诊断试剂可分为生化诊断试剂、免疫诊断试剂、分子诊断试剂、微生物诊断试剂、血液学诊断试剂、即时诊断试剂和其他类诊断试剂，主要的四大类产品基本情况如下：

(1) 生化诊断试剂

生化诊断是指有酶反应参与或者抗原抗体反应参与，主要用于测定酶类、糖类、脂类、蛋白和非蛋白氮类、无机元素类等生物化学指标、机体功能指标或蛋白的诊断方法。目前，生化诊断试剂共有 200 多种产品，市场上主要流通的产品为肝功能、肾功能、糖代谢、血脂、心血管、胰腺、微量元素、特定蛋白类等。生化诊断是最早实现自动化的检测手段，也是我国体外诊断试剂的主要类别之一，占据生化市场份额可达到 70%左右。国内市场生化诊断试剂国产化已相对成熟。经过多年发展，我国在生化诊断试剂领域的自主创新能力已显著提升，整体技术水平已基本达到国际同期水平。

(2) 免疫诊断试剂

免疫诊断是运用免疫学理论、方法与技术诊断各种疾病和测定免疫状态。免疫诊断试剂在诊断试剂盒中品种最多，主要用于肝炎检测、性病检测、肿瘤检测等。

免疫诊断的方法主要包括化学发光免疫分析（chemiluminescence immunoassay，CLIA）、酶联免疫吸附测定（enzyme linked immunosorbent assay，ELISA）、免疫胶体金技术（immune colloidalgold technique）、时间分辨荧光免疫分析（time-resolved fluorescence immunoassay，TRFIA）、放射免疫分析（radioimmunoassay，RIA）等。其中，酶联免疫吸附测定是将可溶性的抗原或抗体结合到聚苯乙烯等固相载体上，利用抗原抗体特异性结合进行免疫反应的定性和定量检测方法。ELISA 既可以测定抗原，也可以测定抗体，在 ELISA 中有三个必要的试剂：固相的抗原或抗体，即“免疫吸附剂”；酶标记的抗原或抗体，即“结合物”；酶反应的底物。化学发光免疫分析是将具有高灵敏度的化学发光测定技术与高特异性的免疫反应相结合，用于各种抗原、半抗原、抗体、激素、酶、脂肪酸、维生素和药物等的检测分析技术，是继放免分析、酶免分析、荧光免疫分析和时间分辨荧光免疫分析之后发展起来的一项最新免疫测定技术。在免疫诊断中，化学发光和酶联免疫为市场主流，而化学发光具有特异性好、灵敏度高、精确定量、结果稳定、检测范围广等优势，在临床应用中迅速推广，正逐步取代酶联免疫和其他方法，成为免疫分析领域的主流诊断技术。

(3) 分子诊断试剂

分子诊断是指应用分子生物学方法检测患者体内遗传物质的结构或表达水平的变化而做出诊断的技术。由于分子诊断可以从基因层次进行检测，因此检测灵敏度和准确性的优势较为明显，可在感染初期识别病毒或者提早确认基因缺陷，从而提供个性化的医疗诊断服务，主要应用于遗传病、传染性疾病、肿瘤等疾病的检测与诊断。

分子诊断技术主要包括聚合酶链式反应（polymerase chain reaction，PCR）、DNA 测序（DNA sequencing）、荧光原位杂交（fluorescence in situhybridization，FISH）、DNA 印迹技术（Southern blot）、单核苷酸多态性（SNP）、连接酶链反应（LCR）、基因芯片技术（gene chip）等。其中，PCR 产品占据分子诊断的主要市场，基因芯片是分子诊断市场发展的主要趋势。PCR 产品灵敏度高、特异性强、诊断窗口期短，可进行定性定量检测，广泛用于肝炎、性病、肺感染性疾病、优生优育、遗传病基因、肿瘤等，填补了早期免疫检测窗口期的检测空白，为早期诊断、早期治疗、安全用血提供了有效的帮助。基因芯片是分子生物学、微电子、计算机等多学科结合的结晶，综合了多种现代高精尖技术，被专家誉为“诊断行业的终极产品”。

与免疫诊断相比，分子诊断技术可以对特异 DNA 或 RNA 进行定性或定量检测，并以此确定特定病原微生物，为临床传染性疾病的早期诊断、治疗、人员与环境的安全防护提供保障，特别是在 PCR 基础上开发的 RT-PCR，目前已经或正在应用于各种传染病的诊断。在新型冠状病毒（2019-nCoV）疫情防控中，我国卫健委发布的《新型冠状病毒感染肺炎实验室检测技术指南》将实时荧光 RT-PCR 列为新型冠状病毒核酸的指定检测方法，世界卫生组织（WHO）将其确定为首推检测方法。

(4) 即时诊断试剂

即时诊断（point-of-care testing，POCT），POCT 名词的组成包括 point（地点、时间）、care（保健）和 testing（检验），又称即时检测、现场快速检测或者床边检测。中国医学装备协会 POCT 装备技术专业委员会将 POCT 定义为：在采样现场进行的、利用便携式分析仪器及配套试剂快速得到检测结果的一种检测方式。其含义可从三方面进行理解：空间上，不需要固定的检测场所，可以在患者身边进行检验，即“床旁检验”；时间上，快速，可进行“即时检验”；操作上，简便，可以是非专业检测师，甚至是被检测对象本人。

POCT技术主要包括干化学技术、胶体金技术、生物传感器技术、生物芯片技术、免疫荧光技术、化学发光免疫技术、电化学技术、未来有望代表技术主流的微流控技术及红外和远红外分光光度技术。技术的创新升级使得POCT的检验范围、精度等方面都得到了极大的发展。

POCT产品主要可以分成血糖类、心脏标志物类、血气电解质类、凝血/溶栓类、感染因子类、妊娠类、肿瘤标志物类、毒品（药物滥用）检测类、传染病检测类等细分领域。从最早的血糖、妊娠监测到目前增长最快的心脏标志物检测，使得具有实验仪器小型化、操作简单化、报告结果即时化的POCT成为检验医学中发展最快的领域之一。

实践练习

1. 溶液浓度是指在一定质量或一定体积的溶液中所含溶质的_____。常用的浓度有质量分数、体积分数、物质的量浓度等，其中物质的量浓度是指1L溶液中含有的_____的物质的量。

2. 生物试剂已成为化学试剂中的一个庞大门类，具有品种_____、纯度_____、规格多、包装单位_____、贮运条件高、操作要求严和试剂盒多等特点。

3. 试剂规格又叫试剂级别，一般按试剂的纯度、杂质的含量来划分规格标准。我国试剂的规格基本上按纯度划分，常用的四种规格是（　　）。A. 优级纯　B. 分析纯；C. 高纯；D. 光谱纯；E. 实验试剂；F. 化学纯。

4. LB培养基是用于培养基因工程受体菌（大肠杆菌）的常用培养基，LB液体培养基的配方是1%胰化蛋白胨、0.5%_____和1%_____。

5. YPD培养基是最常用的酵母培养基之一，YPD液体培养基的配方是_____%酵母浸出粉、_____%蛋白胨和2%葡萄糖。

6. 按照检测原理和方法，体外诊断试剂可分为_____诊断试剂、_____诊断试剂、诊断试剂、微生物诊断试剂、血液学诊断试剂、_____诊断试剂和其他类诊断试剂。

7. 用于校正pH计的常用标准缓冲液有（　　）。A. 邻苯二甲酸氢钾溶液；B. Tris溶液；C. 硼砂溶液；D. 磷酸二氢钾和磷酸氢二钠混合盐溶液。

8. 溶液配制后，下列不能作高压灭菌处理的是（　　）。A. 二硫苏糖醇；B. $CaCl_2$溶液；C. Tris缓冲液；D. β-巯基乙醇；E. 10% SDS溶液。

9. 微量移液器的工作原理是_____通过_____的伸缩运动来实现吸液和放液。在活塞的推动下，排出部分空气，利用较大的大气压吸入液体，再由活塞推动空气排出液体。

10. 微量移液枪长时间不用时需将刻度调至_____量程，让弹簧恢复原形，延长移液枪的使用寿命。

（韦平和）

项目三　大肠杆菌基因组 DNA 的制备

学习目标

通过本项目的学习，对核酸的理化性质和分离提取原理有进一步认识，在完成大肠杆菌基因组 DNA 制备基础上，掌握细菌基因组 DNA 制备的原理、方法及操作技术。

1. 知识目标

(1) 认识核酸的理化性质；

(2) 掌握核酸分离提取原理；

(3) 熟悉核酸固相提取方法及其原理。

2. 能力目标

(1) 掌握制备细菌基因组 DNA 相关菌种的培养、试剂配制方法和仪器操作规程；

(2) 掌握 SDS 法制备细菌基因组 DNA 的操作技术；

(3) 熟悉 CTAB（十六烷基三甲基溴化铵）法制备细菌基因组 DNA 的操作技术；

(4) 熟悉煮沸法制备细菌基因组 DNA 的操作技术；

(5) 了解动植物、酵母基因组 DNA 以及动物组织总 RNA 的提取方法。

项目说明

核酸提取是基因工程实验的基本技术，核酸样品的质量直接关系到实验的成败。DNA 是基因工程实验的基本材料，其提取方案应根据具体的生物材料、实验目的和待提取的 DNA 分子特性来确定。本项目主要介绍用 SDS 法、CTAB 法和煮沸法制备细菌基因组 DNA，为项目四（PCR 扩增大肠杆菌 L-天冬酰胺酶Ⅱ基因 *ansB*）提供模板。在能力拓展部分，介绍了动物、植物、酵母基因组 DNA 以及动物组织总 RNA 的提取，以便学生对不同生物材料的核酸提取方法有一个整体认识。

基础知识

（一）核酸的理化性质

核酸是由核苷酸或脱氧核苷酸通过 3′,5′-磷酸二酯键连接而形成的一类生物大分子。由于最初从细胞核分离出来，又具有酸性，故称为核酸。一切生物都含有核酸。核酸具有非常重要的生物功能，主要是贮存和传递遗传信息。核酸可分为核糖核酸（RNA）和脱氧核糖核酸（DNA）两大类。DNA 分子量为 $1\times10^{6}\sim10^{10}$，RNA 虽小些，但也在 1×10^{4} 以上。

1. 核酸的酸碱性质

核酸分子中含有酸性的磷酸基和碱性的含氮碱基，因此核酸是两性电解质，具有等电点。因磷酸基酸性相对较强，所以核酸通常表现为酸性。在一定 pH 条件下，核酸能发生两性电离，从而使核酸带上电荷，具有电泳行为。

DNA 双螺旋两条链间氢键的形成与其解离状态有关，而解离状态又与 pH 有关。所以，溶液的 pH 直接影响核酸双螺旋结构的稳定性。DNA 的碱基对在 pH 4.0～11.0 之间最为稳定，超越此范围，DNA 将变性。

2. 核酸的溶解度与黏度

DNA 和 RNA 都是极性化合物，都微溶于水，而不溶于乙醇、乙醚、氯仿等有机溶剂，但其钠盐比自由酸易溶于水，如 RNA 钠盐在水中的溶解度可达 4%。核酸溶于 10%左右的氯化钠溶液，但在 50%左右的乙醇溶液中溶解度很小，可利用这些性质提取核酸。

高分子溶液比普通溶液黏度要大得多，不规则线团分子比球形分子的黏度大，而线形分子的黏度更大。天然 DNA 具有双螺旋结构，分子长度可达几厘米，而分子直径仅有 2nm，分子极为细长，其溶液黏度极大，即使是极稀的 DNA 溶液，黏度也很大。RNA 分子比 DNA 分子短得多，且无定形，不像 DNA 分子那样呈纤维状，故 RNA 黏度较 DNA 小。当 DNA 溶液受热或在其它因素作用下，双螺旋结构发生转变，成为无规则线团结构，此时黏度降低。因此可用黏度作为 DNA 变性的指标。

3. 核酸的紫外吸收

由于核酸的组成成分嘌呤碱、嘧啶碱带有共轭双键（—C═C—C═C—），在紫外光区的 240～290nm 有强烈的光吸收作用，如图 3-1 所示，所以核酸也具有强烈的紫外吸收性质，其最大吸收峰在 260nm 处。

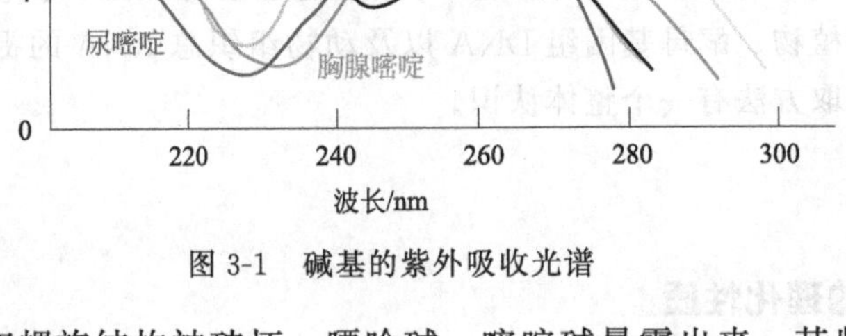

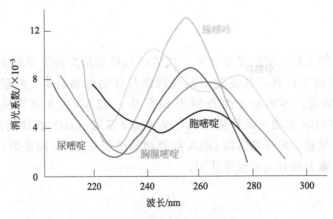

图 3-1　碱基的紫外吸收光谱

当核酸变性时，双螺旋结构被破坏，嘌呤碱、嘧啶碱暴露出来，其紫外吸收随之增强（图 3-2），此现象称为增色效应（hyperchromic effect）。若变性 DNA 复性形成双螺旋结构后，其 260nm 紫外吸收会降低，这种现象叫减色效应（hypochromic effect）。

核酸的紫外吸收特性可用于定量测定核酸，也可用来鉴别核酸样品中的蛋白质杂质。蛋白质由于含有芳香氨基酸，其紫外吸收峰在 280nm 处，在 260nm 处的吸收值仅为核酸的 1/10

或更低，故对于含有微量蛋白质的核酸样品，测定误差较小。当样品中蛋白质含量较高时，A_{260}/A_{280} 比值明显下降。

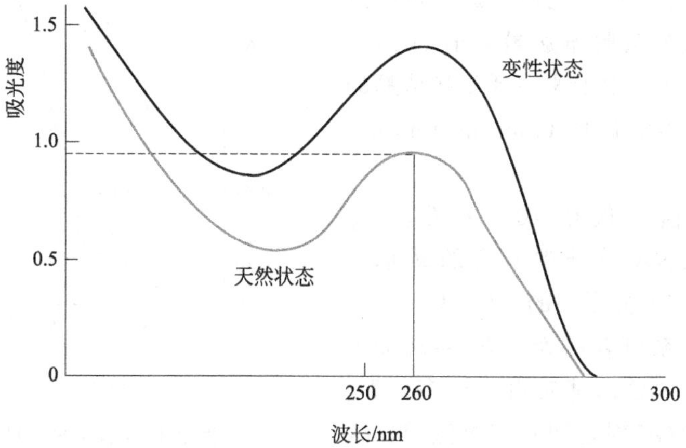

图 3-2　DNA 的紫外吸收光谱

4. 核酸的变性、复性及杂交

(1) 变性

核酸分子具有一定的空间结构，维持这种空间结构的作用力主要是氢键和碱基堆积力。一些理化因素会破坏氢键和碱基堆积力，使核酸分子的空间结构改变，从而导致核酸理化性质及生物学功能改变，这种现象称为核酸的变性。DNA 的变性过程如图 3-3 所示，其双螺旋结构解开，双链 DNA 变成单链 DNA，但并不涉及核苷酸间共价键的断裂，因此变性作用并不引起核酸分子量降低。核苷酸间磷酸二酯键的断裂叫降解。伴随核酸的降解，核酸分子量降低。

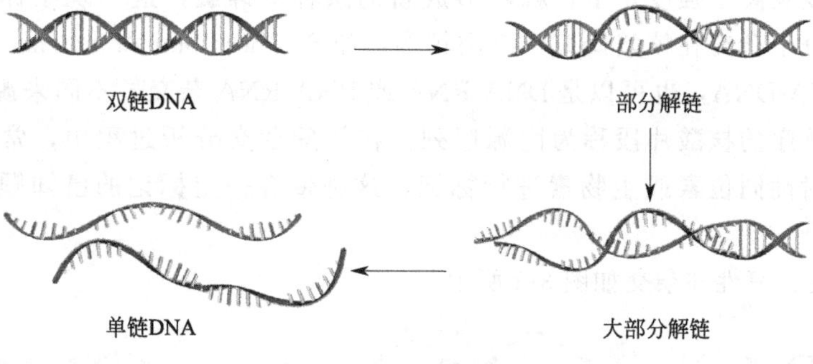

图 3-3　DNA 的变性过程

引起 DNA 变性的因素主要有高温、强酸、强碱、有机溶剂、尿素等。变性后，其性质发生一系列改变，如黏度降低，旋光性下降，某些颜色反应增强，特别是 260nm 处紫外吸收增加（完全变性后紫外吸收增加 25%～40%）以及失去生物活性。

加热造成 DNA 的变性称为热变性。对双链 DNA 进行加热变性，当温度升高到一定高度时，DNA 溶液在 260nm 处的吸光度突然明显上升至最高值，随后即使温度继续升高，吸光度也不再明显变化。若以温度对 DNA 溶液紫外吸光度（A_{260}）的关系作图，所得到的 S

型曲线称为解链曲线，如图 3-4 所示。可见，DNA 的热变性是爆发式的，是在一个很狭窄的温度范围突然发生并很快完成。通常将解链曲线的中点，即紫外吸收值达最大值 50%时的温度称为解链温度，由于这一现象和结晶的熔融相类似，又称熔融温度（melting temperature，T_m）。

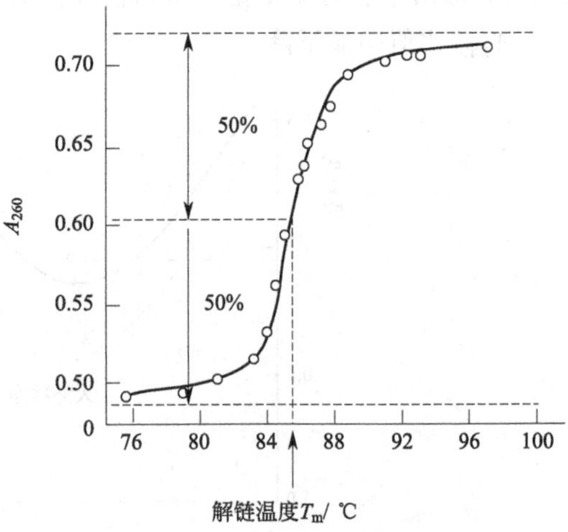

图 3-4　DNA 热变性解链曲线

DNA 的 T_m 值一般在 70～85℃。T_m 值的高低取决于 DNA 分子中所含的碱基组成，即 T_m 值与 DNA 分子中的（G+C）含量成正比，两者的关系可表示为：$T_m=69.3+0.41\times(G+C)\%$。GC 碱基对占比越多，$T_m$ 就越高，这是因为 GC 对之间有三个氢键，含 GC 对多的 DNA 分子更为稳定。反之，A-T 对占比越多，T_m 就越低。T_m 值大小还与 DNA 分子的长度有关，DNA 分子越长，T_m 值越大。另外，在离子强度较低的介质中，DNA 的 T_m 较低，而离子强度较高时，DNA 的 T_m 也较高。因此，DNA 制品不宜保存在离子强度过低的溶液中。

(2) 复性

某些 DNA 分子的变性是可逆的。当去掉外界的变性因素，被解开的两条链又可重新互补结合，恢复成原来完整的 DNA 双螺旋结构。这一过程称为 DNA 的复性。如将热变性后的 DNA 溶液缓慢冷却，在低于变性温度 25～30℃条件下保温一段时间（退火），则变性的两条单链 DNA 可以重新互补形成原来的双螺旋结构并恢复原有的性质。

(3) 杂交

两条来源不同的单链核酸，只要它们在某些区域有大致相同的互补碱基序列，在适宜的条件（温度及离子强度）下，就可形成新的杂种双螺旋，这一现象称为核酸的分子杂交。核酸的分子杂交在核酸研究中应用较多，如 Southern blot 和 Northern blot 等。核酸杂交可以是 DNA-DNA，也可以是 DNA-RNA 或 RNA-RNA 杂交。不同来源的、具有大致相同互补碱基顺序的核酸片段称为同源序列。在核酸杂交分析过程中，常将已知顺序的核酸片段用放射性同位素或生物素进行标记，这种带有一定标记的已知顺序的核酸片段称为探针。

核酸的变性、复性和杂交如图 3-5 所示。

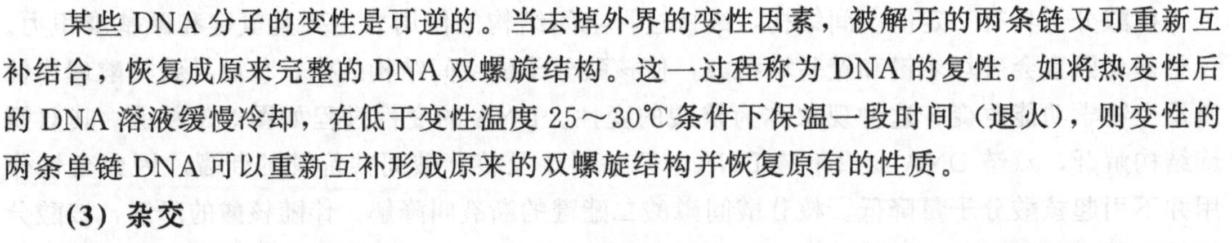

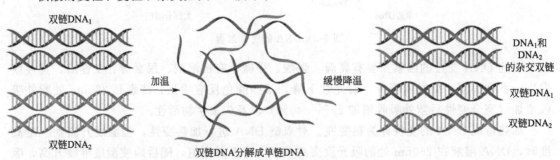

图 3-5　DNA 变性、复性及杂交示意图

（二）核酸的分离提取原理

要构建重组 DNA 分子，首要任务就是从组织或细胞中分离提取得到核酸。核酸的分离提取是基因工程的基本技术。核酸样品的质量直接关系到实验的成败。

1. 核酸分离提取的原则

(1) 防止核酸降解，保证核酸一级结构的完整性

由于遗传信息贮存在核酸的一级结构之中，所以完整的一级结构是开展核酸结构与功能研究的前提。此外，核酸的一级结构还决定其高级结构的形式以及与其他生物大分子结合的方式。

(2) 去除杂质，排除其他分子污染，保证核酸的足够纯度

纯化的核酸样品应达到以下三点要求：

① 不存在对酶有抑制作用的有机溶剂和过高浓度的金属离子；

② 其他生物分子，如蛋白质、多糖和脂类等的污染应降低到最低程度；

③ 无其他核酸分子的污染，如提取 DNA 分子时应去除 RNA，提取 RNA 分子时应去除 DNA。

2. 核酸分离提取应注意的问题

为保证核酸一级结构的完整性和足够纯度，在制备核酸时应尽量简化操作步骤，缩短提取过程，以减少各种不利因素对核酸的降解。在实验过程中，应注意以下三点：

(1) 减少化学因素对核酸的降解

为避免过酸、过碱对核酸链中磷酸二酯键的破坏，操作多在 pH 4.0～11.0 条件下进行。在过酸的条件下，由于 DNA 脱嘌呤而导致 DNA 不稳定，极易在碱基脱落的地方发生断裂。因此，在 DNA 的提取过程中应避免使用过酸的条件。

(2) 减少物理因素对核酸的降解

DNA 分子很长，呈双螺旋结构，既有一定的柔性又有一定的刚性，剧烈的机械作用会使 DNA 分子断裂。机械剪切力（包括剧烈震荡、搅拌、频繁的溶液转移、DNA 样本的反复冻融等）对线性 DNA 大分子（如染色体 DNA）破坏明显，而对分子量较小的环状 DNA 分子（如质粒 DNA）以及 RNA 分子破坏相对小些。高温如长时间煮沸，除沸腾带来的机械剪切作用外，高温本身对核酸分子中的某些化学键也有破坏作用。所以，在提取 DNA 特别是染色体 DNA 时，既要充分摇匀，又不能太剧烈，同时需在低温（0～4℃）下操作。

(3) 防止核酸酶对核酸的生物降解

细胞内或外来的核酸酶能水解多核苷酸链中的磷酸二酯键，直接破坏核酸的一级结构。其中，DNA 酶（DNase）需要金属二价离子（Mg^{2+}、Fe^{2+}、Ca^{2+} 及 Co^{2+} 等）的激活，使用金属螯合剂如柠檬酸盐、乙二胺四乙酸（EDTA）等来螯合这些二价金属离子，基本可以抑制 DNase 的活性。而 RNA 酶（RNase）不但分布广泛，极易污染样品，而且耐高温、耐酸、耐碱，不易失活，所以是 RNA 提取过程中导致生物降解的主要因素。

3. 核酸的分离提取方案

真核生物 DNA，大约 95%存在于细胞核内，其他 5%为线粒体、叶绿体等细胞器 DNA。RNA 主要存在于细胞质中，约占 75%，另有 10%在细胞核内，15%在细胞器中。RNA 中，rRNA 数量最多，占 80%～85%；tRNA 为核内小分子 RNA，占 10%～15%；mRNA 分子量大小不一，序列各异，占 5%～10%。真核生物的染色体 DNA 为双链线性分子，原核生物的“染色体”、质粒及真核细胞器 DNA 为双链环状分子。RNA 分子在大多数生物体内是单链线性分子，不同类型的 RNA 分子具有不同的结构特点，如真核 mRNA 分子多数在 3′端具 poly(A)结构。

(1) 细胞裂解方法

核酸在细胞内，提取核酸首先须裂解细胞，使核酸从细胞或其他生物物质中释放出来。细胞裂解的方法主要有：

① 机械法

主要有研磨法、匀浆法、超声波法、微波法和冻融法等，这些方法主要通过机械力使细胞破碎，但机械力也可引起核酸链的断裂，因此提取染色体 DNA 时需要注意。

② 化学法

在一定 pH 环境和变性条件下，细胞破裂，蛋白质变性沉淀，核酸释放到水相。变性条件可通过加热、加入表面活性剂（SDS、CTAB、Triton X-100、Tween-20、NP-40、Sarcosyl）或强离子剂（异硫氰酸胍、盐酸胍）而获得，而 pH 环境则由加入的强碱（NaOH）或缓冲液（TE、STE 等）提供。在一定的 pH 环境下，表面活性剂或强离子剂可使细胞裂解、蛋白质和多糖沉淀。缓冲液中的一些金属螯合剂（EDTA 等）可螯合对 DNA 酶活性所必需的二价金属离子，从而抑制 DNA 酶的活性，保护核酸不被降解。

③ 酶解法

溶菌酶或蛋白酶（蛋白酶 K、植物蛋白酶或链霉蛋白酶），能使细胞破裂，核酸释放。蛋白酶还能降解与核酸结合的蛋白质，促进核酸的分离。其中，溶菌酶能催化细菌细胞壁的蛋白多糖 *N*-乙酰葡糖胺和 *N*-乙酰胞壁酸残基间的 β-1,4 键水解；蛋白酶 K 能催化水解多种多肽键，其在 65℃及有 EDTA、尿素（1～4mol/L）和去污剂（0.5% SDS 或 1% Triton X-100）存在时仍保留酶活性，这有利于提高对高分子量核酸的提取效率。

(2) DNA 的提取

酚-氯仿抽提法是 DNA 提取的经典方法。细胞裂解后离心分离含核酸的水相，加入等体积的酚/氯仿/异戊醇（25∶24∶1）混合液。其中，酚能使蛋白质变性或变成不溶性物质，但不能使核酸变性，所以核酸溶解在水相溶液中；氯仿可使更多蛋白质变性，可去除脂类、色素和糖类，还能加速有机相与水相的分层；在氯仿中加入少量异戊醇，可减少蛋白质变性操作过程中产生的气泡。依据实验目的，两相经简单颠倒混匀（适用于分离分子量较高的核酸，如染色体 DNA）或旋涡振荡混匀（适用于分离分子量较小的核酸，如质粒 DNA）后离心分离。疏水性的蛋白质被分配至有机相，核酸则被留于上层水相。收集上层水相并以乙醇或异丙醇沉淀其中的 DNA，70%乙醇漂洗沉淀除去盐分，最后用 TE 缓冲液溶解 DNA 备用。

碱裂解法是从大肠杆菌中提取质粒 DNA 的常用方法，它是根据环状质粒 DNA 分子具有分子量小、易于复性的特点进行的。在碱性条件下 DNA 分子双链解开，若此时将溶液置于复性条件，由于变性的质粒 DNA 分子能在短时间内复性而染色体 DNA 不行，经过离心，上清液含质粒 DNA 分子，而沉淀含变性的染色体 DNA 和蛋白质杂质，从而使质粒 DNA 与染色体 DNA 分离。

对于某些特定细胞器中富集的 DNA 分子，一般采取先提取细胞器，再溶解细胞器膜，待释放出细胞器 DNA 后，再进一步提取纯化，如线粒体、叶绿体 DNA 的提取。

(3) RNA 的提取

从细胞中分离获得纯净、完整的 RNA 分子，是进行分子克隆、基因表达分析的基础。

在所有 RNA 的提取过程中，需要注意以下五点：①样品组织或细胞的有效破碎；②核蛋白复合体的充分变性；③RNA 从 DNA、蛋白质混合物中的有效分离；④对内源、外源 RNase 的有效抑制；⑤对于多糖含量高的样品还牵涉到多糖杂质的有效去除等。

RNA 提取成功与否的主要标志是能否得到全长的完整 RNA，而 RNase 是导致 RNA 降解、影响 RNA 完整性的主要因素。RNase 分布非常广泛，几乎无处不在，除细胞内 RNase 外，环境灰尘、实验器皿和试剂、人体汗液和唾液均含有 RNase。而且，RNase 非常稳定，耐热、耐酸、耐碱，煮沸也不能使之完全失去活性，蛋白质变性剂可使其暂时失活，但变性剂去除后 RNase 又可恢复活性。RNase 的活性不需要辅因子，二价金属离子螯合剂对它的活性无任何影响。因此，RNA 分离提取的关键是尽力消除外源性 RNase 的污染（主要来源于操作者的手、实验器皿和试剂），尽量抑制内源性 RNase 的活性（主要来源于样品的组织细胞），尽可能创造一个无 RNase 的环境。

① 消除外源性 RNase 污染的措施

a. 在整个操作过程中操作者应戴一次性口罩、帽子和手套。

b. 操作过程应在洁净的环境中进行。空气中灰尘携带的细菌、霉菌等微生物也是外源性 RNase 污染的途径。

c. 塑料器材如 Eppendorf 管、枪头等最好用新开封的一次性塑料用品，临用前要进行高压灭菌。

d. 玻璃器皿常规洗净后，应用 0.1%焦碳酸二乙酯（DEPC）浸泡处理，再用灭菌双蒸水漂洗几次，然后高压灭菌去除 DEPC，最后 250℃烘烤 4h 以上或 200℃干烤过夜。

e. 有机玻璃的电泳槽等，可先用去污剂洗涤，双蒸水冲洗，乙醇干燥，再浸泡在 3% H_2O_2 室温下 10min，然后用 0.1% DEPC 水冲洗，晾干。

f. 所有溶液应加 DEPC 至终浓度为 0.05%～0.1%，37℃处理 12h 以上，然后高压处理以去除残留的 DEPC。对于不能高压灭菌的试剂，要用 DEPC 处理过的灭菌双蒸水配制，然后经 0.22μm 滤膜过滤除菌，小量分装保存，用后丢弃。RNA 提取所用的酚，要单独配制和使用；酚饱和后，加入 8-羟基喹啉至 0.1%，8-羟基喹啉不但抗氧化，对 RNase 也有一定的抑制作用。

g. 所有化学试剂应为新鲜包装，称量时使用干烤处理的称量勺。所有操作应在冰浴中进行，低温条件可降低 RNase 的活性。

② 抑制内源性 RNase 活性的措施

细胞裂解释放内含物的同时，内源性 RNase 也被释放出来，这种内源性 RNase 是降解 RNA 的主要因素之一。因此，要尽可能早地加入 RNase 抑制剂，力争在提取的起始阶段对 RNase 活性进行有效抑制。常用的抑制剂有 DEPC、异硫氰酸胍、氧钒核糖核苷复合物（vanadyl ribonucleoside complex，VRC）、RNA 酶的蛋白抑制剂（RNasin）、复合硅酸盐、SDS、肝素等。

a. DEPC：是一种强烈但不彻底的 RNase 抑制剂，它通过与 RNase 活性基团组氨酸的咪唑环结合使蛋白质变性，从而抑制酶的活性。

b. 异硫氰酸胍：是最有效的 RNase 抑制剂，它可裂解细胞，促使核蛋白体解离，又能使细胞内 RNase 失活，使释放出的核酸不被降解。

c. VRC：是由氧化钒离子和核苷形成的复合物，能与 RNase 结合形成过渡态类物质，从而抑制 RNase 的活性。

d. RNasin：从大鼠肝或人胎盘中提取获得的酸性糖蛋白，是 RNase 的一种非竞争性抑制剂，可与多种 RNase 结合，使其失活。

e. 其他：SDS、肝素、硅藻土等对 RNase 也有一定抑制作用。

4. 核酸的沉淀

沉淀是浓缩核酸最常用的方法。核酸是多聚阴阳离子的水溶性化合物，它与钠、钾、镁形成的盐在许多有机溶剂中不溶解，也不被有机溶剂变性。因此，核酸盐可被一些有机溶剂沉淀。通过沉淀可浓缩核酸，改变核酸的溶解缓冲液的种类及重新调节核酸在溶液中的浓度，去除核酸溶液中某些盐离子与杂质，在一定程度上纯化核酸。沉淀核酸最常用又有效的方法是乙醇沉淀法，即在含核酸的水相中加入 pH 5.2、终浓度为 0.3mol/L 的乙酸钠后，钠离子会中和核酸磷酸骨架上的负电荷，在酸性环境中促进核酸的疏水复性，然后加入 2～2.5 倍体积的无水乙醇，经一定时间孵育，可使核酸有效地沉淀。其他一些有机溶剂（如异丙醇、聚乙二醇、精胺等）和盐类（如乙酸铵、氯化锂、氯化镁等）也用于核酸的沉淀。得到核酸沉淀后，再用 70％的乙醇漂洗以除去盐分，即可获得纯化的核酸。

(1) 沉淀核酸常用的有机溶剂

① 乙醇

在适当的盐浓度下，2 倍样本体积的无水乙醇可有效沉淀 DNA，2.5 倍样本体积的无水乙醇可有效沉淀 RNA。样本中的迹量乙醇易蒸发去除，不影响后续实验。

② 异丙醇

0.5～1.0 倍样本体积的异丙醇可选择性沉淀 DNA 和大分子 rRNA 及 mRNA，但对 5S RNA 和 tRNA 及多糖不产生沉淀。选用异丙醇的优点是用量少、速度快、适用于浓度低而体积大的 DNA 样本，缺点是易使盐类与 DNA 共沉淀，沉淀中的异丙醇难以挥发除去，需用 70％的乙醇漂洗 DNA 沉淀数次。

③ 聚乙二醇（PEG）

可用不同浓度的 PEG 选择性沉淀不同分子量的 DNA 片段。PEG 沉淀一般需要加入 0.5mol/L NaCl 或 10mmol/L $MgCl_2$。DNA 沉淀中去除 PEG 的最有效方法是用 70％的乙醇漂洗 2 次，得到的 DNA 可以满足酶切反应和转化实验。

④ 精胺

精胺与 DNA 结合后，使 DNA 在溶液中的结构凝缩而发生沉淀，并可使单核苷酸和蛋白质与 DNA 分开，达到纯化 DNA 的目的。精胺沉淀 DNA 要求溶液中无盐或低盐（小于 0.1mol/L）。沉淀中的精胺可用 70％的乙醇漂洗或透析去除。

(2) 沉淀核酸常用的盐类及浓度

沉淀核酸常用的盐类及其浓度如表 3-1。

表 3-1 核酸沉淀中常用的盐类及浓度

盐类	贮存液/($mol \cdot L^{-1}$)	终浓度/($mol \cdot L^{-1}$)	盐类	贮存液/($mol \cdot L^{-1}$)	终浓度/($mol \cdot L^{-1}$)
$MgCl_2$	1.0	0.01	NH_4Ac	10.0	2.0～2.5
NaAc	3.0(pH 5.2)	0.3	NaCl	5.0	0.2
KAc	3.0(pH 5.2)	0.3	LiCl	8.0	0.8

5. 核酸的定量

核酸的定量在基因工程中非常重要，在多数情况下可采用分光光度法对核酸进行精确定量，因为这种方法不破坏结构，并且能回收样品。核酸分子中含有嘌呤碱和嘧啶碱，因此具有吸收紫外光的特性，其最大吸收波长为 260nm。蛋白质分子由于含有芳香族氨基酸，因此也能吸收紫外光。通常蛋白质的吸收峰在 280nm 处，在 260nm 处蛋白质的吸收值仅为核酸的 1/10 或更低，故核酸样品中蛋白质含量较低时对核酸的紫外测定影响不大。在波长 260nm 紫外线下，A_{260} 值为 1 大约相当于双链 DNA 浓度为 50μg/mL，相当于单链 DNA 或 RNA 浓度为 40μg/mL，相当于单链寡核苷酸浓度为 20μg/mL。因此，可用此来计算核酸样本的浓度。另外，也可根据 A_{260}/A_{280} 的比值来判定核酸的纯度。

(1) DNA 浓度计算公式

$$\text{双链 DNA 浓度}(\mu g/mL) = A_{260} \times 50 \times \text{稀释倍数}$$

(2) DNA 纯度的判定

纯 DNA 样品的 A_{260}/A_{280} 比值约为 1.8。高于 1.9，说明有 RNA 尚未除尽；低于 1.6，表明有蛋白质、酚等污染，需再进行酚抽提，并小心吸取上层水相。

(3) RNA 浓度计算公式

$$\text{RNA 浓度}(\mu g/mL) = A_{260} \times 40 \times \text{稀释倍数}$$

(4) RNA 纯度的判定

纯 RNA 样品的 A_{260}/A_{280} 比值约为 2.0。1.8～2.0 时，RNA 样品中的蛋白质或者其他有机物的污染是可以接受的；低于 1.7 表明有蛋白质污染；高于 2.2 时，说明 RNA 已经水解成单核苷酸。不过要注意，当用 Tris 作为缓冲液检测吸光度时，A_{260}/A_{280} 值可能会大于 2。

6. 核酸的保存

(1) DNA

DNA 为两性解离分子，在碱性条件下较稳定，所以最好溶于 pH 8.0 的 TE 缓冲液中于 4℃或−20℃保存，如在−70℃能保存 5 年以上。TE 的 pH 值为 8.0，是为了减少 DNA 的脱氨反应。TE 中的 EDTA 能螯合 Mg^{2+}、Ca^{2+} 等二价离子而抑制 DNase 的活性。对于哺乳动物细胞 DNA 的长期保存，可在 DNA 样本中加入 1 滴氯仿，以防止细菌和核酸酶的污染。

(2) RNA

RNA 溶于 0.3mol/L 的 NaAc 溶液或 DEPC 处理过的水中，−70℃保存。如在 RNA 溶液中加入 1 滴 0.2mol/L VRC 冻存于−70℃，可抑制 RNase 对 RNA 的降解。VRC 对于 RNA 的大多数实验没有干扰作用。VRC 中的 RNA 样本可在−70℃保存数年。

由于反复冻融产生的剪切力对核酸样品有断裂作用，所以在实际贮存时，最好小剂量分装保存。

（三）核酸的固相提取方法

传统的核酸提取方法是基于有机溶剂萃取的液相分离，主要有酚抽提法、碱裂解法、CTAB 抽提法和 CsCl 密度梯度离心法等，这些传统提取方法虽然可从不同组织样本中分离出 DNA 和 RNA，但存在着很大的局限性，如所需样品量大、提取步骤较为繁杂、易受污染、得率不高，难以实现自动化操作，而且大部分传统方法用到有毒化学试剂，对操作人员健康具有潜在危害。因此，伴随着分子生物学以及高分子材料学的发展，核酸的提取方法也在不断更新，目前以固相载体为基础的核酸提取方法受到更多的青睐。核酸固相提取方法主要是应用一些对核酸有结合作用的固相材料，在一定条件下结合核酸然后又在适当条件下脱附，以实现核酸的分离。与传统的液相提取方法相比，固相提取方法减少了有机溶剂的使用，操作简便，分离时间短，自动化程度高，样品在实验过程中不易污染与降解，提取的核酸无论是浓度还是纯度都得到明显提高。此类方法常用的固相支持物有二氧化硅基质、磁珠和阴离子交换介质。

1. 二氧化硅基质法

二氧化硅基质包括玻璃微粒、二氧化硅粒子、玻璃微纤维和硅藻土，其提取的基本原理是基于带负电的DNA骨架和带正电的二氧化硅粒子之间的高亲和力。钠离子起到阳离子桥的作用，它可以吸引核酸磷酸骨架上带负电荷的氧，在高盐酸性条件下，钠离子打破水中的氢和二氧化硅上带负电荷的氧离子之间的氢键，DNA与二氧化硅紧密结合，先洗涤除去其他杂质，再用低离子强度（pH≥7）的TE缓冲液或蒸馏水洗脱结合的DNA分子。

大多数的离心柱法核酸提取试剂盒都是以硅胶滤膜作为固相载体的，就是基于二氧化硅选择性结合DNA的独特属性。主要步骤包括细胞裂解、核酸吸附、洗涤和洗脱，如图3-6所示。首先加入裂解液裂解细胞；其次用特殊的pH缓冲液调节柱子pH改变其表面或官能团，使其成为特殊的化学形式以吸附核酸；再次，用洗涤缓冲液洗涤以除去蛋白质等杂质；最后，用TE缓冲液或水洗脱柱子上的目的核酸，收集纯化的核酸。

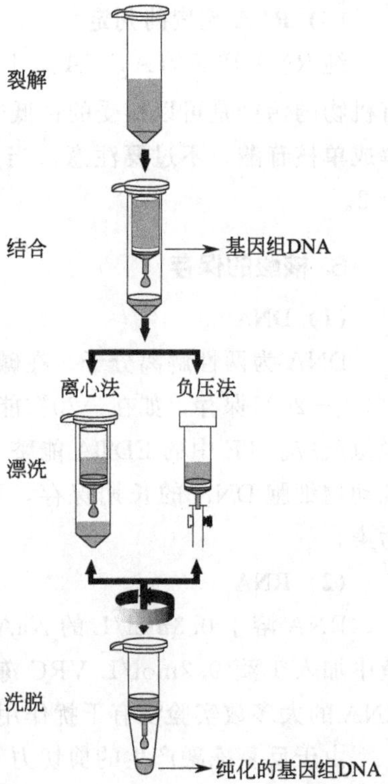

图3-6 离心柱法提取核酸示意图

2. 磁珠法

磁性分离是一种简单高效的核酸提纯方法。通常核酸提纯使用的是有亲和力的固定配体或对目的核酸有亲和力的磁性载体。例如，不同的合成聚合物、生物聚合物和磁粉等。

磁珠表面连接了可特异地与DNA发生作用的功能基团，具有可逆吸附DNA的特性，通常采用带有氨基、巯基、环氧基等基团的活化试剂对磁珠表面包覆的高分子进行化学修饰。若裂解液提供适宜的离子强度、pH等条件，功能团的数量就决定了磁珠吸附DNA的量，因此需要将裂解液设置不同的稀释度，摸索最佳离子强度、pH等条件。同时，需要制备不同浓度的DNA样本，使最高DNA含量在磁珠吸附能力的限度范围内。这种基于磁性颗粒的核酸磁力分离，通过在一定溶液条件下，对核酸进行选择性吸附，吸附核酸的磁性纳米颗粒在外加磁场（如磁铁）时可控移动，从而将核酸从含有蛋白质、多糖等杂质的体系中分离出来，再通过洗涤、洗脱，实现核酸的提取和纯化。磁珠法提取核酸过程如图3-7所示。

与传统核酸提取方法相比，磁珠法提取核酸具有明显的优势，主要体现在：①能实现自

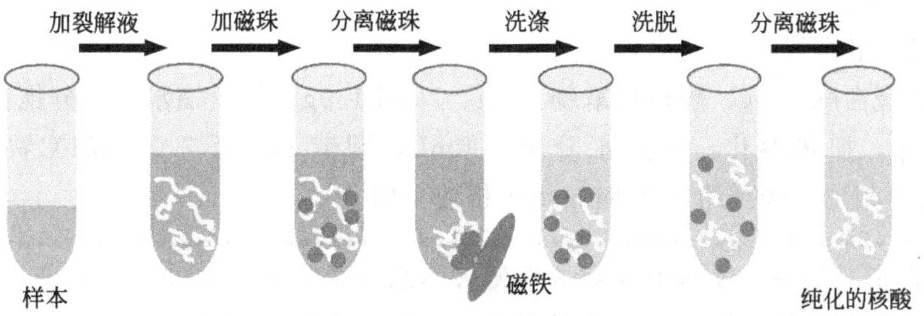

图 3-7　磁珠法提取核酸过程示意图

动化、大批量操作。目前已有 96 孔的核酸自动提取仪，用一个样品的提取时间即可实现对 96 个样品的处理，符合生物学高通量的操作要求，使得传染性疾病暴发时能够进行快速及时的应对。②操作简单快速。整个提取流程只有四步，全程无须离心操作，大多可在 36～40min 内完成。③安全无毒无害。不使用传统方法中的苯酚、氯仿等有毒试剂，对实验操作人员的伤害减少到最低，符合现代环保理念。④质量稳定可靠。游离的磁珠与核酸的特异性结合，使得提取的核酸纯度更高、浓度更大。

3. 阴离子交换法

阴离子交换法的提纯原理是基于树脂表面带正电荷的二乙基胺基乙基纤维素（DEAE）基团和 DNA 骨架上带负电荷的磷酸根离子之间的相互作用。树脂表面面积大，能稠密地耦合 DEAE 群。在低盐的碱性溶液条件下，DNA 可与 DEAE 群结合，洗涤除去树脂上的蛋白质和 RNA 杂质，最后用高盐的酸性溶液洗脱仍结合在树脂上的核酸 DNA。此方法能有效地从 RNA 和其它杂质中分离 DNA 分子。其中，盐浓度和 pH 是核酸能否很好地与柱结合或洗脱的关键因素。对于那些对纯度要求高的实验，阴离子交换法则是更好的选择。它所产生的 DNA 在纯度上至少相当于两轮的 CsCl 密度梯度纯化，同时片段长度也远远优于硅胶膜技术。

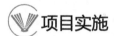

项目实施

任务 3-1　制备大肠杆菌基因组 DNA 的操作准备

【任务描述】

大肠杆菌基因组 DNA 制备能否顺利进行和高质量完成，取决于准备工作是否充分到位。通过制备大肠杆菌基因组 DNA 相关菌株培养、试剂配制、仪器操作、耗材准备及人员分工，为后续任务完成提供支持和保障。

1. 菌种及培养

(1) 菌种

大肠杆菌（*E. coli*）。

(2) 培养基配制

LB 培养基是基因工程实验中用于培养细菌，特别是大肠杆菌的常用培养基。

① LB 液体培养基

称取胰化蛋白胨 1.0g、酵母提取物 0.5g、NaCl 1.0g，加蒸馏水，充分搅拌溶解，滴加 5mol/L NaOH 调节 pH 至 7.0，补足水分至 100mL，121℃高压蒸汽灭菌 20min，冷却后分装，4℃保存备用。

② LB固体培养基

称取胰化蛋白胨1.0g、酵母提取物0.5g、NaCl 1.0g，加蒸馏水，充分搅拌溶解，再加入琼脂粉1.5g，加热溶化，补足水分至100mL，调节pH至7.0，121℃高压蒸汽灭菌20min，待培养基温度降至约50℃时，倒平板或斜面。

温馨提示：①分装过程中注意不要使培养基沾在管口或瓶口上，以免沾污棉塞而引起污染；②溶解琼脂时，小心控制火力，以免培养基沸腾而溢出容器。同时需不断搅拌，以防琼脂糊底烧焦；③若LB固体培养基用于制备斜面，琼脂粉量可增至18g/L；④液体培养基灭菌后需待高压灭菌锅自然降压后才能打开放气阀，否则易导致高温液体喷出。

(3) 菌种培养

固体培养：从活化的大肠杆菌斜面上挑取少量菌种，接种到1只新鲜的LB固体平板上，倒置放在恒温培养箱中，37℃培养16～18h。

液体培养：从活化的大肠杆菌斜面上挑取少量菌种，接种到1只装有50mL LB液体培养基的250mL三角瓶中，置于恒温摇床中，37℃振荡培养过夜。

2. 试剂及配制

温馨提示：称量时严防试剂混杂，一把牛角匙用于一种试剂，或称取一种试剂后，洗净、擦干，再称取另一试剂。瓶盖不要盖错，及时贴上标签。

(1) 10mg/mL RNase A

将RNase A溶于10mmol/L Tris-HCl（pH 7.5）、15mmol/L NaCl中，配成10mg/mL的浓度，于100℃加热15min，缓慢冷却至室温，分装成小份保存于－20℃。

(2) 10mg/mL溶菌酶溶液

称取100mg溶菌酶，溶解到适量无菌双蒸水中，定容至10mL，不需灭菌，分装成小份保存于－20℃冰箱。整个过程须在无菌环境下进行。每一小份一经使用后便予丢弃。

(3) 20mg/mL蛋白酶K溶液

将200mg蛋白酶K加入8.0mL无菌双蒸水中，轻轻摇动，直至蛋白酶K完全溶解。不要涡旋混合，加水定容到10mL，不需灭菌，分装成小份贮存于－20℃。

(4) 10% SDS溶液

称取10.0g SDS慢慢转移到约含80mL水的烧杯中，用磁力搅拌器或加热至68℃助溶，搅拌至完全溶解，用水定容至100mL。

温馨提示：①SDS的微细晶粒易扩散，因此称量时要戴面罩，称量完毕后要清除残留在称量工作区和天平上的SDS；②10% SDS溶液无须灭菌；③SDS在低温易析出结晶，用前微热，使其完全溶解。

(5) TE缓冲液（pH 8.0）

实验所用TE缓冲溶液是终浓度分别为10mmol/L Tris-HCl（pH 8.0）和1mmol/L

EDTA（pH 8.0）的混合液。通常先分别配制这两种溶液的母液，再将其按比例混合即可。

① 100mmol/L Tris-HCl（pH 8.0）的配制。

取 12.11g Tris 碱加入 800mL 水中，用 HCl 调 pH 至 8.0，定容至 1L，高压灭菌。

② 10mmol/L EDTA（pH 8.0）的配制。

在 800mL 水中加入 3.72g 二水乙二胺四乙酸二钠，在磁力搅拌器上剧烈搅拌，用 NaOH 调 pH 至 8.0，定容至 1L，高压灭菌，室温贮存。

③ 配制体积为 200mL 的 TE 缓冲溶液的计算过程为：

设需要 100mmol/L Tris-HCl（pH 8.0）为 x（mL），需要 10mmol/L EDTA（pH8.0）为 y（mL），则：

$$200(\text{mL})\times 10(\text{mmol/L})=100(\text{mmol/L})\times x, x=20\text{mL}$$

$$200(\text{mL})\times 1(\text{mmol/L})=10(\text{mmol/L})\times y, y=20\text{mL}$$

因此，吸取 100mmol/L Tris-HCl（pH 8.0）20mL、10mmol/L EDTA（pH 8.0）20mL，再加入 160mL 蒸馏水，混匀，即为 TE 缓冲液（pH 8.0）。分装后，121℃高压蒸汽灭菌 20min，室温保存，备用。

(6) 含 10μg/mL RNase A 的 TE 缓冲液

在 10mL TE 缓冲液中加入 10mg/mL RNase A 溶液 10μL。

(7) CTAB/NaCl 溶液（10% CTAB，0.7mol/L NaCl）

称取 4.1g NaCl 溶解于 80mL 蒸馏水中，缓慢加入 10g CTAB，可加热至 65℃溶解，定容至 100mL。

(8) 3mol/L NaAc（pH 5.2）

在 80mL 蒸馏水中溶解 40.81g 三水乙酸钠，用冰乙酸（冰醋酸）调 pH 至 5.2，加水定容至 100mL，分装后高压灭菌。

(9) 5mol/L NaCl

在 80mL 蒸馏水中溶解 29.22g NaCl，加水定容至 100mL，分装后高压灭菌。

(10) SDS 法细菌裂解缓冲液

40mmol/L Tris-HCl pH 8.0，20mmol/L 乙酸钠，1mmol/L EDTA，1% SDS。

(11) 沸水浴法细菌裂解液

1% Triton X-100，20mmol/L Tris-HCl（pH 8.2），2mmol/L EDTA。

(12) 氯仿/异戊醇（24∶1）

96mL 氯仿中加入 4mL 异戊醇，摇匀即可。

(13) 酚/氯仿/异戊醇（25∶24∶1）

按 1∶1 的比例混合用 Tris 饱和的酚与氯仿/异戊醇（24∶1）。

> 温馨提示：这里的酚腐蚀性很强，并可引起严重灼伤，操作时应戴手套及防护镜，穿防护服，所有操作均应在化学通风橱中进行，与此接触过的部位皮肤应立即用大量的水清洗，并用肥皂和水洗涤，忌用乙醇。

(14) 其他试剂

无水乙醇、70%乙醇、异丙醇、双蒸水、超纯水等。

3. 仪器及耗材

超净工作台，高压蒸汽灭菌锅，恒温培养箱，恒温摇床，台式高速离心机，恒温水浴锅，循环水真空泵，电子天平，冰箱，pH 计，精密 pH 试纸，微量移液器，离心管，枪头，试剂瓶，吸水纸，标签纸，记号笔，牙签等。

任务 3-2　SDS 法制备大肠杆菌基因组 DNA

【任务描述】

染色体 DNA 分子量大，受热易变性，复性困难，受剪切力作用容易断裂。本任务采用较温和的 SDS 法制备大肠杆菌基因组 DNA，所获得的 DNA 制品可用于 PCR 扩增、Southern bolt 分析及其他基因操作。通过本任务的实施，掌握用 SDS 法制备基因组 DNA 的原理、操作、方法和注意事项。

1. 原理

基因组是指细胞或生物体中，一套完整单倍体的遗传物质的总和，或原核生物染色体、质粒、真核生物的单倍染色体组、细胞器、病毒中所含有的一整套基因。

细菌基因组 DNA（染色体 DNA）的提取一般是先用溶菌酶处理，破坏细菌细胞壁，然后加入 SDS 和/或蛋白酶 K，使细菌细胞裂解，同时解离与核酸结合的蛋白质，再利用有机溶剂使蛋白质彻底变性。通过离心，细胞碎片及变性蛋白质复合物被沉淀下来，而 DNA 则留在上清液中，利用乙醇或异丙醇沉淀溶液中的 DNA。用无 DNA 酶的 RNA 酶水解溶液中的 RNA，最终获得纯度较高的细菌 DNA。

溶菌酶（lysozyme）又称胞壁质酶或 *N*-乙酰胞壁质聚糖水解酶，是一种能水解细菌中黏多糖的碱性酶，它主要通过破坏细菌细胞壁中的 *N*-乙酰胞壁酸和 *N*-乙酰氨基葡萄糖之间的 β-1,4 糖苷键，使细胞壁不溶性黏多糖分解成可溶性糖肽，导致细胞壁破裂，内容物逸出而使细菌溶解。

蛋白酶 K（proteinase K）是一种切割活性较广的丝氨酸蛋白酶，具有很高的比活性，可切割脂肪族氨基酸和芳香族氨基酸的羧基端肽键。该酶在较广的 pH 范围（4～12.5）内及高温（50～70℃）均有活性，用于质粒或基因组 DNA、RNA 的分离。在 DNA 提取中，主要作用是降解与核酸结合的蛋白质形成小肽或氨基酸，使 DNA 分子完整地分离出来。在 RNA 提取中，常被用于 RNase 的抑制和降解。在 EDTA 等螯合剂或 SDS 等去垢剂存在的情况下，蛋白酶 K 仍保持较高的活性。

十二烷基硫酸钠（SDS）是一种强阴离子去污剂，其主要作用是：①结合膜蛋白而破坏细胞膜、核膜；②使核蛋白体（DNP）中的蛋白质与 DNA 分离；③与蛋白质结合，使蛋白质变性而沉淀。乙二胺四乙酸（EDTA）的主要作用是螯合 Mg^{2+}、Ca^{2+} 等金属离子，抑制脱氧核糖核酸酶对 DNA 的降解作用，而且 EDTA 的存在有利于溶菌酶的作用，因为溶菌酶的反应要求有较低的离子强度环境。Tris-HCl（pH 8.0）提供一个缓冲环境，防止核酸被破坏。高浓度的 NaCl 可使蛋白质、多糖等杂质沉淀。上清液用酚/氯仿/异戊醇反复抽提除去蛋白质，再用乙醇或异丙醇沉淀水相中的 DNA。

2. 材料准备

(1) 菌种

大肠杆菌饱和培养物。

(2) 培养基

LB 培养基。

(3) 试剂

100mg/mL 溶菌酶，100μg/mL 溶菌酶，10mg/mL 蛋白酶 K，含 10μg/mL RNase A 的无菌双蒸水或 TE 缓冲液，40mmol/L Tris-HCl（pH 8.0），20mmol/L 乙酸钠，1mol/L EDTA，10% SDS，1% SDS，5mol/L NaCl，2mol/L NaCl，Tris 饱和酚，无水乙醇，70%乙醇，氯仿/异戊醇（24∶1），异丙醇，TE（pH 8.0）和无菌双蒸水等。

(4) 仪器及耗材

超净工作台，台式高速离心机，恒温水浴锅，循环水真空泵，冰箱，微量移液器，1.5mL 离心管，枪头，吸水纸，记号笔等。

3. 任务实施

方案一：

① 菌体收集：取任务 3-1 操作准备所得大肠杆菌培养液 1.5mL 于 1.5mL 离心管中，12000r/min 离心 1min，弃上清，收集菌体（注意吸干多余的水分）。

② 辅助裂解：如果是革兰氏阳性细菌如枯草芽孢杆菌，应先加溶菌酶 100μg/mL 50μL 37℃处理 1h；如果是革兰氏阴性细菌如大肠杆菌，可以不加溶菌酶处理。

③ 裂解：向每管加入 200μL 裂解缓冲液（40mmol/L Tris-HCl pH 8.0，20mmol/L 乙酸钠，1mmol/L EDTA，1% SDS），用枪头反复吹打以悬浮和裂解细菌细胞。

④ 接着向每管加入 66μL 5mol/L NaCl，充分混匀后，12000r/min 离心 10min，除去蛋白质复合物及细胞壁等残渣。

⑤ 将上清液转移到新离心管中，加入等体积的用 Tris 饱和的苯酚，充分混匀后，12000r/min 离心 5min，进一步沉淀蛋白质。

⑥ 取离心后水层，加等体积氯仿，充分混匀，12000r/min 离心 5min，去除苯酚。

⑦ 小心取出上清液，用预冷的二倍体积的无水乙醇沉淀 DNA，室温放置 10min 以上，12000r/min 离心 10min，弃上清液。

⑧ 用 1mL 70%乙醇洗涤沉淀 1～2 次，12000r/min 离心 10min，弃上清液，沉淀在室温下倒置干燥或真空干燥 10～15min。

⑨ 加入 50μL 含 10μg/mL RNase A 的 TE 缓冲液或无菌双蒸水，使 DNA 溶解，置 37℃水浴 20～30min，除去 RNA。

⑩ 冷却至室温后，将样品储存在－20℃冰箱中备用。

方案二：

① 取任务 3-1 操作准备所得大肠杆菌培养液 1.5mL 于 1.5mL 离心管中，12000r/min 离心 1min，尽可能弃去培养基。

② 菌体沉淀中加入 600μL TE 缓冲液，反复吹打使之重新悬浮。

③ 加入 6μL 100mg/mL 溶菌酶至终浓度为 1mg/mL，混匀，37℃温育 30min（大肠杆菌培养液可不加溶菌酶处理）。

④ 加入 30μL 2mol/L NaCl，66μL 10% SDS 和 6μL 10mg/mL 蛋白酶 K，混匀，65℃温育 1h，使溶液变透明。

⑤ 加入等体积（约 750μL）氯仿/异戊醇（24∶1）混匀，室温放置 5～10min，12000r/min 离心 5min，将上清液转移到新的 1.5mL 离心管中。

⑥ 加入 0.6～0.8 倍体积（约 450μL）异丙醇，颠倒混匀，室温放置 10min 以上，

12000r/min 离心 10min，弃上清液。

⑦ 用 1mL 70%乙醇洗涤沉淀 1～2 次，12000r/min 离心 10min，弃上清液，沉淀在室温下倒置干燥或真空干燥 10～15min。

⑧ 加入 50μL 含 10μg/mL RNase A 的 TE 缓冲液或无菌双蒸水，使 DNA 溶解，置 37℃水浴 20～30min，除去 RNA。

⑨ 若后续实验需要去除 RNase A，可按以下操作（一般情况下该步骤可省略）：

加入等体积氯仿，颠倒混匀 2min，12000r/min 离心 5min。将上清液转移到一个新的 1.5mL 离心管中，加入 1/10 体积 3mol/L NaAc（pH 5.2）及二倍体积无水乙醇，混匀后室温静置 10～20min，12000r/min 离心 10min，弃上清液。用 1mL 70%乙醇洗涤沉淀物 1 次，12000r/min 离心 10min。弃上清液，除去管壁残余液滴，将离心管倒置于吸水纸上室温干燥或真空干燥 10～15min。加入 50μL TE 缓冲液或无菌双蒸水，使 DNA 溶解。

⑩ 样品储存在－20℃冰箱中备用。

温馨提示：①用于提取 DNA 的细菌细胞不可太多，一般 1.5mL 的过夜培养物就足够了，太多会导致细胞裂解不完全，裂解液较黏稠，提取出来的 DNA 杂质会较多；②用提取缓冲液重悬细胞时，要用吸头或牙签充分搅拌，使细胞分散均匀，肉眼不可看到细胞团块存在，否则也会导致细胞裂解不完全，DNA 提取得率较低或质量较差；③为避免染色体 DNA 发生机械断裂，在提取过程中应该尽量在温和的条件下操作，如加入裂解液、氯仿/异戊醇后应该避免剧烈振荡，减少酚/氯仿抽提次数，避免用大枪头或剪切过的枪头移液和吹打，用枪头吸取上清液时避免产生气泡，4℃条件下操作等，以保证得到较长的 DNA。

4. 结果分析

(1) 理想实验结果

对于提取分离获得的 DNA，一般用琼脂糖凝胶电泳进行分析（详见项目六）。图 3-8 中 1～4 泳道和图 3-9 中 1～4 泳道，DNA 分子均大于 23 kb，条带清晰，纯度较高，可直接用于后续的基因操作。图 3-9 中，第 4 泳道相对于 1～3 泳道而言，条带亮度较弱，表明 DNA 量较少，得率较低。解决办法：增加大肠杆菌细胞数量，重新提取；注意细胞重悬充分，不存在团块。

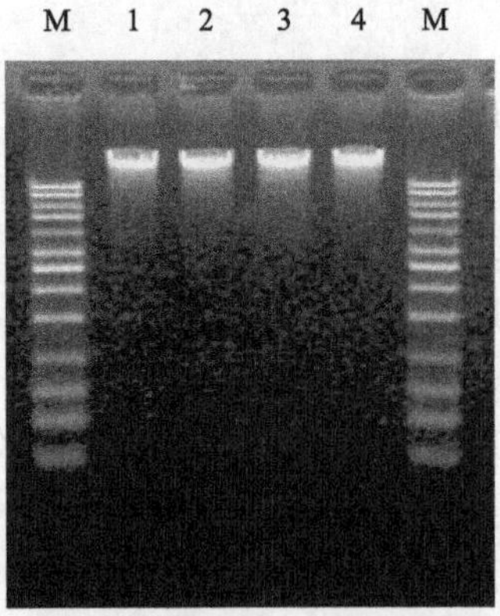

图 3-8 细菌基因组 DNA 电泳图示例一

1～4：*E. coli* 基因组 DNA；M：DNA 分子量标记（Marker）

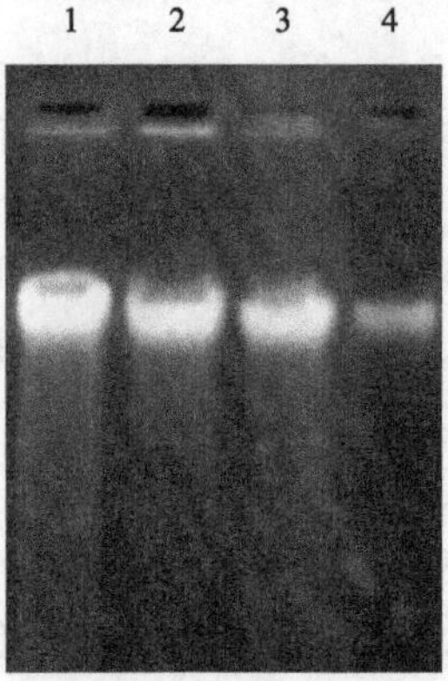

图 3-9 细菌基因组 DNA 电泳图示例二

1～4：*E. coli* 基因组 DNA

(2) 电泳条带拖尾、弥散、模糊

图 3-10 中，1、2 泳道条带拖尾；图 3-11 中，4～6 泳道条带弥散、模糊，呈梯状或轨道状条带。电泳条带拖尾、弥散、模糊，表明获得的基因组 DNA 已被降解。常见的原因有：操作过程中动作过于剧烈，导致基因组 DNA 断裂；用于去除 RNA 的 RNase 中混有 DNase。解决办法：重新提取 DNA，相关试剂及器皿须高压灭菌，保证试剂无 DNase 污染，注意操作要温和，尤其是在加入裂解液及氯仿/异戊醇后。

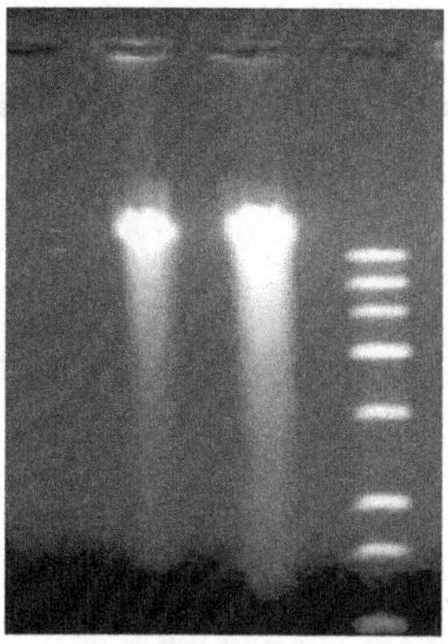

图 3-10 细菌基因组 DNA 电泳图（拖尾）
1～2：细菌基因组 DNA；M：DNA 分子量标记（Marker）

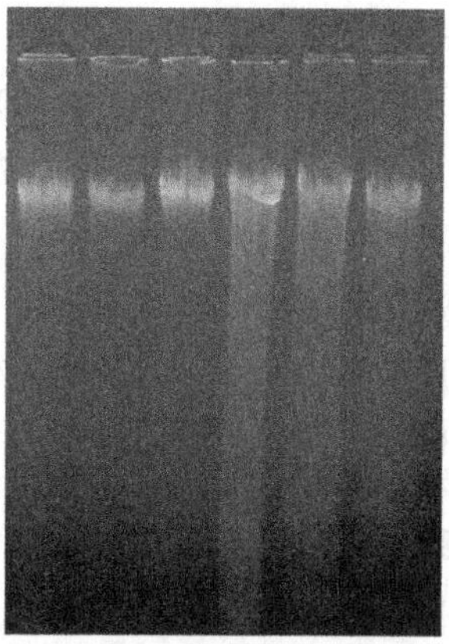

图 3-11 细菌基因组 DNA 电泳图（弥散）
1～6：粪便细菌基因组 DNA

任务 3-3 CTAB 法制备大肠杆菌基因组 DNA

【任务描述】

SDS 法是制备基因组 DNA 的常用方法，该方法可有效去除污染的蛋白质，但不能有效去除外源性多糖，而 CTAB 法对从产生大量多糖的某些革兰氏阴性菌和植物中提取核酸非常有用。通过本任务的实施，掌握用 CTAB 法制备基因组 DNA 的原理和操作，同时明确需根据实验材料及实验目的来选择实验方法。

1. 原理

制备细菌基因组 DNA 最常用的方法是溶菌酶/去垢剂溶解，然后用非特异性的蛋白酶孵育，一系列的酚/氯仿/异戊醇抽提，随后是乙醇沉淀核酸。这样的方法可有效去除污染的蛋白质，但不能有效去除外源性多糖，而多糖类物质对随后的酶切、连接等具较强的抑制作用。如果在蛋白酶孵育之后，采用十六烷基三甲基溴化铵（cetyltrimethylammonium bromide，CTAB）抽提，可使多糖、蛋白质等分子在后续的氯仿/异戊醇乳化和抽提中得以有效去除。因此，CTAB 法对从产生大量多糖的生物体中提取核酸非常有用，是某些革兰氏阴性菌（如假单胞菌属、大肠杆菌属和根瘤菌属等）基因组 DNA 提取的常用方法、植物基因组 DNA 提取的经典方法。

CTAB 是一种阳离子去污剂，能溶解膜蛋白，破坏细胞膜，并与核酸形成复合物。CTAB-核酸复合物在高盐溶液（0.7mol/L NaCl）中可溶并且稳定存在，但在低盐浓度（0.3mol/L NaCl）下，该复合物会因溶解度降低而沉淀下来，而大部分的蛋白质与多糖仍溶于溶液中，通过离心就可将 CTAB-核酸复合物与蛋白质、多糖类物质分开。最后，通过乙醇或异丙醇沉淀 DNA，而 CTAB 溶于乙醇或异丙醇而除去。

2. 材料准备

(1) 菌种

大肠杆菌饱和培养物。

(2) 培养基

LB 培养基。

(3) 试剂

20mg/mL 蛋白酶 K，10% SDS，TE 缓冲液，含 10μg/mL RNase A 的无菌双蒸水或 TE 缓冲液，CTAB/HCl 溶液，氯仿/异戊醇（24∶1），酚/氯仿/异戊醇（25∶24∶1），5mol/L NaCl 溶液，异丙醇，70%乙醇，无菌双蒸水等。

(4) 仪器及耗材

超净工作台，台式高速离心机，恒温水浴锅，循环水真空泵，冰箱，微量移液器，1.5mL 离心管，枪头，吸水纸，牙签，记号笔等。

3. 任务实施

① 取任务 3-1 操作准备所得大肠杆菌培养液 1.5mL 于 1.5mL 离心管中，12000r/min 离心 1min，弃上清液，收集菌体（注意吸干多余的水分）。

② 在菌体沉淀中加入 567μL 的 TE 缓冲液，用移液枪反复吹打使菌体沉淀充分悬浮（注意不要残留细小菌块）。

③ 加入 30μL 10% SDS 和 3μL 20mg/mL 蛋白酶 K，使其终浓度分别为 0.5%和 100μg/mL，充分混匀，于 37℃孵育 1h。

由于去垢剂能溶解细菌细胞壁，使溶液变得黏稠，可不必用溶菌酶预先消化细菌细胞壁。

④ 加入 100μL 5mol/L 的 NaCl，充分混匀。

⑤ 加入 80μL CTAB/NaCl 溶液，上下颠倒混匀，在 65℃孵育 10min。

⑥ 加入等体积（约 750μL）氯仿/异戊醇，上下颠倒混匀，12000r/min 离心 5min。

⑦ 将上清液转移到一个新的 1.5mL 离心管中，加入等体积的酚/氯仿/异戊醇（25∶24∶1），上下颠倒充分混匀，室温 12000r/min 离心 5min。

⑧ 将上清转移至另一新的 1.5mL 离心管中，加入 0.6 倍体积异丙醇（约 450μL），轻轻混匀直到 DNA 沉淀下来（室温 10min，可见 DNA 沉淀白色丝状物），12000r/min 离心 10min，弃去上清液。

⑨ 用 1mL 70%乙醇洗涤沉淀物 1 次，4℃、12000r/min 离心 10min，弃去上清液。沉淀在室温下倒置干燥或真空干燥 10～15min。

⑩ 加入 50μL 含 10μg/mL RNase A 的 TE 缓冲液或无菌双蒸水，使 DNA 溶解，置 37℃水浴 20～30min，除去 RNA。

⑪ 若需去除 RNase A，可按任务 3-2 方案二中第⑨步操作。

⑫ 加入 50μL TE 缓冲液或无菌双蒸水，使 DNA 溶解。

⑬ 置－20℃保存备用。

温馨提示：①因配制好的酚/氯仿/异戊醇溶液上面覆盖了一层 Tris-HCl 溶液，以隔绝空气，在使用时应注意取下面的有机层；②加入氯仿/异戊醇或酚/氯仿/异戊醇后应采用上下颠倒方法，充分混匀；③在 CTAB 加入之前，细菌裂解液中氯化钠的浓度（第④步）非常重要。如果氯化钠的浓度小于 0.3mol/L，那么核酸也会沉淀下来。同样重要的是，所有的溶液要维持在 15℃以上，离心时温度也不要低于 15℃，因为低于这一温度，CTAB 会形成沉淀析出。

4. 结果分析

(1) 复溶 DNA 不彻底

在 DNA 提取过程中，经有机溶剂沉淀后，DNA 可复溶于水中，因为此时离子浓度较高，不影响 DNA 的稳定性；而高度纯化后，离子浓度较低，DNA 最好复溶于 TE 缓冲液中，因为溶于 TE 的 DNA，其储藏稳定性要高于水溶液中的 DNA。因此，用 TE 溶解 DNA，便于长期保存。不过，用无菌双蒸水溶解 DNA，可避免 TE 缓冲液中所含的 EDTA 对一些内切酶活力的影响。另外，DNA 样品保存时要求以高浓度保存，低浓度的 DNA 样品要比高浓度的更易降解。

(2) 凝胶前端出现亮斑或亮区，加样孔有亮带

图 3-12 中，1～4 泳道条带弥散，呈梯状或轨道状，未见明显的紧密主带，说明 DNA 降解严重。图 3-12 中，1～4 泳道的前端（图下方）出现亮斑；图 3-13 中，1～4 泳道的前端（图下方）有棒状或帽状亮区。这些亮斑和亮区都是 RNA，表明 RNA 未去除干净。解决办法：加 RNase A 重新水浴酶解处理。不过，RNA 的存在并不影响后续 PCR 扩增等基因操作，因此在细菌基因组 DNA 抽提过程中，该步骤可以省略。图 3-13 中，1～4 泳道的加样孔有明显亮带，表明有蛋白质污染。解决办法：依次用酚/氯仿/异戊醇、氯仿/异戊醇抽提，去除蛋白质。

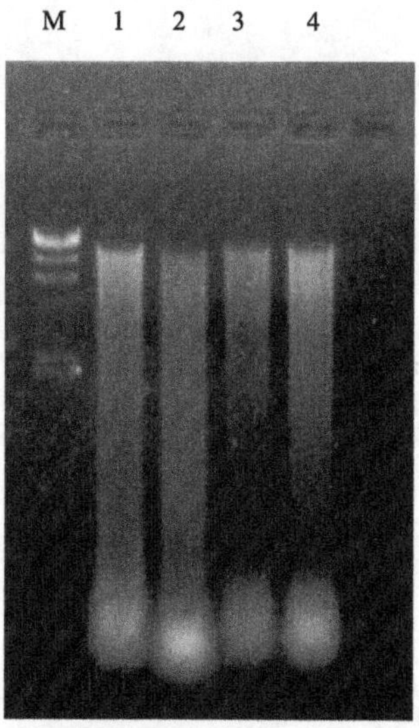

图 3-12 细菌基因组 DNA 电泳图
（DNA 降解、RNA 污染）
1～4：细菌基因组 DNA；M：DNA 分子量标记（Marker）

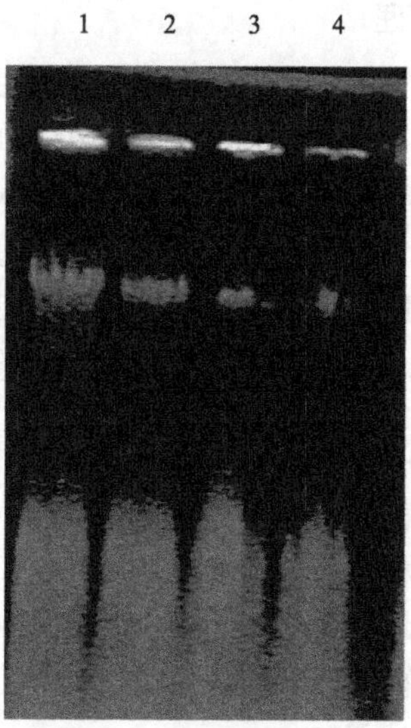

图 3-13 细菌基因组 DNA 电泳图
（蛋白质、RNA 污染）
1～4：细菌基因组 DNA

(3) 提取的细菌基因组 DNA 电泳后跑出来四条带

提取的较高质量的基因组 DNA 经琼脂糖凝胶电泳后，一般只在凝胶上方（靠近加样孔）呈现一条弧形条带，多数情况下略有拖尾。但在图 3-14 中，1～22 泳道均出现四条带，其原因可能是由于 G^+ 菌株中含有简单的复制子，如质粒。因此，从上到下，第 1 条为基因组 DNA，第 2～3 条为质粒 DNA，第 4 条为未去除的 RNA。

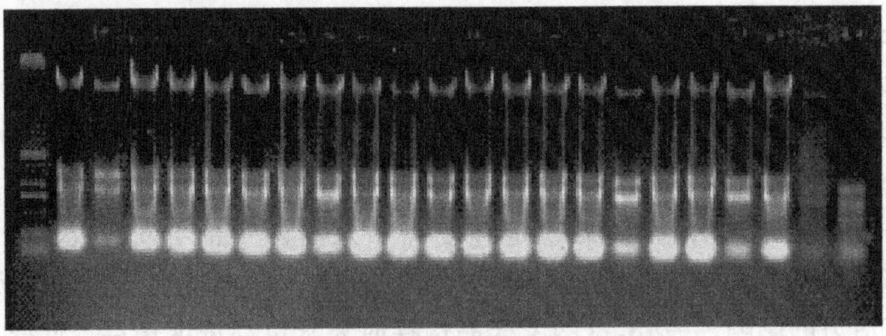

图 3-14 细菌基因组 DNA 电泳图示例三

1～22：临床分离的 G^+ 菌株基因组 DNA；M：DNA 分子量标记（Marker）

任务 3-4 煮沸法制备大肠杆菌基因组 DNA

【任务描述】

SDS 法、CTAB 法制备的高质量基因组 DNA 是理想的 PCR 模板，煮沸法、微波法制备的核酸粗制品作为 PCR 模板，常常也能得到良好的扩增效果。本任务主要应用使用表面活性剂（Triton X-100）的煮沸法来制备大肠杆菌基因组 DNA。

1. 原理

常规实验中从大肠杆菌基因组上 PCR 扩增目的基因时，一般所用的 DNA 量较少，可采用较简单的煮沸裂解法制备少量的 DNA。在短时间的热脉冲下，细胞膜表面会出现一些孔洞，此时就会有少量的染色体 DNA 从中渗透出来，然后离心去除菌体碎片，上清中所含的基因组 DNA 即可用于 PCR 模板。若加入曲拉通 X-100（Triton X-100），可进一步增加细胞膜的通透性，提高煮沸法制备基因组 DNA 的效率。

Triton X-100 一般指聚乙二醇辛基苯基醚，是一种非离子型表面活性剂。

2. 材料准备

(1) 菌种

大肠杆菌过夜培养平板。

(2) 培养基

LB 培养基。

(3) 试剂

1% Triton X-100，20mmol/L Tris-HCl（pH 8.2），2mmol/L EDTA。

(4) 仪器及耗材

超净工作台，台式高速离心机，恒温水浴锅，冰箱，微量移液器，枪头，1.5mL 离心管，牙签，记号笔等。

3. 任务实施

① 用牙签从 *E. coli* 过夜培养平板上挑取新鲜单菌落少许，悬浮到微量离心管内的 50μL 裂解液（含 1% Triton X-100，pH 8.2，20mmol/L Tris-HCl，2mmol/L EDTA）中。

② 95℃温浴 5min。

③ 将离心管转至 55℃温浴 5min。

④ 10000r/min 离心 5min。

⑤ 吸取 10μL 上清液用于总体积 100μL 的 PCR 反应。

4. 思考与分析

煮沸法不需特殊试剂和复杂设备，操作简单，方便快速，实用性强。但其缺点有哪些？

能力拓展

（一）动物基因组 DNA 的提取

1. 动物组织基因组 DNA 的提取

(1) 试剂

① DNA 提取缓冲液：10mmol/L Tris-HCl（pH 8.0），0.1mol/L EDTA（pH 8.0），0.5% SDS，121℃高压灭菌 20min，冷却后添加 20μg/mL 胰 RNA 酶。

② 蛋白酶 K：用无菌双蒸水配成 20mg/mL 的贮存液，分装成小管，−20℃保存。

③ TE 缓冲液：10mmol/L Tris-HCl（pH 8.0），1mmol/L EDTA（pH 8.0），121℃高压灭菌 20min。

④ 其他试剂：Tris 饱和酚，酚/氯仿/异戊醇（25∶24∶1），异丙醇，70%乙醇。

(2) 操作步骤

① 切取新鲜或−70℃冷冻的 0.5g 小鼠肝或肾等组织，去除结缔组织，吸水纸吸干血液，剪碎（越细越好），放入研钵，倒入液氮研磨粉碎，加入 1.0mL DNA 提取缓冲液，转移至 1.5mL 离心管中，将细胞悬液置于 65℃水浴中保温 30min。

② 取出离心管，加入蛋白酶 K 至终浓度为 100μg/mL，混匀，将离心管再次置于 65℃水浴中保温 1h，其间间隙振荡离心管数次。

③ 将溶液冷却至室温，加入 200μL 的 Tris 饱和酚，缓慢来回颠倒离心管 10min，充分混合两相至呈乳白色（Tris 饱和酚 pH 须接近 8.0），12000r/min 离心 5min，小心地将上清液移至新的离心管中。

④ 加入等体积的酚/氯仿/异戊醇，充分混匀至乳白色，12000r/min 离心 5min，将上清液移至新的离心管中。

⑤ 加入等体积的异丙醇，颠倒混匀，室温放置 20min，12000r/min 离心 10min，弃上清液。

⑥ 用 1mL 70%乙醇洗涤沉淀 1～2 次，12000r/min 离心 10min，弃上清液，沉淀在室温下倒置干燥或真空干燥 10～15min。

⑦ 加入 50μL TE 缓冲液溶解沉淀，−20℃保存备用。

动物（小鼠）组织基因组 DNA 电泳图可参见图 3-15。

2. 血液基因组 DNA 的提取

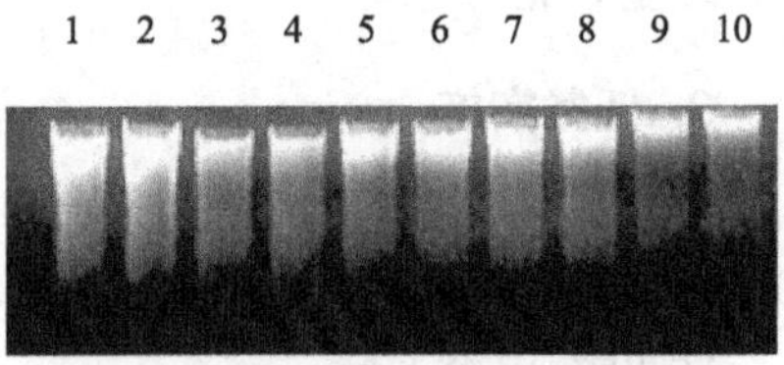

图 3-15 小鼠基因组 DNA 电泳图
1～2：脑；3～4：心脏；5～6：肝；7～8：肾；9～10：肌肉

(1) 试剂

① 酸性柠檬酸葡萄糖溶液 B（ACD）：0.48%柠檬酸，1.32%柠檬酸钠，1.47%葡萄糖，无菌水配制。

② 磷酸缓冲盐溶液（PBS）：800mL 蒸馏水加入 8.79g NaCl，0.27g KH_2PO_4，1.14g 无水 NaH_2PO_4，用 HCl 调 pH 至 7.4，定容至 1L，121℃高压灭菌 20min。

③ 裂解缓冲液：10mmol/L Tris-HCl（pH 8.0），0.1mol/L EDTA（pH 8.0），0.5% SDS，121℃高压灭菌 20min。

④ 蛋白酶 K：用无菌双蒸水配成 20mg/mL 的贮存液，分装成小管，－20℃保存。

⑤ 含 10μg/mL RNase A 的 TE 缓冲液：10mL TE 中加入 10mg/mL RNase A 溶液 10μL。

⑥ 其他试剂：Tris 饱和酚，异丙醇，70%乙醇。

(2) 操作步骤

① 血液标本的收集与裂解：

a. 新鲜血液：

收集方式：20mL 血液中加入 3.5mL 抗凝柠檬酸葡萄糖溶液（ACD）抗凝。

裂解方式：将抗凝血转入离心管，4℃ 2500r/min 离心 15min，吸去上层血浆，小心吸取淡黄色白细胞层悬浮液，将其转入新的离心管，重复离心 1 次，吸出淡黄色悬浮层，重新悬浮于 15mL 裂解缓冲液中，37℃水浴保温 1h，得到细胞裂解液。

b. 冷藏血液：

收集方式：20mL 血液中加入 3.5mL ACD 抗凝后冷藏或冷冻保存。

裂解方式：将解冻后的抗凝血转入离心管，加入等体积的 PBS，室温 7000r/min 离心 15min，吸去含有裂解红细胞的上清液，重新将细胞沉淀悬浮于 15mL 裂解缓冲液中，37℃水浴保温 1h，得到细胞裂解液。

② 在细胞裂解液中加入蛋白酶 K 至终浓度为 100μg/mL，混匀，将离心管置于 65℃水浴中，水浴 1h，其间不时地旋动该黏滞溶液。

③ 将溶液冷却至室温，加入等体积的 Tris 饱和酚，缓慢来回颠倒离心管 10min，充分混合两相（Tris 饱和酚 pH 须接近 8.0），12000r/min 离心 5min，小心吸取上清液，将其移至洁净的离心管中。

④ 重复抽提两次，取水相于新的离心管中。

⑤ 加入等体积的异丙醇沉淀核酸，室温放置 20min 后，12000r/min 离心 10min，弃上清液。

⑥ 用 1mL 70%乙醇洗涤沉淀 1～2 次，12000r/min 离心 10min，弃上清液，沉淀在室温下倒置干燥或真空干燥 10～15min。

⑦ 加入 50μL 含 10μg/mL RNase A 的 TE 缓冲液溶解沉淀，37℃水浴保温 30min。

⑧ －20℃保存备用。

（二）植物基因组 DNA 的提取

(1) 试剂

① 2% CTAB 提取缓冲溶液（200mL）：4.0g CTAB，16.364g NaCl，20mL 1mol/L Tris-HCl（pH 8.0），8mL 0.5mol/L EDTA（pH 8.0），先用 70mL 双蒸水溶解，再定容至 200mL，高压灭菌，冷却后加入 400μL β-巯基乙醇，使其终浓度为 0.2%～1.0%。

② 氯仿/异戊醇（24∶1）：96mL 氯仿，加入 4mL 异戊醇，摇匀即可。

③ TE 缓冲液（pH 8.0）：10mmol/L Tris-HCl（pH 8.0），1mmol/L EDTA，高压灭菌，室温保存。

④ 10mg/mL RNase A：用 10mmol/L Tris-HCl（pH 7.5），15mmol/L NaCl 溶液配制，并在 100℃保温 15min，然后室温条件下缓慢冷却，分装后－20℃保存。

⑤ 其他试剂：异丙醇，无水乙醇，70%乙醇，灭菌双蒸水。

(2) 操作步骤

① 取叶片 1.0g 置于研钵中，加入液氮研磨至粉状，转移到 1.5mL 离心管中，加入 700μL 65℃预热的 2% CTAB 提取缓冲液，颠倒混匀 5～6 次，65℃水浴保温，每隔 10min 轻轻摇动，40min 后取出。

② 冷至室温后，加入等体积的氯仿/异戊醇（24∶1），颠倒混匀 2～3min，至溶液成乳浊状，12000r/min 离心 5min，吸取上清液，转移到新的 1.5mL 离心管中。

③ 加入等体积的氯仿，颠倒混匀 2～3min，12000r/min 离心 5min，吸取上清液，转移到另一 1.5mL 离心管中。

④ 加入 700μL 异丙醇，将离心管缓慢上下颠倒 30s，充分混匀至能见到 DNA 絮状物，静置 20min，4℃ 12000r/min 离心 10min，弃去上清液。

⑤ 用 1mL70% 乙醇洗涤沉淀 1～2 次，4℃ 12000r/min 离心 10min，弃上清液，沉淀在室温下倒置干燥或真空干燥 10～15min。

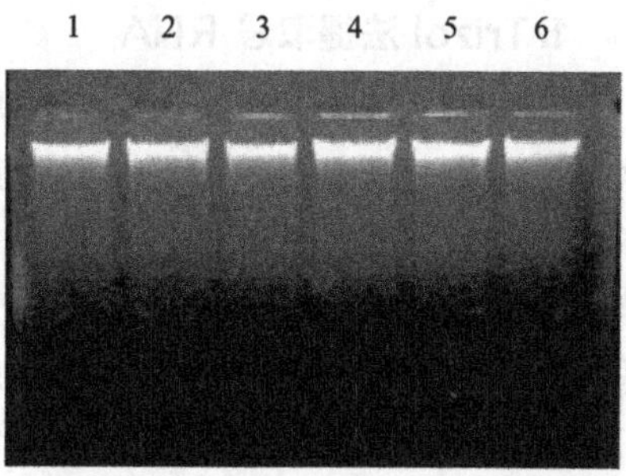

图 3-16　植物基因组 DNA 电泳图

1～2：花生叶；3～4：洋芋叶；5～6：西瓜叶

⑥ 加入 50μL 含 10μg/mL RNase A 的 TE 缓冲液溶解沉淀，37℃水浴保温 30min。

⑦ －20℃保存备用。

植物基因组 DNA 电泳图可参见图 3-16。

（三）酵母基因组 DNA 的提取

(1) 试剂

① YPD 培养基：1%酵母提取物，2%蛋白胨，2%葡萄糖，低温灭菌 20min。

② 溶液 A：1mol/L 甘露醇，100mmol/L EDTA 二钠（pH 7.5）。

③ 5mg/mL 溶壁酶溶液：称取 5mg 溶壁酶溶于 1mL 溶液 A 中。

④ 其他试剂：0.1mol/L Tris-HCl（pH 7.5），10% SDS，TE 缓冲液（pH 8.0），异丙醇，70%乙醇。

(2) 操作步骤

① 从 YPD 平板上刮取新鲜的酿酒酵母单菌落，接种在含 5mL YPD 液体培养基的大试

管中，30℃振荡培养 36h 以上，取 1.5mL 菌液，12000r/min 离心 1min，收集菌体，弃上清液。

② 加入 1.0mL TE（pH 8.0）悬浮细胞沉淀，12000r/min 离心 1min，弃上清液。

③ 加入 0.5mL 溶液 A，充分悬浮细胞沉淀。

④ 加入 20μL 5mg/mL 溶壁酶溶液，37℃水浴 1h。

⑤ 加入 200μL 0.1mol/L Tris-HCl 和 0.1mol/L Na_2 · EDTA，70μL 10% SDS，充分混匀，65℃保温 30min。

⑥ 加入等体积（约 750μL）的氯仿和异戊醇，混匀，室温放置 5min，12000r/min 离心 5min，将上清液转移到新的离心管中。

⑦ 加入 0.6～0.8 倍体积（约 450μL）的异丙醇，颠倒混匀，室温放置 10min，12000r/min 离心 10min，弃去上清液。

⑧ 用 1mL 70%乙醇洗涤沉淀 1～2 次，4℃ 12000r/min 离心 10min，弃上清液，沉淀在室温下倒置干燥或真空干燥 10～15min。

⑨ 加入 50μL 含 10μg/mL RNase A 的 TE 缓冲液溶解沉淀，37℃水浴保温 30min。

⑩ −20℃保存备用。

（四）总 RNA 和 mRNA 的提取

1. Trizol 法提取总 RNA

Trizol 试剂是分离总 RNA 的即用型试剂，其成分主要有苯酚、异硫氰酸胍、8-羟基喹啉和 β-巯基乙醇等。苯酚的主要作用是裂解细胞，使细胞中的蛋白、核酸等内含物解聚并释放。苯酚虽可有效地使蛋白质变性，但是它不能完全抑制 RNase 活性。Trizol 中含有的异硫氰酸胍、8-羟基喹啉和 β-巯基乙醇等的主要作用是抑制内源和外源 RNase。异硫氰酸胍是一类强力的蛋白质变性剂，可溶解蛋白质，破坏细胞结构，使核蛋白与核酸分离，失活 RNA 酶；0.1%的 8-羟基喹啉可抑制 RNase 活性，与氯仿联合使用可增强这种抑制作用；β-巯基乙醇主要破坏 RNase 蛋白质中的二硫键。因此，Trizol 试剂不仅可裂解细胞，而且可保持 RNA 的完整性。加入氯仿后离心，溶液则分为水相和有机相，RNA 绝大部分保留于水相，用异丙醇沉淀即可获得 RNA。移去水相后，样品中的 DNA 和蛋白质可用连续沉淀法获得，用乙醇沉淀可在中间相获得 DNA，用异丙醇沉淀可在有机相获得蛋白质。

（1）试剂

① Trizol 试剂。

② 0.1% DEPC 水：121℃高压灭菌 30min。

③ 70%乙醇：0.1% DEPC-H_2O 配制。

④ 其他试剂：氯仿、异丙醇。

（2）操作步骤

① 用液氮将 0.5g 新鲜或冷冻组织研磨成粉末，在液氮挥发完之前将 50～100mg 粉末转移至无 RNase 的 1.5mL 离心管中，加入 1mL Trizol 试剂。

② 充分振荡混匀，室温放置 5min。

③ 加入 200μL 氯仿，剧烈振荡混匀 30s，室温放置 3min，4℃ 12000r/min 离心 5min。将上清液转移至无 RNase 的 1.5mL 离心管中。

④ 加入等体积异丙醇，室温放置 20min，4℃ 12000r/min 离心 10min，弃上清液。

⑤ 加入 1mL 70%乙醇洗涤沉淀，4℃ 12000r/min 离心 3min，弃去上清液，室温干燥或真空干燥 5～10min。

⑥ 用 50μL 无 RNase 的 ddH_2O 或 0.1% DEPC-H_2O 溶解 RNA。

⑦ −70℃保存备用。

动物总 RNA 电泳图可参见图 3-17。

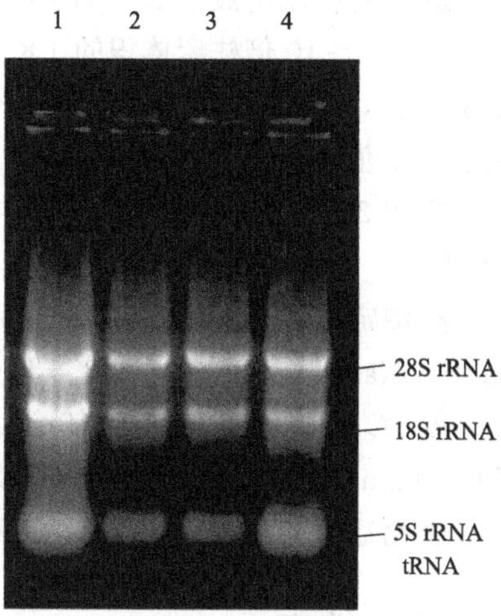

图 3-17　动物总 RNA 电泳图

1～4：动物组织总 RNA

2. mRNA的分离纯化

几乎所有的 mRNA 3′端都具有 poly(A) 尾巴，而 tRNA 和 rRNA 上没有这样的结构。这一结构为 mRNA 的提取提供了极为方便的选择性标志，用寡聚 (dT) 纤维素柱层析分离纯化 mRNA 的理论基础就在于此。此法利用 mRNA 3′端含有 poly(A)的特点，在 RNA 流经寡聚（dT）纤维素柱时，在高盐缓冲液的作用下，mRNA 被特异地结合在柱上，当逐渐降低盐的浓度时或在低盐溶液和蒸馏水的情况下，mRNA 被洗脱，经过两次寡聚（dT）纤维柱后，即可得到较高纯度的 mRNA。

(1) 试剂

① 1×上样缓冲液：

20mmol/L Tris-HCl（pH 7.6），0.5mol/L NaCl，1mol/L EDTA（pH 8.0），0.1% SDS。配制时可先配制上述物质的母液，经高压消毒后按各成分含量混合，再高压消毒，冷却至 65℃时，加入经 65℃温育 30min 的 10% SDS 至终浓度为 0.1%。

② 洗脱缓冲液：

10mmol/L Tris-HCl（pH 7.6），1mol/L EDTA（pH 8.0），0.05% SDS。

③ 3mol/L NaAc（pH 5.2）：

80mL DEPC-H_2O 溶解 40.81g 的 NaAc·$3H_2O$，用冰醋酸调 pH 至 5.2，加 DEPC-H_2O 定容至 100mL。

④ 70%乙醇：

用 DEPC-H_2O 于高温灭菌器皿中配制 75%乙醇，然后装入高温烘烤的玻璃瓶中，存放于低温冰箱。

⑤ 其他试剂：0.1mol/L NaOH（DEPC-H_2O 配制）、无水乙醇等。

所有试剂的配制均需用 DEPC-H_2O 代替普通的双蒸水。

(2) 操作步骤

① 将 0.5～1.0g 寡聚（dT）纤维素悬浮于 0.1mol/L 的 NaOH 溶液中。

② 将悬浮液装入用 DEPC 处理的 1mL 注射器或灭菌的一次性层析柱，用 3 倍柱床体积的 DEPC-H_2O 洗柱。

③ 使用 1×上样缓冲液洗柱，直至洗出液 pH 小于 8.0。

④ 将 RNA 溶解于 DEPC-H_2O 中，在 65℃中温育 10min，冷却至室温后加入等体积 2×上样缓冲液，混匀后上柱，立即用灭菌试管收集流出液。当 RNA 上样液全部进入柱床后，再用 1×上样缓冲液洗柱，继续收集流出液。

⑤ 将所有流出液于 65℃加热 5min，冷却至室温后再次上柱，收集流出液。

⑥ 用 5～10 倍柱床体积的 1× 上样缓冲液洗柱，每管 1mL 分部收集，测定每一收集管的 A_{260} 值，计算 RNA 含量（前部分收集管中流出液的 A_{260} 值很高，后部分收集管中流出液的 A_{260} 值很低或无吸收）。

⑦ 用 2～3 倍柱容积的洗脱缓冲液洗脱 poly(A)RNA，分部收集，每部分为 1/3～1/2 柱体积。

⑧ 测定 A_{260} 确定 poly(A)RNA 分布，合并含 poly(A)RNA 的收集管，加入 1/10 体积 3mol/L NaAc（pH 5.2）和 2.5 倍体积的预冷无水乙醇，混匀，－20℃放置 30min。

⑨ 4℃ 12000r/min 离心 15min，弃去上清液。用 70% 乙醇洗涤沉淀，4℃ 12000r/min 离心 10min，弃去上清液，室温干燥。

⑩ 用适量的 DEPC-H_2O 溶解 RNA，分光光度法检测后，－70℃保存备用。

实践练习

1. 一些理化因素能使核酸分子的空间结构改变，导致核酸理化性质及生物学功能改变，称为核酸的______。

2. 核酸变性时，双螺旋结构被破坏，嘌呤碱、嘧啶碱暴露出来，其 260nm 紫外吸收随之增强，此现象称为______效应。

3. DNA 的热变性是爆发式的，是在一个很狭窄的温度范围突然引起并很快完成。通常将解链曲线的中点，即紫外吸收值达最大值______时的温度称为解链温度。

4. 核酸分离提取原则：一是防止核酸降解，保证核酸______结构的完整性；二是去除杂质，排除其他分子污染，保证核酸的足够______。防止核酸降解，要注意减少化学、物理和核酸酶的影响，如在溶液中加入______等来螯合 Mg^{2+}、Ca^{2+} 等二价离子，抑制 DNase 活性。

5. 提取核酸时，一般先破碎细胞，方法主要有机械法、______法和酶解法。

6. 用于裂解细菌细胞的酶主要有（　）。A. 纤维素酶；B. 蛋白酶 K；C. 链霉蛋白酶；D. 溶菌酶。

7. 保存 DNA 的 TE 缓冲液，其适宜 pH 值是（　）。A. pH 9.0；B. pH 8.0；C. pH 7.0；D. pH 7.6；E. pH 6.0。

8. SDS 法是制备细菌基因组 DNA 的常用方法，SDS 的主要作用是：(1) 破坏细胞膜、核膜；(2) 使核蛋白体（DNP）中的蛋白质与 DNA______；(3) 与蛋白质结合，使蛋白质变性而沉淀。

9. CTAB 法对从产生大量______的生物体中提取核酸非常有用。CTAB 能溶解膜蛋白，破坏细胞膜，并与核酸形成复合物，CTAB-核酸复合物在______盐溶液中可溶并且稳定存在，但在______盐浓度下，该复合物会因溶解度降低而沉淀下来。

10. 提取总 RNA 时，如何创造一个无 RNase 的环境？

（彭加平）

项目四 PCR 扩增大肠杆菌 L-天冬酰胺酶 Ⅱ 基因（*ansB*）

学习目标

通过本项目的学习，了解 PCR 是获得目的基因的常用方法，并在其它领域有着广泛应用。掌握用 PCR 技术扩增目的基因的原理和方法。

1. 知识目标

（1）掌握目的基因分离制备的常用方法；

（2）理解 PCR 扩增 DNA 的原理；

（3）熟悉 PCR 引物设计的基本原则；

（4）了解实时荧光定量 PCR 的原理、分类和定量方法。

2. 能力目标

（1）掌握 PCR 仪的使用方法；

（2）能建立 PCR 反应体系并扩增获得目的基因；

（3）能根据 GenBank 数据库，使用 Primer Premier 5.0 软件，设计 PCR 引物；

（4）熟悉降落 PCR 优化扩增退火温度的实验方法和操作技术。

项目说明

项目三主要介绍了细菌基因组 DNA 的制备，在获得基因组 DNA 之后又怎样从中获得我们所需要的目的基因？获得目的基因的方法有多种，如鸟枪法、化学合成法、PCR 法等，其中 PCR 法是目前获得目的基因的常用方法，已广泛应用于分子克隆、序列分析、疾病诊断、法医鉴定、商品检测和考古研究等多个领域。本项目主要介绍应用 PCR 技术扩增目的基因——大肠杆菌 L-天冬酰胺酶 Ⅱ 基因（*ansB*）。L-天冬酰胺酶 Ⅱ 是一种重要的蛋白类抗肿瘤药物，在临床上被广泛用于淋巴瘤和儿童急性淋巴细胞白血病的治疗。其微生物来源非常广泛，包括真菌、细菌和古生菌等，如大肠杆菌（*Escherichia coli*）、假单胞菌、假丝酵母菌、芽孢杆菌、菊欧文氏菌和胡萝卜软腐欧氏杆菌等。大肠杆菌 *ansB* 的核苷酸序列已被阐明和报道，长为 1047bp。因此，以项目三制备的大肠杆菌基因组 DNA 为模板，根据已知的 *ansB* 基因序列设计并合成引物，通过 PCR 就可扩增获得大肠杆菌的 L-天冬酰胺酶 Ⅱ 基因，从而为后续项目的开展提供基因材料。

基础知识

（一）目的基因的分离制备

基因工程具体是指在基因水平上，按照人类的需要进行设计，人为地在体外将核酸分子插入质粒、病毒或其他载体中，构成遗传物质的新组合（即重组载体分子），并将这种重组分子转移到原先没有这类分子的宿主细胞中去扩增和表达，从而使宿主或宿主细胞获得新的遗传特性，创造出具有某种新的形状的生物新品系，或形成新的基因产物。其主要目的是使与优良性状相关的基因聚集在同一生物体中，创造出具有高度应用价值的工程菌株（或重组细胞）。其本质就是目的基因的克隆与表达，因此，目的基因的成功分离是基因工程操作的关键。相对于生物体庞大的基因组 DNA，某一目的基因（尤其是单拷贝基因）所占比例很低，相当于要从数以万计的核苷酸序列中挑选出非常小的目的基因序列。目前分离制备目的基因主要有以下方法。

1. 从基因组分离目的基因

从基因组中直接分离获得目的基因，主要采用物理、化学或酶等方法实现，如密度梯度离心法、单链酶法、分子杂交法、随机断裂法等，这些方法均是利用不同基因序列中 GC 碱基对含量差异得以实现目的基因的分离制备。

（1）密度梯度离心法

DNA 中 GC 碱基对含量高的双链 DNA 片段密度较大，利用 CsCl 密度梯度离心法进行离心可使这类 DNA 在离心管内较低位置形成区带，收集后再利用放射性标记或荧光标记的 mRNA 杂交检验，从而获得相应的目的基因。

（2）单链酶法

由于 DNA 分子中 GC 碱基对之间有三个氢键，其解链温度（T_m）高，故 GC 碱基对比 AT 碱基对稳定，加热变性时，通过控制 T_m，使 AT 碱基对多的部位先变性，双链解开成为单链；而 GC 碱基对含量高的序列仍处于双链状态，然后再用单链 S1 核酸酶切去单链部分，经超速离心处理，就可得到 GC 碱基对含量高的基因。用这种方法已分离出 GC 碱基对含量高达 63%的海胆 rDNA。

（3）分子杂交法

单链 DNA 与其互补的序列有“配对”的倾向，这就是分子杂交的原理。利用分子杂交技术（如 DNA-DNA 配对，DNA-RNA 配对），既可以分离又可以鉴定某一目的基因。

（4）限制性内切核酸酶降解法

这种技术属于“鸟枪法”，其具体操作如下：先利用限制性核酸内切酶将基因组 DNA 消化切割成许多长短不一的核酸片段，然后将这些片段混合物随机地重组插入适当的载体，转化到宿主细胞中进行扩增，再筛选出所需要的基因，将其贮存在可以长期保存的稳定的重组子中备用。这种保存某种生物基因组遗传信息的材料，称为基因文库（gene library）。建立基因文库是从大分子 DNA 上分离制备目的基因的有效方法之一，分为基因组文库（genomic library）和 cDNA 文库（complementary DNA library）两种。有了基因文库就可以应用杂交、PCR 扩增等方法，从中筛选获得所需要的基因片段（即目的基因）。

（5）多聚赖氨酸法

人工合成的赖氨酸多聚体能与 AT 碱基对含量高的 DNA 序列结合，发生沉淀。利用这一特性，可将 DNA 混合物中 AT 碱基对含量高的 DNA 沉淀后除去，再进行分离纯化就可得到 GC 碱基对含量高的 rDNA 和 tDNA。

2. 逆转录法获得目的基因

逆转录法就是通过 RNA 合成 DNA，该方法主要用于合成分子量较大而又不知其序列的基因，特别是真核生物细胞内含有大量内含子的目的基因的分离制备。细胞内通过转录和加工，基因转录出相应的信使 RNA（mRNA）分子，以 mRNA 为模板，在逆转录酶的作用下，逆转录合成相应的互补 DNA（cDNA），再在 DNA 聚合酶的作用下合成双链 DNA，与适当载体结合后转入受体菌，扩增后即为 cDNA 文库。然后，再通过分子杂交等适当的方法从 cDNA 文库中筛选出目的基因。构建一个完整的 cDNA 文库的关键是尽可能提取完整的 mRNA，同时不能有 DNA 污染。另外，由于在生物体中，某种基因转录的 mRNA 在不同的组织和不同发育时期的细胞内含量是不同的，为了获得某种目的基因，应选用含这种目的基因的 mRNA 含量多的组织来提取。

3. 化学方法合成目的基因

化学方法合成 DNA 片段已成为一种十分成熟和简便的技术，利用 DNA 合成仪，根据待合成的 DNA 片段预定的核苷酸序列，可自动地将 4 种核苷酸单体按 3′,5′-磷酸酯键连接成寡核苷酸片段。目前常用此方法合成引物、寡核苷酸接头（linker）以及已知核苷酸序列的、分子量较小的目的基因等。

根据某基因的核苷酸序列或蛋白质氨基酸序列推导的核苷酸序列，可以化学合成相应的基因片段。然而组成基因的 DNA 片段一般比较长，先必须按基因的核苷酸序列化学合成几个 200bp 左右的 DNA 片段，然后采用酶促连接法再组装成为含完整目的基因的 DNA 片段。

磷酸二酯法和亚磷酸三酯法是合成基因片段最常见的两种方法，磷酸二酯法基本原理是，将两个分别在 5′或 3′-末端带有适当保护碱基的脱氧单核苷酸连接起来，形成一个带有磷酸二酯键的脱氧二核苷酸；亚磷酸三酯法原理是将所要合成的寡聚核苷酸链的 3′-末端先以 3′-OH 与一个不溶性载体连接，如多孔玻璃珠，然后依次从 3′→5′的方向将核苷酸单体加上去，所使用的核苷酸单体的活性官能团都是经过保护的，合成反应的一个循环周期分为脱保护基、偶联反应、封端反应和氧化作用四步反应。

化学合成寡聚核苷酸片段的能力一般局限于 150～200bp，而绝大多数基因的大小超过了这个范围，需要将较长的基因先合成几个较短的寡核苷酸片段后，再适当连接组装成完整的基因，而这往往使基因制备难度加大，而且化学基因合成相比之下价格比较昂贵，因此这种方法主要适用于已知核苷酸序列的、分子量较小的目的基因的制备。对于较长的基因的合成，可根据基因或氨基酸序列，将化学合成寡核苷酸方法与酶促合成 DNA 的方法结合起来，也可进行基因的人工合成，具体的操作为：首先化学合成多个含有 80～100 个核苷酸的寡聚核苷酸，每个寡聚核苷酸片段之间有 19～24 个核苷酸的重叠序列，再将各个寡聚核苷酸等量混合，在 DNA 聚合酶作用下，通过重叠延伸 PCR（sequence overlapped extension PCR，SOE-PCR），各寡聚核苷酸又作为模板，使单链部分补齐成为双链；DNA 变性成单链，各单链寡聚核苷酸片段之间仍有 19～24 个核苷酸的重叠序列，两个单链部分再经 SOE-PCR 补齐，获得双链 DNA。

4. PCR 扩增目的基因

在四种脱氧核苷三磷酸（dNTP）存在时，以寡核苷酸为引物及单链 DNA 为模板，经

DNA 聚合酶催化合成 DNA 上互补链的过程称为聚合酶链式反应（polymerase chain reaction，PCR）。PCR 技术反应周期包括高温变性、低温退火和适温延长三个步骤，此三个步骤反复循环，则目的 DNA 片段呈指数扩增，从而获得目的基因片段。

（二）聚合酶链式反应

1985 年，美国 Cetus 公司人类遗传研究室的 Mullis 等人发明了 PCR，并于 1993 年获得诺贝尔化学奖。该方法是一种对特定的 DNA 片段在体外进行快速扩增的方法，也是现在分子生物学实验最常用到的一种技术。下面着重阐述常规 PCR 的原理、基本过程、反应组成体系、引物设计及其在分子克隆、基因表达、检测等方面的应用，以及常见问题的解决办法。

1. PCR 扩增原理

PCR 是一种在体外模拟 DNA 复制过程的核酸扩增技术，具体指在模板 DNA、人工合成的寡核苷酸引物和 4 种脱氧核苷酸存在的条件下，依赖于耐高温 DNA 聚合酶的酶促反应，依据碱基互补配对原理，将待扩增的 DNA 片段与其两侧互补的寡核苷酸链引物经“高温变性—低温退火—适温延伸”三步反应的多次循环，使 DNA 片段呈指数扩增（图 4-1），具有特异性强、灵敏度高、操作简便、省时等特点。

2. PCR 基本过程

PCR 的基本反应过程如下：①模板 DNA 的变性：模板 DNA 经加热至 95℃左右一定时间后，模板 DNA 双链或经 PCR 扩增形成的双链 DNA 发生解离，形成单链 DNA，为下轮引物的退火和合成链的延伸及新的模板的获得等做准备。②模板 DNA 与引物的退火（复性）：在合适的退火温度下，加热变性的单链 DNA 作为模板，与引物按照互补配对原则结合。③DNA 链的延伸：DNA 模板/引物结合物在 *Taq* DNA 聚合酶的作用下，以 dNTP 为反应原料，靶序列为模板，按照碱基配对原则，合成一条新的与模板 DNA 链互补的半保留复制链。以上“高温变性—低温退火—适温延伸”过程重复循环，而且每轮 PCR 的新合成链又作为下次循环的模板 DNA。经过 n 次循环，DNA 拷贝数为 $2^{(1+n)}$。随着 PCR 产物的逐渐积累，被扩增的 DNA 片段不再呈指数增加，进入平台期阶段（图 4-2）。

3. PCR 反应组成体系

参加 PCR 反应的物质主要有五种，即模板 DNA、引物、*Taq* DNA 聚合酶、Mg^{2+} 和 dNTP。

（1）模板 DNA

一般而言，50μL PCR 反应体系中模板 DNA 的推荐使用量为人基因组 DNA，0.1～1μg；大肠杆菌基因组 DNA，10～100ng；λDNA，0.5～5ng；质粒 DNA，0.1～10ng。对高 G+C 含量的目的基因片段进行扩增的时候，在反应体系中按照 1%～5%（体积分数）加入二甲亚砜（DMSO）则可改善扩增结果。

（2）引物

主要是指引物的纯度和数量。一般的 PCR 克隆，对引物纯度没有严格的要求。对 10kb 以上的目的基因片段进行 PCR 扩增时，引物纯化级别较高，则可得到良好的扩增条带。每条引物的浓度为 0.1～1μmol 或 10～100pmol，以最低引物量产生所需要的结果为好，引物

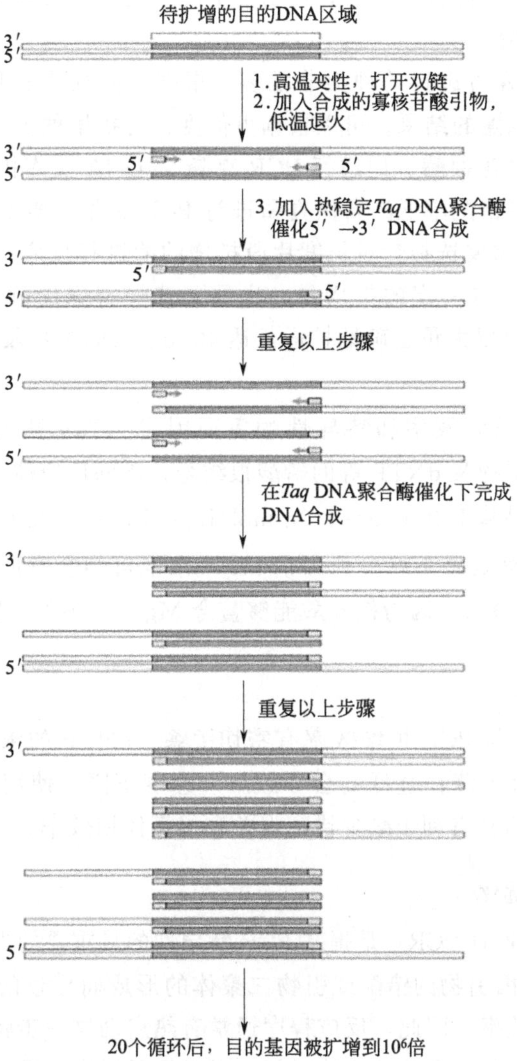

图 4-1　PCR 扩增目的基因示意图

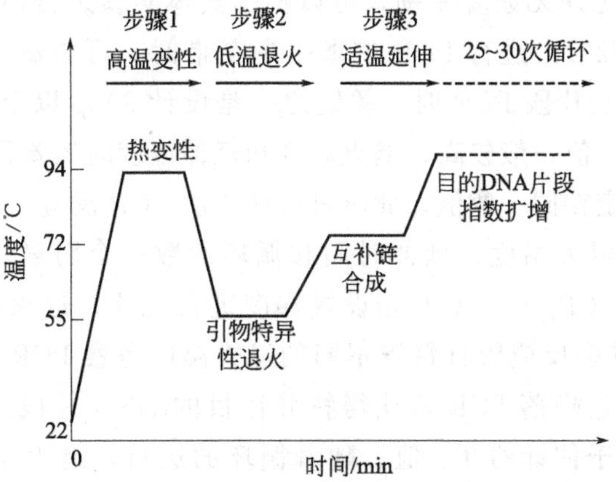

图 4-2　PCR 基本过程（三步法）

浓度偏高会引起错配和非特异性扩增，且可增加引物之间形成二聚体的机会。

(3) *Taq* DNA 聚合酶

现有市售 PCR 试剂盒可选择的种类非常多，根据实验性质和目的选择适合的 PCR 试剂，通常可以获得更加满意的结果。可以根据可信度、可扩增的 DNA 片段长度的能力，以及扩增量等性质进行选择各种酶。如进行 PCR 克隆、cDNA 文库扩增、变异引入等需要高保真的实验中，需要选择错配率低的高保真酶进行 PCR 扩增；需要获得较长片段的目的基因时，如超过 10kb 时，需要选择针对长度片段扩增的酶进行反应；需要通过 PCR 对食品、环境卫生检验时，需要获得一定的扩增量，也需要选择特殊的酶，如 Takara 公司的 LA PCR 技术，运用此技术可以大量正确地扩增长达 40kb 的 DNA 片段。

(4) Mg^{2+} 及其浓度

Mg^{2+} 是影响 PCR 反应效率和特异性的重要因素。*Taq* 酶对 Mg^{2+} 浓度非常敏感，Mg^{2+} 可与模板 DNA、引物及 dNTP 等的磷酸根结合，不同反应体系中应适当调整 Mg^{2+} 浓度。一般以比 dNTP 总浓度高出 0.5～1.0mmol/L 为宜，对于大多数 PCR，$MgCl_2$ 的浓度为 1.5mmol/L。如果扩增效果不好，则调整 Mg^{2+} 浓度可能会有所帮助。如果核苷酸浓度增加，Mg^{2+} 浓度一定要增加，因为核苷酸能够螯合 Mg^{2+}；另外，Mg^{2+} 过量会增加非特异性扩增。

(5) dNTP 及其浓度

dNTP 的质量及浓度与 PCR 扩增效率有密切关系。dNTP 的浓度过高会增加碱基的错误掺入率，使反应特异性下降；过低则会导致反应速度下降。使用时 4 种 dNTP 必须以等量浓度配制，均衡的 dNTP 有利于减少错配误差和提高使用效率。

4. 普通 PCR 程序优化

热启动 PCR（Hot Start PCR）是提高 PCR 特异性的最重要的方法之一。这种反应可以防止在 PCR 反应第一步因引物的错配或引物二聚体的形成而导致的非特异性扩增，从而提高目的基因片段的扩增效率。因此，反应程序通常有热启动这一步骤，然后是循环扩增的变性—退火—延伸阶段，之后是充分的延伸时间，以确保可以进行后续 PCR 产物分析。

根据 PCR 试剂的推荐，现在 PCR 反应程序可以分为两步法（退火和延伸合并为一个温度）和三步法，两者相比并无显著差别，可以根据具体实验进行摸索和选择，尤其是使用 T_m 值较高的引物（>72℃）进行 PCR 扩增出现杂带时，可尝试采用 98～68℃ 的两步法 PCR 技术。此外，扩增长片段 PCR 时，关键之一是设计 30bp 以上的引物，以增加引物的特异性。而长引物的 T_m 值一般较高，退火温度和延伸温度间的差异较小，当退火温度超过 60℃时，两者就可以设定在同一数值，此时进行两步法 PCR 反应，效果较佳。

此外，也可以优化退火温度、延伸时间和循环次数三个因素。在 PCR 反应过程中选择退火温度时，一般为（T_m-5)℃起始设置梯度进行优化。退火温度优化可以采用不同的 PCR 技术，可以用许多反应管且每管不同的退火温度考察 PCR 反应是否获得目的条带及其特异性，也可以通过降落 PCR 来获得特异性目的 DNA 片段。所谓降落 PCR 即开始时的退火温度选择为高于估计的 T_m 值，随着循环的进行，退火温度逐渐降低到 T_m 值，并最终低于这个温度，这个策略有利于确保第一个引物-模板的杂交配对发生在最互补的反应物之间。

5. 普通 PCR 结果检测与分析

（1）琼脂糖凝胶电泳和聚丙烯酰胺凝胶电泳

PCR 扩增反应完成之后，需要经过鉴定，确定是否获得目的基因片段，还有扩增产物的定性分析和半定量分析等。凝胶电泳是检测 PCR 扩增产物常用和最简便的方法，能够判断扩增产物片段大小和量的多少。凝胶电泳常用的有琼脂糖凝胶电泳（1%～2%）和聚丙烯酰胺凝胶电泳（6%～10%）。琼脂糖凝胶电泳主要用于大于 100bp 的 DNA 片段的检测，而聚丙烯酰胺凝胶电泳主要用于小片段 DNA 的检测。

（2）测序分析

PCR 产物电泳后，为了保证产物是真正的目的片段而非假阳性，必须割胶后回收进行测序，测序结果正确是判断扩增成功的依据。

（三）PCR 引物设计

1. 引物的概念

引物包括存在于自然中生物体内 DNA 复制的引物（为 RNA 引物）和 PCR 中人工合成的寡核苷酸链引物（为 DNA 引物）。前者是指生物体内由引物酶催化下，是按照碱基互补的原则，在 DNA 模板链的指导下，生成的小片段 RNA。在生物体内 DNA 复制过程中，DNA 聚合酶不能直接启动催化合成 DNA 的新生链，而只能是在一个引物的 3′端进行 DNA 单链的延长（复制）。这里的引物长度通常为几个到十几个核苷酸，DNA 聚合酶Ⅲ可在其 3′端聚合脱氧核糖核苷酸，直至完成冈崎片段的引物消除及其缺口的填补。而 PCR 扩增反应中的 DNA 引物通常是人工合成的两段寡核苷酸序列，一个引物与靶区域一端的一条 DNA 模板链互补，另一个引物与靶区域另一端的另一条 DNA 模板链互补，其功能是作为核苷酸聚合作用的起始点，核酸聚合酶可由其 3′端开始合成新的核酸链。在 PCR 技术中，已知一段目的基因的核苷酸序列，根据这一序列合成引物，利用 PCR 扩增技术，目的基因 DNA 受热变性后解链为单链，引物与单链相应互补序列结合，然后在 DNA 聚合酶作用下进行延伸，如此重复循环，延伸后得到的产物同样可以和引物结合。一般基因工程实验上所说的引物，指 DNA 引物，以下简称引物。体外人工设计的引物被广泛用于聚合酶链反应、测序和探针合成等。

2. 引物设计的基本原则

用作克隆目的基因的 PCR，因为其产物序列相对固定，引物设计的选择自由度较低，但是在此基础上，仍然要尽量遵循下列原则，以获得比较满意的实验结果。

一般而言，引物设计有 3 条基本原则：引物与模板的序列要严格互补；引物与引物之间避免形成稳定的二聚体或发夹结构；引物不能在模板的非目的位点引发 DNA 聚合反应（即错配），从而获得非特异性产物。

3. 实现引物设计基本原则需考虑的因素

基于上述引物设计基本原则，设计引物需要考虑到诸多因素，如引物长度、产物长度、序列 T_m 值、引物之间或引物与模板非特异性区域之间形成二级结构、在错配位点的引发效率、引物及其产物的 G+C 含量，等等。具体如下：

① 引物长度：PCR 扩增目的基因的特异性一般通过引物长度和退火温度控制来实现。

如果 PCR 的退火温度设置在接近于引物 T_m 值几度的范围内，PCR 扩增具有良好的特异性。引物一般为 15～30bp。普通 PCR 的引物长度通常为 20～25bp，但进行长片段 LA PCR（Long and Accurate PCR）时，引物长度应增长为 30～35bp，而扩增高 G+C 含量模板时，引物设计一般在 30bp 以上。

② 引物碱基：PCR 引物应该保持合理的 G+C 含量。G+C 含量以 40%～60%为宜，含有 50%的 G+C 的 20 个碱基的寡核苷酸链的 T_m 值在 56～62℃范围内，这可为有效退火提供足够的热度。G+C 含量太低，扩增效果不佳，G+C 含量过高，容易出现非特异条带。ATGC 最好随机分布，避免 5 个以上的嘌呤或嘧啶核苷酸的成串排列，上下游引物的 G+C 含量不能相差太大，引物为 20bp 以下时：T_m＝2℃×（A+T）+4℃×（G+C）；引物为 20bp 以上时：T_m＝81.5+0.41×（G+C）－600/L，其中 L 为引物的长度（核苷酸数量）。

③ 避免引物内部出现二级结构，避免两条引物之间互补，特别是 3′端的互补，否则会形成引物二聚体，产生非特异性的扩增条带。

④ 引物 3′端的碱基，避免出现 3 个以上的连续碱基，如 GGG 或 CCC，会使错误引发概率增加，此外，引物的 3′端碱基不能与靶序列中间部位发生 3 个碱基以上的互补，否则容易导致错配，结果就是导致特异性产物减少，非特异性的产物增多。

⑤ 引物 3′端的末位碱基对 *Taq* 聚合酶的 DNA 合成效率有较大的影响。错配位置的不同末位碱基导致不同的扩增效率，末位碱基为 AT 的错配率明显高于其他碱基，因此，应当避免在引物的 3′端使用碱基 AT。

⑥ 大多数基因克隆研究过程中需要在引物的 5′端添加碱基，如酶切位点。选择酶切效率较高的酶切位点，并且该酶切位点不包含在目的基因靶序列中，在固定序列的 5′端增加酶切位点和保护碱基。将引物核酸序列与数据库的其他序列比对，确保无明显的同源性。

⑦ 扩增文库时往往涉及简并引物，简并性引物对 PCR 扩增有一定的影响，通常一条引物中简并的碱基不要超过 4 处，如果简并的碱基数目过多，则会造成反应体系中有效引物量的相对减少，此时应适当增加引物的使用量。但引物使用量过大，容易引起非特异性扩增，应加以注意。

4. 引物设计具体实施

引物设计是影响 PCR 实验的重要因素之一。以 GenBank 数据库中公布的基因的 CDS 序列为模板，设计引物。

① 在 NCBI 上搜索到目的基因，找到该基因的 mRNA，在 CDS 选项中，找到编码区所在位置，在下面的“origin”中，“Copy”该编码序列作为软件查询序列的候选对象。

② 用 Primer Premier 5 搜索引物

a. 打开 Primer Premier 5（常简称 Primer 5），依次点击“File”→“Open”→“DNA Sequence”，如图 4-3，出现输入序列窗口，拷贝目的序列在输入框内。

b. 选择“As Is”。见图 4-4。

c. 点击“Primer”，见图 4-5，进入引物窗口。此窗口可以链接到引物搜索、引物编辑以及搜索结果选项。

d. 点击“Search”按钮，进入引物搜索框，选择“PCR Primers”和“Pairs”，设定搜索区域、引物长度和产物长度。在“Search Parameters”里面，可以设定相应参数。一般若无特殊需要，参数选择默认即可，但产物长度可以适当变化，因为 100～200bp 的产物电泳

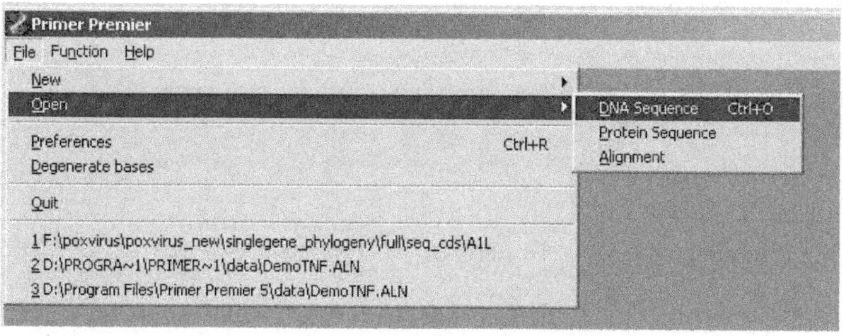

图 4-3　打开 Primer Premier 复制目的序列

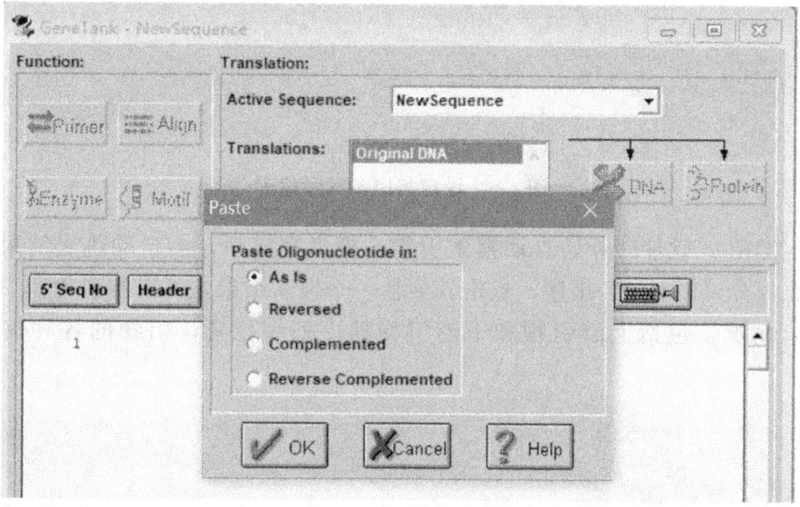

图 4-4　选择“As Is”

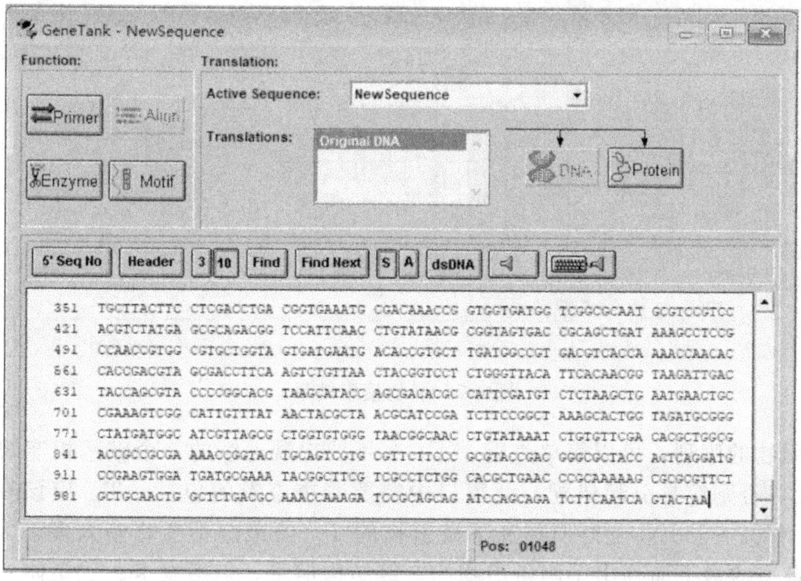

图 4-5　点击“Primer”

跑得较散，所以可以选择 300～500bp。如图 4-6。

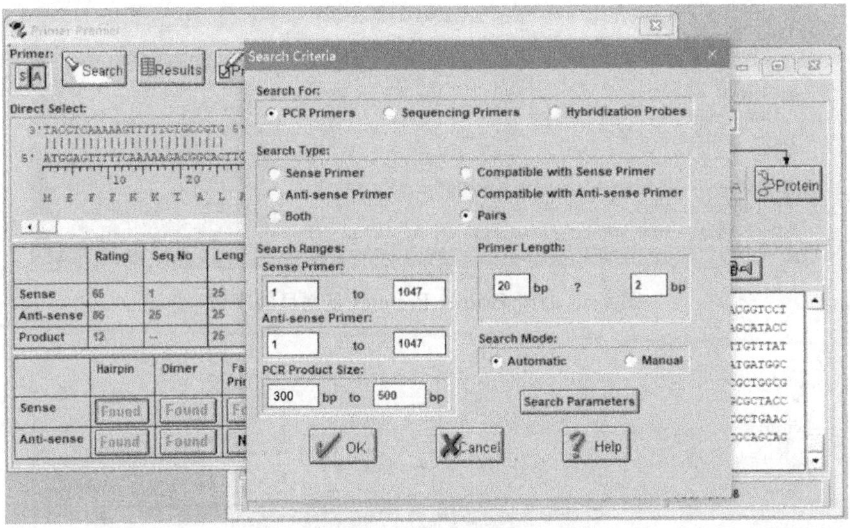

图 4-6　设定相应参数并搜索

e. 点击“OK”，软件即开始自动搜索引物，搜索完成后，会自动跳出结果窗口，搜索结果默认按照评分（Rating）排序，点击其中任一个搜索结果，可以在引物窗口中，显示出该引物的综合情况，包括上游引物和下游引物的序列和位置，引物的各种信息等，如图 4-7。

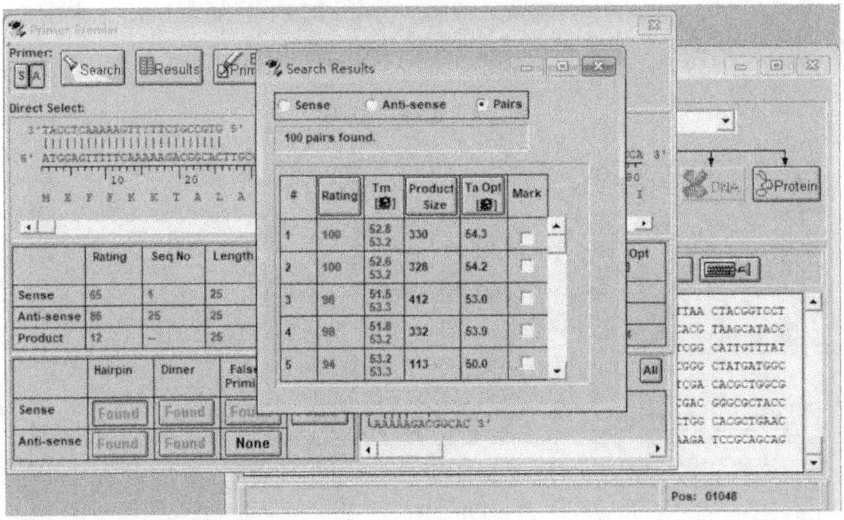

图 4-7　引物搜索结果

f. 对于引物的序列，可以简单查看一下，3′不要出现连续的 3 个碱基相连的情况，比如 GGG 或 CCC，否则容易引起错配。此窗口中需要着重查看的包括：T_m 应该在 55～70℃，GC%应该在 45%～55%，上游引物和下游引物的 T_m 值最好不要相差太多，大概在 2℃以下较好。该窗口的最下面列出了两条引物的二级结构信息，包括发卡、二聚体、引物间交叉二聚体和错误引发位置。若按钮显示为红色，表示存在该二级结构，点击该红色按钮，即可看到相应二级结构位置图示。最理想的引物不应存在这些二级结构，即这几个按钮都显示为

“None”为好。但有时很难找到各个条件都满足的引物，所以要求可以适当放宽，比如引物存在错配的话，可以就具体情况考察该错配的效率如何，是否会明显影响产物。对于引物具体详细的评价需要借助于 Oligo 来完成，Oligo 自身也带有引物搜索功能。

g. 在 Primer Premier 5 中，若觉得某一对引物合适，可以在搜索结果窗口中，点击该引物，然后在菜单栏选择“File”→“Print”→“Current pair”。可转换为 PDF 文档，里面有该引物的详细信息，如图 4-8。

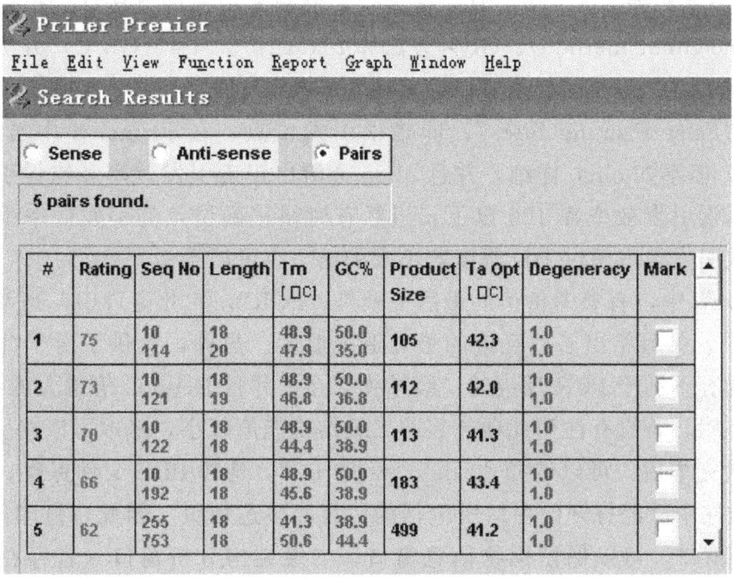

#	Rating	Seq No	Length	Tm [□C]	GC%	Product Size	Ta Opt [□C]	Degeneracy	Mark
1	75	10 114	18 20	48.9 47.9	50.0 35.0	105	42.3	1.0 1.0	
2	73	10 121	18 19	48.9 46.8	50.0 36.8	112	42.0	1.0 1.0	
3	70	10 122	18 18	48.9 44.4	50.0 38.9	113	41.3	1.0 1.0	
4	66	10 192	18 18	48.9 45.6	50.0 38.9	183	43.4	1.0 1.0	
5	62	255 753	18 18	41.3 50.6	38.9 44.4	499	41.2	1.0 1.0	

图 4-8　查看引物详细信息

③ 用 Oligo 验证评估引物

a. 在 Oligo 软件界面，“File”菜单下，选择“Open”，定位到目的 cDNA 序列（在 primer 中，该序列已经被保存为 Seq 文件），会跳出来两个窗口，分别为 Internal Stability (Delta G) 窗口和 T_m 窗口。在 T_m 窗口中，点击最左下角的按钮，会出来引物定位对话框，输入候选的上游引物序列位置（Primer 5 已经给出）即可，而引物长度可以通过点击“Change”→“Current oligo length”来改变。定位后，点击 T_m 窗口的“Upper”按钮，确定上游引物，同样方法定位下游引物位置，点击“Lower”按钮，确定下游引物。引物确定后，即可以充分利用“Analyze”菜单中各种强大的引物分析功能。

b. “Analyze”中，第一项为“Key info”，点击“Selected primers”，会给出两条引物的概括性信息，其中包括引物的 T_m 值，此值 Oligo 是采用最邻近算法（nearest neighbor method）计算，会比 Primer 5 中引物的 T_m 值略高，此窗口中还给出引物的 Delta G 和 3′端的 Delta G。3′端的 Delta G 过高，会在错配位点形成双链结构并引起 DNA 聚合反应，因此此项绝对值应该小些，最好不要超过 9。

c. Analyze 中第二项为 Duplex Formation，即二聚体形成分析，可以选择上游引物或下游引物，分析上游引物间二聚体形成情况和下游引物间的二聚体情况，还可以选择“Upper”或者“Lower”，即上下游引物之间的二聚体形成情况。引物二聚体是影响 PCR 反应异常的重要因素，因此应该避免设计的引物存在二聚体，至少也要使设计的引物形成的二聚体是不稳定的，即其 Delta G 值应该偏低，一般不要使其超过 4. 5kcal/mol，结合碱基对不要超过 3 个。Oligo 此项的分析窗口中分别给出了 3′端和整个引物的二聚体图示和 Delta G 值。

d. “Analyze” 中第三项为 “Hairpin Formation”，即发夹结构分析。可以选择上游或者下游引物，同样，Delta G 值不要超过 4.5kcal/mol，碱基对不要超过 3 个。

“Analyze” 中第四项为 “Composition and T_m”，会给出上游引物、下游引物和产物的各个碱基的组成比例和 T_m 值。上下游引物的 GC%需要控制在 40%～60%，而且上下游引物之间的 GC%不要相差太大。T_m 值共有 3 个，分别采用三种方法计算出来，包括最临近算法（nearest neighbor method）、GC%方法和 2（A+T）+4（G+C）方法最后一种应该是 Primer 5 所采用的方法，T_m 值可以控制在 50～70℃之间。

第五项为 “False Priming Sites”，即错误引发位点，在 Primer 5 中虽然也有 “False priming” 分析，但不如 oligo 详细，并且 oligo 会给出正确引发效率和错误引发效率，一般的原则是要使错误引发效率在 100 以下，当然有时候正确位点的引发效率很高，比如达到 400～500。错误引发效率超过 100 幅度若不大的话，也可以接受。

e. “Analyze” 中，有参考价值的最后一项是 “PCR”，在此窗口中，是基于此对引物的 PCR 反应的总结，并且给出了此反应的最佳退火温度。另外，提供了对于此对引物的简短评价。若该引物有不利于 PCR 反应的二级结构存在，并且 Delta G 值偏大的话，Oligo 在最后的评价中会注明，若没有注明此项，表明二级结构能值较小，基本可以接受。

f. 引物评价完毕后，可以选择 “File” → “Print”，选择 PDF 文件保存，文件中将会包括所有 Oligo 软件中已经打开的窗口所包括的信息，多达数页。因此，打印前最好关掉 T_m 窗口和 Delta G 窗口，可以保留引物信息窗口、二级结构分析窗口（若存在可疑的异常的话）和 PCR 窗口。

④ 引物确定后，对于上游和下游引物分别进行 Blast 分析，一般来说，多少都会找到一些其他基因的同源序列，此时，可以对上游引物和下游引物的 Blast 结果进行对比分析，只要没有交叉的其他基因的同源序列就可以。

用作克隆目的基因的 PCR，因为其产物序列相对固定，引物设计的选择自由度较低，一般其引物选择目的基因两端序列（5′端序列和 3′端反向互补序列），在此基础上，尽量遵循引物设计基本原则，以获得比较满意的实验结果。另外，在引物的 5′端还要添加相应的限制性核酸内切酶酶切位点及其保护碱基，即引物的结构为：保护碱基——酶切位点——引物序列。

（四）降落 PCR

降落 PCR（touchdown PCR，TD PCR）主要用于 PCR 条件的优化。在许多情况下，引物的设计使得 PCR 难以进行，例如特异性不够、易错配等。退火温度过高会使 PCR 效率过低，但退火温度过低则会使非特异扩增过多。这虽然可以通过反复尝试来优化，但费时费力。降落 PCR 提供了一个较为简易的优化方法。

1. 降落 PCR 的基本概念和原理

降落 PCR 代表了一种完全不同的 PCR 优化方法，它不是用许多反应管和每管用不同的试剂浓度和（或）循环参数，而是用一个反应管或一组反应管，在合适于扩增目的基因产物而不得到非特异性产物或引物二聚体的循环条件下反应，设计多循环反应的程序以使相连循环的退火温度越来越低。由于开始时的退火温度选择高于估计的 T_m 值，随着循环的进行，退火温度逐渐降低到 T_m 值，并最终低于这个水平。这个策略有利于确保第一个引物-模板杂交发生在最互补的反应物之间，即那些产生目的基因片段扩增反应的进行。尽管退火温度最终会降低到非特异杂交的 T_m 值以下，但此时目的基因片段已经开始呈几何扩增，在剩下的循环中处于超过任何非特异性PCR产物的地位。与其说TD PCR是一种优化PCR反应条件的方法，不如说是一种潜在的一步法找到最佳扩增条件的方法。

2. 降落PCR实验策略

编设TD PCR程序的目的是要设定越来越低的一系列退火温度的循环，退火温度的范围应该跨越15℃左右，从高于估计 T_m 值至少几度到低于它10℃左右。例如，如果一对没有简并的引物-模板的计算 T_m 值为62℃，可设定PCR仪的退火温度从65℃降到50℃，每两个循环降低退火温度1℃，再在50℃退火温度下做15个循环。现代PCR仪进行TD PCR很方便，都可以简单设置每个循环自动降低一定温度。

（五） PCR技术的应用

目前，PCR技术已被广泛应用于各个领域：①分子生物学领域，如基因分离、克隆和核酸序列分析等基因组DNA或mRNA序列的直接测定等基础研究；②医疗与医药研究领域，如人类遗传病的基因诊断，传染病致病原细菌、病毒的检测，以及包括白血病等肿瘤的诊断和药理学研究等；③农业中种植资源的研究领域；④法医学领域和环境卫生学领域等。对于普通PCR而言，其平台期产物为被检测对象，由于其扩增效率、平台期等多方面的因素，会造成普通PCR在定量上的局限性，因此，在定量方面的应用逐渐被实时荧光定量的PCR技术代替（能力拓展中会详细阐明），但其在分子克隆等方面仍然发挥着不可替代的作用。

项目实施

任务4-1 操作准备

【任务描述】

应用PCR技术扩增大肠杆菌L-天冬酰胺酶Ⅱ基因（*ansB*），需要用到PCR仪，会正确使用PCR仪是顺利完成本任务的保证之一。本任务以博日LifeECO基因扩增仪为例，熟悉普通PCR仪的使用，并进行操作演练。

1. PCR仪简介

PCR仪也叫热循环仪或基因扩增仪，能够按照特定扩增程序实现核酸片段的扩增，是基因工程实验的重要常规仪器，通常由热盖部件、热循环部件、传动部件、控制部件和电源部件等部分组成（图4-9）。

根据DNA扩增的目的和检测的标准，PCR仪分为普通PCR仪、梯度PCR仪、原位PCR仪和实时荧光定量PCR仪等四类。一次PCR扩增只能运行一个特定退火温度的PCR仪称作传统PCR仪，也叫普通PCR仪。一次性PCR扩增可以设置一系列不同的退火温度条件（温度梯度，通常有12种温度梯度）的PCR仪称作梯度PCR仪。用于从细胞内靶DNA的定位分析的细胞内基因扩增仪称作原位PCR仪。在普通PCR仪的基础上增加荧光信号采集系统和计算机分析处理系统的PCR仪称作荧光定量PCR仪。

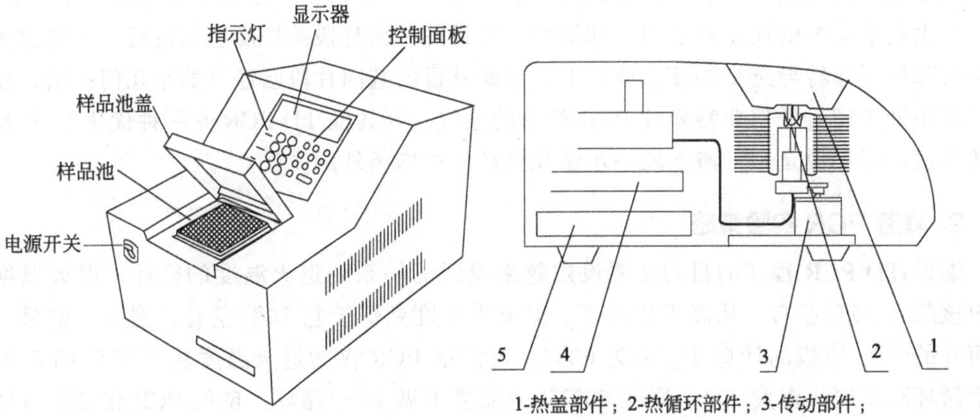

1-热盖部件；2-热循环部件；3-传动部件；
4-控制部件；5-电源部件

图 4-9　PCR仪常规结构示意图

2. 任务实施

不同品牌、类型PCR仪的使用有一定差异，博日LifeECO基因扩增仪的使用方法和操作步骤如下：

(1) 开机

打开电源开关（将开关拨“-”位置），扩增仪会发出“嘟”一声。表明电源已接通。此时屏幕仍黑屏，等候10～20s，屏幕将出现主界面，便可进行PCR扩增文件的编辑、查阅修改和删除等操作。

> 温馨提示：①仪器需放置在通风良好的实验台上，左右两侧至少须保证50cm的通风空间，并远离水源（如水池等）和强磁场干扰；②仪器通电以前，应先确认电源线是否可靠接地，电源是否与仪器要求的电压相符合。

(2) 新建PCR程序

在主界面中点选“新建文件”

，进入PCR程序设置界面，见图4-10。

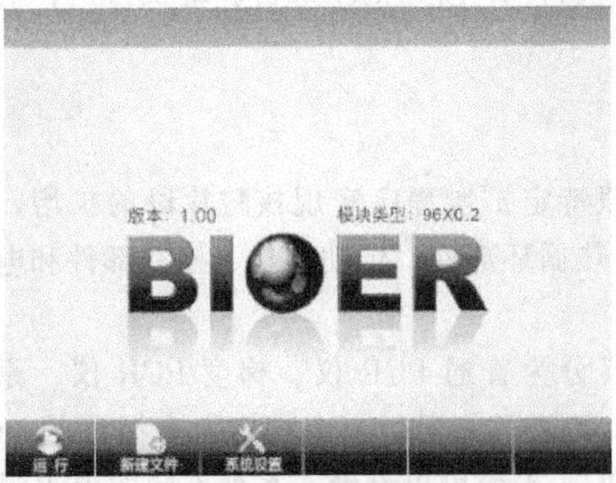

图 4-10　系统主界面

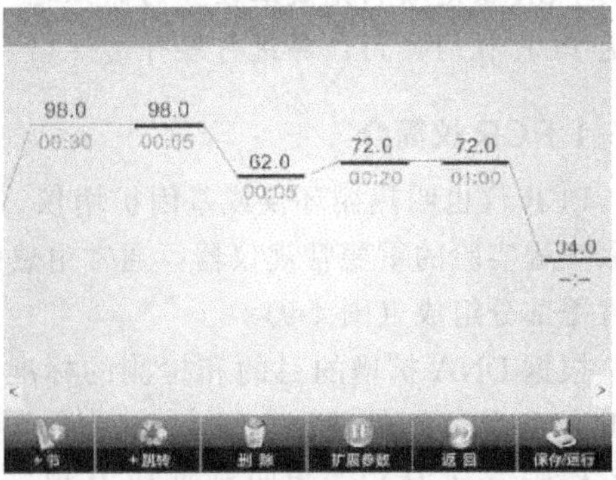

图 4-11　PCR程序设置界面

① 在 PCR 程序设置界面，点选屏幕下方的“＋节”或者“删除”，就可添加或删除程序节，如图 4-11。

② 调节温度及恒温时间

在 PCR 程序设置界面，点选屏幕上的温度或者时间，就可对程序节的温度、恒温时间进行设置，如图 4-12。

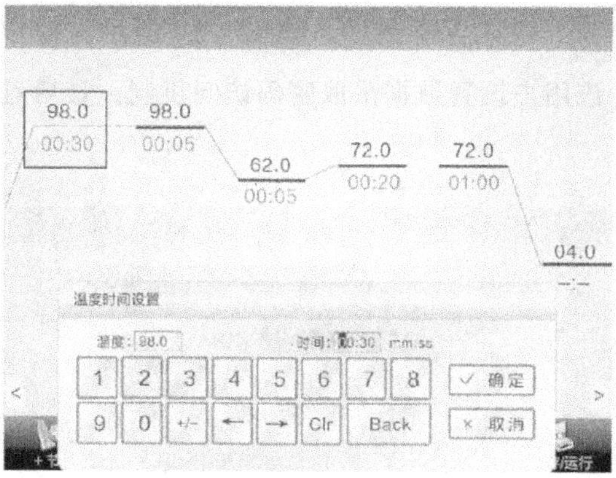

图 4-12　温度时间设置

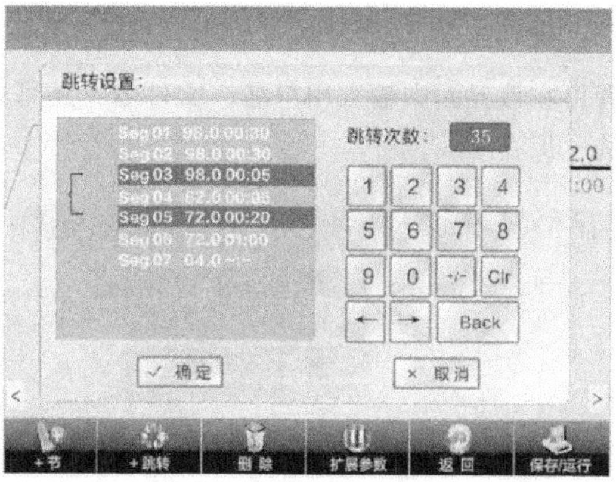

图 4-13　循环功能设置

③ 循环功能

在 PCR 程序设置界面，首先点选需要添加循环功能的程序节上，然后点选“＋跳转”，即可进入循环功能设置界面，如图 4-13。

跳转功能只能由后面的程序节跳到前面的程序节。比如由“Seg 05”→“Seg 03”，设置时，需进入在“Seg 05”程序设置状态下，再点选“＋跳转”进行循环设置。参考图 4-14。

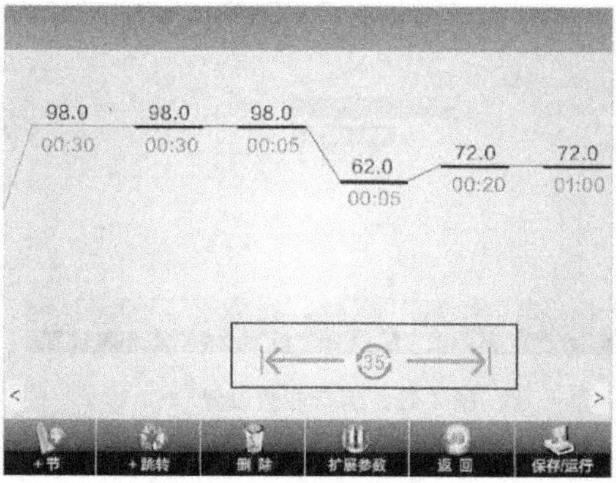

图 4-14　循环设置跳转功能

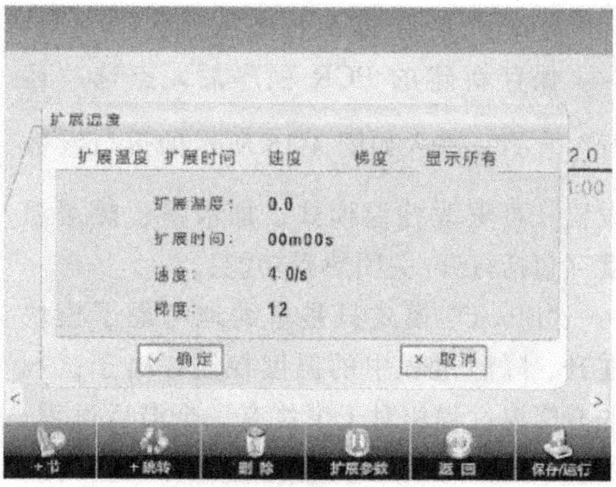

图 4-15　扩展参数设置示例

④ 扩展参数

点选“扩展参数”可进入扩展温度、扩展时间、速度、梯度等操作界面，如图 4-15。

扩展温度：每循环温度增量。

扩展时间：每循环时间增量。

速度：升、降温速度。

梯度：梯度温度指模块最左列与模块最右列之间的温度差。

显示所有：查看当前的扩展参数设置。

⑤ 保存/运行

设置完 PCR 程序后，点击“保存/运行”，进入保存界面，如图 4-16 所示。操作者可在该界面中输入用户名、文件名，还可以对该用户设置数据采取密码访问机制。最后点选“保存”。

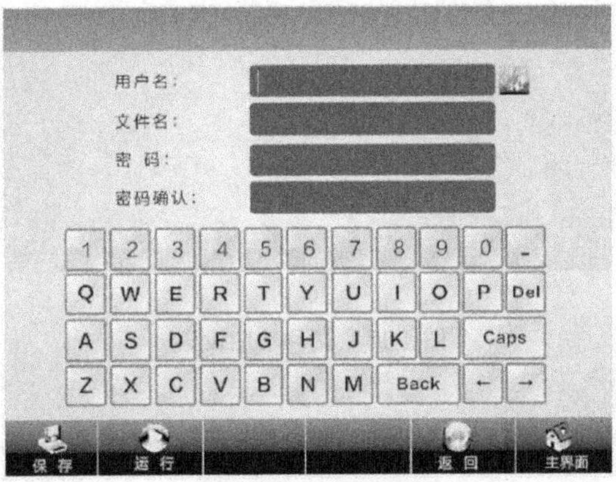

图 4-16　程序保存

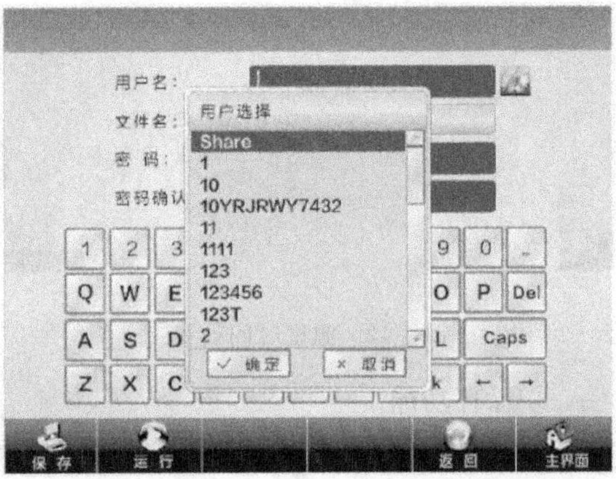

图 4-17　已保存文件的选取

可通过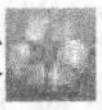图标，直接选取已存在的用户名的目录下存取文件，如图 4-17 所示。

(3) 运行 PCR 程序

① 运行新建 PCR 程序

保存新建的 PCR 程序后，点选“运行”，进入如图 4-18 所示的运行参数设置。可更改控温模式、加液量、热盖温度（包括打开/关闭热盖功能）。

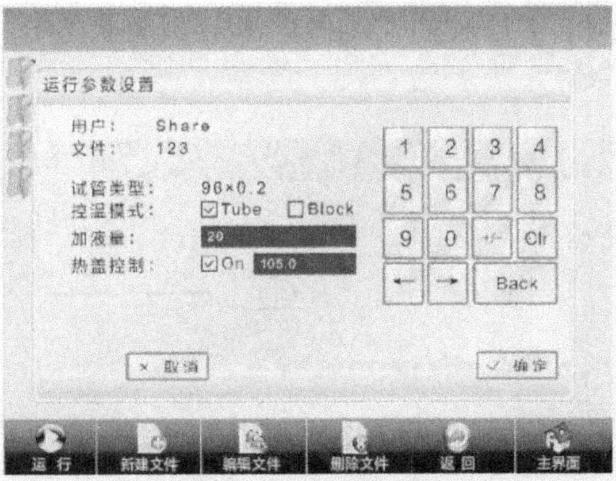

图 4-18　运行参数设置

“Block”模式只是单纯地考虑了模块在升、降温过程中的温度控制，由于试剂的升降温过程相对于模块有一个滞后过程，所以试剂实际的温度变化过程与我们设置的程序不一样，试剂达到设置温度的实际时间要远远小于设置时间（模块温度与试剂温度关系见图 4-19）。

“Tube”模块考虑到了试剂升降温相对于模块的之后过程，在到达设置温度后，有一个过冲过程，使得试剂更快地到达设定温度。在与“Block”模式相同的设置时间内，试剂达到设置温度的实际时间明显延长（模块温度与试剂温度关系见图 4-20）。

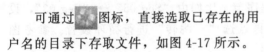

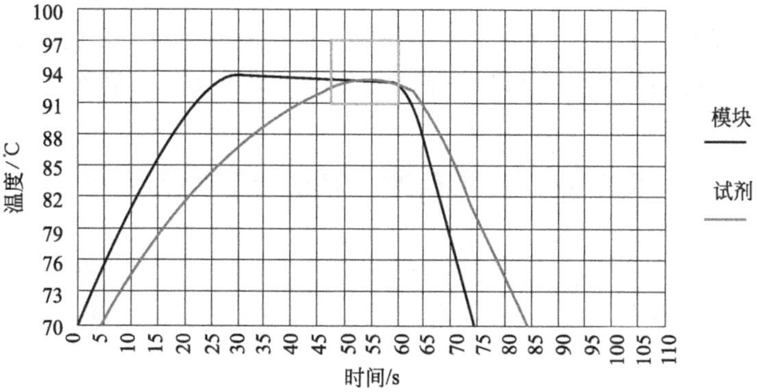

图 4-19　“Block”模式中模块温度与试剂温度变化关系

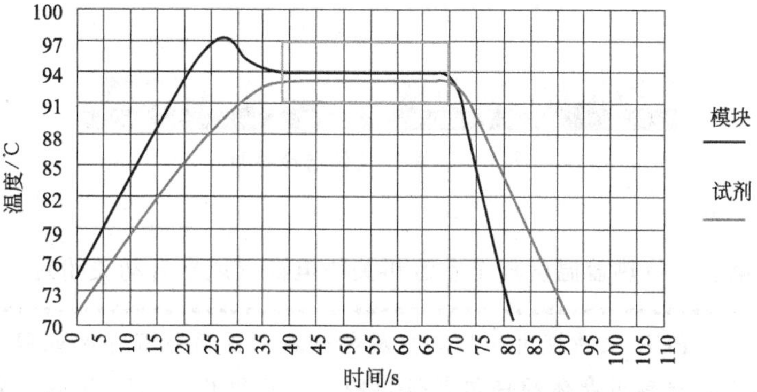

图 4-20　“Tube”模式中模块温度与试剂温度变化关系

设置完控温模式、加液量及热盖后，点选“确定”运行 PCR 程序，程序运行界面如图 4-21。

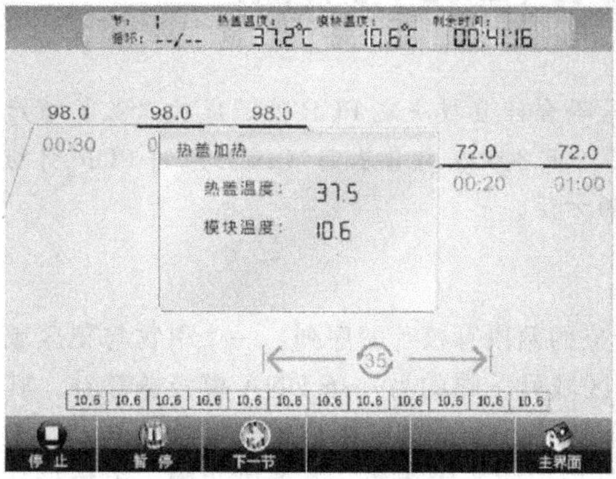

图 4-21　程序运行界面

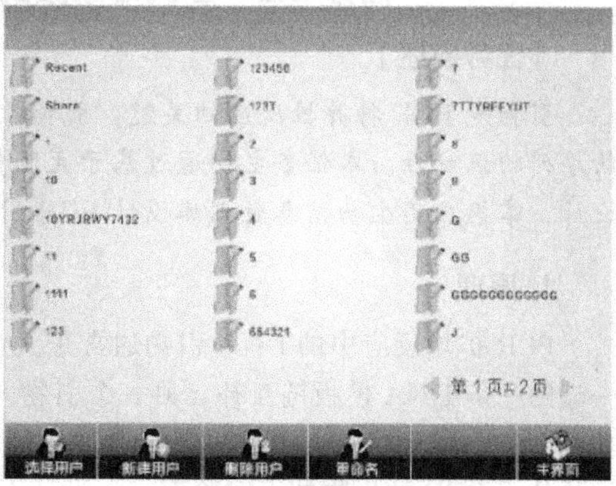

图 4-22　用户选择界面

运行过程中，可点选“主界面”，返回主界面，进行其他操作，如新建文件等。如需要再次回到程序运行界面，可点击主界面屏幕上方的运行界面。

② 运行已保存 PCR 程序

在主界面下，点选“运行”，进入用户选择界面，如图 4-22 所示。在用户选择界面中，可进行新建用户、删除用户以及重命名等操作；点选相应的用户名，进入程序选择界面，如图 4-23 所示。在程序选择界面，可以进行新建文件、编辑文件、删除文件以及运行所选择的文件等操作。

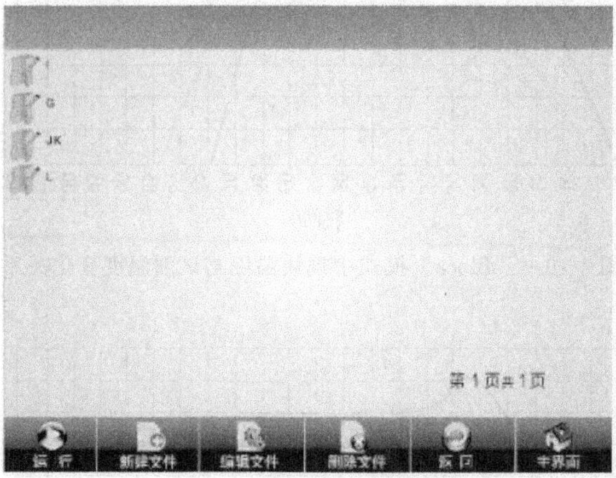

图 4-23　程序文件选择界面

(4) 关机

运行程序结束后，待热盖温度降至室温再关闭电源（风扇自动关闭）。

温馨提示：①PCR 仪的模块和热盖金属部分在仪器运行程序时或程序运行刚结束后的一段时间内，严禁用身体的任何部位接触，以免烫伤；②PCR 仪应定期用干净抹布蘸少量乙醇清洗模块上的锥孔，以保证 PCR 管与锥孔接触充分，导热良好；③清洗仪器表面时，严禁用腐蚀性清洗剂清洗，必须切断电源。

任务 4-2　L-天冬酰胺酶Ⅱ基因（*ansB*）引物设计

【任务描述】

引物是 PCR 特异性反应的关键，引物设计是否合理直接决定 PCR 能否成功以及扩增产物序列的正确性。本任务主要通过基于大肠杆菌 L-天冬酰胺酶Ⅱ基因（*ansB*）的 PCR 引物设计，掌握应用生物信息数据库设计 PCR 引物的方法。

1. 原理

PCR 扩增反应中的 DNA 引物通常是人工合成的两段寡核苷酸序列，一个引物与靶区域一端的一条 DNA 模板链互补，另一个引物与靶区域另一端的另一条 DNA 模板链互补，其功能是作为核苷酸聚合作用的起始点，核酸聚合酶可由其 3′端开始合成新的核酸链。对于需要使用 PCR 的生物技术实验而言，设计引物是确保实验成功的一个关键步骤。引物设计不好可能会导致无扩增产物或者有非目的扩增片段。因此，认真设计引物，可获得所需片段的高效率扩增，抑制可能的、非特异性的、不必要的序列扩增，便于扩增产物的后续操作。

引物设计的基本原则和需要考虑的因素详见本项目基础知识中“PCR 引物设计”部分。常用的引物设计工具或数据库很多，如 Primer Premier 5.0、Primer3Plus、Primo Pro、GeneFisher2、Primer-BLAST、AutoPrime 等，本任务主要根据 NCBI 数据库中公布的

E. coli 基因组中 *ansB* 的基因序列，利用 Primer Premier 5.0 软件进行 *ansB* 基因序列酶切位点分析和引物设计。

2. 材料准备

Primer Premier 5.0 软件。

3. 任务实施

（1）调取基因

根据所需克隆的目的基因，在 GenBank 数据库查询有关序列，选择对应的种属，查看基因详细信息。例如大肠杆菌 *ansB* 基因在 GenBank 数据库中参考序列编号为 NC_000913.3，其详细序列如下。

ATGGAGTTTTTCAAAAAGACGGCACTTGCCGCACTGGTTATGGGTTTTAGTGGTGCAGC
ATTGGCATTACCCAATATCACCATTTTAGCAACCGGCGGGACCATTGCCGGTGGTGGTG
ACTCCGCAACCAAATCTAACTACACAGTGGGTAAAGTTGGCGTAGAAAATCTGGTTAATG
CGGTGCCGCAACTAAAAGACATTGCGAACGTTAAAGGCGAGCAGGTAGTGAATATCGG
CTCCCAGGACATGAACGATAATGTCTGGCTGACACTGGCGAAAAAAATTAACACCGACT
GCGATAAGACCGACGGCTTCGTCATTACCCACGGTACCGACACGATGGAAGAAACTGC
TTACTTCCTCGACCTGACGGTGAAATGCGACAAACCGGTGGTGATGGTCGGCGCAATG
CGTCCGTCCACGTCTATGAGCGCAGACGGTCCATTCAACCTGTATAACGCGGTAGTGA
CCGCAGCTGATAAAGCCTCCGCCAACCGTGGCGTGCTGGTAGTGATGAATGACACCGT
GCTTGATGGCCGTGACGTCACCAAAACCAACACCACCGACGTAGCGACCTTCAAGTCTG
TTAACTACGGTCCTCTGGGTTACATTCACAACGGTAAGATTGACTACCAGCGTACCCCGG
CACGTAAGCATACCAGCGACACGCCATTCGATGTCTCTAAGCTGAATGAACTGCCGAAA
GTCGGCATTGTTTATAACTACGCTAACGCATCCGATCTTCCGGCTAAAGCACTGGTAGATG
CGGGCTATGATGGCATCGTTAGCGCTGGTGTGGGTAACGGCAACCTGTATAAATCTGTGT
TCGACACGCTGGCGACCGCCGCGAAAACCGGTACTGCAGTCGTGCGTTCTTCCCGCGT
ACCGACGGGCGCTACCACTCAGGATGCCGAAGTGGATGATGCGAAATACGGCTTCGTCG
CCTCTGGCACGCTGAACCCGCAAAAAGCGCGCGTTCTGCTGCAACTGGCTCTGACGCA
AACCAAAGATCCGCAGCAGATCCAGCAGATCTTCAATCAGTACTAA

（2）酶切位点分析

利用 Primer Premier 5 软件对（1）中所述目的基因序列进行酶切位点分析。操作步骤如下：

① 打开 Primer Premier 5，点击“File”→“New”→“DNA sequence”，如图 4-24，出现输入序列窗口，复制上述目的序列粘贴在输入框内。

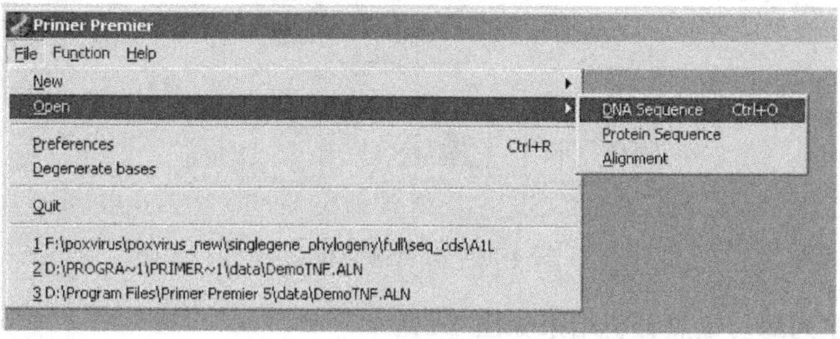

图 4-24　复制目的基因序列

② 选择“As Is”，点击“OK”，如图 4-25。

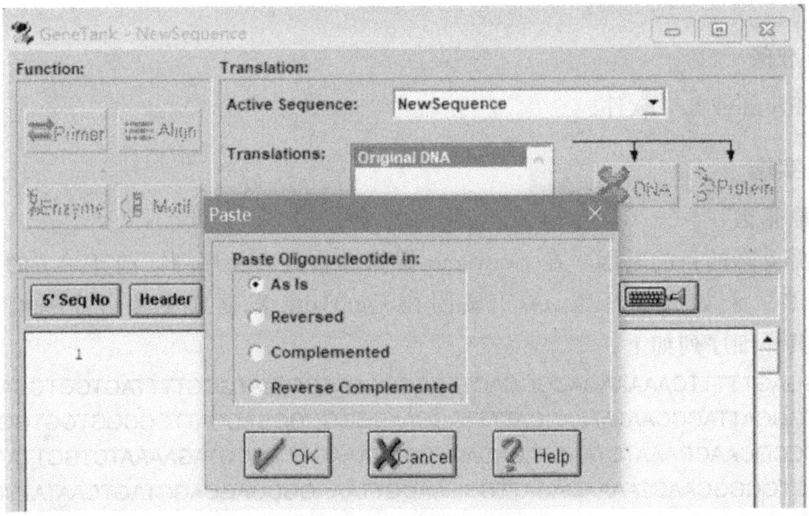

图 4-25　选择“As Is”

③ 点击“Enzyme”，进入酶切位点分析“Restriction Enzyme Analysis”窗口，如图 4-26。在此窗口的“All Enzymes”中依次选择表达载体多克隆位点中的限制性核酸内切酶切位点，点击“Add”将所选酶切位点拉入右侧“Selected Enzymes”，点击“OK”。

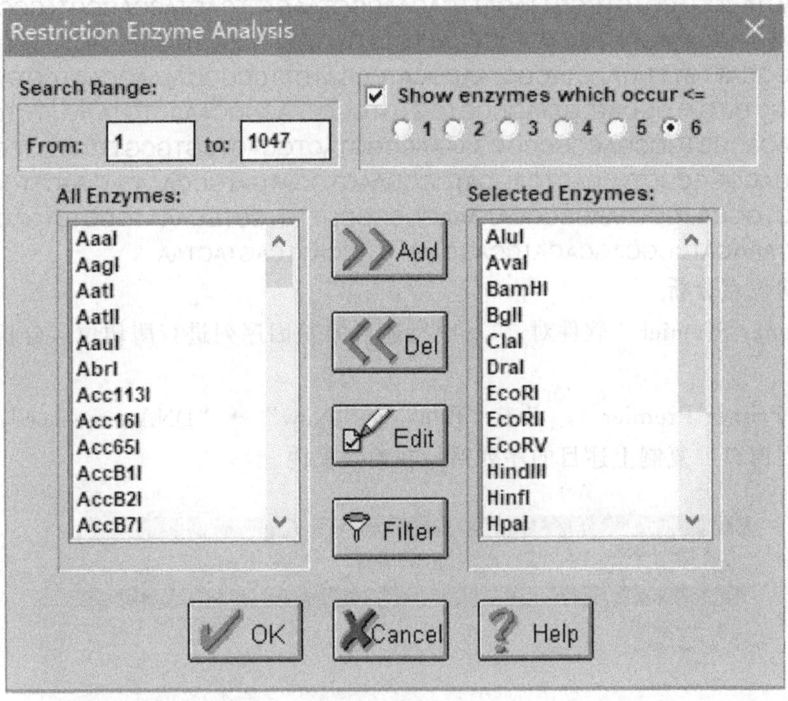

图 4-26　分析酶切位点

④ 得到该序列酶切位点分析结果如图 4-27：

从酶切位点分析结果可知，大肠杆菌 L-天冬酰胺酶Ⅱ基因（*ansB*）序列内部含有的限制性核酸内切酶酶切位点包括 *Alu* Ⅰ、*Eco*RⅡ、*Hin*fⅠ、*Hpa* Ⅰ、*Pst* Ⅰ、*Taq* Ⅰ等，该序

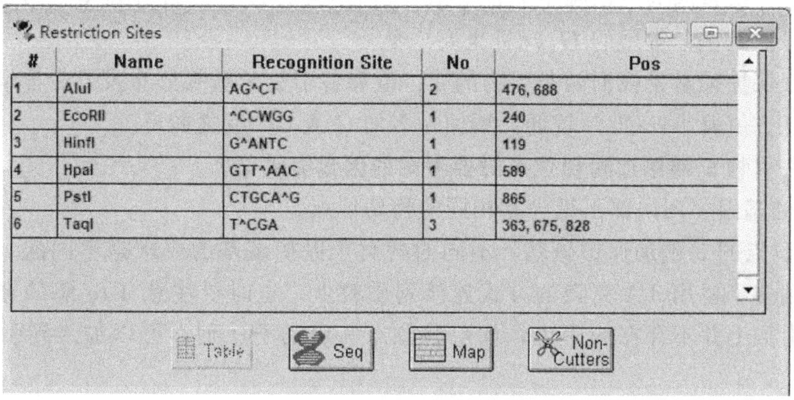

#	Name	Recognition Site	No	Pos
1	AluI	AG^CT	2	476, 688
2	EcoRII	^CCWGG	1	240
3	HinfI	G^ANTC	1	119
4	HpaI	GTT^AAC	1	589
5	PstI	CTGCA^G	1	865
6	TaqI	T^CGA	3	363, 675, 828

图 4-27　酶切位点分析结果

列不含有其表达载体多克隆位点中的限制性核酸内切酶切位点。因此，其表达载体 pET-28a 多克隆位点中的酶切位点都可以使用。

(3) 设计引物

该 PCR 扩增目的是获得目的基因——大肠杆菌 L-天冬酰胺酶Ⅱ基因 *ansB*，这种用作克隆目的基因的 PCR，因为其产物序列相对固定，引物设计的选择自由度较低，一般其引物选择目的基因两端序列（5′端序列和 3′端反向互补序列），在此基础上，尽量遵循引物设计基本原则，以获得比较满意的实验结果。根据 *ansB* 序列设计引物如下：

正向引物 P1：ATGGAGTTTTTCAAAAAGACGGCAC

反向引物 P2：TTAGTACTGATTGAAGATCTGCTGG

根据步骤（2）中的酶切位点分析结果，选择序列中不含的酶切位点，加入酶切位点。结构为：保护碱基——酶切位点——引物序列。

正向引物 P1：CGCGGATCCATGGAGTTTTTCAAAAAGACGGCAC（*Bam*HⅠ）

反向引物 P2：CCCAAGCTTTTAGTACTGATTGAAGATCTGCTGG（*Hin*dⅢ）

(4) 引物合成：将设计好的引物序列提交相关公司合成，即得备用。

4. 思考与分析

(1) 设计引物时，在酶切位点的 5′段添加保护碱基的作用是什么？

① 提高酶切活性，使酶切完全。大多数限制酶对裸露的酶切位点不能切断，必须在酶切位点旁边加上一个至几个保护碱基，才能使所定的限制酶对其识别位点进行有效切断。因此在设计 PCR 引物时，为保护 5′端外加的内切酶识别位点，人为地在酶切位点序列的 5′端外侧添加额外的碱基序列，即保护碱基，用来提高酶切活性，使酶切完全。

② 使限制酶稳定结合。限制酶还要占据识别位点外的若干个碱基，这些碱基对限制酶稳定结合到 DNA 双链并发挥切割 DNA 作用是有很大影响的。

(2) 添加保护碱基需考虑的因素有哪些？

添加保护碱基需要考虑两个因素：一是碱基数目，一是碱基种类。

添加保护碱基时，最重要的是保护碱基的数目，而非碱基种类。什么样的酶切位点，添加几个保护碱基，是有数据可以参考的。一般情况下，普通的限制酶只需加入两个保护碱基，其内切反应就可以正常进行；而有一些限制酶，仅仅只加入两个保护碱基，其内切反应不能正常进行，这是因为内切酶不能正常结合到DNA片段上。如 *Nde* Ⅰ就属这类，需要加入至少6个保护碱基，常用的 *Hin*dⅢ也要3个。

添加什么保护碱基是根据两条引物的 T_m 值和各引物的碱基分布及GC含量决定的。如果某条引物 T_m 值偏小，GC%较低，添加时多加G或C，反之亦反。

(3) 当在引物5′端添加酶切位点时要考虑的因素有哪些?

① 该目的基因序列内部不得含有相同的酶切位点。

② 酶切位点的5′端加保护碱基，不同的酶对于保护碱基的要求是不同的。如果不设计保护碱基，则多半要用TA克隆的方式连接到质粒上，这时要注意 *Taq* 酶的选择，若想在目的序列上附加上并不存在的序列，如限制位点和启动子序列，可以加入到引物5′端而不影响特异性。

③ 当计算引物 T_m 值时并不包括在引物5′段添加的序列，但是应该对其进行互补性和内部二级结构的检测。

任务4-3 PCR扩增L-天冬酰胺酶Ⅱ基因(*ansB*)

【任务描述】

项目三获得的大肠杆菌基因组DNA，可作为PCR扩增模板，本项目任务4-1和4-2又分别进行了PCR仪的操作练习和引物设计，因此本任务就在此基础上建立PCR反应体系，选择温度、时间、循环次数等参数，进行PCR扩增，以获得扩增产物——大肠杆菌 *ansB* 基因。

1. 原理

见本项目基础知识部分中“PCR扩增原理”。

2. 材料准备

(1) 试剂

大肠杆菌基因组DNA，大肠杆菌L-天冬酰胺酶Ⅱ基因(*ansB*)正向、反向引物，*Taq* 聚合酶，10×PCR buffer(含 Mg^{2+})，dNTP(各2.5mmol/L)，无菌去离子水。

(2) 仪器及耗材

超净工作台，PCR仪，离心机，涡旋仪，1mL、100μL、10μL移液器各一支，移液器枪头，PCR管架，冰盒，灭菌的1.5mL离心管和200μL PCR管等。

3. 任务实施

① 按照表4-1将各组分依次加入PCR管中，并做好标记，快速离心将挂壁液滴离下并轻轻混匀。

表4-1 PCR扩增大肠杆菌 *ansB* 的反应体系

组分	体积
10×PCR buffer(含 Mg^{2+})	5μL
dNTP(各2.5mmol/L)	2μL
正向引物P1(10μmol/L)	1μL
反向引物P2(10μmol/L)	1μL
模板DNA(*E. coli* 基因组)	1μL
Taq 聚合酶(5U/μL)	0.5μL
ddH_2O	39.5μL
总体积	50μL

② 将PCR管放入PCR仪，按照表4-2程序设置PCR反应循环参数。

表4-2　PCR扩增大肠杆菌 *ansB* 的反应参数

序号	步骤	温度	时间
1	预变性	94℃	5min
2	变性	94℃	30s
3	退火	55℃	30s
4	延伸	72℃	1min
5	充分延伸	72℃	10min
步骤2～4，重复30个循环			

③ 反应结束后，取扩增产物5μL，经琼脂糖凝胶电泳检测分析（参照项目六），鉴定PCR扩增是否成功。若DNA片段的分子量和预期的大小一致，表明扩增成功。PCR扩增产物的电泳条带也可用于DNA测序和限制性内切酶酶切等后续实验。

4. 思考与分析

（1）PCR不成功的原因

PCR成功与否的关键条件有：模板DNA的质量、引物设计的特异性与合成质量、酶的特性、PCR程序条件。若不成功，主要原因分析如下。

① 模板DNA的质量

模板DNA提取过程纯度不理想，含有杂蛋白或混入其他有机溶剂；模板中含有 *Taq* 酶抑制剂；模板量过少等都会导致不出现扩增条带。

② 引物

a. 引物质量不理想或者降解。

b. 两条引物的浓度是否对称。有些批号的引物合成质量有问题，两条引物一条浓度高，一条浓度低，造成低效率的不对称扩增。对策为：选定一个好的引物合成公司；将配制好的引物储备液（10μmol/L）进行琼脂糖凝胶电泳鉴定，检测两条引物是否条带特异、无降解以及亮度大体一致，如果条带特异，但是亮度不均一，则在稀释引物时要平衡其浓度，保证进行PCR扩增反应时的引物浓度相等。

c. 引物应高浓度（100μmol/L）小量分装保存，防止多次冻融、反复冻融，造成降解。

d. 引物设计不合理，如引物与模板之间匹配长度不够，或者上下游引物间G+C含量（T_m 值）相差太大，造成无法获得特异性的目的基因片段。

③ PCR程序条件

a. 模板变性不彻底，此时需要增加变性时间；

b. 退火温度不合适；

c. 延伸时间不够长，每种酶的能力和性质不同，需要根据每种酶的说明书和目的基因片段大小来设置合适的延伸时间；

d. 酶是否需要热启动等特殊程序。

④ 污染

降低污染的常规措施：

a. 将PCR试剂、PCR产物及其他分子生物学试剂分开放置；

b. 应保持样品制备、PCR反应液配制与PCR产物分析三个工作区的独立性；

c. 使用阳性和阴性对照；

d. 使用最高质量的水配制PCR实验的所有反应试剂；

e. 配置好的 PCR 反应试剂应该分装成小包装储存，每个包装仅用于单次实验；

f. 制备样品、配制试剂及反应液时必须戴手套；

g. 实验所用移液器枪头、PCR 管等一定要灭菌。

(2) PCR 扩增产物产生假阳性的原因

① 引物设计不合理

选择的扩增序列与非目的基因扩增序列有同源性，因而在进行 PCR 扩增时，扩增出的 PCR 产物为非目的基因的片段。靶序列太短或者引物太短，容易出现假阳性，需要重新设计引物。

② 靶序列和扩增产物的交叉污染

可以解决的方法如下：

a. 操作时应小心轻柔，防止将靶序列吸入加样枪内或溅出离心管外；

b. 除酶及不能耐高温的物质外，所有试剂或器材均应高压消毒，所用离心管及进样枪头等均应一次性使用；

c. 必要时，在加标本前，反应管和试剂用紫外线照射，以破坏存在的核酸；

d. PCR 各试剂成分应该分装，出现假阳性后替换所有试剂。

(3) PCR 扩增产物出现非特异性扩增条带或引物二聚体的原因

① 引物设计不合理，有错配或者引物二聚体的现象发生；

② 退火温度过低，及 PCR 循环次数过多；

③ 酶的质和量，选择性能较好的酶可以避免非特异性扩增，酶量过多有时也会出现非特异性扩增。

针对上述情况的措施有：

a. 尝试不同的酶和体系；

b. 降低引物量，适当增加模板量，减少循环次数，可避免引物二聚体和非特异扩增；

c. 适当提高退火温度或采用两步法。

任务 4-4 降落 PCR 优化 L-天冬酰胺酶 Ⅱ 基因（*ansB*）扩增退火温度

【任务描述】

PCR 反应体系和反应程序关系到是否获得目的条带及其特异性。PCR 反应程序的优化主要指退火温度、延伸时间和循环次数三个因素的优化。如在许多情况下引物的设计使得 PCR 难以进行，例如特异性不够、易错配等。导致这一现象的主要原因是退火温度过高或者过低。退火温度过高会使 PCR 效率过低，但退火温度过低则会使非特异扩增过多。这虽然可以通过反复尝试来优化，但费时费力。降落 PCR 提供了一个较为简易的退火温度的优化方法。本任务主要通过降落 PCR 技术实现退火温度的优化。

1. 原理

见本项目基础知识部分中“降落 PCR 原理”。

2. 材料准备

(1) 试剂

E. coli 基因组 DNA，*E. coli* L-天冬酰胺酶 Ⅱ 基因（*ansB*）正向、反向引物，*Taq* 聚

合酶，10×PCR buffer（含 Mg^{2+}），dNTP（各 2.5mmol/L），无菌去离子水。

(2) 仪器及耗材

超净工作台，PCR 仪，离心机，涡旋仪，1mL、100μL、10μL 移液器各一支，移液器枪头，PCR 管架，冰盒，灭菌 1.5mL 离心管和 200μL PCR 管等。

3. 任务实施

①按照表 4-3 将各组分依次加入 PCR 管中，并做好标记，快速离心将挂壁液滴离下并轻轻混匀。

表 4-3 PCR 扩增反应体系

组分	体积
10×PCR buffer(含 Mg^{2+})	5μL
dNTP(各 2.5mmol/L)	2μL
正向引物 P1(10μmol/L)	1μL
反向引物 P2(10μmol/L)	1μL
模板 DNA(*E. coli* 基因组)	1μL
Taq 聚合酶(5U/μL)	0.5μL
ddH_2O	39.5μL
总体积	50μL

② 将步骤 1 的 PCR 管放入 PCR 仪，按照表 4-4 程序设置 PCR 反应循环参数。

表 4-4 PCR 扩增反应参数

序号	步骤	温度	时间
1	预变性	94℃	5min
2	变性	94℃	30s
3	退火	60℃～48℃	30s
4	延伸	72℃	1min
步骤 2～4，重复 14 个循环，每两个循环退火温度降 2℃			
5	变性	94℃	30s
6	退火	46℃	30s
7	延伸	72℃	1min
步骤 5～7，重复 16 个循环			
8	充分延伸	72℃	10min

③ 反应结束后，取扩增产物 5μL，经琼脂糖凝胶电泳检测分析（参照项目六），鉴定 PCR 扩增是否成功。若 DNA 片段的分子量和预期的大小一致，表明扩增成功。PCR 扩增产物的电泳条带也可用于 DNA 测序和限制性内切酶酶切等后续实验。

4. 思考与分析

(1) 未检测到产物或者产物带很弱的优化策略

① 让反应管在恒定退火温度下（例如 55℃）再反应 10 个循环并重新分析；

② 在恒定的退火温度下对起始 TD PCR 产物的 10 倍稀释（1∶100～1∶1000）重新作 30 个循环的扩增；

③ 使用更多的模板，并通过在原始 PCR 混合物中掺入不同稀释度的阳性模板（被证明可以扩增）的方法检查制备的模板中是否存在抑制物；

④ 在开始循环之前加上起始的模板变性步骤、延长变性时间或提高变性温度（标准做法是 95℃变性 5min）；

⑤ 改变 PCR 反应体系混合物各组分的浓度；

⑥ 在 PCR 反应体系混合物中加 DMSO（1%～10%）、PEG-6000（5%～15%）或甘油（1%～10%）等增强剂；

⑦ 重新设计引物。

(2) 出现很多产物条带的优化策略

① 在 TD PCR 程序中提高最高和最低退火温度；

② 从退火温度较低的循环中去掉几个循环或者去掉末期的几个恒温循环；

③ 改变 PCR 反应体系混合物各组分的浓度；

④ 尝试纯化产物条带后重新扩增；

⑤ 重新设计引物。

能力拓展

(一) 实时荧光定量 PCR

1. 实时荧光定量 PCR 的原理

实时荧光定量 PCR（real-time quantitative PCR，qPCR）技术是指在 PCR 反应体系中加入荧光基团，利用荧光信号积累实时监测整个 PCR 进程，然后通过标准曲线对未知模板进行定量分析的方法。实时荧光定量 PCR 是在常规 PCR 技术上发展而来的，与常规 PCR 相比，其最大的优势就是可以对 PCR 反应中的初始模板进行定量，实现了 PCR 从定性到定量的飞跃，具有里程碑意义。目前，该技术已广泛应用于分子生物学研究、医学诊断、药物研发、食品安全检测、海关检验检疫等科研和实践领域。

在实时荧光定量 PCR 中，以循环数为横坐标，以反应过程中实时荧光强度为纵坐标所生成的曲线称为荧光扩增曲线，它是描述 PCR 动态进程的曲线，一般包括四个阶段：基线期、指数增长期、线性增长期和平台期。在基线期，扩增的微弱荧光信号被强荧光背景信号所掩盖，无法分析产物量的变化。在线性增长期，虽 PCR 反应仍在进行，但产物已不再呈指数增加，该阶段同样不适合模板初始量的分析。在平台期，扩增产物已不再增加，荧光信号达到水平状态，反应终产物量与初始模板量之间不存在线性关系，所以也不适合进行模板初始量的分析。只有在荧光强度进入指数增长期，反应各组分（引物、dNTP、Mg^{2+}、酶）均过量，聚合酶活性较高，产物量以指数形式增加，且与初始模板量之间存在线性关系，所以在这一阶段进行数据分析具有可靠性。通过处于指数增长期的某一点上来检测 PCR 产物量，由此来推断模板初始的含量而进行定量分析。

在荧光定量 PCR 中，下列三个概念（或参数）比较重要，是理解其原理的关键：

① 基线（baseline）。在 PCR 扩增的最初数个循环里，荧光信号变化不大，接近一条直线，这样的直线即基线。在线性图谱中基线体现在与 x 轴平行的部分，在对数图谱中它体现在背景信号杂乱的部分，系统会自动形成基线的起始循环数与终止循环数，也可手动调节。

② 荧光阈值（threshold）：一般将 PCR 反应的前 15 个循环的荧光信号作为荧光本底信号，荧光阈值是 3～15 个循环的荧光信号标准偏差的 10 倍。在扩增曲线里，穿过阈值与 X 轴形成的平行线即为阈值线，系统可自动形成也可手动设定，手动设定阈值时，在指数增长期内重复性好的范围内上下调节。

③ C_t 值：也称循环阈值，C 代表 cycle，t 代表 threshold。C_t 值的含义是 PCR 扩增过程中，每个反应管内的荧光信号到达设定的阈值时所经历的循环数。同一模板在不同扩增过

程中终点处荧光值不恒定，可重复性差，但 C_t 值却极具重现性。整个扩增过程，基线决定阈值，阈值决定 C_t 值。为了保证实验结果的准确性，需保证扩增曲线的基线以及阈值设定的合理性。系统一般将基线起始循环数设为 3，正确的基线终止循环数很重要，若背景信号过强，系统会将背景信号误判为扩增信号，自动生成的基线范围比实际范围小，影响扩增曲线的带型以及最终检测到的 C_t 值，这种情况可手动设定基线终止循环数，一般将其设定为该样品开始扩增的前一个循环。基线、阈值线、C_t 值如图 4-28 所示。

研究表明，C_t 值与模板起始拷贝数的对数存在线性关系，模板起始拷贝数越多，荧光信号达到阈值的循环数越少，即 C_t 值越小。利用已知起始拷贝数的标准品可作出标准曲线，其中横坐标代表起始拷贝数的对数，纵坐标代表 C_t 值，只要对荧光信号进行实时监测并得到未知样品的 C_t 值，即可通过标准曲线计算出未知样品的起始拷贝数。

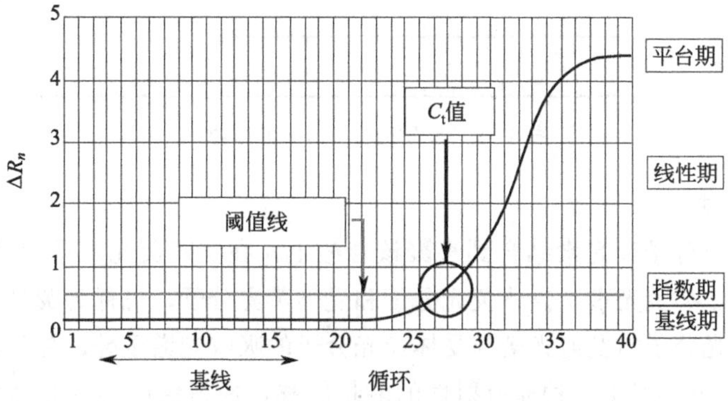

图 4-28　阈值线的设定和 C_t 值的获得

2. 实时荧光定量 PCR 的分类

根据所用荧光物质的化学原理和 PCR 检测的特异性，可将其分为两类：一类是 DNA 染料法，例如 SYBR GreenⅠ和 Eva Green，对特异性和非特异性的 PCR 扩增产物进行检测；另一类是荧光探针法，将荧光素与寡核苷酸相连，对特异性的 PCR 产物进行检测。荧光探针法又可根据加入 PCR 反应的荧光分子类型分为 3 种：探针法（包括水解探针和杂交探针）、引物/探针法、核酸类似物法。

（1）DNA 染料法

目前有多种双链 DNA 结合染料可用于实时荧光定量 PCR，包括 EB、SYBR GreenⅠ、SYBR Gold、Eva Green 等。其中最常用的是 SYBR GreenⅠ，这种 DNA 染料吸收蓝光（λ_{max}=497nm）、发射绿光（λ_{max}=520nm），对双链 DNA 具有高亲和力。游离状态下的 SYBR GreenⅠ只发出微弱的荧光，但是当它与双链 DNA 小沟区域结合后，会发出很强的荧光，而且双链合成越多，荧光强度越强。SYBR GreenⅠ工作原理如图 4-29 所示。此法优点是可以监测任何双链 DNA 序列的扩增，操作简便，成本较低，因此被广泛应用。但是，SYBR GreenⅠ与 DNA 结合是非特异性的，除了与目的片段结合外，还能与其他非目的片段结合，如非特异性扩增产物和引物二聚体也能与染料结合而产生荧光信号，使实验产生假阳性结果，因此其特异性不如探针法。为了检测产物中是否含有非特异或引物二聚体，在 PCR 反应结束后进行一个熔解曲线分析，即温度从 50℃升高到 95℃，监测这一过程中荧光信号的变化情况，用荧光信号变化的速度与温度作图，形成熔解曲线。若未形成非特异或引物二聚体，特征峰只有 1 个，且相同基因形成特征峰的 T_m 值相同；若有非特异或引物二聚体时，就会出现特征峰之外的杂峰。由于染料法对双链 DNA 的识别不具有特异性，所以试验过程中需要合理地设计引物。

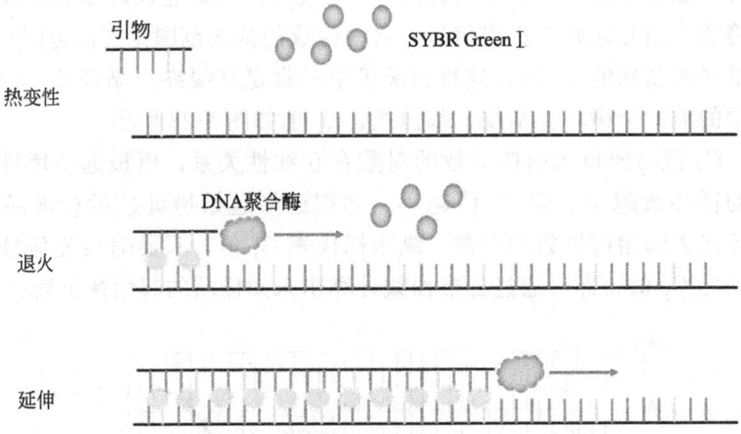

图 4-29　SYBR Green Ⅰ 工作原理

(2) 荧光探针法

荧光探针是将小分子荧光素结合到寡聚核苷酸上，在实时荧光定量 PCR 进程中起探针作用。荧光探针中有 2 类荧光素：供体荧光分子和受体荧光分子，也称为荧光报告基团和荧光猝灭基团。当供体荧光分子的发射光谱与受体荧光分子的吸收光谱重叠，并且两个分子的距离在 10nm 范围以内时，就会发生一种非放射性的能量转移，使得供体的荧光强度比它单独存在时要低得多（荧光猝灭），而受体发射的荧光却大大增强（敏化荧光），这就是探针法 qPCR 所依据的荧光共振能量转移原理（fluorescence resonance energy transfer，FRET）。当 PCR 反应开始后，根据荧光共振能量转移原理，荧光探针的发光基团所发出的荧光强度与 PCR 产物的数量呈对应关系，因此对荧光信号进行检测即可实现对 PCR 产物的准确定量。

① 水解与杂交探针法

水解探针的作用机制依赖于 *Taq* 聚合酶 5′→3′外切酶活性，在这一反应体系中荧光信号在延伸阶段被检测到，并且与 PCR 产物的数量成比例关系。

*Taq*Man 探针是应用最广的水解探针，它是一段寡核苷酸序列，其 5′端为荧光报告基团，3′端为荧光猝灭基团。PCR 扩增前，探针处于游离状态保持完整，5′端报告基团发出的荧光能量被 3′端猝灭基团吸收，这时检测不到荧光信号，但有时会因猝灭不彻底而检测到微弱的荧光信号。在 PCR 退火阶段，探针与靶序列发生特异性结合；在延伸阶段，引物在 *Taq* 酶作用下沿 DNA 模板延伸到达探针处，由于 *Taq* 酶具有 5′→3′外切酶活性而将被束缚的探针水解，荧光报告基团与荧光猝灭基团分离，荧光信号得到释放，这时荧光探测系统就能检测到光密度的增加。但若在 PCR 过程中模板不能与探针互补，探针将保持完整并处于游离状态，也就不会释放荧光信号。*Taq*Man 工作原理如图 4-30 所示。上述过程在 PCR 反应的每个循环都会重复发生，每当一个探针被降解就会发出一个荧光信号，所以理论上荧光信号强度与 PCR 扩增产物一样是呈指数型增长的。*Taq*Man 探针的优点是可以利用多种荧光基团（常用的荧光基团有 FAM、TET、HEX 等）同时进行多重实时荧光定量 PCR 分析，这是 DNA 染料法所不具备的。*Taq*Man 探针法的缺点是：a. 因猝灭不彻底而产生的残余荧光信号会导致较高的本底信号；b. 探针的设计和合成虽然相对容易，但如果设计不够精良，

则会在qPCR实验中形成引物二聚体；c. *Taq*Man探针价格相对于染料法较昂贵，不便于推广应用。

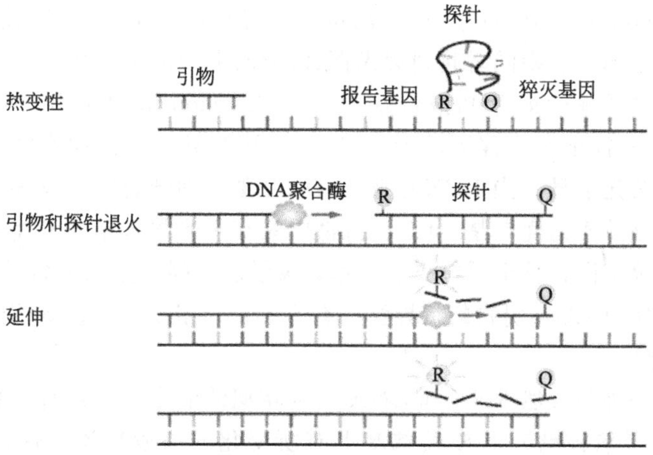

图4-30　*Taq*Man探针工作原理

近年来，在*Taq*Man探针的基础上又发展出*Taq*Man MGB（minor groove binding *Taq*Man）探针。该探针的3′端增加了MGB修饰基团，这种分子能够与双链DNA的小沟部位结合，增强了探针与特异性靶序列的识别和结合能力，可以将探针的T_m值提高10℃左右。这使得可以设计更短的探针进行检测，既降低了合成的成本，又提高了结果的准确性，并且该探针3′端与MBG相连的猝灭基团采用的是非荧光猝灭基团，其本身并不产生荧光，极大降低了本底信号的强度，提高了荧光信号的信噪比。

杂交探针也称FRET探针，包括1对识别同一条链相邻序列的寡聚核苷酸探针。其中1个探针的5′端带有荧光猝灭基团，3′端附着一个磷酸基团来阻止其在复性时延伸，另1个探针的3′端带有荧光报告基团。当2个探针保持自由状态时，2个荧光基团是分开的，所以背景信号中存在荧光报告基团发出的荧光。在PCR反应的退火阶段，特别设计的2个探针以“头接尾”（head-to-tail）的方式锚定到靶序列上，荧光报告基团和荧光猝灭基团紧密相邻（1～5bp），荧光报告基团发射的荧光被荧光猝灭基团吸收，此时检测到的荧光信号将会变弱。这种方法的优点是：只有2个探针都与模板正确杂交时，才会发生荧光猝灭，所以特异性相对较高；探针不会被水解，可以反复利用，还可以进行熔解曲线分析。缺点是：a. 此方法需要合成2个较长的探针，成本相对较高；b. 2个探针与模板杂交，会影响PCR扩增效率。

② 引物/探针法

引物/探针是一段寡聚核苷酸，它是将特异性引物和探针设计到同一个分子中。目前常用的引物/探针法有Scorpions引物/探针和LUX引物。

Scorpion引物/探针由1条发夹结构的探针和1条引物构成，发夹结构中的环状（loop）部分能够与靶序列特异性结合。探针的5′和3′端分别标记荧光报告基团和荧光猝灭基团，发夹结构的3′端通过HEG（hexathylene glycol）阻滞剂与5′端相连接，阻止退火后引物/探针的延伸。当探针在反应液中保持自由状态时，2个荧光基团距离较近，发生FRET不产生荧光信号；在PCR反应过程中，探针中的环状部分与互补的靶序列进行分子内杂交，发夹结构打开，2个荧光基团分离而发射荧光。Scorpion引物/探针的优点是：a. 发夹结构能够阻止引物二聚体的形成和非特异性扩增；b. 特异性引物和探针巧妙地设计在同一分子上，因此荧光信号产生特别快。与之原理相似的还有 Amplifluor 引物/探针，它们的主要区别是 Amplifluor 引物/探针发夹结构的 3′端没有连接 HEG 阻滞剂。

LUX（light upon extention）是一种较新的、实时荧光定量 PCR 技术中应用的引物，在引物上标记荧光基团，引物同时起到荧光探针的作用。LUX 引物对中，在一个引物 3′端富含鸟苷酸（G）的区域标记荧光报告基团；与 Scorpion 和 Amplifluor 引物/探针不同，LUX 引物内部不需要标记荧光猝灭基团。当 LUX 引物处于自由状态时，其自身配对形成发夹结构，不产生荧光信号；当 LUX 引物与 DNA 靶序列结合时，发夹结构会打开，荧光信号呈指数增长。该技术的优点是：LUX 引物中只有荧光报告基团和特异性引物，没有专门的探针和荧光猝灭基团，整个系统更加简单，灵敏度更强。但正因为只有引物而没有与靶序列互补的探针，所以 LUX 引物的特异性没有 Scorpion 和 Amplifluor 引物/探针强。

③ 核酸类似物法

核酸类似物是一种与天然 RNA 和 DNA 结构相似的混合物。这种类似物可能在磷酸骨架、戊糖（核糖或脱氧核糖）和核酸碱基上有所变化。一般来说，这种类似物包含天然 DNA 所有的优点，但在生物液体环境中更加稳定，提高了与互补核酸序列的亲和力。这些类似物，包括 LNAs（locked nucleic acids）、PNAs（peptide nucleic acids）、ZNAs（zip nucleic acids），以及非自然碱基（isoguanine，iG；5-methylisocytosine，iC）等，这些核酸类似物目前常被用于实时荧光定量 PCR 技术中。

以锚定核苷酸探针 LNA 和肽核酸探针 PNA 为例，其工作原理与传统探针法相似。LNA 探针由于包含核酸类似物，所以对核酸酶有更强的耐受性，不容易被降解。LNA 探针由 LNA 核苷酸和未经修饰的 DNA 或 RNA 核苷酸结合在一起共同构成，增强了探针的热稳定性，提高了探针的 T_m 值，并使其对靶序列有更强的特异性。PNA 探针由非手性电中性的核酸类似物构成，其糖磷酸骨架由肽单位代替。该探针对核酸酶和蛋白酶有更强的耐受性，相比于普通探针和引物/探针，它能在较低的盐浓度溶液中与 DNA 结合；并且 PNA 呈电中性，能够减弱 DNA 链的相互排斥，所以 PNA 探针对双链 DNA 和 RNA 具有更强的亲和力和特异性。

综合比较以 SYBR Green Ⅰ为代表的 DNA 染料法和以 *Taq*Man 为代表的荧光探针法，二者在实时荧光定量 PCR 的使用过程中各有优劣，前者的优势在于：通用性强，对 DNA 模板没有选择性，适用于任何 DNA；使用方便，不必设计复杂的探针，引物设计相对容易；比较灵敏，价格便宜。缺点也在于其非特异性，容易与非特异性双链 DNA 结合，产生假阳性。但可以通过对 PCR 产物的熔解曲线分析，优化反应条件，前提是对引物特异性要求较高。后者的优势在于：一旦有合适的引物和探针后灵敏度较高，对目标序列具有高特异性，可分辨单个碱基的突变，重复性较好。缺点在于每次探针和引物的设计只适合一个特定的目标，而且大多需要委托公司进行设计和标记，价格相对较高，并且并不是针对每条靶基因均能找到本底较低的探针。

3. 实时荧光定量 PCR 的定量方法

实时荧光定量 PCR 的定量方法有两种：绝对定量和相对定量。

(1) 绝对定量

绝对定量也称作标准曲线法，是一种利用已知的标准曲线来推算未知样本目的模板起始量的方法。绝对定量的标准品可以是含有和待测样品相同扩增片段的克隆质粒，也可以是含有和待测样品相同扩增片段的cDNA，或是体外转录的RNA或者合成的microRNA和siRNA等。把标准品稀释成不同的浓度作为模板，经qPCR扩增，以标准品初始拷贝数的对数值为横坐标，检测到的C_t值为纵坐标，可做出标准曲线，得到线性回归方程，将未知样本的Ct值代入回归方程即可计算出目的模板的初始拷贝数。

(2) 相对定量

相对定量是在一定样本中靶序列相对于另一参照样本的量的变化，也就是比较经过处理的样本和未经处理的样本之间的相对基因表达差异。在科研领域，通常不需要获得目的基因的绝对拷贝数，只需要考察经过不同处理的样本目标转录本之间基因的表达差异，因此相对定量在实时荧光定量PCR的数据处理应用中更普遍。在相对定量中，需要利用内参基因来消除因模板浓度不同所带来的误差，进而对靶基因的初始量进行校正。内参基因的作用主要有：①用于作为目的基因表达量的参考；②将不同处理组样本核酸抽提过程中的差异进行“归一”校正；③校正PCR反应体系中是否存在影响扩增效率的因素，并将其归一。

在绝对定量中标准品是关键因素，而在相对定量中内参基因的选择至关重要。理想的内参基因的选择应该是不随实验条件改变的内源性基因，在分析中选用一种合适的内参基因对目的基因的表达量进行校正可以提高该方法的灵敏度和重复性。机体细胞中，一些表达量相对恒定的基因被称作看家基因（或持家基因），以往的实时荧光定量PCR方法采用公认的内源性看家基因，如GAPDH、*β*-2-微管蛋白，以及rRNA等作为内参基因。然而，大量研究表明，任何一种内参基因在所有的试验条件下都不是恒定表达的，在不同类型的细胞、在细胞生长的不同阶段，内参基因的表达都是有变化的。此外，上述公认的看家基因甚至会随着试验条件的改变发生巨大的变化，从而影响正确结果的获得。因此，近年来对于内参基因稳定性的考察也成为实时荧光定量PCR相对定量方法中的一个重要组成部分，有时甚至选择一种以上的基因联合应用作为内参基因，该领域关注的范围包括所涉及定量PCR的物质研究和分析，比如在临床组织标本中，或在植物相关研究领域等，在有些情况下会推荐两种看家基因联合应用才能够作为最佳的内参基因，以确保研究结果的可信度和科学性。因此，在进行实时荧光定量PCR时，一定要参考相关文献，选择经过稳定性考察的内参基因作为研究的内参基因，如果没有文献参考，可自己采取至少两种看家基因作为内参基因，以保证获得正确的实验结果信息。内参基因稳定性的考察方法如下：根据实验条件或者性质对样品进行分组，对各处理组样品提取RNA，分别制备成cDNA，将各处理组获得的cDNA进行混合，制备成cDNA pool，以上述cDNA pool为模板，对多条待考察的看家基因引物进行扩增，对获得的Cq值利用两种软件，计算得到各看家基因的稳定性，从而判断最合适的内参基因。

通常的观点认为标准曲线在绝对定量方法中具有重要的作用而在相对定量中不需要，实际上标准曲线在相对定量中也需要考虑。标准曲线在相对定量和绝对定量中的区别在于：①绝对定量只构建目的基因的标准曲线，而相对定量需要构建目的基因和内参基因两条标准曲线；②绝对定量标准曲线中的标准品需要知道其准确的拷贝数，相对定量中的标准品不需要知道具体的拷贝数，只需要进行合适的系列稀释即可；③绝对定量中的标准曲线的作用为回算未知样品的浓度，相对定量中的标准曲线用于评价内参基因和目标基因的扩增效率是否一致，并且是否接近或达到100%。

相对定量中标准曲线的制备：将各处理组样品进行RNA提取后，分别制备成cDNA，将各处理组获得的cDNA进行混合，制备成cDNA pool，根据cDNA pool的浓度进行适当的稀释（通常是5倍或10倍），以各稀释度标准品作为模板，分别用内参基因引物（和探针）和目标基因引物（和探针）进行扩增，获得两种标准曲线，利用线性拟合后的斜率计算内参基因和目标基因的扩增效率。根据两者的扩增效率，判断是否需要进一步优化实验，改善扩增效率，以及采用何种计算方法。

相对定量计算方法有多种，常见的两种数据处理方法是 Livak 法（$2^{-\Delta\Delta C_q}$ 法）和 Pfaffl 法。

① $2^{-\Delta\Delta C_q}$ 法

$2^{-\Delta\Delta C_q}$ 法（Livak）是基因表达实验中最常用的计算方法，最早由 Livak 等人于 2001 年提出。该方法的使用前提是目标序列和内参序列的扩增效率相近，且扩增效率接近 100%（100%±5%）。根据上述方法制备的标准曲线，利用各稀释度下目标基因的 C_q 值与内参基因的 C_q 值相减得到的 ΔC_q，与 cDNA 系列浓度作线性拟合，得出各自的直线斜率≤0.1，则扩增效率相接近。一旦确定目标序列和内参序列的扩增效率相近，且扩增效率接近 100% 时，可利用 $2^{-\Delta\Delta C_q}$ 公式进行计算。

首先，利用内参基因的 C_q 值归一目标基因的 C_q 值：

$$\Delta C_q(\text{实验组})=C_q(\text{实验组目的基因})-C_q(\text{实验组内参基因})$$

$$\Delta C_q(\text{对照组})=C_q(\text{对照组目的基因})-C_q(\text{对照组内参基因})$$

然后利用校准样本的 ΔC_q 值归一试验样本的 ΔC_q 值：

$$\Delta\Delta C_q=\Delta C_q(\text{实验组})-\Delta C_q(\text{对照组})$$

最后计算表达水平比率：

$2^{-\Delta\Delta C_q}$=表达量的比值，即实验组相对于对照组的表达水平的变化值。

② Pfaffl 法

Pfaffl 法适合于任何情况下的相对定量，尤其是无法保证目的基因和看家基因的扩增效率相近的时候，公式如下：

$$\text{相对表达比值}=(\text{目的基因扩增效率})^{\Delta C_q(\text{对照组目的基因}C_q\text{值}-\text{实验组目的基因}C_q\text{值})}/(\text{内参基因扩增效率})^{\Delta C_q(\text{对照组内参基因}C_q\text{值}-\text{实验组内参基因}C_q\text{值})}$$

4. 实时荧光定量 PCR 的实验策略

（1）实时荧光定量 PCR 技术流程

实时荧光定量 PCR 的技术流程见图 4-31。

（2）实验优化

① 靶序列扩增区域的选择

a. 设计产物长度为 75～200bp，较短的 PCR 产物扩增效率比较长的 PCR 产物扩增效率高，但是也尽量要大于 75bp，否则不容易与引物二聚体区分。

b. PCR 对靶基因扩增的区域避免具有复杂的二级结构。可以利用在线的二级结构模拟网站，如 mfold，对靶基因二级结构进行模拟。

② 引物和探针的设计

引物和探针的设计可以对实时荧光定量 PCR 产生以下影响：

a. 影响 PCR 扩增效率；

b. 扩增出特异性的 PCR 产物；

c. 避免基因组 DNA 的扩增污染；

d. 使定量更灵敏。

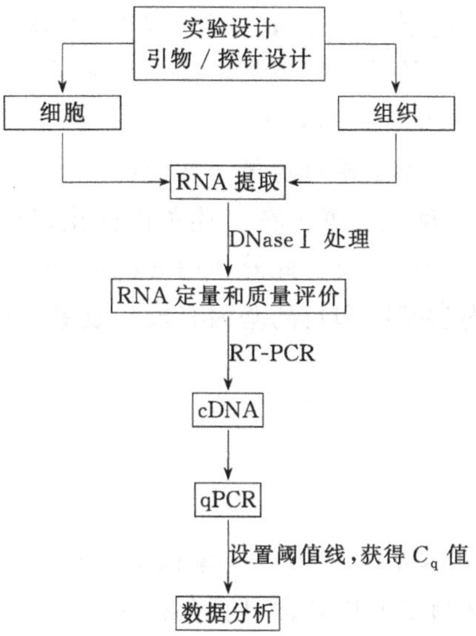

图 4-31　实时荧光定量 PCR 一般流程

一般实时荧光定量 PCR 引物的设计应遵循下面一些原则：

a. 扩增产物长度为 75～200bp；

b. 引物长度一般在 15～25bp 之间；

c. G+C 含量在 50%～65%之间，上下游引物的 T_m 值不能超过 2℃的差异；

d. 避免 3 个 G 或 C 碱基的重读；

e. 避免二级结构的形成。引物自身避免形成二级结构，引物之间避免 3 个碱基以上的互补，避免出现引物二聚体；引物和靶序列扩增片段以外的区域避免出现 3 个以上的互补（特别是发生在引物的 3′端），以防止出现非特异性扩增；

f. 避开内含子，以免基因组 DNA 的污染；

g. 最后用比对工具（BLAST）验证引物的特异性。

*Taq*Man 探针的设计要求较高，一般由公司设计合成。但是应该遵循以下原则：

a. 尽量靠近上游引物；

b. 长度为 30bp 左右，T_m 值比引物高 5～10℃；

c. 5′端不要为 G，G 会有猝灭作用，影响定量。

③ 实时荧光定量 PCR 实验的方法优化

实时荧光定量 PCR 实验初始，需要根据熔解曲线和 PCR 产物的鉴定，进行引物的筛选和合适退火温度的摸索，这对于基于染料法的 RT-PCR 尤其关键。

当熔解曲线得到的是特异性的单峰，且批内和批间重复试验 T_m 在±2℃，琼脂糖凝胶电泳获得的目的条带大小与理论值相符合时，可判定在该温度下，该引物可以用于后续实验。对于基于探针法的 RT-PCR，虽然无法进行熔解曲线的直观判断，但是也需要经过琼脂糖凝胶电泳验证有特异性条带，以确保荧光值来源于特异性扩增引物。

确定引物的适用性后，还需要退火温度梯度的摸索。因为退火温度偏低，会出现非特异性扩增条带，退火温度偏高，会降低特异性 PCR 产物量，甚至无法获得特异性扩增产物。因此，在获得一对引物以后，要在理论 T_m 值±5℃进行退火温度的摸索，最佳退火温度条件下，用该引物扩增获得的 C_q 值最小，R_n（normalized reporter）是荧光报告基因的荧光发射强度与参比染料的荧光发射强度的比值。ΔR_n 是 R_n 扣除基线后得到的标准化结果，该值越大，说明该引物在该条件下的反应性越高，特异性越好。

④ 利用标准曲线确定 RT-PCR 扩增效率

如前所述，无论是绝对定量还是相对定量，均应将内参基因和目的基因制备标准曲线，以确定不同的基因之间的 PCR 反应效率。在上述条件优化以后，通过制备标准曲线并经过线性拟合后，相关系数 R^2 要大于 0.98，此外，用 Slope (A) $=-1/\log(1+E)$ 公式来计算扩增效率 E，此步可确保内参基因和目的基因有较高效率的扩增，并且为后续定量计算方法的选择奠定基础。

（二）菌落 PCR

1. 菌落 PCR 原理

常规 PCR 需要专门制备 DNA 模板，而菌落 PCR（colony PCR）直接以单个菌作为模板，是一种快速、高通量筛选目的基因片段是否存在的方法，常用于阳性转化子的筛选。

一般而言，在转化了携带外源基因的质粒后，需要验证确认重组质粒是否存在于细胞中。那么，在整个平板上，如何筛选出哪些菌落携带了完整准确的目的基因片段呢？按照常规思路，可以把菌落挑出来转接到液体培养基中进行培养后，提取质粒，然后通过对提取的重组质粒进行酶切验证、PCR 扩增验证或者测序等方法进行目的基因片段的验证和确认。然而从挑取单菌落、培养、提取质粒、酶切、PCR 扩增再到测序，耗时费力，效率较低。那么我们就可以通过菌落 PCR 快速有效地完成这个筛选过程。

在高温条件下，菌体细胞破裂，细胞内 DNA 暴露并因高温的作用而变性成为单链状态的 DNA，此时该 DNA 可作为模板用于 PCR。菌落 PCR 可不必提取目的基因 DNA，不必酶切鉴定，而是直接以菌体热解后暴露的 DNA 为模板进行 PCR 扩增，省时少力。建议使用载体上的通用引物来筛选阳性克隆。通常利用此 PCR 的方法进行筛选插入的目的基因或者 DNA 测序分析。最后的 PCR 产物大小是载体通用引物之间的片段大小。

2. 菌落 PCR 实验策略

(1) 菌落 PCR 实验策略一

用高压灭菌的牙签或枪头挑取单个菌落。先在抗性平板上点单克隆保存（标记），然后置于 20μL Triton X-100（或去离子水）中搅和一下。将装有 20μL Triton X-100 的离心管在 100℃下煮沸 2min。取 1μL 上清为模板，加入 PCR 体系进行 PCR 反应，建议 PCR 体系为 20μL。琼脂糖凝胶电泳观察结果。

(2) 菌落 PCR 实验策略二

① 随机挑选转化平板上的转化子，用高压灭菌的枪头或牙签挑取单个菌落。先在抗性平板上点单克隆保存（标记），然后再将沾有菌体的枪头或牙签于相应的 PCR 反应管或 96 孔 PCR 反应板（与保存平板中的编号一一对应做好标记）中搅和一下。挑选好单克隆菌落后将之前配制好的 PCR 混合液加入，体系是 30μL。

② 将混有菌体的 PCR 混合物置于 PCR 仪中，按照常规条件扩增。

③ 将扩增出的 PCR 反应液中加入溴酚蓝，电泳检测是否得到目的基因片段，进而判断是否为阳性克隆。

④ 将步骤①中已经接种有单菌落的平板置于 37℃（或 30℃）恒温培养箱中培养过夜，

使菌落扩增；挑取阳性克隆做进一步筛选或培养。

在进行菌落PCR筛选重组子的过程中，有几点需要注意：

① PCR引物的选择至关重要，一般选择载体上的特异性序列（如通用测序引物）和目的基因片段上的特异性序列作为引物。

② 菌落或菌液的处理。取1～2μL菌液稀释为100倍体积，沸水浴10～15min，甚至于在稀释体系中按1/1000加Triton，是为了充分破膜，以便能够释放出携带目的基因的质粒；考虑到前期煮沸过程细胞膜变性不完全，导致扩增的模板未能完全释放，以致扩增效率降低，可适当延长预变性时间，如预变性时间设置为10～15min。

③ 进行菌落PCR时，过多的菌落物质会对PCR反应过程产生抑制作用。需要强调采用这种重组子筛选方法，只需要取少量的菌落物质。如用末端较小的无菌牙签来从转化板上蘸取菌落。如果是划线接种的平板来进行重组子筛选实验时，只需要将牙签轻轻接触一下菌落即可，然后直接接种到反应管中。

（三）常用核酸序列数据库

1. 三大核酸序列数据库

目前，在国际上建立了以GenBank、EMBL、DDBJ为代表的三大核酸序列数据库。1988年，三大数据库共同成立了国际核酸序列数据库联合中心，三方达成协议，每天交换最新的数据，并对数据库DNA序列记录的统一标准达成一致。每个机构负责收集来自不同地理分布的数据（EMBL负责欧洲，GenBank负责美洲，DDBJ负责亚洲等），然后来自各地的所有信息汇总在一起，3个数据库的数据共享并向世界开放，故这3个数据库又被称为公共序列数据库。

GenBank是美国国家生物技术信息中心（National Center for Biotechnology Information，NCBI）建立的DNA和RNA序列数据库。

EMBL是欧洲分子生物学实验室（European Molecular Biology Laboratory，EMBL）建立的核酸序列数据库，为欧洲主要的核酸序列数据库。

DDBJ是日本国立遗传学研究所建立的日本DNA数据库（DNA Data Bank of Japan，DDBJ），为亚洲主要的核酸序列数据库。

2. GenBank数据库

自成立以来的30多年中，GenBank已成为几乎所有生物领域研究最重要和最具影响力的数据库，其数据被世界各地数以百万计的研究人员访问和引用。从1982年到现在，GenBank中碱基的数量大约每18个月翻一番，截至2019年12月GenBank已经含有超过11亿序列数据和6万亿核苷酸数据。

（1）子库

数据库中数据量巨大且不断增长，为了方便数据库的维护管理以及用户的查询使用，将数据库分为若干子库。分类原则：一是根据种属来源，如哺乳类、啮齿类、病毒等；二是按照序列来源，如将专利序列、人工合成序列单独分类等。此外，基因组计划测序所得到的序列已经占了数据库总容量的一半以上，而且增长速度远远超过其他各种子库，GenBank将这些数据按表达序列标记（expressed sequence tags，EST）、高通量基因组序列（high throughput genomic sequences，HTG）、序列标记位点（sequence tagged sites，STS）和基因组概览序列（genome survey sequences，GSS）单独分类。尽管这些数据尚未加以注释，它们依然是GenBank的重要组成部分。

(2) 格式

完整的GenBank数据库包括序列文件、索引文件以及其它有关文件。索引文件是根据数据库中作者、参考文献等子段建立的，用于数据库查询。

GenBank中最常用的是序列文件。序列文件的基本单位是序列条目，包括核苷酸碱基排列顺序和注释两部分。序列文件由单个序列条目组成，序列条目由字段组成，每个字段由关键字起始，后面为该字段的具体说明。有些字段又分若干次子字段，以次关键字或特性表说明符开始。序列条目以关键字“LOCUS”开始，最后以双斜杠“//”作本序列条目结束标记。GenBank数据库的关键字以完整的英文单词表示（EMBL数据库关键字以2个字母的缩写表示，如ID表示Identification，AC表示Accession)，关键字从第一列开始，次关键字从第三列开始，特性表说明符从第五列开始。每个字段的字数不超过80个字符，若该字段的内容一行中写不下，可以在下一行继续。

序列条目的关键字包括序列名称（LOCUS)、序列说明（DEFINITION)、序列编号（ACCESSION)、核酸标识符（NID)、与序列相关的关键词（KEYWORDS)、序列来源（SOURCE)、相关文献（REFERENCE)、特性表（FEATURES)、碱基种类统计数（BASE COUNT）及碱基排列顺序（ORIGIN)。

序列名称（LOCUS）是该序列条目的标记，可理解为序列的代号或识别符，实际表示序列名称。该字段还包括其它相关内容，如序列长度、类型、种属来源以及录入日期等。说明字段是有关这一序列的简单描述，如人环氧化酶-2的mRNA全序列。

序列编号（ACCESSION）具有唯一性和永久性，如M 90100表示上述人环氧化酶-2的mRNA序列，在文献中引用这个序列时，应以此编号为准，而不是以序列名称为准。已经完成全序列测定的细菌等基因组在数据库中分成几十个或几百个条目存放，以便于管理和使用。例如，大肠杆菌基因组的4639221个碱基分成400个条目存放，每个条目都有一个唯一的编码。

关键词（KEYWORDS）字段由该序列的提交者提供，包括该序列的基因产物以及其它相关信息。数据来源字段说明该序列是从什么生物体、什么组织得到的。次关键字种属（ORGANISM）指出该生物体的分类学地位。

文献（REFERENCE）字段说明该序列中的相关文献，包括作者（AUTHORS)、题目（TITLE）及杂志名（JOURNAL）等，以次关键词列出。该字段中还列出医学文献摘要数据库MEDLINE引文代码。该代码实际上是个网络链接，点击它可以直接调用上述文献摘要。一个序列可以有多篇文献，以不同序号表示，并给出该序列中的哪一部分与文献有关。

特性表（FEATURES）是具有自己的一套结构、用来详细描述序列特性的一个表格，包括蛋白质编码区以及翻译所得的氨基酸序列、外显子和内含子位置、转录单位、突变单位、修饰单位、重复序列等信息，以及与蛋白质数据库SWISS-PROT和分类学数据库Taxonomy等其他数据库的交叉索引编号。

碱基种类统计数（BASE COUNT）记录，计算出不同碱基在整个序列中出现的次数。碱基排列顺序（ORIGIN）那一行，指出了序列第一个碱基在基因组中可能的位置。最后，核酸的序列全部列出，并以“//”作为结尾。

（3）访问

对GenBank数据库中海量数据进行访问的途径主要有四种：一是通过NCBI的Entrez检索系统进行检索访问；二是提交序列与GenBank或者其中某个子库进行序列比对，通常使用NCBI提供的序列比对工具BLAST（basic local alignment search tool）进行序列同源性搜索；三是当需要大量访问GenBank中的数据时，可以利用NCBI提供的FTP下载功能将全部数据下载到本地使用。不过即使是这种情况下，一般也只需要下载GenBank的某个子库，如PRI子库等；四是采用NCBI电子编程工具Entrez Programming Utilities，编程实现序列的查询、链接和下载。

实践练习

1. 保存某种生物基因组遗传信息的材料，称为基因文库。建立基因文库是分离制备目的基因的有效方法之一，分为______文库和______文库两种。有了基因文库就可以应用杂交、PCR扩增等方法，从中筛选获得所需要的目的基因。

2. 根据DNA扩增的目的和检测的标准，可以将基因扩增仪分为______，梯度PCR仪，原位PCR仪和______等四类。

3. PCR是指在模板DNA、______、______、______和4种脱氧核苷酸存在的条件下，依赖于DNA聚合酶的酶促反应，将待扩增的DNA片段与其两侧互补的寡核苷酸链引物经______、______、______三步反应的多次循环，使DNA片段在数量上呈现指数增加，从而获得大量特定基因片段的一种体外DNA扩增技术。

4. 设计PCR引物时，适宜的GC含量是（　　）。A. 40％～60％；B. 20％～40％；C. 60％～80％；D. 都可以。

5. *Taq* DNA聚合酶的最适温度为（　　）。A. 37℃；B. 54℃；C. 75～80℃；D. 90℃。

6. PCR体系反应五要素主要包括______、引物、______、Mg^{2+}和dNTP。

7. 在荧光定量PCR中，一般将PCR反应的前______个循环的荧光信号作为荧光本底信号，荧光阈值是3～15个循环的荧光信号标准偏差的______倍。

8. 荧光扩增曲线是描述PCR动态进程的曲线，一般包括四个阶段：基线期、指数增长期、______增长期和______期。

9. 实时荧光定量PCR分为两类：一类是DNA染料法，一类是荧光探针法。前者的工作原理是：______状态下的SYBR GreenⅠ只发出微弱的荧光，当它与双链DNA小沟区域后，会发出很强的荧光，而且双链合成越多，______强度越强。

10. 简述PCR产物电泳图谱中出现非特异性扩增条带或引物二聚体的主要原因及其解决措施。

（陈海龙）

项目五 质粒 pET-28a 的制备

学习目标

通过本项目的学习，了解质粒是携带外源 DNA 进入受体细胞进行扩增和表达的工具，掌握质粒的基本知识、制备原理和方法，以及质粒的浓度和纯度检测方法。

1. 知识目标

（1）掌握质粒的概念、命名、分类及基本特性；

（2）熟悉 pET-28a 质粒载体图谱及特征；

（3）掌握 SDS 碱裂解法、煮沸裂解法等方法制备质粒的原理；

（4）了解常用的酵母表达载体。

2. 能力目标

（1）掌握 SDS 碱裂解法制备质粒的操作技术和检测方法；

（2）熟悉煮沸裂解法制备质粒的操作技术和检测方法；

（3）了解质粒绘图软件 WinPlas 和质粒图谱绘制方法；

（4）熟悉质粒资源获取方式并获得所需质粒相关信息。

项目说明

项目四通过 PCR 扩增获得大肠杆菌 L-天冬酰胺酶Ⅱ基因（*ansB*），*ansB* 只是一段 DNA 片段，本身并不具备自我复制能力，也很难进入受体细胞，必须借助载体才能进入受体细胞并进行扩增和表达。载体是指能够将外源 DNA 片段带入受体细胞并能进行自我复制和稳定遗传的 DNA 分子。常用的载体主要有质粒、噬菌体、病毒等，其中质粒是使用最为普遍的载体。质粒载体是在天然质粒的基础上为适应实验室操作而人工构建的质粒。与天然质粒相比，质粒载体通常带有一个或一个以上的选择性标记基因（如抗生素抗性基因）和一个人工合成的含有多个限制性内切酶识别位点的多克隆位点序列，并去掉了大部分非必需序列，使分子量尽可能减少，以便于基因工程操作。Novagen 公司推出的 pET 系列质粒载体是目前应用最为广泛的原核表达系统，已成功地在大肠杆菌中表达了成千上万种的异源蛋白。本项目主要学习质粒的基本知识，掌握质粒 pET-28a 的制备技术，为大肠杆菌 L-天冬酰胺酶Ⅱ基因（*ansB*）的克隆和表达提供载体材料。

基础知识

将外源 DNA 或基因片段携带入宿主细胞（host cell）进行扩增和表达的工具称为载体

(Vector)。按照载体的工作方式的不同可分为质粒载体、噬菌体载体和人工构建的载体如黏粒（cosmid，亦称柯斯质粒）、细菌人工染色体（bacteria artificial chromosome，BAC）、酵母人工染色体（yeast artificial chromosome，YAC）、P1 人工染色体（P1-derived artificial chromosome，PAC）等。这里主要介绍质粒载体。

（一）质粒

1. 质粒的概念

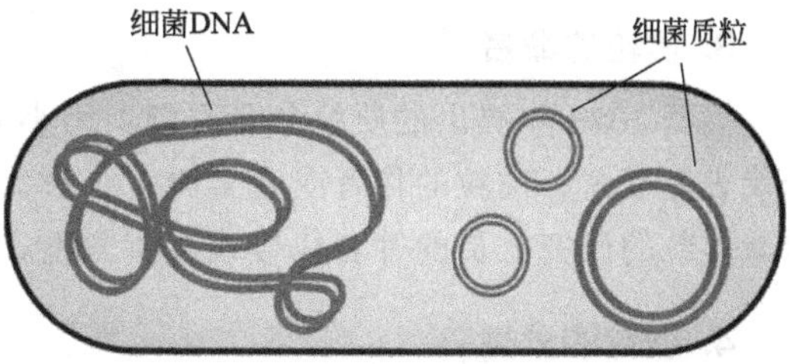

图 5-1 细菌的质粒

质粒（plasmid）是一类存在于细菌、放线菌、酵母和真菌等微生物细胞中染色体外的主要遗传物质或遗传因子（图 5-1），从分子组成看，有 DNA 质粒，也有 RNA 质粒［如酵母的杀伤质粒（killer plasmid）］。迄今已知的质粒都是具有独立自主复制能力的共价闭合环状双链 DNA 分子，即 cccDNA（covalently closed circular DNA）。质粒的分子量大小不一，从不足 1kb 到 500kb 不等，一般利用宿主细胞的酶和蛋白质进行自主复制，有些分子量较大的质粒（可达 200kb）则自身携带有编码与复制有关的酶。

质粒 DNA 分子具有三种不同的构型，一种是呈现超螺旋的 SC 构型（scDNA），一种是开环 DNA（ocDNA），另一种是线性的分子 L 构型（图 5-2）。质粒 DNA 一般与 DNA 分子的理化性质相似，如溶于水、不溶于乙醇等有机溶剂、能吸收紫外线、可嵌入溴乙锭染料等。

在琼脂糖凝胶电泳中，不同构型的同一种质粒 DNA，尽管分子量相同，仍具有不同的电泳迁移率，其中在最前沿的是 scDNA，其后依次是 LDNA 和 ocDNA（图 5-2）。不同的质粒 DNA 分子量差异相当显著，有的质粒适用于做基因克隆载体，有的则不适用。但凡经过改建而适于作为基因克隆载体的所有质粒 DNA 分子，都必定包含如下三种共同的组成部分：复制基因、选择性标记和克隆位点。

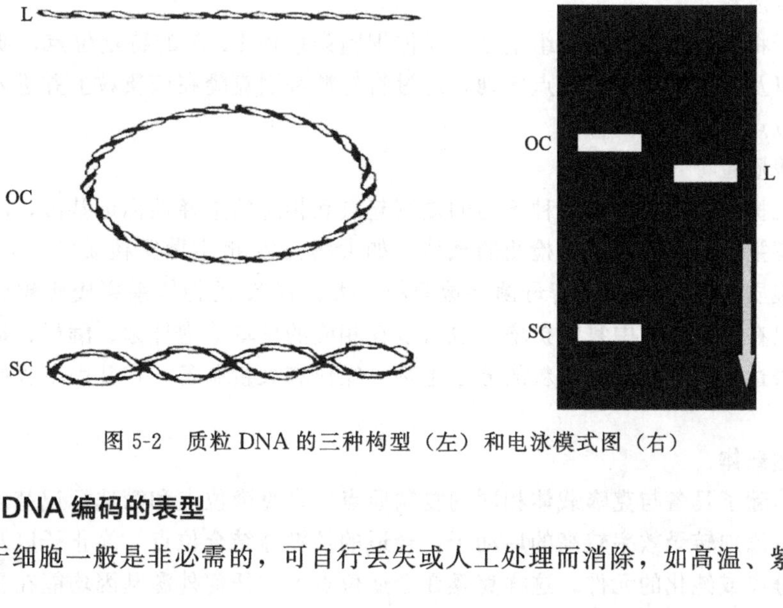

图 5-2 质粒 DNA 的三种构型（左）和电泳模式图（右）

2. 质粒 DNA 编码的表型

质粒对于细胞一般是非必需的，可自行丢失或人工处理而消除，如高温、紫外线等。虽然质粒 DNA 仅占细胞染色体组的 1%～3%，但质粒所含的基因是一些重要的非染色体控制的基因，其基因编码携带的遗传性状能赋予宿主菌某些生物学性状，包括抗性特征、代谢特征、修饰寄主的生活方式及其他方面特征，这些有利于细菌在特定的环境条件下生存，例如接合、抗生素抗性、产生抗生素、重金属离子抗性、产生毒素（如肠毒素）、生物固氮、糖酵解基因、寄主控制的合成限制性内切酶限制与修饰系统、诱发植物肿瘤基因、产特殊酶或者降解环境中复杂有机化合物或有毒物质的功能。

3. 质粒的命名

根据 1976 年提出的质粒命名原则，用小写字母 p 代表质粒，字母 p 后面用两个大写字母代表发现这一质粒的作者或者实验室名称。例如 pET-28a，字母 p 代表质粒，ET 代表构建该质粒的研究人员的姓名代号或者实验室，28a 代表构建的一系列质粒的编号。

4. 质粒的分类

现有的绝大多数基因克隆载体，绝大多数就是以质粒为基础经过改造或人工构建的，最早应用的是 pSC101 和 Col E1 应用较多，但存在相对分子量大酶切位点少。随后出现了调整载体结构之后的 pBR322 以及去掉多余片段，安装了多克隆位点和筛选标记的 pUC 质粒。根据功能和用途可以分为下面几类。

（1）克隆质粒

主要用于克隆、扩增或保存外源基因，是最简单的载体。常见的克隆载体有 pBR32、pUC18、pUC19、pUC118、pUC119 等。这类质粒或者含有氯霉素可扩增的松弛型复制子结构，或者复制子经过人工诱变，解除对质粒拷贝数负调控作用，使质粒在每个细胞中的拷贝数比较高。

（2）测序质粒

主要用于进行 DNA 测序反应，通常拷贝数比较高，含有多酶切切口片段，便于各种 DNA 片段克隆与扩增，在酶切切口两端的临近区域，设有两个不同的引物序列，以便进行 DNA 测序。

（3）整合质粒

主要用于将外源基因准确重组整合在受体细胞染色体 DNA 的特定位点，质粒上有整合酶编码基因以及整合特异性的位点序列，通过将外源基因克隆在该质粒上并进入受体细胞后进行特定的位点重组整合。

（4）穿梭质粒

这类人工构建的质粒具有两种不同的复制起点和相应的选择性标记基因，因而可以在两种不同类群宿主中存活、复制和检测的载体，如大肠杆菌-链霉菌穿梭质粒、大肠杆菌-枯草芽孢杆菌穿梭质粒、大肠杆菌-酵母菌穿梭质粒、大肠杆菌-动物体系穿梭质粒等。这些穿梭质粒不仅可以在大肠杆菌中复制扩增，也可以在相应的枯草芽孢杆菌、酵母、动物或植物细胞中扩增和表达，这样利于对质粒的分子生物学操作和大量制备，在基因工程研究工作中十分方便。

（5）表达载体

该类载体除了具备与克隆载体相同的复制原点、多克隆位点和筛选标记基因以外，主要在多克隆位点添加转录效率较高的启动子，合适的核糖体结合位点、终止子以及有利于表达产物分泌、分离或纯化的元件，这样克隆在合适位点上的任何外源基因均能在受体细胞中高效表达。

5. 质粒的基本特性

(1) 质粒的复制性

质粒在宿主细胞内维持稳定，并不会随着细胞分裂而消失，是因为质粒本身具有自我复制和正确分配到子细胞的功能。通常一个质粒含有一个复制起始区以及与此相关的顺式作用元件。质粒主要依赖于宿主细胞的复制酶体系在宿主细胞内进行复制。在不同的质粒中，复制起始区的组成方式是不同的，有的可以决定复制方式，如滚环复制或者 θ 复制。

质粒在宿主细胞内复制过程受质粒和宿主细胞双重遗传体系的控制，质粒本身有复制起始位点和决定拷贝数的基因，复制后新生的 DNA 分子核苷酸序列由质粒本身决定。质粒上的 *rep* 基因可以指令宿主细胞合成调节蛋白，促进质粒复制。其下游还有一个 *par* 序列，当质粒开始复制后，新复制的质粒上的 *par* 序列会附着在细胞质膜上，细胞分裂时，使质粒正确地分配到子细胞中，维持相对稳定。

在质粒复制过程中，*cop* 基因指令宿主合成阻遏物，因而可以使质粒的复制不像病毒那样无限制地复制导致宿主细胞的崩溃。当质粒复制到一定拷贝数时，合成阻遏物的量可以阻止质粒的继续复制。

质粒的拷贝数是指细胞内某种质粒的数量与染色体的数量之比。每种质粒在相应的宿主细胞内保持相对稳定的拷贝数，但在不同的宿主内质粒的拷贝数并非一成不变。按质粒的拷贝数和复制调控可以分为两类，质粒的复制常与宿主的复制偶联，拷贝数少（1 至数个拷贝）的质粒称为严紧型质粒；如果其复制与宿主的繁殖不偶联，每个细胞中有几十个到上百个拷贝的质粒称为松弛型质粒。某种质粒属于严紧型还是松弛型，与宿主也有关系。一般而言，小质粒多为松弛型，大质粒多为严紧型，但无严格界限。

(2) 质粒的不相容性（不亲和性）

两个质粒在同一宿主细胞中不能共存的现象称为质粒的不相容性。细菌通常含有一种或多种稳定遗传的质粒，彼此是亲和的。如果不同质粒不能共存于同一宿主细胞系中，这种特性称为质粒的不相容性或不亲和性。其分子基础是不相容的质粒利用同一复制系统，造成复制功能之间的相互干扰，在分配到子细胞的过程中随机挑选，从而导致子细胞中只含有一种质粒。质粒的不相容群是根据质粒在同一细菌中能否并存，可将其分成许多不亲和群，能在同一细菌中并存的质粒属于不同的不亲和群，在同一细菌中不能并存的质粒属于同一不亲和群。两种同一不亲合群的质粒共处同一细胞，其中一种由于不能复制在细胞不断分裂中被稀释掉或消除。只有具有不同复制因子或不同分配系统的质粒才能共存于同一细胞中，这是一种接近质粒本质的分类方法。已在大肠杆菌中发现了 30 多种不同的不亲和群。

(3) 质粒的稳定性

正常条件下质粒在细胞分裂前复制，并借特殊的分配机制保证其在子代细胞中的均等分配，实现质粒遗传的稳定。细胞学研究结果表明，质粒分配方式可能与染色体的相似，都是以依附于细胞质膜特定位点的方式，随细胞分裂而均等分配到子细胞中。

(4) 质粒的转移性

质粒具有转移性。自然条件下，细菌通过接合作用可以将质粒转移到新宿主细胞内。转移性质粒大多是低拷贝的大质粒。F 因子、R 因子、Ti 质粒等都属转移性质粒。转移性质粒可在细胞间转移并带动染色体或非转移性质粒转移。非转移性质粒不能单独转移。质粒的转移不仅与质粒的性质有关，还与供体菌和受体菌的基因型有关。质粒转移需要移动基因 *mob*、转移基因 *tra*、顺式作用元件 *bom* 及其内部的转移缺口位点 *nic*。质粒转移均通过接合进行，通常从 *ori*T 开始，在转移的同时进行复制。质粒的转移通常只能在相同或相近的供体与受体菌间进行，导入受体菌的质粒也受新寄主细胞的限制修饰作用。三亲本杂交就是根据接合转移的原理设计的基因转移方式，但大多数克隆载体无 *nic*/*bom* 位点。

（二）pET 系列质粒

常用的 pET 系列质粒见表 5-1。

表 5-1　常用 pET 载体选择指南

载体名称	启动子	抗性	C-标签	N-标签	蛋白酶切割位点	应用
pET-3a,b,c	T7	氨苄	—	T7 · Tag	—	组成型表达
pET-11a,b,c,d	T7 lac	氨苄	—	T7 · Tag	—	—
pET-12a,b,c	T7 lac	氨苄	—	Omp T	Thrombin	—
pET-14b	T7 lac	氨苄	—	His · Tag	Thrombin	—
pET-15b	T7 lac	氨苄	—	His · Tag	Factor Xa	—
pET-16b	T7 lac	氨苄	—	His · Tag	—	—
pET-17b	T7 lac	氨苄	—	T7 · Tag	—	—
pET-19b	T7 lac	氨苄	—	His · Tag	Enterokinas	—
pET-20b	T7 lac	氨苄	His · Tag	pelB 信号肽	—	分泌表达
pET-21a,b,c,d	T7 lac	氨苄	His · Tag	T7 · Tag	—	—
pET-22b	T7 lac	氨苄	His · Tag	pelB 信号肽	—	分泌表达
pET-23a,b,c,d	T7	氨苄	His · Tag	T7 · Tag	—	组成型表达
pET-24a,b,c,d	T7 lac	卡那	His · Tag	T7 · Tag	—	—
pET-25b	T7 lac	氨苄	HSV · Tag,His · Tag	pelB 信号肽	—	分泌表达
pET-26b	T7 lac	卡那	His · Tag	pelB 信号肽	—	分泌表达
pET-27b	T7 lac	卡那	HSV · Tag,His · Tag	pelB 信号肽	—	分泌表达
pET-28a,b,c	T7 lac	卡那	His · Tag	His · Tag,T7 · Tag	Thrombin	—
pET-29a	T7 lac	卡那	His · Tag	S · Tag	Thrombin	—
pET-30a,b,c	T7 lac	卡那	His · Tag	His · Tag,S · Tag	Thrombin,Enterokinas	—
pET-31b	T7 lac	氨苄	His · Tag	—	—	表达酮固醇异构酶
pET-32a,b,c	T7 lac	氨苄	Thioredoxim	His · Tag,S · Tag	—	—
pET-33b	T7 lac	卡那	His · Tag	His · Tag,T7 · Tag	Thrombin	含蛋白激酶 PKA 识别位点
pET-37b	T7 lac	卡那	His · Tag	CBD,T7 · Tag	Thrombin,Enterokinas	分泌表达，含纤维素结合域
pET-39b	T7 lac	卡那	His · Tag	DsbA · Tag,T7 · Tag S · Tag	Thrombin	表达 DsbA 融合蛋白
pET-40b	T7 lac	卡那	His · Tag	Dsbc · Tag,T7 · Tag S · Tag	Thrombin,Enterokinas	表达 DsbC 融合蛋白
pET-41a,b,c	T7 lac	卡那	His · Tag	GST · Tag,T7 · Tag S · Tag	Thrombin,Enterokinas	—

续表

载体名称	启动子	抗性	C-标签	N-标签	蛋白酶切割位点	应用
pET-42a,b,c	T7 lac	卡那	His · Tag	GST · Tag,T7 · Tag S · Tag	Thrombin Factor Xa	—
pET-43a,b	T7 lac	氨苄	HSV · Tag,His · Tag	Nus · Tag,T7 · Tag S · Tag	Enterokinas,Thrombin	—
pET-44a,b,c	T7 lac	氨苄	HSV · Tag,His · Tag	His · Tag,Nus · Tag,His · Tag S · Tag	Enterokinas,Thrombin	—
pET-45b	T7 lac	氨苄	S · Tag	His · Tag	Enterokinas	—
pET-47b	T7 lac	卡那	S · Tag	His · Tag	HRV 3C,Thrombin	—
pET-48b	T7 lac	卡那	S · Tag,S · Tag	Trx · Tag His · Tag	HRV 3C,Thrombin	—
pET-49b	T7 lac	卡那	S · Tag,S · Tag	GST · Tag,His · Tag	HRV 3C,Thrombin	—
pET-50b	T7 lac	卡那	S · Tag,S · Tag	His · Tag,Nus tag,His · Tag	HRV 3C,Thrombin	—
pET-51	T7 lac	氨苄	His · Tag,His · Tag	Strep · Tag II	Enterokinas,Enterokinas	—
pET-52b	T7 lac	氨苄	His · Tag,His · Tag	Strep · Tag II	HRV 3C,Thrombin	—

1. 质粒载体的选择

选择质粒载体主要依据表达宿主来确定是原核表达还是真核表达，确定表达宿主后要考虑载体中应有合适的限制酶切位点。

载体选择主要考虑下述几点：

① 选分子量小的质粒。DNA 重组体的目的是克隆扩增还是表达，根据不同的目的选择合适的克隆载体或表达载体，一般来说低分子的质粒通常拷贝数比较高，分离纯化后，容易转化，质粒大于 15kb 时，在体外不易操作，转化效率会降低。

② 载体的类型：

a. 克隆载体的克隆能力——根据克隆片段大小（大选大，小选小），如<10kb 选质粒。

b. 表达载体据受体细胞类型——原核、真核、穿梭，*E. coli*/哺乳类细胞表达载体。

c. 对原核表达载体应该注意 3 点：首先，选择合适的复制起始、启动子及相应的受体菌。其次，用于表达真核蛋白质时注意克服阅读框错位。最后，表达天然蛋白质或融合蛋白作为相应载体的参考。

③ 具有较多的限制性酶切位点，同时注意载体 MCS 中的酶切位点数与组成方向因载体不同而异，适应目的基因与载体易于连接，不产生阅读框架错位。

此外，一般选用质粒做载体还要求：

a. 使用松弛型质粒在细菌里扩增不受约束，一般 10 个以上的拷贝，而严紧型质粒<10 个；

b. 必须具备一个以上的酶切位点，有选择的余地；

c. 必须有易检测的选择标记，多是抗生素的抗性基因。

无论选用哪种载体，首先都要获得载体分子，采用适当的限制酶将载体 DNA 进行切割，以便于与目的基因片段进行连接。

2. pET-28a 质粒载体图谱

pET-28a 质粒载体图谱见图 5-3。

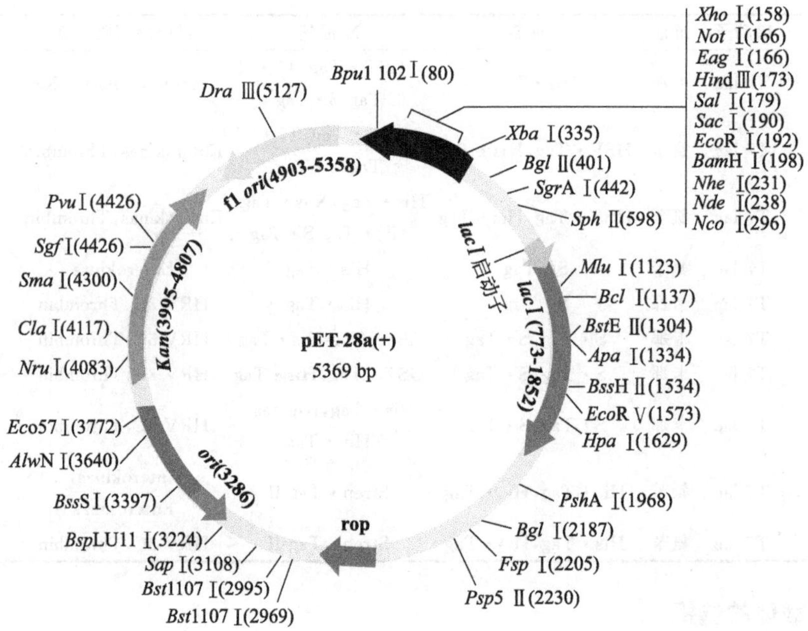

图 5-3 质粒 pET-28a 图谱

3. pET-28a 质粒的特征

pET-28a 质粒是大肠杆菌表达载体，质粒大小为 5369bp，胞内表达目的基因，其特征如下：

pET-28a 载体 MCS 区 C 端和 N 端各有一个 His 蛋白标签，编码 6 个连续的 His 蛋白，(270～287bp，140～157bp）和一个 Thrombin 蛋白酶切位点，T7 蛋白标签（207～239bp)，用来作为纯化目标蛋白。

单一的多克隆位点（MCS)：位于 158～203bp。注意 pET-28a 载体序列是以 pBR322 质粒的编码规律进行编码的，所以 T7 蛋白表达区在质粒图谱上面是反向的。

复制子（*ori*)：起始载体的复制。pET-28a 载体含有两个复制子，分别是位于 4903～5358bp 处的 f1 噬菌体复制子（f1 *ori*）和位于 3286bp 处的 pBR322 复制子。

卡那霉素抗性基因（*Kan*，3995～4807bp)：编码氨基糖苷磷酸转移酶，在原核细胞中产生卡那霉素抗性。

乳糖操纵子元件：*lacI* 启动子和 *lacI*（启动阻遏蛋白的表达，是 *lac* 操纵子的抑制因子)，*lac* 操纵子（*lac* 操纵基因，阻遏蛋白与之结合后抑制其后基因的表达，乳糖类似物 IPTG 可与阻遏蛋白结合从而失去对 *lac* 操纵子的控制，进而使得其后基因正常表达)。

T7 启动子（promoter)：370～386bp，受控于 T7 RNA 聚合酶的启动子，是大肠杆菌表达系统常用的启动子。强大的 T7 启动子完全专一受控于 T7 RNA 聚合酶，而高活性的 T7 RNA 聚合酶合成 mRNA 的速度比大肠杆菌 RNA 聚合酶快 5 倍，当二者同时存在时，宿主本身基因的转录竞争不过 T7 表达系统，几乎所有的细胞资源都用于表达目的蛋白。

T7 终止子（terminator)：26～72bp，受控于 T7 RNA 聚合酶的终止子。

（三）质粒 DNA 的提取方法

大多数质粒都是共价闭合环状双链 DNA 分子（cccDNA)。作为携带外源基因在细菌中扩增或表达的重要载体，质粒在基因工程中应用十分广泛，有关质粒的提取与纯化是必须掌握的基本技术。

质粒 DNA 的提取的方法很多，经典的方法包括 SDS 碱裂解法、煮沸裂解法和其他等方法。这些方法主要由细菌的培养（质粒 DNA 的扩增）、细菌的裂解（质粒 DNA 的释放）及质粒 DNA 的分离与纯化等三个步骤组成。按制备量的不同，质粒 DNA 提取与纯化的方法可分为质粒 DNA 的小量（1～2mL）制备、质粒 DNA 的中量（20～50mL）制备及质粒 DNA 的大量（500mL）制备。

1. SDS 碱裂解法

无论哪种方法，质粒 DNA 的提取主要包括细菌培养和收获、细菌细胞的裂解及质粒 DNA 的纯化三个步骤。

SDS 碱裂解法是最常用的质粒制备方法，具有简单、快速、产量高等优点。其原理是依据共价闭合环状质粒与染色体 DNA 的变性和复性差异而达到分离制备目的（图 5-4）。将细胞悬浮在高 pH（pH 12.0～12.6）条件下与强阴离子表面活性剂十二烷基硫酸钠（SDS）混合时，细胞发生裂解，从而使得质粒 DNA 和染色体 DNA 同时释放到上清液中。释放出的 DNA 遇到强碱溶液，氢键断裂，其碱基配对被破坏而变性。但由于质粒 DNA 分子量相对较小，特别是呈环状超螺旋结构质粒 DNA 因缠结紧密而不会解链，即使在碱性条件下，

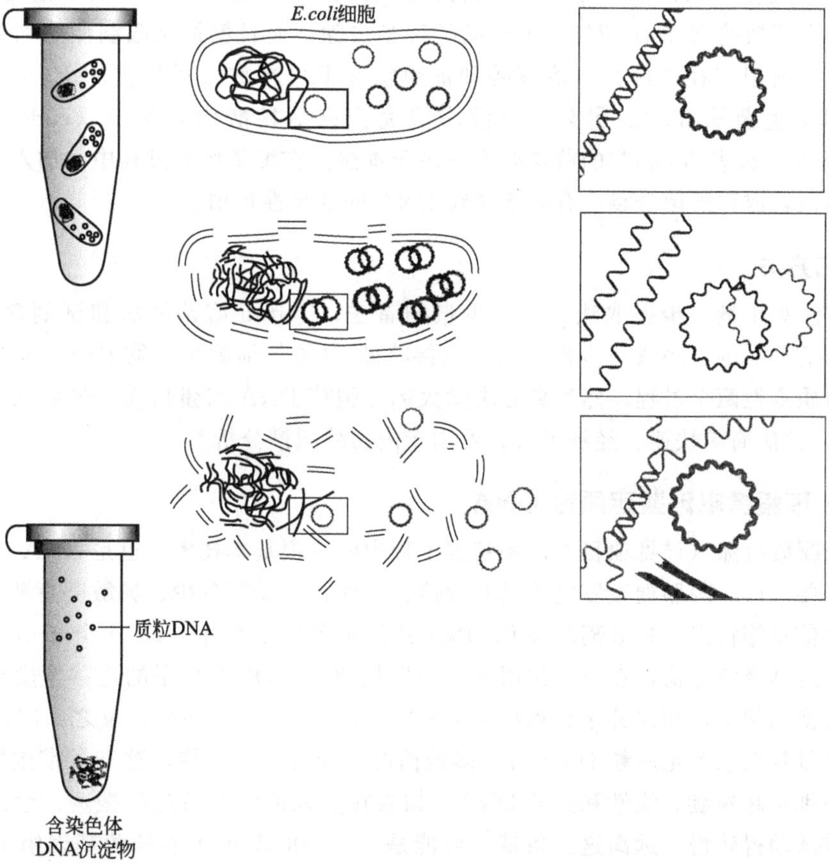

图 5-4　SDS 碱裂解法制备质粒 DNA 的原理

两条互补链也不会充分分离。随后加入（酸性乙酸钾）中和溶液，pH 调至中性，只要不在碱性条件下变性太久，呈环状的超螺旋结构质粒 DNA 则可以与互补链重新退火恢复到其天然状态的质粒构型。而线性的、分子量大的染色体 DNA 不能复性，与细胞碎片、变性的蛋白质、SDS 等形成不溶性复合物，这些复合物在高钾盐条件下，通过离心沉淀，细胞碎片、染色体 DNA 及大部分蛋白质等可有效沉淀去除，而质粒 DNA 及小分子量的 RNA 留在上清液中，夹杂的 RNA 可以用 RNA 酶去除，而质粒 DNA 保留于上清中，直接通过无水乙醇沉淀质粒 DNA，并用 70%的乙醇洗涤，其纯度可满足 DNA 测序与 PCR 等实验的要求。再用酚-氯仿溶液处理，可除去残留蛋白质，从而得到纯度较高的质粒 DNA，无须进一步纯化，可直接用于限制性酶消化、PCR 等分子操作。

2. 煮沸裂解法

煮沸裂解法是将细菌悬浮于含 Triton X-100 和溶菌酶的缓冲液中，Triton X-100 和溶菌酶破坏细胞壁后，沸水浴裂解细胞的同时可破坏 DNA 链的碱基配对，并使宿主细胞的蛋白质与染色体 DNA 变性，但 cccDNA 因结构紧密不会解链。当温度下降后，cccDNA 可重新恢复其超螺旋结构。通过离心去除变性的蛋白质和染色体 DNA，然后回收上清中的质粒 DNA。

煮沸裂解法是一种条件比较剧烈的方法，对于大质粒（＞15kb）有明显的剪切作用，故只能用于小质粒 DNA（＜15kb）的制备。该法能用于小质粒 DNA 的小量与大量制备，并且适用于大多数的 *E. coli* 菌株。由于糖类很难去除，而且糖抑制限制性酶和聚合酶的活性，故该法不适用于在去污剂、溶菌酶和加热情况下可释放大量糖类的 *E. coli* 菌株，如 HB101 及其衍生菌株 TG1。另外，煮沸不能完全灭活核酸内切酶 A（endonuclease A，endA）的活性，故表达 endA 的菌株亦不适用于本法。在细菌培养过程中，加入氯霉素可抑制细菌的蛋白合成和细菌分裂，有利于质粒 DNA 的选择性扩增。

3. 其它方法

其它方法如小量一步提取法、牙签少量制备法、Triton-溶菌酶法和试剂盒法等方法，各有特点与适用范围。小量一步提取法，直接将酚-氯仿与细菌培养物混合，同时完成细胞裂解与蛋白质变性两个过程，然后离心去除大部分胞核 DNA 与蛋白质，最后从上清中回收质粒 DNA。该法简单快速、经济可行，可用于内切酶图谱分析。

（四）琼脂糖电泳鉴定质粒 DNA

琼脂糖凝胶电泳（详见项目六）是基因工程中的一项基本技术，也是 RNA、DNA 检测和分离的重要手段。琼脂糖凝胶电泳具有快速、简便、样品用量少、灵敏度高及一次测定可以获得多种信息等特点，是分离和纯化 DNA 片段最普遍的技术。DNA 分子由于其磷酸盐分子骨架决定其带负电荷，在电场作用下可向阳极移动。DNA 分子的迁移速度与分子质量大小及构型密切相关，相对分子量越小的 DNA 分子，迁移速度越快，反之，则越慢。

琼脂糖凝胶电泳鉴定质粒 DNA 时，多数情况下能看到三条带，这三条带按照迁移速度的快慢，分别是超螺旋、线性和开环 DNA。如果在加入溶液Ⅱ后过度振荡，会出现第四条带，这条带泳动得较慢，远离这三条带，可能是 20～100kb 的大肠杆菌基因组 DNA 片段。有时，在检测质粒的电泳图谱最前端会出现弥散性条带或区域，其原因可能是：①样品中质粒 DNA 发生了降解；②样品中存在 RNA；③存在 DNase 污染等。此外，DNA 分子的迁移速率还受到 DNA 构象、电场强度、凝胶浓度及电泳缓冲液等因素的影响。

（五）质粒 DNA 浓度和纯度检测

质粒提取之后必须对其浓度和纯度进行检测，质粒浓度的高低将决定后续酶切质粒的添加量，而纯度是影响该质粒载体能否被酶切以及酶切效果的重要因素。常用的质粒 DNA 浓度和纯度检测方法是琼脂糖凝胶电泳法、紫外分光光度法。琼脂糖凝胶电泳法主要用来分析质粒 DNA 的大小是否正确或者是否有杂质。只要核酸不是太小或者太大（超出电泳分离范围），该方法还是非常可信的；电泳还可以用于估计核酸的浓度，但其准确度与经验有关；电泳也可能提供某些杂质污染的信息，但是同样与经验有关。紫外分光光度法可以通过比较在不同波长条件下的吸光度来测定质粒 DNA 的纯度和含量。由于紫外分光光度仪不能确保非常准确，而该仪器的灵敏度又非常高，所以，提供的结果并不十分可信。一般来讲，同时进行紫外和电泳检测，综合二者的结果，可以做出一个更合理的判断。

紫外分光光度法测定核酸的波长是在 260nm 处，且根据核酸在 260nm 波长处的 A 值与其浓度成正比关系，作为核酸定量测定的依据。用内径 1cm 的比色杯测定，高纯度双链 DNA 的 A_{260} 为 1.0 时，DNA 溶液的浓度为 50μg/mL；高纯度的 DNA 单链 DNA A_{260} 为 1.0 时，DNA 溶液浓度为 33μg/mL，可以据此来计算核酸样品的浓度。分光光度法不但能确定核酸的浓度，还可通过测定在 260nm 和 280nm 波长下紫外吸收值的比值（A_{260}/A_{280}）来估算核酸的纯度。A_{260}/A_{280} 比值介于 1.7～1.9，说明质粒质量较好，1.8 最佳，低于 1.8 说明有蛋白质或苯酚污染，高于 1.8 说明有 RNA 污染。这一方法是一般实验室最常用的方法。

项目实施

任务 5-1 操作准备

【任务描述】

质粒提取是基因工程实验的基础技能和基本要求，实验材料、试剂配制甚至耗材都关系到质粒 DNA 的提取质量甚至能否得到质粒 DNA。项目五主要以大肠杆菌质粒提取为例，训练 SDS 碱裂解法、快速制备简易方法、煮沸裂解法制备质粒 DNA pET-28a 及质粒 DNA pET-28a 中 RNA 的去除和浓度测定。本任务为上述实验准备实验所需菌种、试剂、仪器及耗材。本任务需配制的试剂种类较多、要求较高，应以工作小组为单位，分工协作，保证试剂配制的质量。

1. 菌种及培养

（1）菌种

含有 pET-28a 质粒的大肠杆菌（*E. coli*）菌株。

（2）培养基配制

① LB 液体培养基和固体培养基的配制方法，见任务 3-1 操作准备。

② 含 50μg/mL 卡那霉素的 LB 液体培养基：在 LB 液体培养基基础之上，加入终浓度 50μg/mL 的卡那霉素。

③ 含 50μg/mL 卡那霉素的 LB 平板的制备：

a. 固体培养基配制：100mL LB 液体培养基加入 1～1.5g 琼脂粉。

b. 抗生素的加入：高压灭菌后，将融化的 LB 固体培养基置于 55℃的水浴中，待培养基温度降到 55℃时（手可触摸）加入抗生素，以免温度过高导致抗生素失效，并充分摇匀。

c. 倒板：一般 15～20mL 倒一个 9mm 培养皿。培养基倒入培养皿后，打开盖子，在紫外灯下照 10～15min。

d. 保存：用封口胶封边，并倒置放于 4℃保存，一个月内使用。

(3) 菌种培养

① 从超低温冰箱中取出保存 pET-28a 载体的 *E. coli* 菌种，在超净工作台中将含有 pET-28a 质粒的 *E. coli* 菌株在 LB 平板上划线接种，37℃培养过夜。

② 挑取大肠杆菌单菌落接种于含有 50μg/mL 卡那霉素 5mL LB 液体培养基中，37℃摇床中振荡培养 12～16h，培养至对数晚期，备用。

2. 试剂及配制

(1) 质粒提取溶液

溶液Ⅰ：50mmol/L 葡萄糖，25mmol/L Tris-HCl（pH8.0），10mmol/L EDTA（pH 8.0）。

溶液Ⅱ：临用前新鲜配制 0.2mol/L NaOH，1% SDS。

溶液Ⅲ：60mL 5mol/L KAc，冰乙酸 11.5mL，双蒸水 28.5mL，pH 4.8。

温馨提示：①1% SDS 溶液必须新鲜配制，NaOH 溶液一定要现用现配，防止久置的 NaOH 溶液因吸收空气中的 CO_2 而使其失去或减弱破碎细胞的功能；②溶液Ⅰ和溶液Ⅲ分别 115℃和 121℃灭菌后存放于 4℃冰箱备用，溶液Ⅱ先配置母液（2mol/L NaOH，10% SDS），然后现配现用。

(2) 10% SDS 溶液

见任务 3-1 操作准备。

温馨提示：混匀 SDS 溶液时容易产生泡沫，影响准确定容，故在定容前可适当静置片刻，待泡沫减少时再进行定容。

(3) TE 缓冲液

见任务 3-1 操作准备。

(4) TAE 电泳缓冲液（50×储存液）

称取分析纯 Tris 碱 242.2g，57.1mL 冰乙酸，37.2g $Na_2EDTA \cdot 2H_2O$，加去离子水定容至 1000mL，121℃灭菌 20min。

(5) RNase A

10mg/mL RNase A 酶溶于 TE 缓冲液（pH 8.0）中。

(6) DNA 少量快速提取所需试剂及其配制

① STET 溶液

10mmol/L Tris-HCl 缓冲液（pH 8.0）5mL，1mmol/L EDTA（pH 8.0）1.0mL，NaCl 2.93g，5% Triton X-100 25mL，加去离子水定容至 500mL，4℃保存，用前加溶菌酶。

② 溶菌酶（10mg/mL）

见任务 3-1 操作准备。

③ RNase A（10mg/mL）

RNase A 0.1g，3mol/L NaAc（pH 5.2）33μL，加去离子水至 9mL，100℃，15min，冷却至室温后加入 1mol/L Tris-HCl 缓冲液（pH 7.4）1.0mL，分装后保存于−20℃。

(7) 其他试剂

酚-氯仿溶液（1∶1），无水乙醇，70%乙醇，琼脂糖等。

3. 仪器及耗材

高压蒸汽灭菌锅，超净工作台，台式高速离心机，移液器，恒温摇床，微波炉，电泳仪及电泳槽一套，紫外透射检测仪或凝胶成像系统，1.5mL 离心管，移液器枪头，三角瓶，试管等。

任务 5-2　SDS 碱裂解法小量制备质粒 pET-28a

【任务描述】

质粒提取是基因工程实验中最常用、最基本的技术。质粒提取质量的好坏直接影响酶切、连接、转化等后续实验。SDS 碱裂解法提取质粒 DNA 一直是质粒 DNA 提取的标准方法，具有简单、快速、产量高等优点。本任务采用 SDS 碱裂解法从少量（1～2mL）大肠杆菌培养物中分离质粒 DNA，DNA 产量为 100ng～5μg（取决于质粒的拷贝数），作为 L-天冬酰胺酶Ⅱ基因（*ansB*）的克隆和表达载体。

1. 原理

从大肠杆菌中抽提质粒的实验过程中，我们面临基因组 DNA、蛋白质、RNA 或其他等污染的挑战，因此，质粒 DNA 提取的过程就是去除这些杂质的过程。SDS 碱裂法小量制备质粒是大肠杆菌质粒抽提最常用的方法之一，既适合实验室规模小量制备，也适合工业级大量生产。SDS 碱裂解法抽提质粒的步骤主要包括细菌培养和收获、细菌细胞的裂解及质粒 DNA 的纯化三个步骤。

细菌的培养，通常是从抗性 LB 平板上挑去带有质粒的单克隆，继而在液体抗性 LB 培养基中进行扩大培养 12～14h。需要注意的是培养时间的长短，培养时间不够，质粒复制不足，导致质粒的得率较低；培养时间过久，菌体衰老死亡，同样不利于质粒的提取。培养好的菌体一般采用离心收集后用于后续裂解步骤。

菌体的裂解和质粒 DNA 的纯化等实验原理详见本项目基础知识“SDS 碱裂解法制备质粒”部分。

2. 材料准备

(1) 菌种

含有 pET-28a 质粒的大肠杆菌（*E. coli*）菌株。

(2) 培养基

LB 液体培养基，LB 固体培养基，含 50μg/mL 卡那霉素的 LB 液体培养基，含 50μg/mL 卡那霉素的 LB 平板。

(3) 试剂

溶液Ⅰ，溶液Ⅱ，溶液Ⅲ，TE缓冲液（pH 8.0），TAE电泳缓冲液（50×储存液）；RNase A，酚-氯仿溶液（1∶1），无水乙醇，70%乙醇等。

(4) 仪器及耗材

超净工作台，台式高速离心机，冰箱，移液器，1.5mL离心管，移液器枪头等。

3. 任务实施

(1) 取1.5mL的菌液于1.5mL离心管中，4℃ 10000r/min离心30～60s，弃去上清液，收集菌体（注意吸干多余的水分）。

> 温馨提示：①提取质粒时，菌体不能太多，否则菌量大，其中的酶也相应增加，会给质粒的提取、纯化增加困难；②注意吸干多余的培养液水分，否则提取的质粒不能被限制酶切割或切割不完全，因为培养液中的细胞壁成分能抑制多种限制酶的活性。

(2) 将沉淀重悬于100μL冰冷的溶液Ⅰ中，可用涡旋振荡器混匀或用移液器反复吹吸使菌体均匀悬浮。

(3) 加入200μL溶液Ⅱ，缓慢颠倒离心管5次，使之温和混匀，冰浴放置5min，使细胞裂解。

> 温馨提示：①保持低温，温和操作，防止机械剪切；②确保离心管的整个内壁均与溶液Ⅱ接触。

(4) 加入150μL预冷的溶液Ⅲ，缓慢而温和颠倒混匀，使裂解液充分中和，直至形成白色絮状沉淀，冰浴放置3～5min。

(5) 12000r/min离心10min，将上清液移至另一个灭菌的1.5mL离心管中（不要将白色沉淀物带入），加入等体积的酚-氯仿溶液，充分混匀，12000r/min离心5min，再移取上层水相至另一个灭菌的1.5mL离心管中。

> 温馨提示：在离心机中放置离心管时，最好养成总是用同一种方式放置的习惯。如按一定顺序将离心管的塑料柄朝外，这样沉淀总是聚集在离转头中心最远的离心管内壁。知道DNA沉淀在何处，可以较容易地找到可见的沉淀，也能有效地溶解看不见的沉淀。

(6) 加入2倍体积预冷的无水乙醇，混合均匀后于－20℃沉淀10～20min或者冰浴10min，以沉淀核酸。

(7) 12000r/min离心5min，弃上清液，加入冰冷的70%乙醇洗涤沉淀，12000r/min离心5min，弃上清液，用移液器尽可能除去残留的上清液，把离心管倒置于滤纸上，自然干燥或者真空干燥至没有乙醇气味。

> 温馨提示：①70%乙醇漂洗核酸沉淀时要特别小心，因为有时沉淀并不紧贴管壁；②如果用真空干燥DNA沉淀，须控制好干燥时间。将沉淀在室温下干燥10～15min对于乙醇挥发足够了，而且不会引起DNA脱水。

(8) 加入 50μL 含有 20μg/mL RNA 酶的 TE 缓冲液或无菌水溶解质粒，在离心管上标上日期和内容，于-20℃保存备用。

4. 思考与分析

(1) 溶液Ⅰ、Ⅱ、Ⅲ的作用机制

溶液Ⅰ中的葡萄糖是为了增加黏度，以防止染色体 DNA 受机械作用而降解，污染质粒；EDTA 抑制 DNase 对 DNA 的降解作用，因为 EDTA 作为金属螯合剂，可以螯合 DNase 酶的需要 Mg^{2+} 等金属离子。

溶液Ⅱ中的 NaOH 可以促使染色体 DNA 和质粒 DNA 在强碱条件下变性，SDS 是表面活性剂，其功能是溶解细胞膜上脂肪和蛋白质，从而破坏细胞膜，解聚核蛋白以及形成蛋白变性复合物以有利于沉淀。

溶液Ⅲ是 KAc-HAc 缓冲液，其功能是使变性的 DNA 复性并稳定地存在于溶液中。酚-氯仿则是用来抽提 DNA 溶液中的蛋白质，少量的异戊醇是为了减少抽提过程中泡沫的产生，以防止气泡阻止相互间的作用，同时有助于上层水相、中间层变性蛋白及下层有机溶剂相相互维持稳定。

(2) 溶液Ⅰ、溶液Ⅱ、溶液Ⅲ的用量问题

溶液Ⅰ、溶液Ⅱ、溶液Ⅲ的比例是固定的，如果增加或减少用量都需按比例变化，但是一般来说，用量原则是确保能彻底裂解样品，同时使裂解体系中核酸的浓度适中（具体表现是加入溶液Ⅱ后，能形成澄清的裂解溶液）。浓度过低，将导致沉淀效率低，影响得率；浓度过高，去除杂质的过程复杂且不彻底，导致纯度下降。溶液的用量是以样品中蛋白质的含量为基准的，而不是以核酸含量为基准。

(3) 溶液Ⅱ操作时要注意的事项

在反应液充分混匀时，注意事项如下：第一，反应的时间不能过长，长时间的碱性条件会打断 DNA，基因组 DNA 一旦发生断裂，只要是 50～100kb 大小的片段，就没有办法再被溶液Ⅲ沉淀了；第二，不得激烈振荡，不然基因组 DNA 也会断裂，最后得到的质粒上总会有大量的基因组 DNA 混入，琼脂糖电泳可以观察到一条浓浓的总 DNA 条带。

(4) 为什么用无水乙醇沉淀 DNA?

用无水乙醇沉淀 DNA，这是实验中最常用的沉淀 DNA 的方法。乙醇的优点是可以任意比例和水相混溶，乙醇与核酸不会起任何化学反应，对 DNA 很安全，因此是理想的沉淀剂。

DNA 溶液是 DNA 以水合状态的稳定存在，当加入乙醇时，乙醇会夺取 DNA 周围的水分子，使 DNA 失水而易于聚合。一般实验中，是加 2 倍体积的无水乙醇与 DNA 相混合，其乙醇的最终含量占 67%左右。因而也可改用 95%乙醇来替代无水乙醇（因为无水乙醇的价格远远比 95%乙醇昂贵）。但是加 95%的乙醇使总体积增大，而 DNA 在溶液中有一定程度的溶解，因而 DNA 损失也增大，尤其用多次 95%乙醇沉淀时，就会影响收率。折中的做法是初次沉淀 DNA 时可用 95%乙醇代替无水乙醇，最后的沉淀步骤要使用无水乙醇。也可以用 0.6 倍体积的异丙醇选择性沉淀 DNA，一般在室温下放置 15～30min 即可。

(5) 在用无水乙醇沉淀 DNA 时，为什么一定要加 NaAc 或 NaCl 至最终浓度达 0.1～0.25mol/L?

在 pH 8.0 左右的 DNA 溶液中，DNA 分子是带负电荷的，加一定浓度的 NaAc 或

NaCl，使 Na^+ 中和 DNA 分子上的负电荷，减少 DNA 分子之间的同性电荷相斥力，易于互相聚合而形成 DNA 钠盐沉淀。当加入的盐溶液浓度太低时，只有部分 DNA 形成 DNA 钠盐而聚合，这样就造成 DNA 沉淀不完全。当加入的盐溶液浓度太高时，其效果也不好，在沉淀的 DNA 中，由于过多的盐杂质存在，影响 DNA 的酶切等反应，必须要进行洗涤或重沉淀。

(6) 加核糖核酸酶降解核糖核酸后，为什么要再用 SDS 与 KAc 来处理？

加进去的 RNase 本身是一种蛋白质，为了纯化 DNA，又必须去除之，加 SDS 可使它们成为 SDS-蛋白复合物沉淀，再加 KAc 使这些复合物转变为溶解度更小的钾盐形式的 SDS-蛋白质复合物，使沉淀更加完全。也可用 Tris 饱和酚，氯仿抽提再沉淀，去除 RNase。在溶液中，有人以 KAc 代替 NaAc，也可以收到较好的效果。

(7) 为什么在保存或抽提 DNA 过程中，一般采用 TE 缓冲液？

在基因操作实验中，选择缓冲液的主要原则是考虑 DNA 的稳定性及缓冲液成分不产生干扰作用。磷酸盐缓冲系统（$pK_a=7.2$）和硼酸系统（$pK_a=9.24$）等虽然也都符合细胞内环境的生理范围，可作 DNA 的保存液，但在转化实验时，磷酸根离子的种类及数量将与 Ca^{2+} 产生 $Ca_3(PO_4)_2$ 沉淀；在 DNA 反应时，不同的酶对辅助因子的种类及数量要求不同，有的要求高离子浓度，有的则要求低盐浓度，采用 Tris-HCl 缓冲系统（pH 8.0），不存在金属离子的干扰作用，故在提取或保存 DNA 时，大都采用 Tris-HCl 系统，而 TE 缓冲液中的 EDTA 更能提高 DNA 的稳定性。

(8) 抽提 DNA 去除蛋白质时，怎样使用酚与氯仿较好？

酚与氯仿是非极性分子，水是极性分子，当蛋白水溶液与酚或氯仿混合时，蛋白质分子之间的水分子就被酚或氯仿挤去使蛋白失去水合状态而变性。经过离心，变性蛋白质的密度比水的密度大，因而与水相分离，沉淀在水相下面，从而与溶解在水相中的 DNA 分开。而酚与氯仿有机溶剂比重更大，保留在最下层。作为蛋白质变性剂的酚与氯仿，在去除蛋白质的作用中，各有利弊，酚的变性作用大，但酚与水相有一定程度的互溶，10%～15%的水溶解在酚相中，因而损失了这部分水相中的 DNA，而氯仿的变性作用不如酚效果好，但氯仿与水不相混溶，不会带走 DNA。所以在抽提过程中，混合使用酚与氯仿效果最好。经酚第一次抽提后的水相中有残留的酚，由于酚与氯仿是互溶的，可用氯仿第二次变性蛋白质，此时一起将酚带走。也可以在第二次抽提时，将酚与氯仿混合（1∶1）使用。

(9) 为什么用酚与氯仿抽提 DNA 时，还要加少量的异戊醇？

在抽提 DNA 时，为了混合均匀，必须剧烈振荡数次，这时在混合液内易产生气泡，气泡会阻止酚或氯仿与蛋白质之间的充分作用。加入异戊醇能降低分子表面张力，所以能减少抽提过程中的泡沫产生。一般氯仿与异戊醇为 24∶1。也可以采用 Tris 酚、氯仿与异戊醇之比为 25∶24∶1 的混合液，同时异戊醇有助于分相，使离心后的上层水相、中层变性蛋白相以及下层有机溶剂相维持稳定。

(10) 为什么要用 pH 8.0 的 Tris 水溶液饱和苯酚？呈粉红色的酚可否使用？如何保存苯酚不被空气氧化？

因为苯酚与水有一定的互溶。苯酚用水饱和的目的是使其抽提 DNA 过程中，不致吸收样品中含有 DNA 的水分，减少 DNA 的损失。用 Tris 调节 pH 8.0 是因为 DNA 在此条件下比较稳定。在中性或碱性条件下（pH 8.0），DNA 比 RNA 更容易分配到水相，所以可获得 RNA 含量较少的 DNA 样品。

保存在冰箱中的苯酚，容易被空气氧化成粉红色，这样的苯酚容易降解 DNA，一般不可以使用。为防止苯酚的氧化，可加入巯基乙醇和 8-羟基喹啉至终浓度为 0.1%。8-羟基喹啉是淡黄色的固体粉末，不仅能抗氧化，并在一定程度上能抑制 DNase 的活性，它是金属离子的弱螯合剂。用 Tris 水溶液（pH 8.0）饱和后的苯酚，最好分装在棕色小试剂瓶里，上面盖一层 Tris 水溶液或 TE 缓冲液，隔绝空气，以装满盖紧盖子为宜，如有可能，可充氮气，防止与空气接触而被氧化。平时保存在 4℃或－20℃冰箱中，使用时，打开盖子吸取后迅速加盖，这样可使其不变质，可用数月。

(11) 质粒提取的注意事项有哪些？

① 所有耗材灭菌后使用。

② 在加等体积酚-氯仿抽提蛋白质过程中，吸取上清时使离心管倾斜，使有沉淀的一侧朝上，吸头尽可能远离沉淀，轻轻抽吸上清液，以免吸入沉淀，但要保证尽可能多地吸取上清液。

③ 在离心管的侧面和顶部都做好标记，放入离心机时离心管的塑料柄朝外，使沉淀总是在离心管的相同部位，以便容易被发现。

④ 动作轻柔，不能太剧烈，防止染色体断裂。

⑤ 细胞裂解液要放在冰上操作。

(12) 影响质粒提取质量的因素有哪些？

① 未提到质粒。存在的问题可能是：寄主遗传背景影响、大肠杆菌老化、质粒拷贝数低、菌体中无质粒、碱裂解不充分、溶液使用不当等。

② 质粒纯度不高。存在的问题可能是：质粒拷贝数及大小、混有蛋白质、混有 RNA、混有基因组、溶液Ⅲ加入时间过长、含有大量核酸酶的宿主菌、裂解时间过长、质粒以二聚体和多聚体存在等。

任务 5-3　SDS 碱裂解法大量制备质粒 pET-28a

【任务描述】

任务 5-2 是应用 SDS 碱裂解法小量制备质粒 pET-28a，本任务主要训练采用 SDS 碱裂法大量制备质粒 pET-28a。无论是高拷贝数还是低拷贝数的质粒，通过本任务方案可以得到 3～5μg/mL 的质粒 DNA。

1. 原理

实验原理详见基础知识“SDS 碱裂解法制备质粒”。

2. 材料准备

(1) 菌种

含有 pET-28a 质粒的大肠杆菌（*E. coli*）菌株。

(2) 培养基

LB 液体培养基，LB 固体培养基，含 50μg/mL 卡那霉素的 LB 培养基，含 50μg/mL 卡那霉素的 LB 平板。

(3) 试剂

溶液Ⅰ，溶液Ⅱ，溶液Ⅲ，TE 缓冲液（pH 8.0），TAE 电泳缓冲液（50×储存液），

RNase A，酚-氯仿溶液（1∶1），无水乙醇，70％乙醇等。

（4）仪器及耗材

冰箱，高压蒸汽灭菌锅，超净工作台，台式高速离心机，恒温摇床，移液器，1.5mL离心管，移液器吸头，三角瓶，量筒，试管等。

3. 任务实施

① 超低温冰箱中取出保存pET-28a载体的*E. coli*菌种，在超净工作台中将含有pET-28a质粒的*E. coli*菌株在LB平板上划线，37℃培养过夜。

② 挑取大肠杆菌单菌落接种于含有50μg/mL卡那霉素的30mL LB液体培养基中，37℃摇床中振荡培养至对数晚期（A_{600}约为0.6）。

③ 取步骤②中25mL培养物转接于含有50μg/mL卡那霉素的500mL LB培养液中，37℃摇床中振荡培养至对数晚期。

④ 将上述500mL培养物5000r/min离心15min，弃去上清。

⑤ 加入18mL溶液Ⅰ，重悬细胞。加入2mL新鲜配制的10mg/mL溶菌酶。

⑥ 加40mL新配制的溶液Ⅱ。盖上离心管盖，轻轻颠倒数次，彻底混匀，室温放置5～10min。

⑦ 加20mL预冷的溶液Ⅲ。盖上离心管盖，轻轻地完全混匀。将离心管在冰上放置10min。

⑧ 4℃ 12000r/min离心20min，将上清轻轻转移至灭菌的量筒中，弃去沉淀。

⑨ 量取上清体积，将其连同0.6倍体积异丙醇一起转移至新的离心管中并将其充分混匀，室温放置10min。

⑩ 室温下12000r/min，离心15min，回收核酸沉淀。

⑪ 小心弃去上清液，将离心管敞开盖，倒置于滤纸干燥残余上清。室温下用70％乙醇涮洗管壁，倒掉乙醇，并除净管壁的液滴。将离心管开口倒置于滤纸上使剩余乙醇挥发干净。

⑫ 用3mL含有2.0μg/mL RNase A的TE（pH 8.0）溶解DNA沉淀，即得质粒DNA pET-28a，－20℃保存备用。

4. 思考与分析

见任务5-2。

任务5-4　少量提取质粒pET-28a的简易方法

【任务描述】

质粒提取需要根据实验材料、实验目的和实验条件等情况选择适宜的方法，本任务主要用Triton-溶菌酶混合液裂解细胞的简易方法少量提取质粒pET-28a。

1. 原理

利用Triton X-100破坏脂质双分子层，溶解胞质和细胞膜，破坏分子间微弱结合键的大部分蛋白质。溶菌酶，又称胞壁质酶或N-乙酰胞壁质聚糖水解酶，是一种碱性球蛋白，分子中碱性氨基酸、酰胺残基和芳香族氨基酸的比例较高，酶的活性中心是天冬氨酸和谷氨酸。它是一种专门作用于微生物细胞壁的水解酶，专一地作用于肽多糖分子中*N*-乙酰胞壁

酸与 N-乙酰氨基葡萄糖之间的 β-1,4 键，从而破坏细菌的细胞壁，使之松弛而失去对细胞的保护作用，最终使细菌溶解。DNA 释放出以后，在 pH 5.2 的乙酸钠溶液中和过程中，染色体 DNA 和质粒 DNA 因复性差异区分开来，染色体 DNA 沉淀下来，然后再通过异丙醇将质粒 DNA 沉淀，从而获得质粒 DNA。

2. 材料准备

(1) 菌种

含有 pET-28a 质粒的大肠杆菌（*E. coli*）菌株。

(2) 培养基

LB 液体培养基，LB 固体培养基，含 50μg/mL 卡那霉素的 LB 培养基，含 50μg/mL 卡那霉素的 LB 平板。

(3) 试剂

STET-溶菌酶混合液（300μL 含 200μg 溶菌酶），5mol/L 乙酸钠溶液（pH 5.2），TE 缓冲液（pH 8.0），TAE 电泳缓冲液（50×储存液），RNase A，异丙醇，70%乙醇等。

(4) 仪器及耗材

高压蒸汽灭菌锅，超净工作台，台式高速离心机，水浴锅，移液器，电泳仪及电泳槽一套，紫外透射检测仪或凝胶成像系统，1.5mL 离心管，移液器吸头，三角瓶，试管等。

3. 任务实施

① 接种一个单菌落于 5mL LB 培养基中，于 37℃培养至饱和状态或至少到对数生长期（约 6h）。

② 取 1.5mL 菌液以 4℃下 12000r/min 离心 30s，弃上清。

③ 加入 250μL STET-溶菌酶混合液（体积比 10∶1，V/V），振荡重悬。

④ 置于 100℃水中煮沸 1～2min（视菌体量而定），12000r/min 离心 10min，上清转移至一个新的离心管中。

⑤ 加入 1/10 体积的 5mol/L 乙酸钠（pH 5.2）和 250μL 异丙醇，颠倒混匀于室温放置 5min 后，12000r/min 离心 10min，小心弃去上清液，将离心管倒置于一张滤纸上，以使所有液体流出，倒置于吸水纸上 10min 左右。

⑥ 加 1mL 70%乙醇，于 4℃以 12000r/min 离心 2min。再次轻轻地吸去上清，这一步操作要格外小心，因为有时沉淀块贴壁不紧，易被吸走。去除管壁上形成的所有乙醇液滴，打开管口，放于室温直至乙醇挥发干净，管内无可见的液体并且无明显乙醇气味即可。

⑦ 加入 TE 缓冲液（TE∶RNase=1000∶1，*V/V*）20～50μL，直接取 1μL 进行酶切、连接、电泳等后续步骤。

注：当从表达内切核酸酶 A 的大肠杆菌株（$endA^{+}$ 株，如 HB101）中小量质粒尤其是 DNA 时，建议舍弃煮沸法。因为煮沸步骤不能完全灭活内切核酸酶 A，以后在 Mg^{2+} 存在下温育质粒 DNA 可被降解。在上述方案的步骤⑤之前增加一步，即用酚-氯仿进行抽提，可以避免这一问题。

4. 思考与分析

(1) 少量制备质粒 DNA 应该使用多少菌液？

若为高拷贝质粒（如 pUC118 等），使用 2mL 培养液与使用 4mL 培养液纯化的质粒

DNA 的收量差别不是很大，可以纯化到 20～25μg 的高纯度质粒 DNA。如提取低拷贝质粒或大于 10kb 质粒，建议使用 5～10mL 的菌液（可分几管收集菌体，按比例加入溶液Ⅰ、溶液Ⅱ、溶液Ⅲ，再将离心上清分批转移至 DNA 纯化柱），吸附和洗脱的时间可以适当延长，洗脱时使用的 Eluent（洗脱液）应在 60℃水浴预热。高纯度质粒小提试剂盒所配硅胶柱的最大吸附量是 40μg，满足绝大多数实验所需用量。

（2）所得质粒 DNA 在后序的酶切前、后经电泳检测只见很少或无 DNA 的原因

在乙醇沉淀（如上述⑤⑥步骤）中，质粒 DNA 丢失。离心后，应立刻小心去除大量的乙醇，如果离心管放置时间太长，DNA 沉淀可能会与管壁分离而丢失。

（3）步骤⑤中应尽量去除异丙醇，原因是如果异丙醇去除不净，残留的异丙醇会阻碍 DNA 再次溶解。

（4）步骤⑥中，不能让 DNA 干燥太彻底，否则，沉淀将会非常难溶解，当步骤⑦加入 TE 缓冲液时，沉淀应仍保持湿润最佳。

（5）用异丙醇和乙醇沉淀质粒的区别是什么？

① 异丙醇

优点：所需体积小且速度快，适用于浓度低而体积大的 DNA 样品的沉淀。0.6～0.7 倍体积异丙醇可选择性沉淀 DNA 和大分子 rRNA 和 mRNA，但对 5sRNA、tRNA 和多糖产物不产生沉淀，一般不需要在低温条件下长时间放置。

缺点：在 DNA 沉淀中异丙醇难以挥发除去，常需要用 70％乙醇漂洗 DNA 沉淀数次。

② 乙醇

乙醇是沉淀 DNA 首选有机溶剂，对盐类沉淀少，DNA 沉淀中残留乙醇易挥发去除，不影响后续实验。在适当的盐浓度下，2 倍样品体积的 95％乙醇可有效沉淀 DNA，对于 RNA 则需要将乙醇量增加至 2.5 倍。

缺点是总体积较大，而且需在－20℃放置较长时间，如 30～60min，同样需要 70％乙醇洗涤。

任务 5-5　煮沸裂解法快速提取质粒 pET-28a

【任务描述】

煮沸裂解法快速小量提取质粒 DNA，对于从大量转化子中制备少量部分纯化的质粒 DNA 十分有用。该方法特点是简便、快速，能同时处理大量试样，所得 DNA 有一定纯度，可满足限制酶切割、电泳分析的需要。

1. 原理

煮沸裂解法是：沸水浴裂解细胞的同时可破坏 DNA 链的碱基配对，并使宿主细胞的蛋白质与染色体 DNA 变性，但 cccDNA 因结构紧密不会解链。当温度下降后，cccDNA 可重新恢复其超螺旋结构。通过离心去除变性的蛋白质和染色体 DNA，然后回收上清中的质粒 DNA。

2. 材料准备

（1）菌种

含有 pET-28a 质粒的大肠杆菌（*E. coli*）菌株。

(2) 培养基

LB 液体培养基，LB 固体培养基，含 50μg/mL 卡那霉素的 LB 培养基，含 50μg/mL 卡那霉素的 LB 平板。

(3) 试剂

STET-溶菌酶混合液（300μL 含 200μg 溶菌酶），TE 缓冲液（pH 8.0），TAE 电泳缓冲液（50×储存液）等。

(4) 仪器及耗材

高压蒸汽灭菌锅，超净工作台，台式高速离心机，水浴锅，涡旋振荡器，微量离心机，移液器，电泳仪及电泳槽一套，1.5mL 离心管，移液器枪头，三角瓶，试管等。

3. 任务实施

① 将 1.5mL 培养液倒入离心管中，4℃ 12000r/min 离心 30s。

② 弃上清，将管倒置于吸水纸上几分钟，使液体流尽。

③ 加入 300μL 含 200μg 溶菌酶的 STET 溶液重悬沉淀。在涡旋振荡器上振荡混匀，冰上放置 30s～10min。

④ 将离心管放入沸水浴中，1～2min 后立即取出。

⑤ 用微量离心机 4℃ 12000r/min 离心 10min，吸取上清至新的离心管中。

⑥ 电泳检查。

4. 思考与分析

① 对于 *E. coli*，可从固体培养基上挑取单个菌落，直接进行煮沸法提取质粒 DNA。

② 煮沸法中添加溶菌酶有一定限度，浓度高时细菌裂解效果反而不好，有时不用溶菌酶也能溶菌。

③ 提取的质粒 DNA 中会含有 RNA，但 RNA 并不干扰进一步实验，如限制性内切酶消化，亚克隆及连接反应等。

能力拓展

（一）酵母表达载体

酵母表达系统是非常重要的真核细胞表达系统。酵母是一种结构简单的单细胞真核生物，其基因较少，只是大肠杆菌的 4 倍，增殖一代只需要几个小时，能在廉价的培养基上生长，可进行高密度发酵，具有对外源基因表达蛋白进行加工和修饰的功能，如二硫键的形成、前体蛋白的水解加工及糖基化，是一种重要的外源基因表达宿主。随着各种酵母质粒的构建和酵母转化技术的建立，已有一定数量的外源基因成功地在酵母系统中表达。常用的酵母表达系统包括：酿酒酵母表达系统、甲醇营养型酵母表达系统、裂殖酵母表达系统等。

1. 酿酒酵母表达载体

酿酒酵母表达载体含有复制子（*ori*）、选择标记以及表达所需的表达元件，穿梭型酵母质粒载体还含有原核复制子和抗性基因，酵母载体的构建可以方便地在细菌中完成。酵母所用的选择性标记是基于一些氨基酸或核苷酸合成酶突变的营养缺陷型标记，如亮氨酸（Leu^{-}）缺陷型标记和尿嘧啶（Ura^{-}）缺陷型标记；所用抗性基因包括抗生素抗性基因、重金属离子抗性基因等，如 G418 抗性基因（*KanMX*）、博来霉素抗性基因（*zeocin*）、铜离子抗性基因（*CUP*1）等。绝大多数的酵母表达载体的启动子都是酵母自身的启动子，如磷酸甘油激酶（PGK）启动子、甘油醛-3-磷酸脱氨酶（GAP）启动子。酵母表达质粒有自主复制型和整合型两种。自主复制型质粒通常有 30 个或更多的拷贝，含有自动复制序列（automatic replicating sequence，ARS），能够独立于酵母染色体外进行复制，如果没有选择压力，这些质粒往往不稳定。整合型质粒不含 ARS，必须整合到染色体上，随染色体复制而复制。整合过程是高特异性的，但是拷贝数很低。为此，人们设计了 pMIRY2 质粒，旨在将目的基因靶向整合到 rDNA 簇上（rDNA 簇为酵母基因组中串联存在的 150 个重复序列），因此利用 pMIRY2 质粒可以得到 100 个以上的拷贝。

酿酒酵母常用表达质粒有 pYES2、pRS 系列、pMIRY2 等，其中 pYES2 是一个 5856bp 的载体（图 5-5），该载体包含以下元素：①酵母 *GAL*1 启动子，能在酿酒酵母中被半乳糖高水平诱导表达目的蛋白，同时能被葡萄糖抑制表达；②多克隆位点可使用较多限制酶切位点，便于基因插入；③*CYC*1 终止子能有效终止 mRNA 的转录；④能利用 *ura*3 基因筛选带有 *ura*3 基因型的酵母宿主菌株转化子；⑤氨苄抗性基因便于在宿主细胞中进行载体筛选。

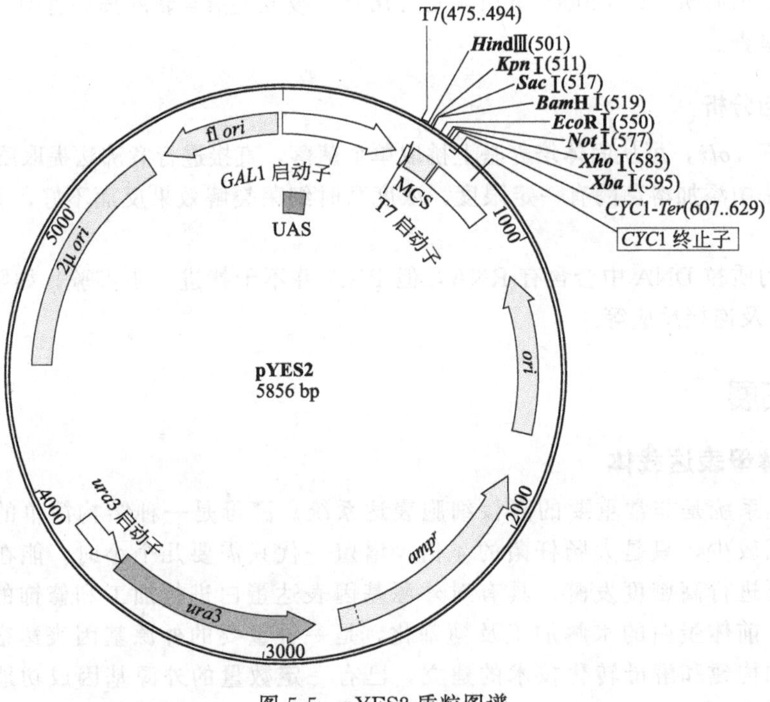

图 5-5　pYES2 质粒图谱

2. 毕赤酵母表达载体

毕赤酵母属为甲醇营养型酵母，能在以甲醇为唯一能源和碳源的培养基上生长，甲醇可以诱导它们表达甲醇代谢所需的酶，如醇氧化酶Ⅰ（AOX1）、二羟丙酮合成酶（DHAS）、甲酸脱氢酶（FMD）等。AOX1 的合成受转录水平的调控，*AOX*1 启动子（P_{AOX1}）具有较高的调控功能，常用于外源基因的表达调控。毕赤酵母菌体内无天然质粒，所以表达载体需与宿主染色体发生同源重组，将外源基因表达框架整合于染色体中以实现外源基因的表达，包括启动子、外源基因克隆位点、终止序列、筛选标记等。其表达载体都是穿梭质粒，先在大肠杆菌复制扩增，然后被导入宿主酵母细胞。为使产物分泌至胞外，表达载体还需带有信号肽序列。

毕赤酵母表达系统有多种分泌型表达质粒，有许多蛋白在毕赤酵母得到了高效分泌表达。胞外表达需要在外源蛋白的 N 末端加上一段信号肽序列，引导重组蛋白进入分泌途径，可使蛋白质在分泌到胞外之后获得准确的构型。常见的毕赤酵母胞内表达载体主要有 pPIC3K、pPIC3.5K、pPICZ、pHIL-D2、pAO815、pHWO10、pGAPZ、pGAPZa 等，分泌型表达载体有 pPIC9、pPIC9K、pHIL-S、pPICZαA 等。其中，pPICZαA 载体包含以下内容：①5′端含有 *AOX*1 启动子的严格调控，利用甲醇诱导表达目的基因；②α-因子分泌信号能分泌性表达目的蛋白；③博莱霉素（*Zeocin*）抗性基因在大肠杆菌和毕赤酵母都能用于筛选；④C 端含 Myc 和 His 标签，可用于检测和纯化重组蛋白（图 5-6）。

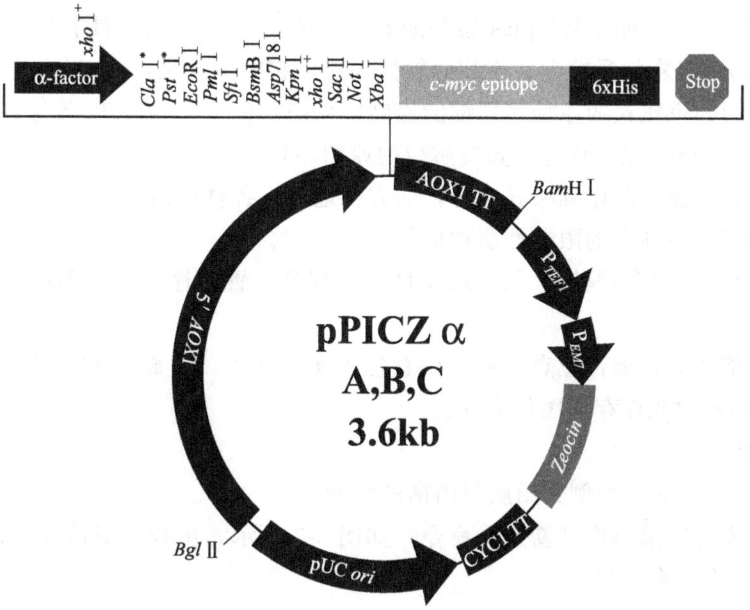

图 5-6　pPICZαA，B，C 质粒图谱

（二）质粒图谱的绘制

1. 质粒图谱绘制方法

① 寻找该质粒的完整序列；

② 使用合适的图谱绘制软件，如 SnapGene；

③ 在质粒图谱的正中间注明质粒名称和质粒大小。质粒名称可沿用背景载体的名称，在保证完整展示质粒关键信息的基础上力求简洁。其基本格式为 p-背景载体/启动子-标签/基因/重要片段；

④ 仅标明多克隆位点区域常见且单一的酶切位点；

⑤ 通用引物为多克隆位点或者基因两端的测序序列；

⑥ 根据载体用途保留其重要特征片段，隐藏多余特征片段：

a. 特征片段包含增强子、启动子、操纵子、终止子、复制子、核糖体结合位点、多克隆位点、标签基因、抗性基因、通用引物等；

b. 用不同的颜色标明；

c. 用简称标明；

d. 标明其方向性。

⑦ 利用软件的调整大小等功能来优化最终图谱。

2. 常用质粒绘图软件

用于质粒绘图的软件较多，常用的有 DNAman、WinPlas、NoeClone、SimVector、SnapGene Viewer、Vector NTI 等，在线软件工具有 PlasMapper、NetPlasmid、WebDSV 等。

3. WinPlas 软件简介

(1) 特点

WinPlas 作为一个质粒绘图的专业软件，功能强大，而且极易上手，可广泛应用于论文、教程的质粒插图。利用 Winplas 绘制质粒图，不但可以绘制出具有发表质量的质粒图谱，还可绘出绚丽多彩的质粒图。与其他软件相比，它的特点是：

① 无论是否知道质粒的原始序列都能绘制质粒图。像 Vector NTI 等综合软件也能绘制质粒图，但有一个前提就是首先得知道质粒的原始序列；

② 可读入各种流行的序列格式文件，能方便地导入各种序列信息；

③ 可自动识别序列中的限制性酶切位点；

④ 可对序列进行各种编辑，如：从文件插入序列、置换序列、序列编辑、部分序列删除等；

⑤ 绘图功能强大，如：位点标签、任意位置文字插入、生成彩图、线性或环形质粒图谱，可输出到剪贴板或保存为图像文件。

(2) 使用方法

下面以 WinPlas 2.7 为例介绍质粒图谱的绘制。

① 点击“文件”菜单中“新建”命令，如图 5-7 所示，出现“Map View”窗口，同时工具栏中的“绘图”命令显亮。

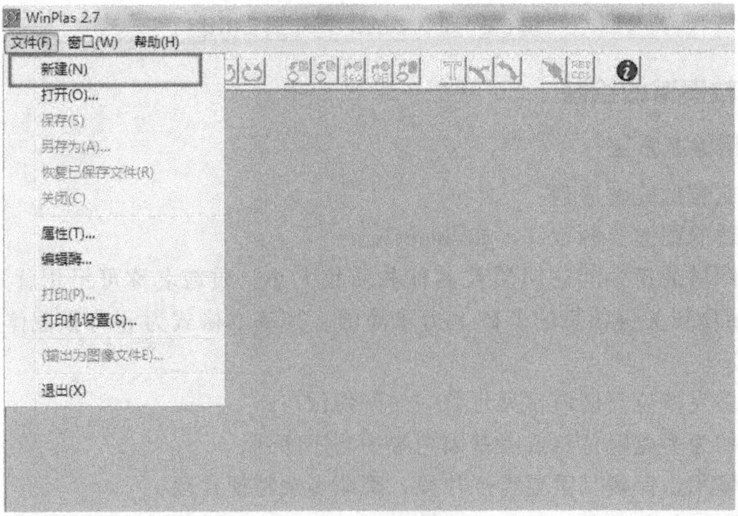

图 5-7　新建质粒

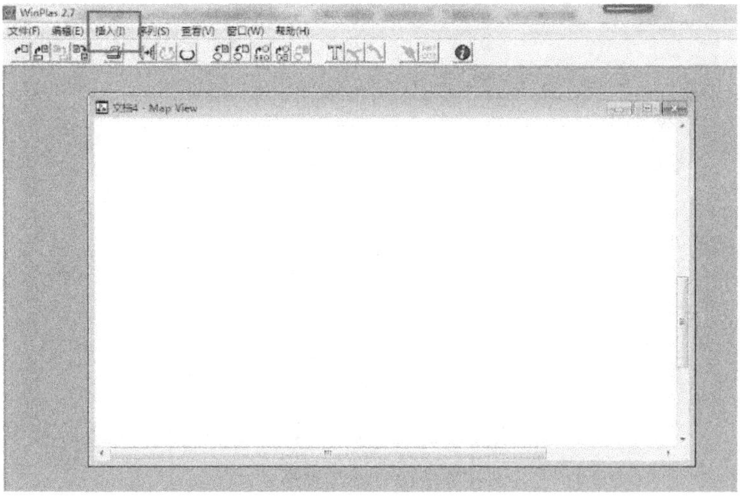

图 5-8 插入质粒

② 点击“插入”命令，如图 5-8，下拉菜单中“空片段”，出现一个“创建新质粒”对话框，在“标题栏”中填入质粒名称，在“碱基对”栏中填入质粒大小，在“类型”单选框中设置质粒图谱为线形还是环形，如图 5-9。

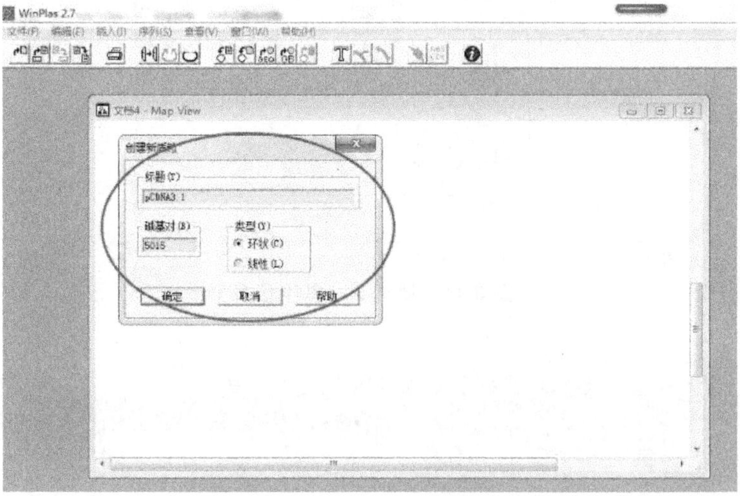

图 5-9 填选质粒详情

③ 点击“确定”后，在“Map View”窗口就会出现一个圆环，其中有质粒名称及质粒大小，如图 5-10。

④ 点击“插入”菜单中“区域”命令，弹出“Edit Arc Object”对话框（简称 Arc），如图 5-11 和图 5-12。

a. 在“Arc”书签中的“碱基对”栏中，填入 Arc 的起始位置，如“209”；

b. 在“长度”栏中填入 Arc 的长度，如“654”。在标签栏中填入 Arc 的名称，如“pCMV”；

c. 在“Arc Style”书签中，首先确定该 Arc 是否有箭头以及箭头的方向。分别对应“none”，“5′→3′”，“3′→5′”及“双向”；

d. 通过“Width”来确定 Arc 的宽度；

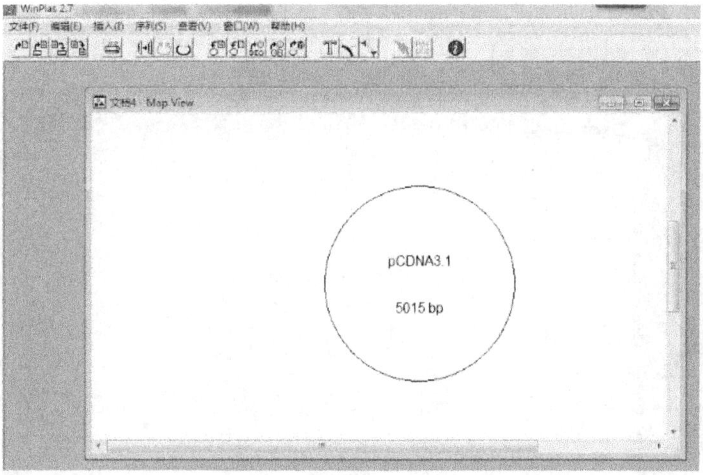

图 5-10　质粒雏形

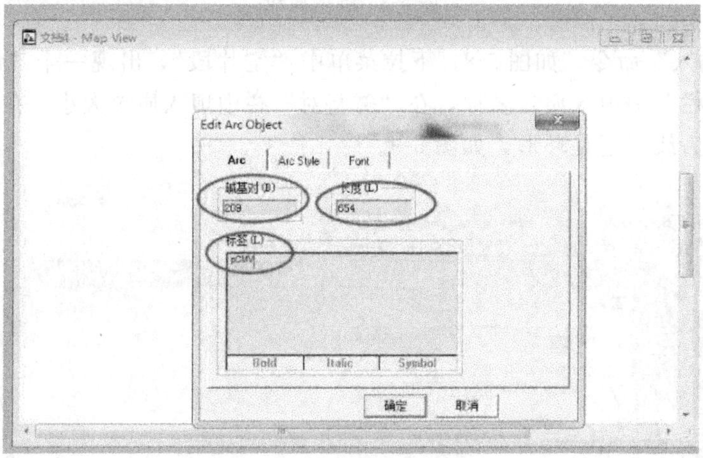

图 5-11　填选 Arc 基本信息

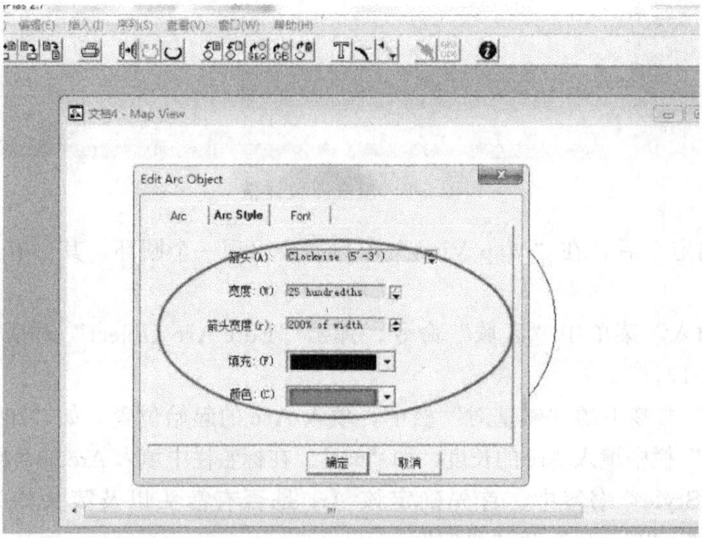

图 5-12　填选 Arc 详细信息

e. 也可以调节箭头与 Arc 径宽度的比值；

f. 改变填充样式以区分不同的 Arc；改变 Arc 的颜色；同样也可以改变字体的样式、颜色等；

g. 点击“OK”，则在图谱中 209～863bp 位置出现一个“Arc”，名称叫“pCMV”。

⑤ 对于任何一个项目，如需要修改，只需用鼠标左键选中它，并双击，即可出现相应的编辑窗口。对于文字及质粒名称、大小，可以用鼠标在任意位置拖放。其它的修饰，点击“Edit”菜单中“质粒选项”命令，可以调节质粒环的粗细、大小、环的颜色以及背景颜色；标记连线的粗细、颜色以及标出分子量标记的位置；以及 Arc 名称连线的粗细、颜色、Arc 边缘的颜色等。

图 5-13 是利用 WinPlas 2.7 绘制的 pCDNA3.1 质粒图谱。

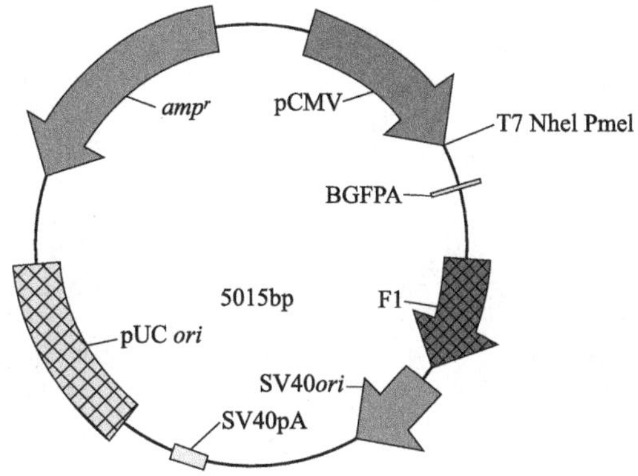

图 5-13 WinPlas 2.7 绘制的 pCDNA3.1 质粒图谱

另外，在知道序列结构时绘制质粒图，只需要选择“File New”后，在“插入”菜单选择“GenBank 文件”或者“序列文件”，选择一个指定文件，确定后，便根据此序列生成质粒图，进行进一步编辑即可。

（三）质粒资源的获取方式

1. 使用 Vector NT 软件

做分子生物学实验，需经常和不同的质粒打交道，了解各种质粒的图谱信息是必需的，Invitrogen 公司的这款软件是分子生物学研究的重要工具，该软件包里面包括 invitrogen 公司的所有质粒图谱信息和其他比较常见和经典的质粒图谱。

2. 查找质粒图谱的网站

(1) Vector Database (addgene)

例如查找 pET 系列质粒图谱，直接在搜索框输入“pET”，可以看到，pET 系列的质粒一共有 348 个，如图 5-14。

找到自己需要的质粒名称，例如 pET-28a，点击进入，就可以看到该质粒的特征及以下图谱（图 5-15）。

质粒图谱下方有“Analyze Sequence”，点击进入，就可以看到 pET-28a 的“Map and Features”“Sequence”“Blast”“Align”“Digest”“Translate”等六栏。如点击“Se-

Search | Log In | Create Account | Track Order

addgene   Browse Catalog -   Deposit -   Education & Tools -   Help Center -

Vector Database

Vector database is a digital collection of vector backbones assembled from publications and commercially available sources. This is a free resource for the scientific community that is compiled by Addgene. Only the plasmids deposited at Addgene are available for purchase through this website.

Search vector database: pET

348 Results for: pET

151–175 of 348

Name	Vector Type	Resistance Marker	Bacterial Resistance	Source	Sequence Available
pET-21 b (+)	Bacterial Expression		Ampicillin	EMD Biosciences	✔
pET-21 c (+)	Bacterial Expression		Ampicillin	EMD Biosciences	✔
pET-21 d (+)	Bacterial Expression		Ampicillin	EMD Biosciences	✔
pET-21(+)	Bacterial Expression		Ampicillin	Novagen (EMD Millipore)	✔
pET-22b(+)	Bacterial Expression		Ampicillin	Novagen (EMD Millipore)	✔
pET-23 a,b,c,d(+)	Bacterial Expression		Ampicillin	Novagen/EMD Biosciences	✔
pET-23(+)	Bacterial Expression		Ampicillin	Novagen (EMD Millipore)	✔
pET-24 a (+)	Bacterial Expression		Kanamycin	EMD Biosciences	✔
pET-24 b (+)	Bacterial Expression	Neomycin		EMD Biosciences	✔
pET-24 c (+)	Bacterial Expression		Kanamycin	EMD Biosciences	✔
pET-24 d (+)	Bacterial Expression		Kanamycin	EMD Biosciences	✔
pET-24(+)	Bacterial Expression			Novagen (EMD Millipore)	✔
pET-24a(+)				Novagen (EMD Millipore)	✔
pET-24c(+)				Novagen (EMD Millipore)	✔
pET-24d(+)				Novagen (EMD Millipore)	✔
pET-25b(+)	Bacterial Expression		Ampicillin	Novagen (EMD Millipore)	✔
pET-26b(+)	Bacterial Expression		Kanamycin	Novagen (EMD Millipore)	✔
pET-27b(+)	Bacterial Expression		Kanamycin	EMD Biosciences	✔
pET-28 a (+)	Bacterial Expression		Kanamycin	EMD Biosciences	✔
pET-28 b (+)	Bacterial Expression		Kanamycin	EMD Biosciences	✔
pET-28 c (+)	Bacterial Expression		Kanamycin	EMD Biosciences	✔
pET-28GG	Bacterial Expression, Synthetic Biology			Addgene	✖
pET-29 a (+)	Bacterial Expression		Kanamycin	EMD Biosciences	✔
pET-29 b (+)	Bacterial Expression		Kanamycin	EMD Biosciences	✔
pET-29 c (+)	Bacterial Expression		Kanamycin	EMD Biosciences	✔

|« « 5 6 7 8 9 » »|

图 5-14　查找 pET 系列质粒图谱

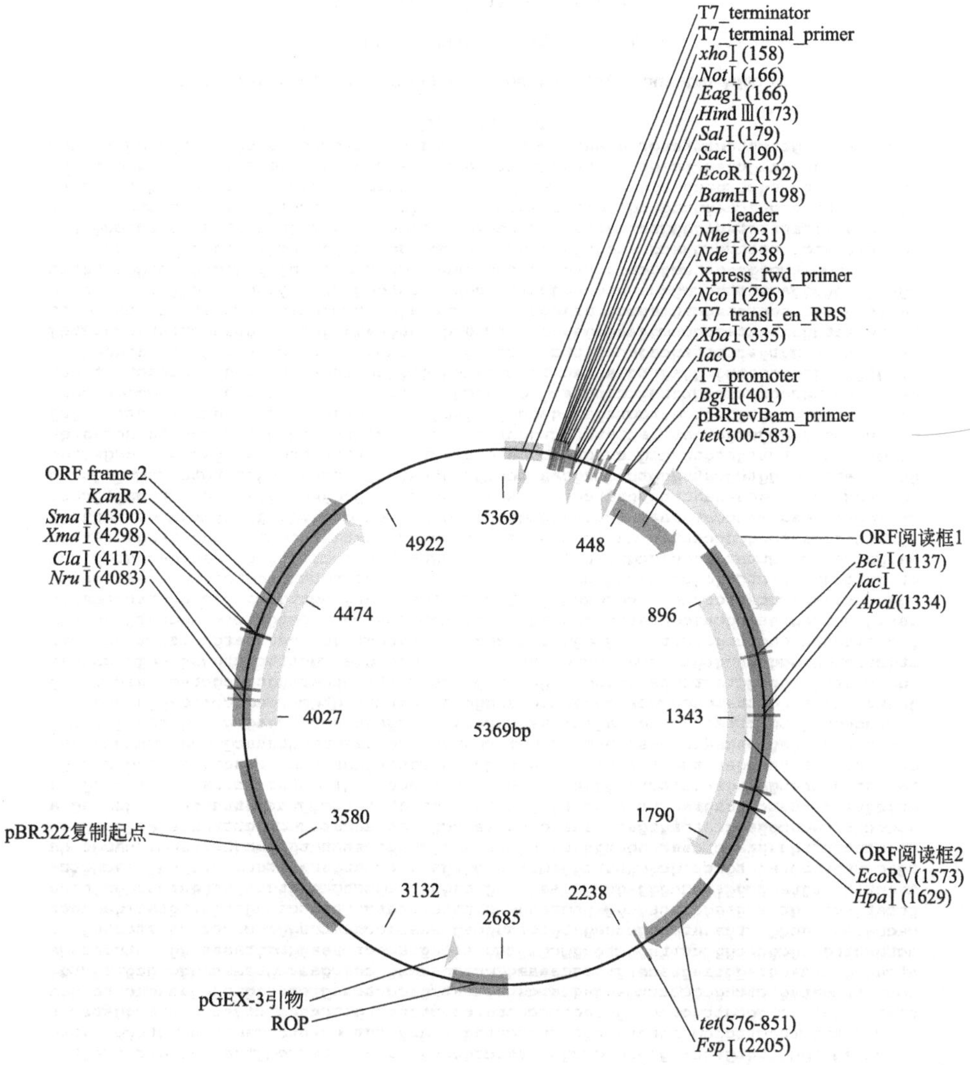

图 5-15 pET-28a 质粒图谱

quence”，就可以看到以下该质粒的完整序列（5369bp）如图 5-16。

（2）NCBI

美国国家生物技术信息中心（National Center for Biotechnology Information，简称 NCBI）隶属于美国国家医学图书馆（NLM）。

下面以 pRS303 质粒为例，介绍如何用 NCBI 查找质粒图谱信息。在 NCBI 页面“All Databases”下拉框中选中“Nucleotide”，然后在搜索栏中输入质粒名称“pRS303”，点击“Search”后，得到搜索结果，如图 5-17。

点击右上角的“Send to”，下拉窗口出现“File”“Clipboard”“Cellections”“Analysis Tool”四个选项，点击其中的“File”，会出现“Create File”，点击该选项，能得到一个“sequence. gb”文件，将这个文件导入 vector 软件中，就可以得到需要的质粒图谱了（图 5-18）。

Current sequence: 5369 base pairs

FASTA | GenBank | Reverse Complement

To copy sequence: click on sequence, hit ctrl/cmd-A, then ctrl/cmd-C

```
>pET-28 a (+)
atccggatatagttcctcctttcagcaaaaaacccctcaagacccgtttagaggccccaaggggttatgctagttattgc
tcagcggtggcagcagccaactcagcttcctttcgggctttgttagcagccggatctcagtggtggtggtggtggtgctc
gagtgcggccgcaagcttgtcgacggagctcgaattcggatccgcgacccatttgctgtccaccagtcatgctagccata
tggctgccgcgcggcaccaggccgctgctgtgatgatgatgatgatggctgctgcccatggtatatctccttcttaaagt
taaacaaaattatttctagaggggaattgttatccgctcacaattcccctatagtgagtcgtattaatttcgcgggatcg
agatctcgatcctctacgccggacgcatcgtggccggcatcaccggcgccacaggtgcggttgctggcgcctatatcgcc
gacatcaccgatggggaagatcgggctcgccacttcgggctcatgagcgcttgtttcggcgtgggtatggtggcaggccc
cgtggccgggggactgttgggcgccatctccttgcatgcaccattccttgcggcggcggtgctcaacggcctcaacctac
tactgggctgcttcctaatgcaggagtcgcataagggagagcgtcgagatcccggacaccatcgaatggcgcaaaacctt
tcgcggtatggcatgatagcgcccggaagagagtcaattcagggtggtgaatgtgaaaccagtaacgttatacgatgtcg
cagagtatgccggtgtctcttatcagaccgtttcccgcgtggtgaaccaggccagccacgtttctgcgaaaacgcgggaa
aaagtggaagcggcgatggcggagctgaattacattcccaaccgcgtggcacaacaactggcgggcaaacagtcgttgct
gattggcgttgccacctccagtctggccctgcacgcgccgtcgcaaattgtcgcggcgattaaatctcgcgccgatcaac
tgggtgccagcgtggtggtgtcgatggtagaacgaagcggcgtcgaagcctgtaaagcggcggtgcacaatcttctcgcg
caacgcgtcagtgggctgatcattaactatccgctggatgaccaggatgccattgctgtggaagctgcctgcactaatgt
tccggcgttatttcttgatgtctctgaccagacacccatcaacagtattattttctcccatgaagacggtacgcgactgg
gcgtggagcatctggtcgcattgggtcaccagcaaatcgcgctgttagcgggcccattaagttctgtctcggcgcgtctg
cgtctggctggctggcataaatatctcactcgcaatcaaattcagccgatagcggaacgggaaggcgactggagtgccat
gtccggttttcaacaaaccatgcaaatgctgaatgagggcatcgttcccactgcgatgctggttgccaacgatcagatgg
cgctgggcgcaatgcgcgccattaccgagtccgggctgcgcgttggtgcggatatctcggtagtgggatacgacgatacc
gaagacagctcatgttatatcccgccgttaaccaccatcaaacaggattttcgcctgctggggcaaaccagcgtggaccg
cttgctgcaactctctcagggccaggcggtgaagggcaatcagctgttgcccgtctcactggtgaaaagaaaaaccaccc
tggcgcccaatacgcaaaccgcctctccccgcgcgttggccgattcattaatgcagctggcacgacaggtttcccgactg
gaaagcgggcagtgagcgcaacgcaattaatgtaagttagctcactcattaggcaccgggatctcgaccgatgcccttga
gagccttcaacccagtcagctccttccggtgggcgcggggcatgactatcgtcgccgcacttatgactgtcttctttatc
atgcaactcgtaggacaggtgccggcagcgctctgggtcattttcggcgaggaccgctttcgctggagcgcgacgatgat
cggcctgtcgcttgcggtattcggaatcttgcacgccctcgctcaagccttcgtcactggtcccgccaccaaacgtttcg
gcgagaagcaggccattatcgccggcatggcggccccacgggtgcgcatgatcgtgctcctgtcgttgaggacccggcta
ggctggcggggttgccttactggttagcagaatgaatcaccgatacgcgagcgaacgtgaagcgactgctgctgcaaaac
gtctgcgacctgagcaacaacatgaatggtcttcggtttccgtgtttcgtaaagtctggaaacgcggaagtcagcgccct
gcaccattatgttccggatctgcatcgcaggatgctgctggctaccctgtggaacacctacatctgtattaacgaagcgc
tggcattgaccctgagtgattttctctggtcccgccgcatccataccgccagttgtttaccctcacaacgttccagtaa
ccgggcatgttcatcatcagtaacccgtatcgtgagcatcctctctcgtttcatcggtatcattacccccatgaacagaa
atcccccttacacggaggcatcagtgaccaaacaggaaaaaaccgcccttaacatggcccgctttatcagaagccagaca
ttaacgcttctggagaaactcaacgagctggacgcggatgaacaggcagacatctgtgaatcgcttcacgaccacgctga
tgagctttaccgcagctgcctcgcgcgtttcggtgatgacggtgaaaacctctgacacatgcagctcccggagacggtca
cagcttgtctgtaagcggatgccgggagcagacaagcccgtcagggcgcgtcagcgggtgttggcgggtgtcggggcgca
gccatgacccagtcacgtagcgatagcggagtgtatactggcttaactatgcggcatcagagcagattgtactgagagtg
caccatatatgcggtgtgaaataccgcacagatgcgtaaggagaaaataccgcatcaggcgctcttccgcttcctcgctc
actgactcgctgcgctcggtcgttcggctgcggcgagcggtatcagctcactcaaaggcggtaatacggttatccacaga
atcaggggataacgcaggaaagaacatgtgagcaaaaggccagcaaaaggccaggaaccgtaaaaaggccgcgttgctgg
cgtttttccataggctccgcccccctgacgagcatcacaaaaatcgacgctcaagtcagaggtggcgaaacccgacagga
ctataaagataccaggcgtttccccctggaagctccctcgtgcgctctcctgttccgaccctgccgcttaccggatacct
gtccgcctttctcccttcgggaagcgtggcgctttctcatagctcacgctgtaggtatctcagttcggtgtaggtcgttc
gctccaagctgggctgtgtgcacgaaccccccgttcagcccgaccgctgcgccttatccggtaactatcgtcttgagtcc
aacccggtaagacacgacttatcgccactggcagcagccactggtaacaggattagcagagcgaggtatgtaggcggtgc
tacagagttcttgaagtggtggcctaactacggctacactagaaggacagtatttggtatctgcgctctgctgaagccag
ttaccttcggaaaaagagttggtagctcttgatccggcaaacaaaccaccgctggtagcggtggtttttttgtttgcaag
cagcagattacgcgcagaaaaaaaggatctcaagaagatcctttgatcttttctacggggtctgacgctcagtggaacga
aaactcacgttaagggattttggtcatgaacaataaaactgtctgcttacataaacagtaatacaaggggtgttatgagc
catattcaacgggaaacgtcttgctctaggccgcgattaaattccaacatggatgctgatttatatgggtataaatgggc
tcgcgataatgtcgggcaatcaggtgcgacaatctatcgattgtatgggaagcccgatgcgccagagttgtttctgaaac
atggcaaaggtagcgttgccaatgatgttacagatgagatggtcagactaaactggctgacggaatttatgcctcttccg
accatcaagcattttatccgtactcctgatgatgcatggttactcaccactgcgatccccgggaaaacagcattccaggt
attagaagaatatcctgattcaggtgaaaatattgttgatgcgctggcagtgttcctgcgccggttgcattcgattcctg
tttgtaattgtccttttaacagcgatcgcgtatttcgtctcgctcaggcgcaatcacgaatgaataacggtttggttgat
gcgagtgattttgatgacgagcgtaatggctggcctgttgaacaagtctggaaagaaatgcataaacttttgccattctc
accggattcagtcgtcactcatggtgatttctcacttgataaccttatttttgacgaggggaaattaataggttgtattg
atgttggacgagtcggaatcgcagaccgataccaggatcttgccatcctatggaactgcctcggtgagttttctccttca
ttacagaaacggctttttcaaaaatatggtattgataatcctgatatgaataaattgcagtttcatttgatgctcgatga
gtttttctaagaattaattcatgagcggatacatatttgaatgtatttagaaaaataaacaaataggggttccgcgcaca
tttccccgaaaagtgccacctgaaattgtaaacgttaatattttgttaaaattcgcgttaaatttttgttaaatcagctc
attttttaaccaataggccgaaatcggcaaaatcccttataaatcaaaagaatagaccgagatagggttgagtgttgttc
cagtttggaacaagagtccactattaaagaacgtggactccaacgtcaaagggcgaaaaaccgtctatcagggcgatggc
ccactacgtgaaccatcaccctaatcaagttttttggggtcgaggtgccgtaaagcactaaatcggaaccctaaagggag
cccccgatttagagcttgacggggaaagccggcgaacgtggcgagaaaggaagggaagaaagcgaaaggagcgggcgcta
gggcgctggcaagtgtagcggtcacgctgcgcgtaaccaccacacccgccgcgcttaatgcgccgctacagggcgcgtcc
cattcgcca
```

图 5-16　pET-28a 质粒的完整序列

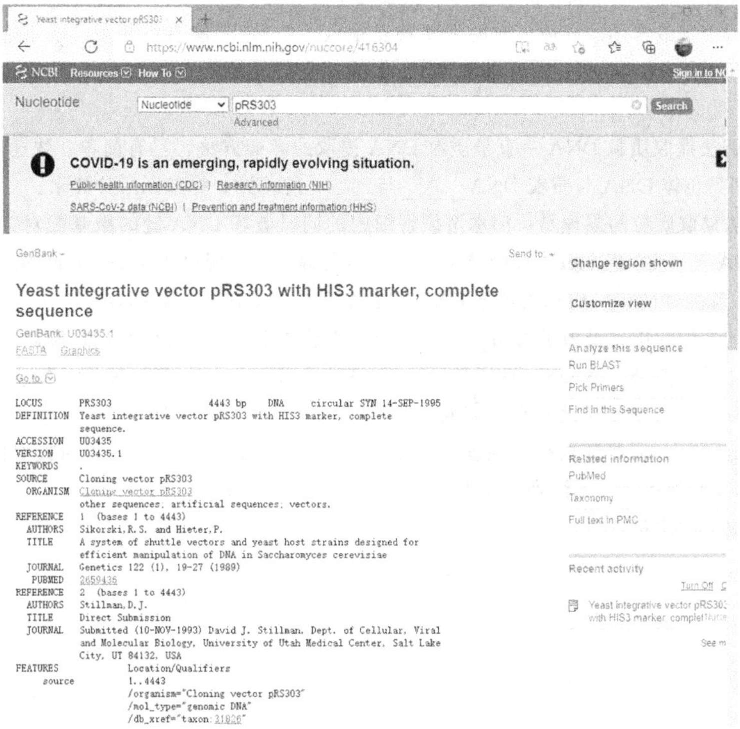

图 5-17　pRS303 质粒图谱信息搜索结果

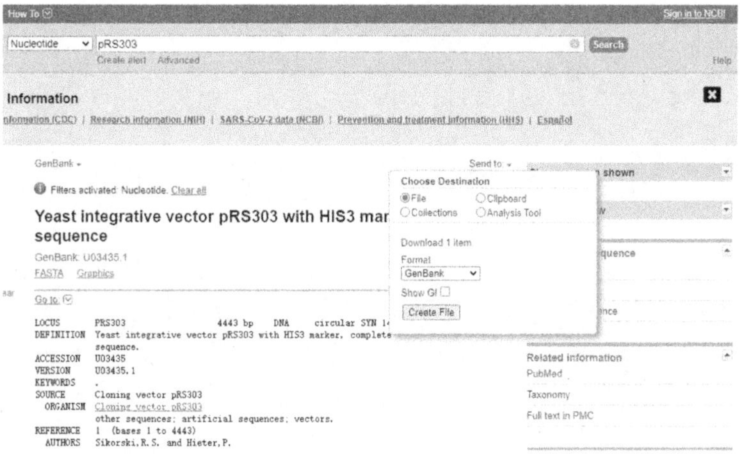

图 5-18　保存质粒图谱文件

实践练习

1. 质粒是一类存在于细菌、酵母菌和放线菌等细胞中______外的 DNA 分子，迄今已知的质粒都是具有______复制能力的共价闭合环状双链 DNA 分子，即 cccDNA。

2. 经过改造而适于基因克隆载体的所有质粒 DNA 分子，都包含______、选择性标记和多克隆位点三种组成部分。

3. 质粒具有以下基本特性：(1) ______性；(2) 不相容性；(3) 可转移性；(4) 稳定性等。其中，两个质粒在______宿主细胞中不能共存的现象称为质粒的不相容性。

4. 质粒是基因工程最常用的载体，它的主要特点是（　　）。①能自主复制；②不能自主复制；③结构很小；④蛋白质；⑤环状 RNA；⑥环状 DNA；⑦能“友好”地“借居”。A. ①③⑤⑦；B. ②④⑥；C. ①③⑥⑦；D. ②③⑥⑦。

5. SDS 碱裂解法提取质粒 DNA 一直是质粒 DNA 提取的标准方法，具有简单、快速、产量高等优点，其原理主要是利用染色体 DNA 与质粒 DNA______与______的差异，将二者区分开来。

6. 煮沸裂解法提取质粒的原理是：沸水浴裂解细胞的同时破坏 DNA 链的碱基配对，使宿主细胞的蛋白质与染色体 DNA______，但 cccDNA 因结构______不会解链。当温度下降后，cccDNA 可恢复其______结构。通过离心去除变性的蛋白质和染色体 DNA，然后回收上清中的质粒 DNA。

7. 溶液Ⅰ中葡萄糖的作用是为了增加______，防止染色体 DNA 受机械作用而降解，污染质粒；溶液Ⅱ中 NaOH 的作用是促使染色体 DNA 和质粒 DNA 强碱条件下______；溶液Ⅲ是 KAc-HAc 缓冲液，其功能是使变性的 DNA______并稳定地存在于溶液中。

8. 可通过 A_{260}/A_{280} 来估算核酸的纯度。A_{260}/A_{280} 比值介于 1.7～1.9，说明提取的质粒质量较好，1.8 最佳，低于 1.8 说明有______污染，高于 1.8 说明有______污染。

9. 简述质粒提取的注意事项。

10. 查找 pET-28a（＋）图谱序列，利用绘图软件绘制质粒图谱。

（曹喜涛）

项目六 琼脂糖凝胶电泳检测基因组 DNA、PCR 产物及质粒 pET-28a

学习目标

通过本项目的学习，了解琼脂糖凝胶电泳是分离、分析、鉴定和纯化 DNA 片段的标准方法，能应用琼脂糖凝胶电泳技术检测 DNA 样品，并对 PCR 产物进行纯化回收。

1. 知识目标

(1) 掌握电泳的概念及分类；

(2) 掌握琼脂糖凝胶电泳的原理；

(3) 掌握影响琼脂糖凝胶电泳迁移率的因素；

(4) 熟悉 GoldView、SYBR Green、Gel Red 和 Gel Green 等新型核酸荧光染料；

(5) 了解脉冲场凝胶电泳、双相电泳和微型凝胶电泳。

2. 能力目标

(1) 掌握琼脂糖凝胶电泳检测 DNA 样品的操作技术；

(2) 熟悉冻融法、试剂盒法纯化回收 PCR 扩增产物的操作技术；

(3) 会选择 DNA 分子量标记，能分析琼脂糖凝胶电泳图谱。

项目说明

核酸是基因工程实验的主要实验材料，无论是项目三提取的基因组 DNA、项目四 PCR 扩增的产物或是项目五制备的质粒 DNA 及其酶切产物，它们的质量直接关系到后续研究工作能否顺利进行。因此，必须对得到的核酸进行定性定量检测。常用的分离、鉴定和纯化 DNA 片段的方法是琼脂糖凝胶电泳和聚丙烯酰胺凝胶电泳。本项目主要掌握琼脂糖凝胶电泳相关知识及其操作技术。

基础知识

（一）电泳

1. 电泳概念

电泳是电泳现象的简称，指的是带电颗粒在电场作用下，向着与其电性相反的电极移动的现象。在一定 pH 条件下，每一种分子都具有特定的电荷（种类和数量）、大小和形状，在一定时间内它们在相同电场中泳动速度不同，各自集中到特定的位置上而形成紧密的泳带。这就是带电粒子可以用电泳技术进行分离、分析和鉴定的基本原理。

1807年，俄国物理学家Reuss首先发现电泳现象，他通过实验表明利用稳恒电场能使分散在水中的黏土颗粒发生迁移。

1909年，Michaelis首次将胶体离子在电场中的移动称为电泳。他用不同pH的溶液在U形管中测定了转化酶和过氧化氢酶的电泳移动和等电点。

1937年，瑞典Uppsala大学的Tiselius创造了Tiselius电泳仪，建立了移动界面电泳技术，首次证明血清是由白蛋白及α、β、γ球蛋白组成的，Tiselius因其在电泳技术上的开拓性贡献于1948年获得诺贝尔化学奖。

1948年，Wieland和Fischer建立了以滤纸作为支持介质的电泳技术，并用来进行氨基酸的分离研究。

从20世纪50年代起，特别是1950年Durrum用纸电泳进行了各种蛋白质的分离后，开创了利用各种固体物质（如滤纸、醋酸纤维素薄膜、琼脂凝胶、淀粉凝胶等）作为支持介质的区带电泳方法。

1959年，Raymond和Weintraub利用人工合成的凝胶作为支持介质，建立了聚丙烯酰胺凝胶电泳，极大地提高了电泳技术的分辨率。

20世纪80年代发展起来的毛细管电泳技术，具有分离效能高、分析速度快、样品用量少以及多模式、自动化等特点，已在生物、医药、化工、环保、食品等领域发挥重要的作用。

2. 电泳分类

按照电泳中是否使用支持介质，可将电泳分为移动界面电泳和区带电泳两大类。

移动界面电泳，又称自由界面电泳或自由电泳，是一种无支持介质的电泳，在自由溶液中进行，这类电泳目前已很少使用。

区带电泳是将惰性的固体或凝胶作为支持物进行电泳，从而将电泳速度不同的各组成分分离，具有简便易行、分离效率高和样品用量少等优点，是分析和分离核酸、蛋白质等生物大分子的基本方法。因所用支持介质的种类、粒度大小和电泳方式等不同，区带电泳应用价值也各有差异。

按照支持介质种类不同，区带电泳可分为：纸电泳、醋酸纤维素薄膜电泳、琼脂糖凝胶电泳和聚丙烯酰胺凝胶电泳（polyacrylamide gel electrophoresis，PAGE）等。

按照支持介质性状不同，区带电泳可分为板电泳、柱电泳和薄层电泳等。

按照用途不同，区带电泳可分为分析电泳、制备电泳和定量免疫电泳。

按照电泳装置不同，还可以分为水平电泳和垂直电泳。水平电泳多见于免疫电泳、等电聚焦电泳和分离分析DNA和RNA的琼脂糖凝胶电泳等，垂直电泳多用来分离分析蛋白质，如SDS-PAGE等。常见的四种区带电泳简介如下。

（二）琼脂糖凝胶电泳

琼脂糖凝胶电泳是用琼脂或琼脂糖作支持介质的一种电泳方法。对于分子量较大的样品，如大分子核酸、病毒等，一般可采用孔径较大的琼脂糖凝胶进行电泳分离。琼脂糖凝胶电泳的分析原理与其他支持物电泳最主要区别是它兼有“分子筛”和“电泳”的双重作用。琼脂糖凝胶具有网络结构，物质分子通过时会受到阻力，大分子物质在泳动时受到的阻力大，因此在凝胶电泳中，带电颗粒的分离不仅取决于净电荷的性质和数量，而且还取决于分子大小，这就大大提高了分辨能力。但由于其孔径相比于蛋白质太大，对大多数蛋白质来说其分子筛效应微不足道，现广泛应用于核酸的研究中。

1. 琼脂糖

琼脂糖主要是从海藻琼脂中提取来的，是由 D-半乳糖和 3,6-脱水-L-半乳糖通过 β-1,4 和 α-1,3 连接交替构成的线状聚合物（图 6-1）。琼脂糖链形成螺旋纤维，后者再聚合成半径 20～30nm 的超螺旋结构。琼脂糖凝胶可以构成一个直径从 50nm 到略大于 200nm 的三维筛孔通道。琼脂糖一般还含有多糖、蛋白质和盐等杂质，对 DNA 电泳迁移率有一定影响。经羟乙基化修饰后琼脂糖熔点降低，称之为低熔点琼脂糖，其机械强度无明显变化，主要应用于染色体 DNA 琼脂糖内包埋后原位进行限制性内切核酸酶酶切、DNA 片段回收及小 DNA 片段（10～500bp）的分离。琼脂糖凝胶的孔径取决于琼脂糖的浓度。

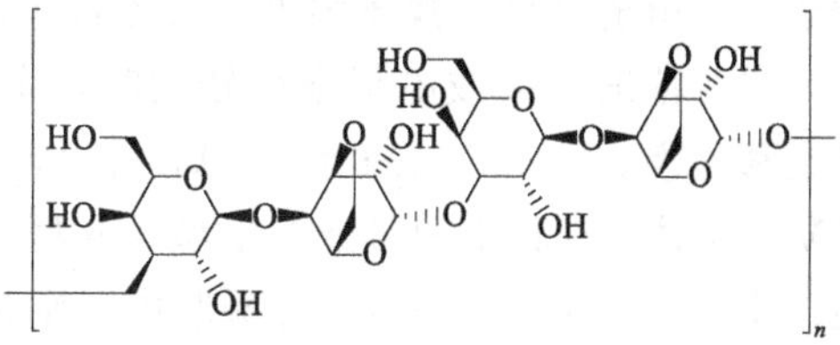

图 6-1 琼脂糖结构式

2. 琼脂糖凝胶电泳的原理

与蛋白质类似，核酸也是两性解离分子。在 pH 3.5 时，碱基上的氨基解离，而三个磷酸基团只有第一个磷酸解离，整个核酸分子带正电荷，在电场中向负极泳动；在 pH 为 8.0～8.3 时，碱基几乎不解离，磷酸基团全部解离，核酸分子带负电荷，向正极移动。不同大小和构象的核酸分子电荷密度大致相同，在自由泳动时各核酸分子的迁移率区别很小，难以分开。所以采用适当浓度的凝胶介质作为电泳支持物，发挥分子筛的功能，使得分子大小和构象不同的核酸分子迁移率出现较大差异，从而达到分离的目的。值得注意的是，等长度的单链 DNA 和双链 DNA 在中性或碱性凝胶中的迁移率大致相等。

迁移率，又称泳动率、泳动度，是带电荷颗粒在一定电场强度下，单位时间内在介质中的迁移距离，可用以下公式计算：

$$\mu=\frac{v}{E}=\frac{d/t}{U/L}$$

式中，μ 为迁移率，$cm^2/(V\cdot s)$；v 为颗粒泳动速度，cm/s；E 为电场强度，V/cm；d 为颗粒泳动距离，cm；t 为电泳时间，s；U 为实际电压，V；L 为支持物的有效长度，cm。其中，电泳时间也可以用 min 表示，μ 用 m 表示。

泳动率与样品分子所带的电荷密度、电场中的电压及电流成正比，与样品的分子大小、介质黏度及电阻成反比。不同大小的带电分子具有不同的泳动率，在不同的介质条件下又具有不同的分辨效率。

3. 琼脂糖凝胶电泳迁移率的影响因素

（1）样品的物理性状

影响电泳迁移率的首要因素是样品的物理性质，包括分子大小、电荷多少、颗粒形状和空间构型。一般来说颗粒带电荷的密度愈大，泳动速率愈快；颗粒物理形状愈大，与支持物介质摩擦力越大，泳动速度愈小。即迁移率与颗粒的分子大小、介质黏度成反比，与颗粒所带电荷成正比。

对于线性双链DNA分子的凝胶电泳，分子量的常用对数与迁移率成反比关系。在检测未知DNA分子量时，DNA分子空间构型不同，即使相同的分子量其迁移率也不相同，如质粒DNA存在闭环（Ⅰ型，CCC)、单链开环（Ⅱ型，OC）和线性（Ⅲ型，L）三种构型，三者之间的迁移速率，一般为Ⅰ型＞Ⅲ型＞Ⅱ型。但是有时也会出现相反的情况，这与琼脂糖浓度、电流强度、离子强度及溴乙锭染料含量等有关。

当胶浓度较高或电场强度较大时，Ⅰ型DNA与Ⅲ型DNA互换位置，而Ⅱ型DNA总是迁移最慢。如SV40病毒DNA，在2V/cm电场强度下，迁移率为Ⅰ型＞Ⅲ型＞Ⅱ型；在20V/cm时，迁移率为Ⅲ型＞Ⅰ型＞Ⅱ型。小鼠线粒体DNA，在0.6%凝胶中，迁移率为Ⅲ型＞Ⅰ型＞Ⅱ型；而在1.0%凝胶中，则Ⅲ型＞Ⅰ型＞Ⅱ型。

Ⅰ型的共价闭环质粒DNA常态下为负超螺旋。当染料溴乙锭（EB）嵌合在DNA碱基对之间时，Ⅰ型DNA的负超螺旋解旋，DNA迁移率下降，当EB浓度达到临界游离浓度时，所有的负超螺旋全部消失，Ⅰ型DNA不再存在超螺旋结构，这时迁移率达到最小值，并且接近Ⅲ型DNA的迁移率。一般情况下，绝大多数Ⅰ型DNA的游离EB的临界浓度为0.1～0.5μg/mL，这就是电泳时凝胶中加入的EB浓度为0.5μg/mL的理论依据。当Ⅰ型DNA在大于EB游离临界浓度的情况下，Ⅰ型DNA又会产生正超螺旋，迁移率迅速增加。EB能中和Ⅱ、Ⅲ型DNA的电荷并使分子的刚性增加，从而使它们的迁移率有不同程度的下降。EB使线性双链DNA分子的迁移率下降15%左右，所以在无EB的状况下进行电泳，电泳完毕后再染色，这对DNA分子量的计算较为准确。

(2) 电场强度

电泳场两极间单位长度（每一厘米）支持物体上的电位降称为电场强度（电位梯度或电势梯度)，电场强度愈大，带电颗粒的泳动速度愈快，但凝胶的有效分离范围随电压的增大而减小。在低电压时，线性DNA分子的迁移率与电压正比。一般凝胶电泳的电场强度不超过5V/cm；对于大分子量真核基因组DNA片段的电泳常采用0.5～1.0V/cm电泳过夜，以取得较好的分辨率和整齐的带型。电压1000～2000V，电场强度20～600V/cm的电泳为高压电泳，必须用PAG做介质。

(3) 电泳缓冲液

电泳缓冲液是电泳场中的导体，它的种类、pH、离子强度等直接影响电泳的效率。Tris-HCl缓冲体系中，由于Cl^-泳动速度比样品分子快得多，易引起带型不均一现象，所以常利用Tris-乙酸（TAE)、Tris-硼酸（TBE）和Tris-磷酸（TPE）三种缓冲体系。人们喜欢使用TAE缓冲液，因为TAE缓冲液较其它两种缓冲液价格低，其实TAE缓冲液的缓冲能力很低，长时间电泳会导致电泳阴极变为碱性，阳极变成酸性，使缓冲能力丧失，所以TAE缓冲液电泳需在两个贮液槽之间使用蠕动泵进行液体循环，且TAE缓冲液需要经常更新。TBE缓冲液与TPE缓冲液均有较高的缓冲能力，不需要缓冲液循环即可获得良好的DNA分离效果。用TPE配制的凝胶，尤其是低熔点琼脂糖凝胶电泳，回收的DNA片段含有较高的磷酸盐，易与DNA一起沉淀而影响一些酶反应。故推荐以TBE作为首选DNA电泳缓冲液。这些缓冲液中均应加入EDTA，目的在于螯合二价离子，抑制DNA酶，以保护DNA。

缓冲液pH直接影响DNA解离程度和电荷密度，缓冲液pH与DNA样品的等电点相距越远，样品所携电荷量越多，泳动速度越快。DNA 电泳缓冲液，常采用偏碱性或中性条件，使核酸分子带负电荷，向正极泳动。缓冲液的离子强度与样品泳动速度成反比，电泳的最适离子强度一般在 0.02～0.2 之间，离子强度计算公式如下：

$$I=\frac{1}{2}\sum_{i=1}^{n}c_{i}z_{i}^{2}$$

式中，I 是离子强度；c_i 是离子 i 的质量摩尔浓度，mol/kg；z_i 是离子所带的电荷数；如镁离子 Mg^{2+} 就是＋2。

(4) 琼脂糖浓度

琼脂糖的浓度变化调整所形成凝胶的分子筛网孔大小，可以分离不同分子量的核酸片段。琼脂糖凝胶的孔径大，可以分离长度为 100bp 至近 60kb 的 DNA 分子。DNA 迁移率的对数与凝胶浓度之间存在反平行线性关系。选用不同的凝胶种类和浓度可以分辨大小不同的 DNA 片段。表 6-1 列出了不同凝胶浓度与其分离 DNA 分子大小的范围。

表 6-1　不同浓度琼脂糖凝胶分离的范围

凝胶中琼脂糖含量/%	线状 DNA 分子的有效分离范围/kb	凝胶中琼脂糖含量/%	线状 DNA 分子的有效分离范围/kb
0.3	5～60	1.2	0.4～6.0
0.6	1～20	1.5	0.2～3.0
0.7	0.8～10	2.0	0.1～2.0
0.9	0.5～7.0		

（三）核酸电泳的指示剂与染色剂

1. 指示剂

电泳过程中，常使用一种有颜色的标记物以指示样品的迁移过程。核酸电泳常用的指示剂有两种：溴酚蓝（bromophenol blue，Bb）呈蓝紫色；二甲苯青（xylene cyanol，Xc）呈蓝色。

溴酚蓝分子量为 670，在不同浓度凝胶中迁移速度基本相同，它的分子筛效应小，近似于自由电泳，故被普遍用作指示剂。在 0.6%、1%和 2%的琼脂糖凝胶电泳中，溴酚蓝迁移率分别与 1kb，0.6kb 和 0.5kb 的双链线性 DNA 片段大致相同。

二甲苯青分子量为 554.6，携带电荷量比溴酚蓝少，在凝胶中迁移率比溴酚蓝慢，在 5% PAG 和含 7～8mol/L 尿素 PAG 中迁移率分别相当于 260mer 和 130mer 的寡核苷酸。所以根据分离样品中 DNA 分子的大小，可以参照指示剂 Bb 和 Xc 的迁移情况决定是否停止电泳。

指示剂一般加在上样缓冲液中，为使样品能沉入胶孔，还要加入适量的蔗糖、聚蔗糖 400 或甘油等以增加比重。

2. 染色剂

电泳后，核酸需经染色才能显示出条带，常用的染色剂包括溴乙锭、吖啶橙、银（Ag^{+}）试剂、亚甲蓝和新型核酸荧光染料。

(1) 溴乙锭

溴乙锭（ethidium bromide，EB）是一种荧光染料（图 6-2），这种扁平分子可以嵌入核酸双链的配对碱基之间，在紫外线激发下，发出红色荧光。激发荧光的能量来源于两个方面：一是核酸吸收波长为 260nm 紫外线后将能量传送给 EB，二是结合在 DNA 分子中的 EB 本身，主要吸收波长为 300nm 和 360nm 紫外线的能量，来源于这两方面的能量，最终激发 EB 发射出波长为 590nm 的可见光谱红橙区的红色荧光。EB-DNA 复合物中 EB 发出的荧光，比凝胶中游离 EB 本身发射的荧光强度大 10 倍，因此不需要洗净背景就能较清楚地观察到核酸条带。若核酸量很少，而 EB 的背景太深致使条带不清，可将凝胶浸泡于 1mmol/L $MgSO_4$ 中 1h 或 10mmol/L $MgCl_2$ 中 5min，使非结合的 EB 褪色，减少未结合的 EB 产生的背景荧光，这样可检查到 10ng 的 DNA 样品。

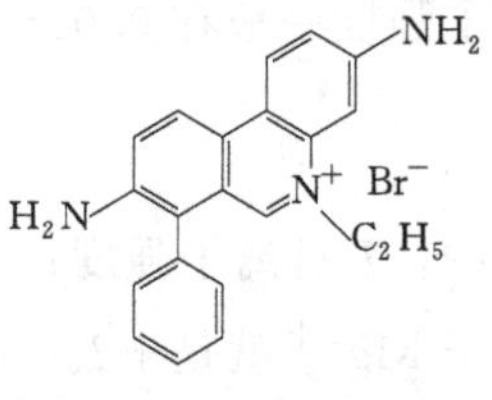

图 6-2　EB 化学结构

一般是在凝胶中加入终浓度为 0.5μg/mL 的 EB，可以在电泳过程中随时观察核酸的迁移情况，这种染色方法适用于一般性的核酸监测。但由于 EB 带正电荷，能中和核酸分子的负电荷，同时它的嵌入增加了核酸分子的刚性，使迁移率减慢，故不宜用于凝胶电泳测定核酸分子的大小。利用凝胶电泳比较或测定样品 DNA 的含量，也不适合在凝胶中直接加入 EB，因为在凝胶中游离 EB 分子向负极泳动，会使样品中前后各条带染色不均匀，影响定量。故应在电泳后，将凝胶浸入 0.5μg/mL EB 水溶液中染色 15min。

EB 见光易分解，故应置棕色试剂瓶中于 4℃保存，染色时也应避光。电泳后应立即染色观察或拍照记录。若不能马上拍照，可用保鲜膜或塑料袋封好置于 4℃过夜，核酸带型改变不大。单链 DNA、RNA 分子中常存在自身配对的双链区，也可以嵌入 EB 分子，但嵌入量少，因而荧光较低，其最低检出量为 0.1μg。

三种不同的紫外线光源激发 EB 产生荧光的灵敏度、褪色效应和 DNA 损伤作用见表 6-2。短波 254nm 的紫外线是由核酸吸收后传递给 EB，灵敏度较高，对核酸的损害作用最大，会造成核酸链断裂或形成嘧啶二聚体，照射时间过长还会引起褪色效应；300nm 和 360nm 的紫外线主要由 EB 分子直接吸收，对核酸的断链和嘧啶二聚体形成等效应小，褪色反应轻微，灵敏度为 300nm＞254nm＞360nm。故一般电泳后需回收的 DNA 样品，应在 360nm 波长的紫外线灯下操作，以减少对 DNA 的损伤。300nm 波长紫外线对于观察样品（灵敏度最好）和长时间紫外线下操作（如切割含所需 DNA 片段的凝胶进行回收）均为最佳的选择。

表 6-2　三种不同波长紫外线在相同条件下照射 EB-DNA 复合物的不同结果

波长/nm	灵敏度	光损害效应		褪色效应
		产生断链缺口	形成嘧啶二聚体	
254	较高	多	多	严重
300	最高，是 254nm 的 1.5 倍	较少，是 254nm 的 1/5	是 254nm 的 1/84	轻微
366	低，是 254nm 的 1/5	最少，是 254nm 的 1/75	无	几乎不褪色

(2) 吖啶橙

吖啶橙（acridine orange，AO）也是扁平分子的荧光染料，与核酸的结合情况比较复杂。一般认为吖啶橙可以嵌入核酸双链碱基对之间，在 254nm 紫外线激发下发出 530nm 的绿色荧光；它还通过静电与单链核酸的磷酸基结合，在 254nm 紫外线激发下产生 640nm 的红色荧光。吖啶橙染色操作要求严格，一般是在 22℃，0.01mol/L 的磷酸钠缓冲液（pH 7.0）中避光浸泡 30min，然后在该缓冲液中 4℃脱色过夜或 22℃脱色 1～2h，脱色在搪瓷盘中进行。虽然吖啶橙染色可以区别单链和双链核酸，检测灵敏度分别为 0.1μg 和 0.05μg，但染色效果与吖啶橙的浓度、pH、温度、离子强度及脱色等因素密切相关，不易掌握。

(3) 银 (Ag^+) 试剂

Ag^+ 与核酸形成稳定复合物，然后用甲醛使 Ag^+ 还原成银颗粒。硝酸银等试剂可使聚丙烯酰胺凝胶上的单链、双链 DNA 及 RNA 都染成黑褐色。银染法的灵敏度比 EB 染色高 200 倍左右，比亚甲蓝染色高 100～1000 倍，在厚度小于 0.5mm 的凝胶中，能检测出 0.5ng 的 RNA。其缺点是专一性不强，能与蛋白质、去污剂反应产生类似 DNA 被染成的颜色。而且对 DNA 的染色与其碱基组成有关，与核酸的含量不成正比，定量不准确。Ag^{+}与 DNA 稳定结合，对 DNA 有破坏作用，不适于 DNA 回收等制备型电泳。

(4) 亚甲蓝

亚甲蓝（methylene blue）可将 RNA 染成蓝色，但灵敏度不高，而且操作时间很长。染色方法：胶浸泡于 0.02%的亚甲蓝、10mmol/L Tris-HAc（pH 8.3），4℃放置 1～2h，用净水洗 5～8h（反复换水），带型肉眼可见，最低检测量为 250ng，由于操作烦琐，使用较少。

(5) 新型核酸荧光染料

详见本项目能力拓展部分。

（四）核酸电泳的 DNA 分子量标记

DNA 分子量标记即 DNA 分子量标准或 Marker，是分子量不同的 DNA 片段，主要用途是 DNA 分子凝胶电泳时，加样用做对比来检测琼脂糖凝胶是否有问题，通过其大小可以粗略估算样品 DNA 分子量的大小（DNA 的长度）。现在常用的 DNA 分子量标记有两种，一种是病毒 DNA 经过酶切获得、分子量大小有零有整；另一种是固定数值的，如 100bp，200bp 等。两种分子量标记都不难制作，对于第一种，稍微难一些，主要是要获得病毒等大的基因组片段，然后用适当的酶切，切割完全以后，就能得到相应的图谱。第二种实际上很简单，若有某一个载体，而且其序列完全清楚，那么可以采用 PCR 的方法获得一系列大小不同的片段，比如上游引物可以使用一个，然后用数数的方法确定下游 100bp 处的下游引物，其扩增产物就是 100bp 片段，确定下游 200bp 处的引物，其扩增产物就是 200bp 的片段，依此类推，可以获得一系列不同大小的片段，扩增后，把它们放到一起，就获得了 DNA 分子量标记。

DNA 分子量标记种类特别多（表 6-3），可以直接购买，选择标准如下：①应选择在目标片段大小附近片段梯度较密的分子量标记，这样对目标片段大小的估计较准确；②所选分子量标记应能清楚反映目标片段的大小，且次要片段大小也能反映出来。如作酶切鉴定时，目的片段和切后载体片段最好能在同一个分子量标记中反映出来，若二者不能兼顾，将前者作为主要考虑要素。

表 6-3　电泳时 DNA 分子量标记和琼脂糖浓度选择

分离范围	琼脂糖凝胶浓度	DNA 分子量标记
200bp 以下	3%以上	φX174-*Hae* Ⅲ酶切消化 DNA 分子量标记 φX174-*Hinc* Ⅱ酶切消化 DNA 分子量标记 DL500™DNA 分子量标记 DL1000™DNA 分子量标记 DL2000™DNA 分子量标记 20bp DNA 片段梯度分子量标记 50bp DNA 片段梯度分子量标记 100bp DNA 片段梯度分子量标记 150bp DNA 片段梯度分子量标记 宽泛围 DNA 分子量标记(100～6000bp)

续表

分离范围	琼脂糖凝胶浓度	DNA分子量标记
200～700bp	2%～3%	φX174-*Hae* Ⅲ酶切消化DNA分子量标记 φX174-*Hinc* Ⅱ酶切消化DNA分子量标记 DL500™ DNA分子量标记 DL1000™ DNA分子量标记 DL2000™ DNA分子量标记 DL5000™ DNA分子量标记 50bp DNA片段梯度分子量标记 100bp DNA片段梯度分子量标记 150bp DNA片段梯度分子量标记 200bp DNA片段梯度分子量标记 250bp DNA片段梯度分子量标记 500bp DNA片段梯度分子量标记 宽泛围DNA分子量标记(100～6000bp)
700～1500bp	1%～2%	λ-*Eco* T14 Ⅰ酶切消化DNA分子量标记 φX174-*Hae* Ⅲ酶切消化DNA分子量标记 φX174-*Hinc* Ⅱ酶切消化DNA分子量标记 DL2000™ DNA分子量标记 DL5000™ DNA分子量标记 DL10000™ DNA分子量标记 50bp DNA片段梯度分子量标记 100bp DNA片段梯度分子量标记 150bp DNA片段梯度分子量标记 200bp DNA片段梯度分子量标记 250bp DNA片段梯度分子量标记 500bp DNA片段梯度分子量标记 宽泛围DNA分子量标记(100～6000bp) 宽泛围DNA分子量标记(500～12000bp) 宽泛围DNA分子量标记(500～15000bp)
1500～5000bp	0.7%～1%	λ-*Eco* T14 Ⅰ酶切消化DNA分子量标记 λ-*Hind* Ⅲ酶切消化DNA分子量标记 DL5000™ DNA分子量标记 DL10000™ DNA分子量标记 DL15000™ DNA分子量标记 超螺旋DNA片段梯度分子量标记 200bp DNA片段梯度分子量标记 250bp DNA片段梯度分子量标记 500bp DNA片段梯度分子量标记 宽泛围DNA分子量标记(100～6000bp) 宽泛围DNA分子量标记(500～12000bp) 宽泛围DNA分子量标记(500～15000bp) 1kb DNA片段梯度分子量标记
5000bp以上	0.7%以下	λ-*Eco* T14 Ⅰ酶切消化DNA分子量标记 λ-*Hind* Ⅲ酶切消化DNA分子量标记 DL10000™ DNA分子量标记 DL15000™ DNA分子量标记 超螺旋DNA片段梯度分子量标记 宽泛围DNA分子量标记(500～12000bp) 宽泛围DNA分子量标记(500～15000bp) 1kb DNA片段梯度分子量标记

实验室常用的低分子量 DNA 分子量标记为 DL1000^{TM} DNA 分子量标记、DL2000^{TM} DNA 分子量标记等，高分子量的 DNA 分子量标记为 1kb DNA 片段梯度分子量标记等。图 6-3 为 TAKALA 的 DL1000^{TM} DNA 分子量标记、DL2000^{TM} DNA 分子量标记和 1kb DNA 片段梯度分子量标记的电泳图谱。

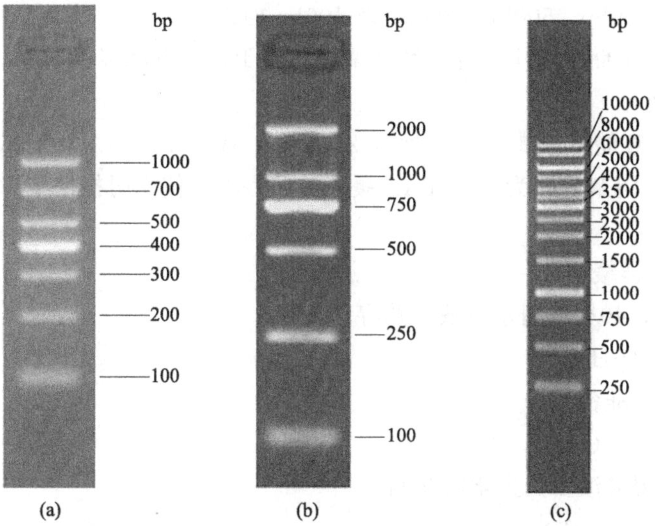

图 6-3　三种常用 DNA 分子量标记的电泳图谱

(a) DL1000^{TM} DNA 分子量标记；(b) DL2000^{TM} DNA 分子量标记；(c) 1kb DNA 片段梯度分子量标记

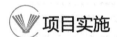

项目实施

任务 6-1　操作准备

【任务描述】

琼脂糖凝胶电泳因其灵敏性高、操作简单而迅速等优点，被广泛应用于分离、分析、鉴定和纯化 DNA 片段。项目六主要介绍琼脂糖凝胶电泳检测从大肠杆菌中提取的基因组 DNA、质粒 DNA pET-28a 和 PCR 扩增产物及其纯化回收。本任务为上述实验准备实验试剂及其配制和所需耗材部分。

1. DNA 样品

项目三提取的 *E. coli* 基因组 DNA、项目四 PCR 扩增获得的目的基因（*ansB*）、项目五制备的质粒 DNA pET-28a 等核酸分子。

2. 试剂及配制

① 琼脂糖

规格：100g；外观：白色粉末；储存条件：室温干燥保存。

② DNA 分子量标记

用于基因组 DNA 的 λDNA/*Eco*RⅠ＋*Hin*dⅢ分子量标记：由 DNA 片段 21226bp、5148bp、4973bp、4268bp、3530bp、2027bp、1904bp、1584bp、1375bp、947bp、831bp 及 564bp 构成。

用于质粒 DNA 的 1kb 片段梯度 DNA 分子量标记：由 DNA 片段 10000bp、8000bp、6000bp、5000bp、4000bp、3500bp、3000bp、2500bp、2000bp、1500bp、1000bp、750bp、500bp 及 250bp 构成。

用于 PCR 扩增产物的 DL 5000DNA 分子量标记：由 DNA 片段 5000bp、3000bp、2000bp、1000bp、750bp、500bp、250bp 及 100bp 构成。

DNA 分子量标记储备液用上样缓冲液稀释后用于每次电泳实验。

③ 电泳缓冲液

50×TAE 缓冲液储备液 100mL：称取 242g Tris 碱，57.1mL 冰醋酸，100mL 0.5mol/L EDTA（pH 8.0），溶解后即为 50×TAE 缓冲液储备液。使用时按照 1∶50 稀释成 1×TAE 工作液。

④ 6×DNA 上样缓冲液

0.25%溴酚蓝，40%蔗糖水溶液，贮存于 4℃。

⑤ TE 缓冲液（pH 8.0）

见任务 3-1 操作准备。

⑥ 3mol/L NaAc（pH 5.2）

见任务 2-2 常用溶液和抗生素的配制。

⑦ 溴乙锭（10mg/mL）

小心称取 1g EB 于 100mL 水中，搅拌数小时以确保完全溶解，然后用铝箔包裹容器或转移至棕色瓶中，保存于室温。

温馨提示：EB 是强诱变剂并有中度毒性，因此必须十分谨慎小心。使用含有这种染料的溶液时务必戴上手套，称量染料时要戴口罩，并且不要把 EB 洒到桌面或地面上。凡沾污 EB 的容器或物品必须经专门处理后才能清洗或丢弃。

⑧ DNA 回收纯化试剂盒（AxyPrep DNA 凝胶回收试剂盒）

⑨ 其它

去离子水、无水乙醇、Tris-HCl 饱和酚、氯仿、异丙醇等。

3. 仪器及耗材

电泳仪电源（提供 500V 和 200mA 的电源装置），电泳仪（带梳子的清洁干燥水平电泳槽），暗箱式紫外仪或凝胶成像系统，照相机，电子天平，离心机，涡旋振荡器，水浴锅，微波炉或电炉，手术刀，100mL 三角烧瓶，不同量程的移液枪及配套枪头，一次性 PE 手套，乳胶手套，标签纸，记号笔等。

任务 6-2 琼脂糖凝胶电泳检测基因组 DNA、质粒 pET-28a 及 PCR 产物

【任务描述】

基因工程所用基因组 DNA、质粒 DNA 和 PCR 产物，必须是高质量的 DNA。琼脂糖凝胶电泳是检测这些 DNA 制备质量的首选、标准方法。本任务是用琼脂糖凝胶电泳技术检测项目三提取的大肠杆菌基因组 DNA、项目五制备的质粒 DNA pET-28a，以及项目四 PCR 扩增的大肠杆菌 L-天冬酰胺酶Ⅱ基因（*ansB*）。

1. 原理

琼脂糖凝胶电泳是用于分离、分析、鉴定和纯化 DNA 片段的标准方法。琼脂糖是从琼脂中提取的一种多糖，具有亲水性，但不带电荷，是一种很好的电泳支持物。DNA 在碱性条件下（pH 8.0）带负电荷，在电场中通过凝胶介质向正极移动，不同的 DNA 分子片段由于分子大小和构型不同，在电场中的泳动速率也不同。溴乙锭（EB）可嵌入 DNA 分子碱基之间形成荧光络合物，经紫外线照射后，可分出不同的区带，从而达到分离、分析、鉴定和纯化 DNA 片段的目的。

详细实验原理见本项目基础知识部分。

2. 材料准备

（1）DNA 样品

E. coli 基因组 DNA，质粒 pET-28a，PCR 扩增产物 L-天冬酰胺酶Ⅱ基因（*ansB*）。

（2）试剂

琼脂糖，λDNA/*Eco*RⅠ＋*Hin*dⅢ分子量标记，1kb ladder DNA 分子量标记，DL 5000™ DNA 分子量标记，50×TAE 电泳缓冲液储备液（使用时按 1∶50 稀释成 1×TAE 工作液），6×DNA 上样缓冲液，去离子水 1L，溴乙锭（10mg/mL）等。

（3）仪器及耗材

电泳仪电源，电泳仪，暗箱式紫外仪或凝胶成像系统，照相机，电子天平，离心机，微波炉或电炉，100mL 三角烧瓶，不同量程的移液枪及配套枪头，一次性 PE 手套，乳胶手套，标签纸，记号笔等。

3. 任务实施

① 大肠杆菌基因组 DNA 和质粒 DNA，分子量相对较大，应配制 0.8%的琼脂糖凝胶。称取 0.4g 琼脂糖，将琼脂糖放至 100mL 的三角瓶中，加入 50mL 1×TAE 电泳缓冲液。

PCR 产物 L-天冬酰胺酶Ⅱ基因（*ansB*）大小为 1000bp 左右，应配制 1.0%的琼脂糖凝胶。称取 0.5g 琼脂糖，将琼脂糖放至 100mL 三角瓶中，加入 50mL 1×TAE 电泳缓冲液。

② 用微波炉（或电炉）加热溶解琼脂糖，大约 1min 即可使琼脂糖溶解。容器最好用三角瓶，液体不要超过容器容积的一半，以 1/3 较好。

> 温馨提示：注意加热溶解琼脂糖时间不可太长，否则会使水分蒸发过多而改变凝胶浓度。加热时，瓶口倒扣小烧杯或盖上保鲜膜，以减少水分蒸发。

③ 在等待琼脂糖溶液冷却过程中，准备好制胶槽，并在制胶槽中放置合适的托胶板。电泳槽及相关配件如图 6-4 所示。

④ 当琼脂糖溶液冷却至 60℃左右时，向其中加入 EB 至终浓度为 0.5μg/mL 或加入 2.5μL GoldView 荧光染料（GV），轻轻摇匀，避免产生气泡，必须戴手套操作。也可不把 EB 溶液加入凝胶中，而是电泳后再用 0.5μg/mL 的 EB 溶液浸泡染色。

⑤ 如图 6-5 所示，将加入 EB 的琼脂糖溶液倒入带托胶板的制胶槽内，凝胶厚度一般为 0.3～0.5cm，迅速在制胶槽一端插上梳子（注意梳子规格），检查有无气泡。

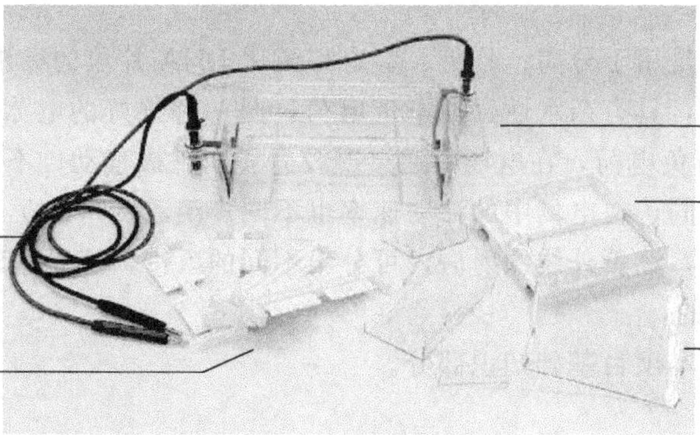

图 6-4　水平电泳槽及其配件

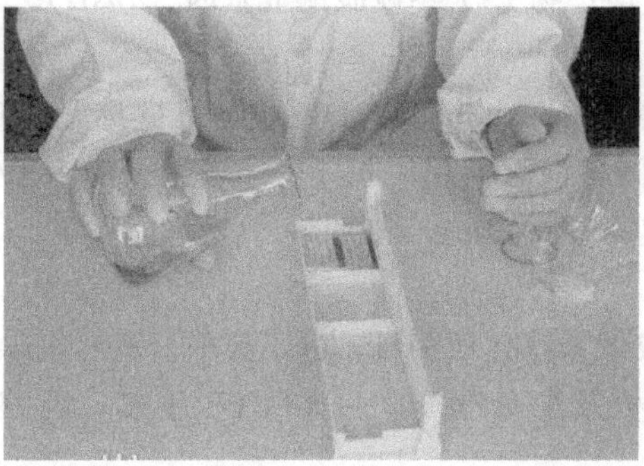

图 6-5　倒胶

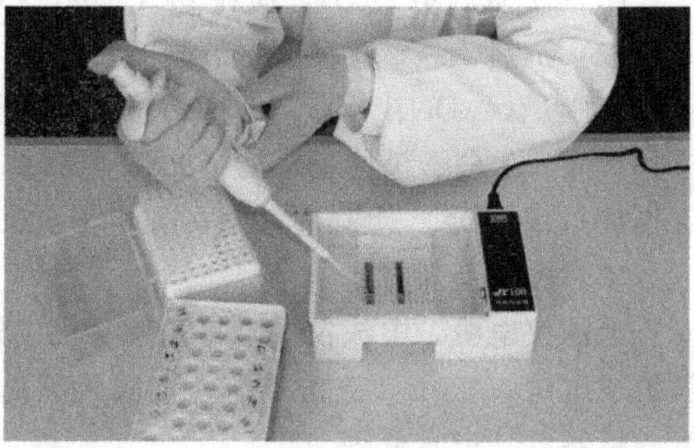

图 6-6　加样

⑥ 室温放置 30～45min 后，琼脂糖溶液完全凝固，低熔点琼脂糖溶液应置 4℃凝固，小心取出梳子，勿将凝胶拉破，将凝胶放置于电泳槽中。

温馨提示：将凝胶放置于电泳槽时，要注意方向，有上样孔一侧靠近负极。

⑦ 加入 1×TAE 电泳缓冲液至电泳槽中，让液面高于胶面约 1mm，这样凝胶两端的电压几乎与外加电压相等，电泳效率较高。

温馨提示：电泳槽中的 1×TAE 电泳缓冲液与琼脂糖凝胶配制所用的缓冲液，应为同一批配制，若电泳缓冲液与凝胶中的离子强度和 pH 不一致将影响 DNA 的迁移。

⑧ 在 DNA 样品中加入 1/6 的 6×DNA 上样缓冲液（在 200μL 离心管中，加入 5μL 大约 60ng DNA 样品和 1μL 6×DNA 上样缓冲液），混匀后，用微量离心机离心 5s，使 DNA 样品溶液全部汇集于离心管底部。

⑨ 如图 6-6 所示，用移液枪将 5μL DNA 样品加入样品孔中，同时加入 5μL λDNA/*Eco*RⅠ+*Hin*dⅢ分子量标记或 1kb 分段梯度 DNA 分子量标记或 DL 5000 DNA 分子量标记。

温馨提示：加样时要小心操作，避免移液枪枪头损坏凝胶或将加样孔底部凝胶刺穿。另外，不同样品上样要更换新的枪头以避免污染。

⑩ 接通电泳槽与电泳仪的电源，一般正极为红色，切记 DNA 样品往正极泳动。电压降

选择为 1～5V/cm（长度以两个电极之间的距离计算），一般选择电压为 80V。

⑪ 根据溴酚蓝指示剂迁移位置，判断是否中止电泳。当指示剂条带移动到距凝胶前沿约 1cm 时，关闭电源，停止电泳，取出凝胶，含 EB 的凝胶可以直接在紫外线灯下观察结果或拍照记录。

⑫ 凝胶照相：将电泳完毕的凝胶去掉托胶板后放置在凝胶成像系统中的紫外线透射仪上适当位置，打开相关软件，开启紫外透射模式，进行合适的曝光与拍照。

> 温馨提示：用暗箱式紫外仪观察时，应将待观察的凝胶放于灯箱平台中央，先关上暗箱门，再打开电源开关，从观察窗观察电泳结果。

4. 结果与分析

(1) 检测参数与检测结果

凝胶浓度：基因组 DNA 和质粒 DNA 是 0.8%，PCR 扩增产物为 1%；

上样量：5μL DNA 样品（约 60ng）；

电压：80V；

电泳时间：30min；

DNA 分子量标记：基因组 DNA 为 λDNA/*Eco*RⅠ+*Hin*dⅢ分子量标记，质粒为 DNA 1kb 片段梯度 DNA 分子量标记，PCR 扩增产物为 DL 5000 DNA 分子量标记。

对照 DNA 分子量标记的 DNA 片段条带，比较分析检测样品基因组 DNA、质粒 DNA 和 PCR 扩增产物是否有条带、条带位置、条带亮度以及是否单一等情况，以此判断提取或扩增获得的 DNA 质量。*E. coli* 基因组 DNA、质粒 DNA pET-28a 和 PCR 扩增产物 L-天冬酰胺酶Ⅱ基因（*ansB*）的琼脂糖凝胶电泳检测结果分别见图 6-7、图 6-8 和图 6-9。

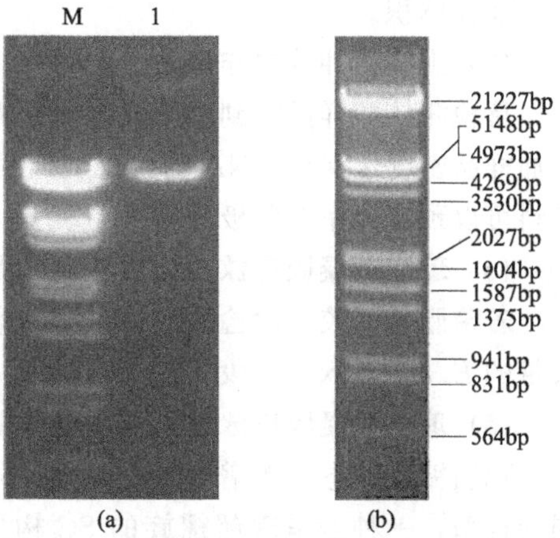

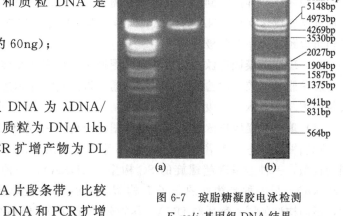

图 6-7　琼脂糖凝胶电泳检测 *E. coli* 基因组 DNA 结果

(a) M 为 λDNA/*Eco*RⅠ+*Hin*dⅢ分子量标记，1 为基因组 DNA；

(b) λDNA/*Eco*RⅠ+*Hin*dⅢ分子量标记片段长度标记

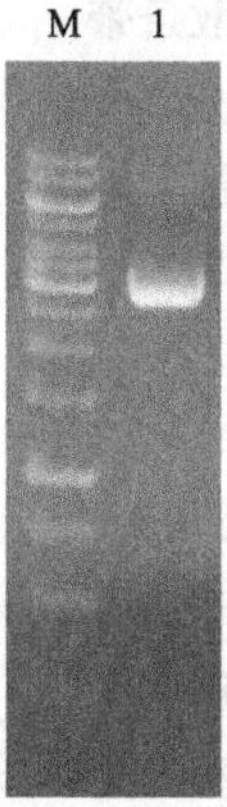

图 6-8　琼脂糖凝胶电泳检测 pET-28a 结果

M：1kb 片段梯度 DNA 分子量标记；1：pET-28a

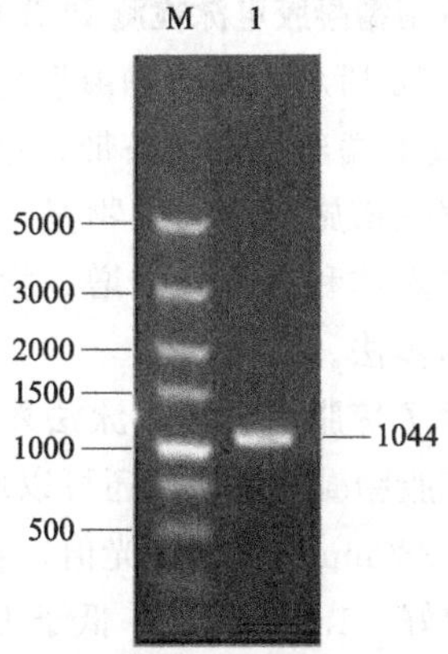

图 6-9　琼脂糖凝胶电泳检测 PCR 产物结果

M：DL 5000 DNA 分子量标记；1：*ansB*

(2) 确定琼脂糖凝胶电泳上样量的依据是什么？

加样孔能加入DNA的最大量取决于样品中DNA片段的大小和数目。若在一个5mm宽条带含有500ng以上DNA时，说明加样孔过载，会导致拖尾、条带两侧卷翘的“微笑效应”和模糊不清等现象。如果DNA长度增加，上述想象变得更为严重。分析单一DNA样品（如λ噬菌体或者质粒DNA）时，每个5mm宽加样孔可加100～500ng DNA。如果样品由不同大小的许多DNA片段组成（如哺乳动物DNA的酶切样品），则每个加样孔加入20～30μg DNA也不会造成分辨率明显的下降。

DNA加样的最大体积是由加样孔容积决定的。通常的加样孔（0.5cm×0.5cm×0.15cm）可容纳约40μL DNA样品。切忌将加样孔加得太满，甚至溢出。为避免溢出造成相邻孔中样品污染，最好配制稍厚些的凝胶，以增加加样孔容积或通过乙醇沉淀浓缩DNA减少加样体积。

(3) 上样缓冲液的作用是什么？

待检测核酸样品加到凝胶孔之前，需要和上样缓冲液混合。上样缓冲液有三个作用：可增加样品密度以保证DNA均匀沉入加样孔内；使样品带有颜色便于简化上样过程；其中的染料可以预定速率向阳极迁移。

(4) 琼脂糖凝胶电泳检测质粒电泳图谱下端出现大片弥散条带

若琼脂糖凝胶电泳检测质粒电泳图谱下端出现大片弥散条带，很可能是提取过程中残留大量的*E. coli* RNA片段。

(5) 琼脂糖凝胶电泳检测质粒电泳图谱出现1～3条不等的电泳条带

琼脂糖凝胶电泳图谱出现1～3条不等的电泳条带，是因为质粒DNA分子具有三种不同的构型，一种是呈现超螺旋的SC构型（scDNA），一种是开环DNA（ocDNA），另一种是线性的分子L构型（LDNA）。在琼脂糖凝胶电泳中，不同构型的同一种质粒DNA，尽管分子量相同，仍具有不同的电泳迁移率，其中在最前沿的是scDNA，其后依次是LDNA和ocDNA。

(6) 琼脂糖凝胶电泳检测质粒电泳图谱最上端出现条带

参考图6-8琼脂糖凝胶电泳检测质粒pET-28a电泳图谱，其最大DNA分子量标记电泳条带为10kb。如果在10kb以上位置出现条带，表明受到基因组DNA污染。

(7) 琼脂糖凝胶电泳检测PCR扩增产物电泳图谱最下端出现弥散条带

如图6-10所示，琼脂糖凝胶电泳检测PCR扩增产物*ansB*电泳图谱（泳道1）最下端出现弥散条带，这种情况一般是引物二聚体形成的电泳条带。其解决措施：降低引物量，适当增加模板量，减少循环次数，可避免引物二聚体和非特异扩增；尝试不同的酶和体系；适当提高退火温度或采用两步法。

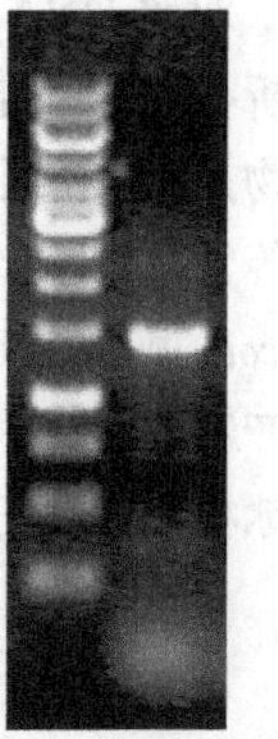

图6-10 PCR产物电泳图谱

M：DNA分子量标记；1：*ansB*

(8) 除了琼脂糖凝胶电泳法外，质粒DNA抽提质量的检测还可用什么方法？

除了琼脂糖凝胶电泳，还可以用分光光度法检测质粒DNA抽提质量。采用分光光度计检测260nm、280nm波长的吸光值，若吸光值260nm/280nm的比值介于1.7～1.9之间，说明质粒质量比较好，1.8为最佳。低于1.8说明有蛋白质污染，大于1.8说明有RNA污染。

(9) 上样时应注意什么？

① 加样时枪头不要碰坏凝胶孔壁，否则DNA的带型不整齐，加样前可用枪头吸打加样

孔中的溶液以赶走加样孔中的气泡。

② 上样量决定于 DNA 样品片段的大小、数目及加样孔形状与容量。对于标准的 0.5cm 宽加样孔，单一 DNA 每孔上样 100～500ng，不同片段 DNA 每孔上样可达 20～30μg。

③ 在许多实验中，加样时可以不必每个样品换一个枪头，但需在阳极槽中反复吸打电泳缓冲液清洗。对于 Southern 印迹转移和需要回收 DNA 片段的电泳，则应每个样品使用 1 个新的枪头加样，避免样品交叉污染。

④ DNA 分子量标记宜在两侧的加样孔中均加上，尤其是未知 DNA 片段分子量测定。在测定未知 DNA 分子大小时，还应注意所有样品中的缓冲液应该相同，盐浓度高会减慢 DNA 的迁移速度，如 *Bam*HⅠ、*Eco*RⅠ酶切后的 DNA 样品，含有比溶在 TE 中的分子量标准更高的盐浓度，会造成分子量测定不准。

(10) 电泳时应注意哪些?

① 电源接通前应核查凝胶放置的方向是否正确。

② 电泳仪有电压显示并不一定表示电泳槽已经接通，应观察正、负极是否有气泡出，如负极的气泡（H_2）比正极的气泡（O_2）多一倍，则表示电泳槽已经接通电源，几分钟后可见溴酚蓝指示剂向正极移动。

③ 对电压要求严格的电泳，可用万用表测量电泳槽正、负两极之间的电压，因为电泳仪上显示的输出电压，不一定就是电泳槽两极之间的实际电压。

④ 电泳过程中 EB 向负极移动，与 DNA 泳动方向相反，较长时间电泳会造成靠正极方向的凝胶中 EB 含量很低，对于含量较小的小分子量 DNA 片段检测困难。若有这种情况，需在电泳后重新将凝胶置 0.5μg/mL 的 EB 溶液中染色 30～45min。

⑤ 在凝胶中加入 EB 进行电泳，优点是便于随时在紫外下观察电泳状态，但 EB 会导致线性 DNA 迁移率下降 15%，同时有人认为 EB 会影响 DNA 带型的整齐，为了获得整齐、扁平的 DNA 带型，有人宁愿选择在电泳后进行 EB 染色，如 Southern 杂交试验前的电泳。

(11) 琼脂糖凝胶电泳实验策略

① 选择恰当的电泳方法。

一般的核酸检测只需琼脂糖凝胶电泳就可以。如需要分辨率高的电泳，特别是只有几个 bp 的差别应选择聚丙烯酰胺凝胶电泳。用普通电泳不合适巨大 DNA，应使用脉冲凝胶电泳。注意巨大 DNA 用普通电泳可能跑不出胶孔导致缺带。

② 选择正确的凝胶浓度。

对于琼脂糖凝胶电泳，浓度通常在 0.5%～2%之间，低浓度的用来进行大片段核酸的电泳，高浓度的用来进行小片段分析。低浓度凝胶易碎，小心操作和使用质量好的琼脂糖是解决办法。注意高浓度的凝胶可能使分子大小相近的 DNA 带不易分辨，造成条带缺失现象。

③ 选择适合的电泳缓冲液。

常用的电泳缓冲液有 TAE 和 TBE，而 TBE 比 TAE 有着更好的缓冲能力。电泳时使用新鲜配制的缓冲液可以明显提高电泳效果。注意电泳缓冲液使用多次后，离子强度降低，pH 值上升，缓冲性能下降，可能使 DNA 电泳产生条带模糊和不规则的 DNA 带迁移的现象。

④ 选择合适的电泳电压和温度。

电泳时电压不应超过 20V/cm，电泳温度应低于 30℃，对于巨大的 DNA 电泳，温度应低于 15℃。注意电泳时电压和温度过高，可能导致出现条带模糊和不规则的 DNA 带迁移的现象，特别是电压太大可能导致小片段跑出凝胶而出现缺带现象。

⑤ 注意 DNA 样品的纯度和状态。

样品中含盐量太高和含杂质蛋白，均可产生条带模糊和条带缺失的现象。乙醇沉淀可去除多余的盐，用酚可去除蛋白。注意变性的 DNA 样品可能导致条带模糊和缺失，也可能出现不规则的 DNA 条带迁移。在上样前不要对 DNA 样品加热，用 20mmol/L NaCl 缓冲液稀释可以防止 DNA 变性。

⑥ 选择在目标片段大小附近片段梯度较密的分子量标记。

DNA 电泳时，大多使用分子量标记或已知大小的对照 DNA 来估算 DNA 片段大小。DNA 分子量标记应该选择在目标片段大小附近片段梯度较密的，这样对目标片段大小的估计才比较准确。需要注意的是分子量标记电泳同样也要符合 DNA 电泳的操作标准。如果选择 λDNA/*Hin*dⅢ或 λDNA/*Eco*RⅠ的酶切分子量标记，需要预先 65℃加热 5min，冰上冷却后使用，以避免 *Hin*dⅢ或 *Eco*RⅠ酶切造成的黏性接头导致的片段连接不规则或条带信号弱等现象。

⑦ 选择核酸染色剂。

实验室常用的核酸染色剂是溴乙锭（EB），染色效果好，操作方便，但是稳定性差，具有毒性。而其他系列例如 SYBR Green、Gel Red 等，虽然毒性小，但价格昂贵。

任务 6-3 PCR 扩增产物的纯化回收

【任务描述】

PCR 反应体系成分比较复杂，为保证目的基因能够顺利连接到表达载体上，需要对 PCR 扩增产物进行纯化回收。本任务将在琼脂糖凝胶电泳分离目的 DNA 片段基础上从琼脂糖凝胶中回收目的 DNA 片段（*ansB*）。

1. 原理

PCR 反应结束后，由于其反应体系中成分比较复杂，如 DNA 模板、残余引物、非特异性 DNA 片段等，需要对 PCR 扩增产物进行纯化回收。回收是指从电泳介质中纯化出目的 DNA 片段。凝胶电泳既可用于 DNA 的分析，也可用于制备和纯化特定的 DNA 片段。我们可以通过琼脂糖凝胶电泳分离目的基因片段，经过熔化凝胶、酚-氯仿抽提 DNA 并用无水乙醇沉淀目的 DNA 片段，从而实现对大小在 0.5～5.0kb DNA 片段的纯化回收。DNA 片段大小超过此范围，回收效率会下降，但仍然可以满足实验目的需求。

2. 材料准备

(1) DNA 样品

PCR 扩增产物（*ansB*）。

(2) 试剂

琼脂糖，DNA 分子量标记（1kb 片段梯度 DNA 分子量标记），50×TAE 电泳缓冲液储备液（使用时按照 1∶50 稀释成 1×TAE 工作液），6×DNA 上样缓冲液，去离子水，溴乙锭（10mg/mL），Tris-HCl 饱和酚（pH 7.6），氯仿，乙酸钠，无水乙醇，异丙醇，TE 缓冲液（pH 8.0），AxyPrep DNA 凝胶回收试剂盒（AxyPrep DNA Gel Extraction Kit Protocol）等。

3. 仪器及耗材

电泳仪电源，琼脂糖凝胶电泳槽（附带梳子），凝胶成像系统，电子天平，离心机，水浴锅，微波炉或电炉，旋涡振荡器，手术刀，1.5mL 离心管，100mL 三角烧瓶，不同量程的移液枪及配套枪头，一次性 PE 手套，乳胶手套，标签纸，记号笔等。

4. 任务实施

第一部分：琼脂糖凝胶电泳

① 配制 1.0%的琼脂糖凝胶 50mL。

② 微波炉加热使琼脂糖溶解。

③ 冷至 60℃时，加入 EB 至终浓度 0.5μg/mL 或加入 2.5μL GV，轻轻摇匀。

④ 将琼脂糖溶液倒入带托胶板的制胶槽内，厚度 0.3～0.5cm，迅速插上梳子。

⑤ 室温放置 30～45min，待琼脂糖溶液完全凝固，小心取出梳子，将凝胶放置于电泳槽中。

⑥ 加入 1×TAE 电泳缓冲液至电泳槽中，使液面高于胶面约 1mm。

⑦ 在 30μL DNA 样品中加入 6μL 的 6×DNA 上样缓冲液，混匀并离心 5s，使样品沉于管底。

⑧ 将 DNA 样品加入加样孔中，同时加入 10μL 1kb 片段梯度 DNA 分子量标记。

⑨ 接通电源，选择电压 1～5V/cm，一般为 80V。

⑩ 根据指示剂位置，停止电泳，切断电源，取出凝胶。

⑪ 将凝胶置于凝胶成像系统的暗箱中的适当位置，打开软件，打开光源，观察条带亮度。

第二部分：切胶回收 PCR 产物

方法一：冻融法

① 在紫外灯下仔细切下含待回收 DNA 的胶条，将切下的胶条（小于 0.6g）捣碎，置于 1.5mL 离心管中。

> 温馨提示：尽量使切出的琼脂糖凝胶块体积最小，以减少抑制剂对 DNA 的污染。

② 加入等体积 Tris-HCl 饱和酚（pH 7.6），振荡混匀。

③ −20℃放置 5～10min。

④ 10000r/min，4℃离心 5min，上层液转移至另一离心管中。

⑤ 加入 1/4 体积无菌双去离子水于含胶的离心管中，振荡混匀。

⑥ −20℃，放置 5～10min。

⑦ 10000r/min，4℃离心 5min，合并上清液。

⑧ 用等体积酚-氯仿、氯仿分别抽提一次，离心取上清。

> 温馨提示：不要吸入下层杂质及酚-氯仿相，没把握时宁可放弃一些上层水相。临界面的白色物质即是琼脂糖。

⑨ 加入 1/10 体积 3mol/L NaAc（pH 5.2）、2.5 倍体积预冷的无水乙醇，混匀。

⑩ −20℃，静置 30min。

⑪ 12000r/min，4℃离心 10min，弃上清，75%乙醇洗沉淀 1～2 次，晾干。

⑫ 加适量无菌去离子水或 TE 溶解沉淀。

方法二：试剂盒法

① 在紫外灯下切下含目的DNA的琼脂糖凝胶，计算凝胶重量（100mg凝胶，计100μL体积；尽量缩短暴露在UV灯下的时间）。

② 加入3倍凝胶体积的Buffer（缓冲液）DE-A（600μL），混合均匀后，于65℃加热，直至凝胶完全熔化。

③ 加0.5倍Buffer DE-A体积的Buffer DE-B（300μL），混合均匀，当分离的DNA片段小于400bp时，加入1倍凝胶体积的异丙醇。

④ 吸取③中混合液，转移到DNA制备管（置于2mL离心管中），12000r/min离心1min，弃滤液。

⑤ 将制备管置于2mL离心管中，加500μL Buffer W1，12000r/min离心30s，弃滤液。

⑥ 将制备管置于2mL离心管中，加700μL Buffer W2，12000r/min离心30s，弃滤液。重复一次。

⑦ 将制备管置于2mL离心管中，12000r/min离心1min，除净残余的液体。

⑧ 将制备管置于1.5mL离心管中，在制备膜中央，加入25～30μL 65℃洗脱液或去离子水，室温静置1min，12000r/min离心1min，洗脱DNA。

5. 结果与分析

(1) 琼脂糖凝胶电泳检测L-天冬酰胺酶Ⅱ基因（*ansB*）回收产物

见图6-11。

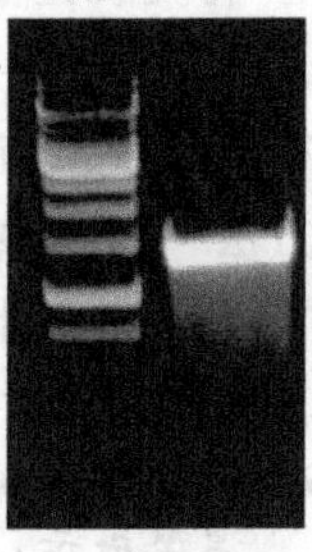

图6-11 回收产物电泳图谱

M：DNA分子量标记；1：*ansB*

(2) 如何提高胶回收PCR产物的收率

① 制作大孔径胶孔，增加电泳上样量；

② 电泳缓冲液用新鲜配制的；

③ 切胶时尽量只切有条带的凝胶，减少切胶体积。放弃含有目的片段很少的凝胶。为减少凝胶体积，可用相对较薄的凝胶来跑电泳。为增加上样量，可选择厚的、间距较大的梳齿。

(3) 琼脂糖凝胶胶块不溶解的原因

琼脂糖质量不好；含目的DNA片段的凝胶放置在空气中过久，使胶块失水、干燥，建议切胶后立即进行胶回收或者将胶块保存在4℃或－20℃；制胶的电泳缓冲液浓度过高或者过于陈旧。

(4) 关于凝胶回收产物的质量

凝胶回收产物的质量主要指纯度和浓度。常规电泳过程中，普通级别的琼脂糖自带一些性状不明的多糖，会连同DNA一起从凝胶中抽提出来，从而强烈抑制后续的酶切、连接或标记、扩增等实验。从凝胶中回收的DNA片段，产物的纯度是应该重点考虑的对象。对于大片段DNA回收，质量还包括了产物片段的完整性，如果操作过程产生机械剪切力使得回收产物片段大小不一致，也会影响后续实验。

能力拓展

（一）新型核酸荧光染料

EB是实验室最常用的核酸染料，有着简单、快速、灵敏度高等特点，但由于其具有一定毒性，对实验者和周围环境有一定危害，因此寻找有效并更安全的核酸染料成为实验者需要解决的问题。近年来，新型核酸荧光染料不断推向市场，常见的有以下几种：

1. GoldView 荧光染料

GoldView（GV）是一种简便、安全、灵敏度高的新型核酸染料，可代替 EB 用于琼脂糖凝胶/聚丙烯酰胺凝胶中 DNA、RNA 的常规染色。GV 灵敏度与 EB 相当，使用方法与 EB 相同。在紫外灯下，GV 染色双链 DNA（dsDNA）呈绿色荧光，而单链 DNA（ssDNA）呈红色荧光，因此能较好地区分 dsDNA 与 ssDNA，将其用于 dsDNA/ssDNA 分析，能够取得满意效果。GV 的缺点是稳定性不如 EB。

GV 使用方法：

① 将 100mL 琼脂糖凝胶溶液（浓度一般为 0.8%～2%）在微波炉中融化。

② 加入 5μL GV，轻轻摇匀，避免产生气泡。

③ 冷却至不烫手时倒胶，待琼脂糖凝胶完全凝固后上样电泳。

④ 电泳完毕在紫外灯下观察。若使用数码相机照相记录，则关闭相机的闪光灯，置于自动挡即可；若使用凝胶成像系统照相，通过调节光圈、曝光时间，选择合适的滤光片，可得到成像清晰、背景较低的照片。

GV 使用注意事项：

① 胶厚度不宜超过 0.5cm，胶太厚会影响检测的灵敏度。

② 加入 GV 的琼脂糖凝胶反复融化可能会对核酸检测灵敏度产生一定影响。

③ 通过凝胶电泳回收 DNA 片段时，建议使用 GV 染色，在自然光下切割 DNA 条带。

④ 虽未发现 GV 有致癌作用，但对皮肤、眼睛会有一定刺激，操作时应戴上手套。

2. SYBR Green 荧光染料

（1）SYBR Green Ⅰ

SYBR Green Ⅰ是一种能激发荧光的非对称花青染料，能结合双链 DNA，结合后使荧光信号增强 800～1000 倍，检测灵敏度高于 EB。在紫外照射透视下，与 dsDNA 结合的 SYBR Green Ⅰ呈现绿色荧光，如果胶中含有 ssDNA 则颜色为橘黄而不是绿色，因而能区分 dsDNA 和 ssDNA，但检测 ssDNA 的灵敏度不高，效果不好。在荧光定量 PCR 等方面的应用有着不可取代的优点，也可用于 DNA 凝胶电泳染色、细胞凋亡检测等领域研究。SYBR Green Ⅰ除不具有致突变性外，还具有灵敏度高、操作简单、适用范围广、使用方便、不影响其它修饰酶作用等优点，但是 SYBR Green Ⅰ溶液的稳定性不如 EB，需使用聚丙烯类容器，要避光、低温保存，且价格比较贵。

SYBR Green Ⅰ预染方法：

① 该方法适于琼脂糖凝胶电泳和 PAGE 凝胶电泳。

② 工作液的配制：用电泳缓冲液将 10000×的 SYBR Green Ⅰ稀释 100 倍，即为 SYBR Green Ⅰ工作液。SYBR Green Ⅰ工作液可以置 2～8℃冷藏一个月以上。

③ 制胶：按常规方法制胶，不含任何染料。

④ 样品染色：向样品中加入 SYBR Green Ⅰ工作液和载样缓冲液，室温放置 10min，使 SYBR Green Ⅰ与样品中 DNA 充分结合。SYBR Green Ⅰ工作液加入量为总上样量的 1/10。

⑤ DNA 分子量标记染色：将 5μL DNA 分子量标记和 1μL SYBR Green Ⅰ工作液混匀，室温放置 5min，使 SYBR Green Ⅰ与 DNA 充分结合。

⑥ 上样、电泳：按常规操作。

SYBR GreenⅠ后染方法：

① 按照常规方法进行电泳。

② 用 pH 7.0～8.5 的缓冲液（如 TAE、TBE 或 TE），按照 10000∶1 的比例稀释 SYBR GreenⅠ浓缩液，混匀，制成染色溶液。

③ 将染色溶液倒入合适的聚丙烯容器中，放入凝胶，用铝箔等盖住容器使染料避光。室温振荡染色 10～30min，染色时间因凝胶浓度和厚度而定。聚丙烯酰胺凝胶直接在玻璃平皿上染色，将配好的工作液轻轻倒在胶板上，让工作液均匀地覆盖整个胶板，并染色 30min。玻璃平皿须预先经过硅烷化溶液处理（避免染料吸附在玻璃表面上）。

④ 用蓝盾^{TM}观测。蓝光可透过玻璃，观测聚丙烯酰胺凝胶时，可直接将托有凝胶的玻璃平皿放入蓝盾^{TM}内观测。

SYBR GreenⅠ使用注意事项：

① 在上述 SYBR GreenⅠ预染色方法中，电泳时间不要超过 2h，否则 SYBR GreenⅠ会从 DNA 上分离出来，产生弥散状条带。

② 在常规用乙醇沉淀核酸过程中，SYBR GreenⅠ可以全部从双链核酸上去掉。

③ 如果想对用 SYBR GreenⅠ染过的胶进行 Southern 印迹杂交，建议在预杂化和杂化溶液中加入 0.1%～0.3% SDS。

④ SYBR GreenⅠ对玻璃和非聚丙烯材料具有一定的亲合力。建议在稀释、贮存、染色等使用过程中用聚丙烯类容器。

(2) SYBR GreenⅡ

SYBR GreenⅡ RNA 染料是一种高敏感的核酸染色试剂，可以对 RNA 或 ssDNA 进行染色。在使用 300nm 透射光显影情况下，非变性凝胶中检测核酸的灵敏度可达到 5×10^{-7}g。与传统 EB 染料相比，该染料灵敏度更高，可应用于杂交前 RNA 质量检测，同时不会影响后续转膜，还可应用于变性梯度凝胶电泳和单链构象多态性分析等实验。SYBR GreenⅡ RNA 染料可代替银染和 EB 染色，消除了银染复杂、费时的缺点；与 EB 染色相比，形成的 SRBR GreenⅡ-RNA 复合物所激发的荧光是 EB-RNA 复合物激发荧光的 7 倍。SYBR GreenⅡ RNA 染料并不是特异性的结合 RNA 或者 DNA 单链，但是其对单链的结合效率是双链的 2 倍左右，广泛地应用于 RNA 质量分析。

SYBR GreenⅡ 10000×染色方法：

SYBR GreenⅡ RNA 染料检测核酸时，既可预染也可电泳后再进行染色。预染时，取 1μL 贮存液加入 1mL TE 缓冲液或灭菌双蒸水中，混匀，再加入 1mL 6×上样缓冲液混匀（此时溶液为 1∶2000 稀释，即为工作液），电泳时取 1～2μL 工作液和 5μL 待检测样品混匀后直接上样。注意：须将商品化的核酸分子量标记作一定倍数的稀释（1/5～1/10），这样才能得到比较理想的结果。

电泳后染色时，在室温、避光的情况之下准备染色液。染色液要在塑料器皿中制备而不要在玻璃器皿中，因为玻璃表层对该试剂有吸附作用。染料取出后室温放置，恢复室温后简单离心混匀。

染色液使用 1×TBE 缓冲液进行 1∶10000 稀释。如果是琼脂糖甲醛变性胶，则用 1×TBE 做 1∶5000 稀释。由于 SYBR GreenⅡ RNA 染色液灵敏度高，所以要选用新鲜的 1×TBE 缓冲液进行稀释，以免缓冲液中残存的杂质产生背景，影响实验结果。注意：为提高染色灵敏度，要确定缓冲液 pH 在 7.5～8 之间，因为 SYBR GreenⅡ RNA 染色液对 pH 敏感。

把胶放在塑料染色容器中，加入足够染色液使之覆盖整块胶。用铝箔遮盖或者是放在暗处避光。在染色之前没有必要先将胶中的变性剂如尿素和甲醛洗出来，因为 SYBR Green Ⅱ RNA 染色液复合物发出的荧光在甲醛或者尿素存在时不会猝灭。

在室温下轻轻摇晃凝胶，聚丙烯酰胺凝胶最佳染色时间是 10～40min，琼脂糖凝胶最佳染色时间是 20～40min。由于其荧光本底很低，凝胶染色后无需脱色。染色液放在 2～8℃避光保存，可以重复使用 3～4 次。注意：SYBR Green Ⅱ RNA 染色液不影响 RNA 向膜上的转移和 Northern 中的后续实验。

染色胶显色和成像：SYBR Green Ⅱ RNA 染色液复合物所激发的荧光可以使用 300nm 和 254nm 光波照射，通过 Wratten 15 滤光片检测。注意：由于荧光本底较低，所以可以通过适当延长曝光时间的方法检测痕量的核酸。

SYBR Green Ⅱ 10000×贮存：SYBR Green Ⅱ RNA 染色液保存于 DMSO 溶液、－20℃、避光，可保存一年。稀释工作液 2～8℃可放置一周，室温放置可 3～4d。

3. SYBR Gold 荧光染料

SYBR Gold 是一种新型的、极敏感的染料商品名称，可用于中性聚丙烯酰胺凝胶和琼脂糖凝胶中的核酸染色，同时也可用于含有变性剂（如尿素、乙二醛、甲醛）的凝胶染色。SYBR Gold-DNA 复合物产生光子的量比 EB-DNA 复合物要大得多，同时其结合 DNA 后产生的荧光信号增强度比 EB 高 1000 多倍。因此用 SYBR Glod 染色可以检测出琼脂糖凝胶中小于 20pg 的 dsDNA（是 EB 染色最低检测量的 1/25）。此外，利用 SYBR Gold 染料进行琼脂糖或聚丙烯酰胺凝胶染色可以检测出一个条带中含有少至 100pg dsDNA 或 300pg RNA。SYBR Gold 染料的最大激发波长为 495nm，同时在 300nm 有第二个激发峰，其荧光发射波长为 537nm。

不能将 SYBR Gold 加入熔化的凝胶中或在电泳前加入凝胶，这是因为在 SYBR Gold 存在情况下，凝胶中核酸的电泳行为会产生严重失真。由于 SYBR Gold 对荧光敏感，所以工作液（贮存液 1∶10000 稀释）应当天用电泳缓冲液新鲜配制，室温存放。DNA 片段经过凝胶电泳分离后，用 SYBR Gold 工作液浸染凝胶，浸染过程约 30min。由于该染料背景荧光水平很低，所以不需脱色。

4. Gel Red 和 Gel Green 荧光染料

Gel Red 和 Gel Green 是两种集高灵敏、低毒性和超稳定性于一体的荧光核酸凝胶染色试剂。其水溶性染色剂通过美国环保局安全认定，废弃物可直接倒入下水道，不会造成环境污染。其特点有：①高灵敏度；②稳定性好，可使用微波炉加热，室温保存；③更安全，艾姆斯氏试验结果表明该染料诱变性远小于溴乙锭；④广泛适应性；⑤染色过程简单；⑥对 DNA 和 RNA 迁移影响小；⑦与标准凝胶成像系统以及可见光激发的凝胶观察装置兼容。

（二）脉冲场凝胶电泳（pulsed-field gel electrophoresis，PFGE）

1984 年，Schwartz 和 Centor 发明了交变脉冲场凝胶电泳，与常规的直流单向电场凝胶电泳不同，这项技术采用定时改变电场方向的交变电源，每次电流方向改变后持续 1s 到 5min 左右，然后再改变电流方向，反复循环，所以称之为脉冲式交变电场。

1. PFGE 的原理

脉冲场凝胶电泳分离大分子 DNA 的介质是琼脂糖，大于 20kb 的线性双链 DNA 片段，在琼脂糖凝胶网孔中的泳动，就像蛇行式地寻找弯曲蜿蜒的孔隙。普通的单方向恒定电场给DNA分子的泳动动力其方向确定且不发生变化，所以严重影响凝胶电泳分离大分子量DNA片段的效果。

PFGE施加在凝胶上至少有两个电场方向，时间与电流大小也交替改变，使得DNA分子能够不断地调整泳动方向，以适应凝胶中不规则的孔隙变化，达到分离大分子线性DNA的目的，最大分辨率为5000kb大小的线性DNA分子。

在交变脉冲电场中，大分子量线性DNA改变泳动方向所需时间比小分子线性DNA要长，因为前者变形能力低于后者，当某一线性DNA在脉冲场中改变形状调整方向进行迁移所需的时间，大于脉冲场脉冲维持时间时，该DNA的迁移速度将减为最低。线性DNA分子改变形状和泳动方向所需时间与其分子量大致成正比，故PFGE也是基于不同DNA分子量的差异作为分离不同DNA分子的依据。

当DNA分子变形转向所需时间与脉冲时间较接近时，迁移率与DNA分子量成反比。根据被分离DNA分子的范围选择适当的脉冲时间，经较长时间不断变形转向泳动，不同大小的DNA就得到分离。DNA分子的净迁移方向与普通电泳一样，垂直于样品孔穴。

影响PFGE分辨力的因素包括以下几方面：①两个脉冲场的均一性；②两个脉冲场的脉冲时间以及它们之间的比率；③两个脉冲场的强度及方向。

为了增强PFGE对大小差异较大DNA样品的分辨率，可采用交变脉冲梯度电场，即在电泳过程中，先用较短的交变脉冲时间，使较小的DNA分子分离，然后用较长的交变脉冲时间分离较大的DNA分子。

2. PFGE的分类

正交交变电场凝胶电泳（orthogonal field alternating gel electrophoresis，OFAGE）：两个交变电场的交电流方向相互垂直，即45°、60°与120°。

反转电场凝胶电泳（field inversion gel electrophoresis，FIGE）：交变电场均一并且是180°反向的。

3. PFGE的电泳条件

凝胶中琼脂糖浓度一般为0.8%～1.5%，常用1%。电泳缓冲液为0.5×TBE（5mmol/L Tris-HCl缓冲液，pH 8.3，45mmol/L硼酸，10mmol/L EDTA），也可用TAE缓冲液。

在OFAGE中，对于20cm×20cm的凝胶，选择330V以上的电压，在0.5×TBE中的电流为100～200mA，以达到10V/cm的电压降。

在FIGE中，一般选择140V的电压，0.5×TBE中的电流为50～60mA，电压降为7V/cm。

Vollrath和Davis于1987年报道用以下条件：0.6%琼脂糖凝胶，1.3V/cm的电压降，脉冲时间1h，电泳130h，可分辨出5000kb以上的DNA分子。

注意：电泳宜在5～15℃的低温条件下进行；电泳缓冲液应在两极槽之间循环；低电压能产生较整齐的带型；交变电场的方向决定的交叉角度越大，分离效果越好。

分子量较大的噬菌体DNA可作为分子量标准。如T7（40kb）、T2（166kb）、G（758kb）。除此之外，还可将λDNA体外连接，形成一系列不同大小的聚合串连分子作为分子量参照标准。

电泳后 DNA 样品染色，采用 0.5μg/mL EB 浸泡 30～45min。紫外线灯下观察拍照或进行 Southern 印迹杂交。

4. PFGE 的应用

① 分离原核生物的染色体。

② 人类染色体内切酶物理图谱分析，并将大片段 DNA 分子直接克隆，是人类基因组测序计划中非常有效的方法之一。

③ 探测细胞染色体上百万碱基对（Mb）以上基因组 DNA 的缺失。

④ 适于单向电场电泳难以分辨的 DNA 物理图谱的制作。

（三）双相电泳

目前已经建立多种双相电泳体系用于分离复杂的核酸混合物，它比单相电泳具有更高的分辨率。下面简要介绍三个类型的双相电泳。

1. 差异双相电泳

该电泳系统利用核酸分子之间所带电荷的差异和分子大小不同两个物理性状联合进行分离。酸性 pH 时，DNA 分子中碱基电荷携带量为 U>G>A>C；在 pH 5.0～8.5 范围内，4 个碱基的净电荷均为－1；pH>8.5 时，C、A 静电荷仍为－1，U、G 进一步解离，电荷<－1。一般第一相首先在 pH 3.5 的介质与缓冲液体系中电泳，在酸性环境中由于 DNA 分子间的碱基组成不同，解离水平不一，造成所带电荷的差异，达到初步的分离；第二相电泳时，pH 改为中性或偏碱性（如 pH 8.3），此相凝胶电泳中，分子筛效应发挥主要作用，依 DNA 分子大小决定的迁移率进行分离。

2. 胶浓度差异双相电泳

通过改变前后两相电泳介质的凝胶浓度，即分子筛网孔的大小达到高分辨分子大小相差悬殊的核酸混合物，第一相在低浓度胶中分离大分子 DNA 片段，然后切下含 DNA 样品的胶条灌制于高浓度的凝胶中进行第二相电泳，使在第一相电泳中未完全分开的小分子量 DNA 得到分离。

3. 变性非变性双相电泳

本系统依照 DNA 分子的大小及其变性的差异进行电泳分离。第一相为普通凝胶电泳，介质中不含变性剂，DNA 分子按片段大小进行分离；第二相则在含有变性剂的凝胶中电泳，并且变性剂形成浓度梯度，使 DNA 片段按变性难易的程度分离。碱基对中，G≡C配对有 3 个氢键维持，而 A═T配对只有 2 个氢键。变性时，GC 富集区需要较高浓度的变性剂，AT 密集片段则在较低变性剂浓度的区域。双链 DNA 分子在迁移过程中，分子中部分区域氢键破坏，导致分子形状不规则，致使其迁移率大幅度下降，甚至接近于零。所以在第二相变性剂梯度凝胶电泳时，由于 DNA 碱基组成不一，变性所需条件不同，从而在凝胶中变性时的位置不一，得到了更高的分辨效果。

上述类型的电泳也可以根据需要进行组合，如琼脂糖凝胶第一相在低 pH 缓冲液中电泳，第二相在聚丙烯酰胺含变性剂浓度梯度介质中电泳，可得到较多的电泳分离条带。

总之，核酸凝胶电泳在核酸的分离方法中有着举足轻重的地位，它不但能分离分子量大小不同的核酸分子，而且能够分离出不同拓扑学构象的 DNA 分子，还可分离双链 DNA 分子中两条不同互补链，分离长度只相差1个核苷酸范围的单链核酸分子（核酸顺序测定）。近两年发展的SSCP技术，能分离双链DNA中含1个点突变的两条互补链（长度完全一致，只有1个碱基突变），使得PCR技术快速测定基因的点突变，增添了新的检测手段，而与层析技术结合的毛细管电泳系统对于微量的核酸分离及回收其有更大的意义。

凝胶电泳除各种不同的分离功能外，还可检测核酸制品的纯度，进一步纯化所需的核酸分子并测定其浓度。核酸凝胶电泳操作较简单，灵敏快速，观察方便，加上溴乙锭对核酸染色体的特殊性，使得电镜也难以观察的寡聚核苷酸，出现可以用肉眼直接观察的奇迹。毫不夸张地说，凝胶电泳为分子生物学的发展做出巨大的贡献。

（四）微型凝胶电泳

在克隆程序中，采取下一步操作前，往往需要快速鉴定上一步的结果，快速分析小量DNA样品，微型胶电泳是方便、经济、省时的方法。

电泳槽制胶模具大小为75cm×5cm，可灌注凝胶为10～12mL（0.5%～2.0%），EB直接加在凝胶中，梳齿长为2.5mm、宽1mm，加样量为3～12μL，每孔载样10～100ng。电压降为5～20V/cm，电泳20～60min，即可观察结果或拍照记录。

1. 碱性琼脂糖凝胶电泳

此法可用于：①分析抗核酸酶S1的DNA-RNA，杂交分子中cDNA链的大小；②检测反转录酶合成第一条和第二条cDNA链的大小；③检测分子克隆中酶制剂中的缺口活性；④标定DNA缺口平移核素标记实验中试剂的用量。

2. 操作方法

① 在已定量的50mmol/L NaCl、1mmol/L EDTA溶液或水中，加入确切量的琼脂糖。在加热情况下，NaOH会使琼脂糖的多聚体水解，故先用中性、无缓冲能力的NaCl、EDTA溶液或水化胶，然后再在碱性电泳缓冲液中平衡。

② 沸水或微波炉加热使琼脂糖溶解。

③ 溶液冷至60℃时灌胶。第一步若是用水配制的琼脂糖，则在灌胶前，加NaOH至50mmol/L，EDTA至1mmol/L。一般不加EB，因为在碱性pH情况下，EB与DNA不能结合。

④ 若第一步中是用NaCl与EDTA配制的胶，则在电泳前将胶浸泡在碱性缓冲液中30min平衡离子浓度，然后吸去多余的碱性缓冲液至液面高于胶面1mm。碱性电泳缓冲液：30mmol/L NaOH，1mmol/L EDTA。

⑤ 电泳的样品先用乙醇沉淀，溶于10～20μL 50mmol/L NaOH，1mmol/L EDTA溶液中，再加入0.2倍容积的6×碱性上样缓冲液，混匀，离心5s，上样。小于15μL的样品，不需乙醇沉淀，可直接加入EDTA（pH 8.0）至终浓度为10mmol/L，然后加上样缓冲液。

⑥ 电泳的电压降为0.25V/cm，碱性琼脂糖电泳介质中的电流较大，发热，宜采用较低的电压。当溴甲酚绿迁移至胶全长的3/4处，停止电泳。

溴甲酚绿能迅速扩散到电泳缓冲液中，所以当它从样品孔中迁移入胶中后，应该在凝胶表上再加放一块玻璃板。该玻璃板还有防止凝胶在碱性缓冲液中脱离模具而在电泳液中漂动的功能。

⑦ 多数情形下，碱性凝胶电泳是α-^{32}P标记的DNA样品，电泳结束后，室温下将凝胶

浸泡于 70%三氯乙酸 0.5h，然后置于玻璃板上，盖以多层 3mm 滤纸，上面再压块玻璃板，干燥数小时，再用 saran wrap 膜或保鲜膜包好已干燥的凝胶，在室温下或－70℃附加增感屏进行放射自显影。

若 DNA 未标记，则将凝胶浸于中和液（1mol/L Tris-HCl，pH 7.6，1.5mol/L NaCl）1h，然后进行印迹转移 DNA 至硝酸纤维膜上，通过分子杂交检测相应的 DNA 片段。

实践练习

1. 电泳是指带电颗粒在电场作用下，向着与其电性______的电极移动的______。按照电泳中是否使用支持介质，可将电泳分为______电泳和______电泳两大类。

2. 琼脂糖主要是从海藻琼脂中提取来的，是由______和 3,6-脱水-L-半乳糖通过 β-1,4 和 α-1,3 连接交替构成的______聚合物。

3. 琼脂糖凝胶电泳是分离、鉴定和纯化 DNA 片段的一种常用方法。DNA 在碱性条件下（pH 8.0）带______电，在电场中通过凝胶介质向______极移动。

4. 电泳过程中，常使用一种有颜色的标记物以指示样品的迁移过程。核酸电泳常用的指示剂有两种：溴酚蓝和______，前者呈蓝紫色，后者呈蓝色。

5. 溴乙锭（EB）是一种常用的荧光染料，这种______分子可以嵌入核酸双链的配对碱基之间形成荧光络合物，在紫外线激发下，发出______荧光。EB 见______易分解，故应置______试剂瓶中于 4℃保存。

6. 迁移率是带电荷颗粒在一定电场强度下，______内在介质中的迁移距离。泳动率与样品分子所带的电荷密度、电场中的电压及电流成______比，与样品的分子大小、介质黏度及电阻成______比。

7. 电泳缓冲液是电泳场中的导体，它的种类、pH、离子强度等直接影响电泳的效率。常用的琼脂糖凝胶电泳缓冲液有（　　）。A. TAE；B. TBE；C. TE；D. PBS。

8. 用碱裂解法提取质粒，会出现三种构型，即 scDNA、ocDNA 和 L 构型。在琼脂糖凝胶电泳图谱中，迁移最快的构型是______，迁移最慢的构型是______。

9. GoldView 是一种简便、安全、灵敏度高的新型核酸染料。在紫外照射透视下，染色双链 DNA 呈______荧光，而单链 DNA 呈______荧光，因此能较好地区分 dsDNA 与 ssDNA。GoldView 的主要缺点是______不如 EB。

10. 影响 DNA 在琼脂糖凝胶电泳中迁移速率的因素是什么？

（刘为营）

项目七　L-天冬酰胺酶Ⅱ基因（*ansB*）和质粒 pET-28a 的酶切与连接

学习目标

通过本项目的学习，了解构建重组 DNA 分子需要用到工具酶，也就是限制性内切核酸酶和 DNA 连接酶等，能应用这些工具酶在体外构建重组 DNA 分子。

1. 知识目标

（1）掌握限制性内切核酸酶的概念、命名、分类和酶切位点的选择；

（2）掌握 DNA 连接酶的概念和种类；

（3）熟悉目的基因片段与载体分子的连接方法；

（4）了解甲基化酶、DNA 聚合酶、末端转移酶、同裂酶和同尾酶。

2. 能力目标

（1）能应用限制性核酸内切酶进行 DNA 的酶切操作；

（2）能应用醇沉法、冻融法和试剂盒法回收酶切产物；

（3）能应用 DNA 连接酶进行外源 DNA 和质粒载体的体外连接；

（4）能分析影响酶切和酶接效率的因素。

项目说明

基因工程又称重组 DNA 技术，重组 DNA 分子的构建是指将经过酶切、回收、纯化后的 PCR 产物与质粒载体用 DNA 连接酶连接的过程，包括目的基因的获得、质粒载体的选择、限制性内切核酸酶的切割、酶切产物的纯化和回收、DNA 连接酶的连接。在此过程中有三种必需的东西：一是目的基因，二是质粒载体，三是工具酶。目的基因 *ansB* 已通过项目四获得，质粒载体 pET-28a 已通过项目五获得，并且获得的目的基因 *ansB* 和质粒载体 pET-28a 都通过项目六琼脂糖凝胶电泳进行了分析检测。本项目主要是学习工具酶（重点是限制性内切核酸酶和 DNA 连接酶）及其应用，先用限制性内切核酸酶 *Bam*H Ⅰ和 *Hin*d Ⅲ同时对目的基因 *ansB* 和质粒载体 pET-28a 进行双酶切，再用 T4 DNA 连接酶将二者连接起来，构建重组质粒 pET-28a-*ansB*，从而将 L-天冬酰胺酶Ⅱ（*ansB*）克隆至质粒 pET-28a。

基础知识

（一）核酸工具酶及主要功能

在基因重组技术中，需要应用各种核酸工具酶对 DNA 分子进行“剪切”和“缝合”，实现 DNA 分子的体外重组过程。这些工具酶主要包括限制性内切核酸酶、DNA 连接酶、DNA 聚合酶、DNA 外切酶、DNA 逆转录酶以及一些修饰酶。常用核酸工具酶及其主要功能见表 7-1。

表 7-1　常用核酸工具酶及其主要功能

核酸酶名称	主要功能
限制性内切核酸酶	识别并切割双链 DNA 分子内的特定核苷酸序列
DNA 连接酶	将两条 DNA 分子或片段连接成一个整体
DNA 聚合酶	催化合成 DNA 和 RNA
Taq DNA 聚合酶	以 DNA 为模板，按 5′→3′方向沿模板顺序合成新的 DNA 链
末端转移酶	将同聚物尾部加至线性双链 DNA 或单链分子的 3′-OH 末端
逆转录酶	以 RNA 为模板，dNTP 为底物，合成互补的 cDNA 链
碱性磷酸酶	催化除去 DNA 或 RNA 的 5′磷酸基团，防止 DNA 片段自身连接
外切核酸酶Ⅲ	从一条 DNA 链的 3′端移去核苷酸残基
S1 核酸酶	降解单链 DNA 和单链 RNA，产生 5′-单链核苷酸或寡核苷酸
核糖核酸酶 A	特异性攻击 RNA 嘧啶残基 3′端，去除 DNA 样品中的 RNA
脱氧核糖核酸酶Ⅰ	优先从嘧啶核苷酸的位置水解双链或单链 DNA
T4 多核苷酸激酶	把一个磷酸分子加到多核苷酸的 5′-OH 末端

（二）限制性内切核酸酶

1. 限制性内切核酸酶的概念

Arber 在 20 世纪 60 年代从大肠杆菌中发现了限制性内切核酸酶，这种酶的命名是基于它们能将外源 DNA（如病毒 DNA）切断并阻止其入侵，因此“限制”病毒的宿主范围。此外，它们在外源 DNA 的内部切割，而不是从其两端逐步切割，所以叫做内切核酸酶（endonuclease）而不是外切核酸酶（exonuclease）。由此可知，限制性内切核酸酶（restriction endonuclease，RE）是指能够识别双链 DNA 分子内部的特定核苷酸序列，并对每条链中特定部位的两个脱氧核糖核苷酸之间的磷酸二酯键进行切割的一类酶，简称限制酶。限制酶主要是从原核生物中分离纯化出来的，迄今已从近 300 种不同微生物中分离出了约 4000 种限制酶。限制酶是基因工程的分子手术刀，是基因操作的主要工具之一。

2. 限制性内切核酸酶的命名

限制性内切核酸酶的命名一般以微生物属名的第一个字母和种名的前两个字母表示该酶的种属来源，第四个字母或者阿拉伯数字代表来源该种属的菌株（品系），第五个一般为罗马数字代表发现或者鉴定的次序，如图 7-1 所示。再例如，从 *Bacillus amyloliquefaciens* H 中提取的限制性内切核酸酶称为 *Bam* H，在同一品系细菌中得到的识别不同碱基顺序的几种不同特异性的酶，可以编成不同的号，如 *Bam* HⅠ、*Hin* dⅡ、*Hin* dⅢ，*Hpa* Ⅰ、*Hpa* Ⅱ，*Mbo* Ⅰ、*Mbo* Ⅱ等。

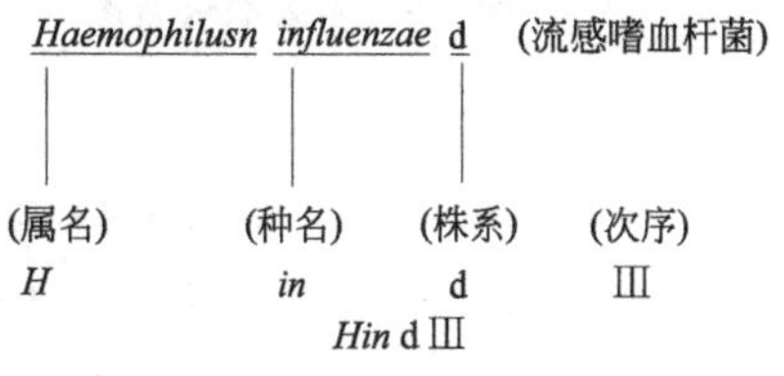

图 7-1　限制性内切核酸酶的命名

3. 限制性内切核酸酶的分类

根据限制酶的亚单位组成、识别序列的特异性、酶切位置和是否需要辅助因子，可将其分为Ⅰ型、Ⅱ型和Ⅲ型内切酶（表 7-2）。

表 7-2 三类限制性内切核酸酶的比较

酶的性质	酶的分类		
	Ⅰ	Ⅱ	Ⅲ
酶的组成	三种不同亚基	两种相同亚基	两种不同亚基
DNA 底物	双链 DNA	双链 DNA	双链 DNA
辅因子	Mg^{2+}、ATP、SAM	Mg^{2+}	Mg^{2+}、ATP
识别序列	非特异	特异	特异
切割位点	非特异（位于识别序列前或后 100～1000bp 范围内）	特异（位于识别序列之中或接近）	特异（位于识别序列后 25～27bp 范围内）
甲基化	具有甲基化酶作用	不具有甲基化酶作用	具有甲基化酶作用

Ⅰ型内切酶种类很少，只占 1%（如 *Eco*K 和 *Eco*B），由三种不同亚基构成，双功能酶，具有修饰活性（甲基化）和内切酶活性，切割位点无特异性且在识别位点前后 100～1000bp 范围内。

Ⅱ型内切酶所占比例最大，达 93%，只有一条多肽链组成，一般是同源二聚体，只具有内切酶活性，因其识别序列和切割位点的特异性和专一性，为最简单、最常用的限制性内切核酸酶，细划分为 A、B、ⅡB、ⅡG、ⅡM 等，主要特异性识别 4～6bp 回文对称结构，在识别位点中或接近识别位点处进行切割，产生固定的 DNA 片段。

Ⅲ型内切酶所占比例不到 1%（如 *Eco*P 1 和 *Eco*P 15），由两个亚基组成，双功能酶，具有修饰活性和内切酶活性，它们的识别位点分别是 AGACC 和 CAGCAG，切割位点则在下游 24～27bp 处。

根据限制酶切割位点的差异，将其分为平端酶和黏端酶，前者切割位点位于识别位点序列的中心位置，切割双链 DNA 后产生平头末端，也称钝端，如 *Hae* Ⅲ、*Eco*R Ⅴ和 *Sma* Ⅰ都属于平端酶（图 7-2）；后者切割位点位于识别位点序列的偏心位置，靠近 5′端或 3′端，切割双链 DNA 产生一段单链末端，称为黏性末端，如 *Hin*d Ⅲ、*Bam*H Ⅱ、*Nco*Ⅰ、*Apa*Ⅰ等（图 7-3 和图 7-4）。

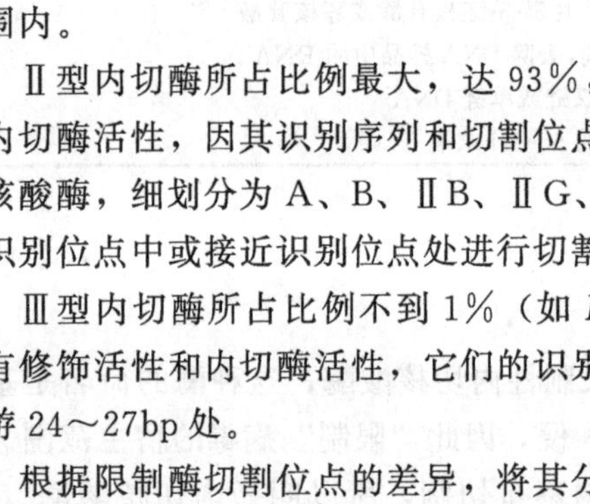

图 7-2 平末端示意图

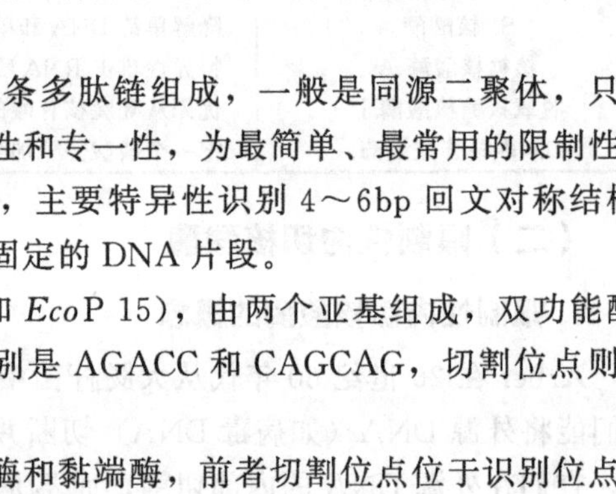

图 7-3 5′黏性末端示意图

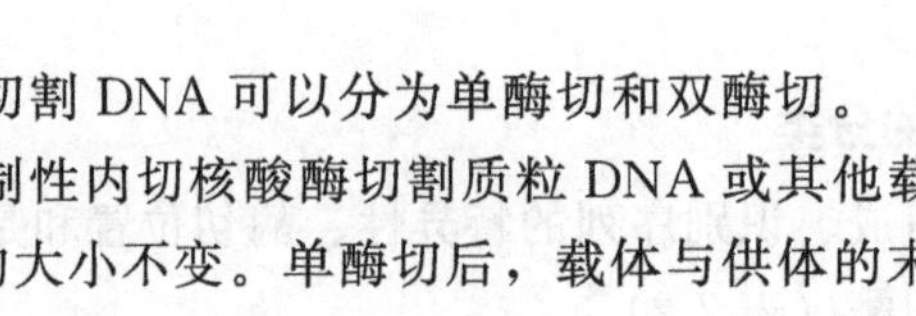

图 7-4 3′黏性末端示意图

4. 单酶切和双酶切

用限制性内切核酸酶切割 DNA 可以分为单酶切和双酶切。

单酶切是指用一个限制性内切核酸酶切割质粒 DNA 或其他载体分子，使环状质粒成为线状 DNA 分子，但质粒的大小不变。单酶切后，载体与供体的末端都相同，连接可以在任何末端进行，导致大量的产物自连。

双酶切是指用两个限制性内切核酸酶切割质粒 DNA，产生两个缺口，环状质粒变成两段线状 DNA，切割后载体与带有互补黏性末端的目的基因在 T4 DNA 连接酶作用下进行连接。双酶切产物同一片段上具有不同的末端，可避免载体与供体的自环，从而大大增加有效连接产物。同时，双酶切能将供体分子定向连接到载体上。

5. 酶切位点的选择和引物的设计

根据载体图谱，大致确定外源 DNA 片段将要插入的位置，同时还需对目的基因片段进行酶切分析，确定哪些酶切位点不能使用，进而确定相应酶切位点；两个酶切位点最好不要是同尾酶，否则效果相当于单酶切；最好使用酶切效率高、较常用的限制酶，双酶切所用的两个限制酶最好有共同的缓冲液，如 *Hin*dⅢ、*Bam*HⅠ、*Eco*RⅠ等。

在设计引物时，通常在 5′端添加酶切位点，以利于 PCR 产物连接到载体；同时，除了酶切位点，还要在两端增加数个核苷酸的保护碱基，即引物结构为：5′-保护碱基＋酶切位点＋引物配对区-3′。

6. 影响限制性内切核酸酶酶切反应的因素

限制性内切核酸酶的活性单位定义为：某种限制酶在最适反应条件下，1h 内完全酶解 1μg DNA 中所有相同酶切位点所需要的酶量。一般以在 20μL 反应体系中，37℃条件下水解 1μg DNA 的酶量定义为 1 个酶活性单位。

酶切活性受许多因素的影响，对于任意一个限制酶而言，都有其所对应的最适反应条件，如温度、pH、离子强度等。影响限制酶活性的主要因素包括以下几个方面：

（1）DNA 纯度

DNA 制剂中的某些污染物质，如蛋白质、氯仿、乙醇、EDTA 及高浓度的盐类，均有可能降低酶切效率。为提高酶对低浓度 DNA 制剂的反应效率，可以适当提高酶的用量、扩大酶催化反应的体积及延长酶催化反应的保温时间等。尽量使用高纯度的 DNA，操作中注意防止 DNA 酶污染。

（2）酶切温度

不同的限制性内切核酸酶，具有不同的最适反应温度。大多为 37℃，但也有例外。高于或低于最适温度，都会影响限制性内切酶的活性，甚至导致完全失活。

（3）酶切时间

限制性内切酶在保温过程中活性会发生变化，一般随着时间延长，酶的活性会部分失活，甚至完全丧失。

（4）DNA 的甲基化程度

混有 Dam 或 Dcm 甲基化酶的质粒 DNA 只能被限制性内切核酸酶局部消化，甚至完全不被消化。在基因克隆时使用失去了甲基化酶的大肠杆菌菌株制备质粒 DNA，可避免此问题的发生。

（5）DNA 分子结构

DNA 分子的不同构型对酶的活性也有影响。一般切割超螺旋结构的质粒或病毒 DNA 所需的酶量要比切割线性 DNA 高出很多倍。

（6）缓冲液

酶的缓冲液主要由提供稳定 pH 的缓冲剂、Mg^{2+}、DTT（二硫苏糖醇）、NaCl 或 KCl

组成。pH 通常用 Tris-HCl 或乙酸调节至 7.0～7.9，Mg^{2+} 作为酶的活性中心，主要由氯化镁或乙酸镁提供。在少数反应中还需要加入胎牛血清白蛋白（BSA）。不同的酶对离子强度的要求各有差异，主要采用 NaCl 或 KCl 调节离子强度。各种成分均应无酶（尤其是核酸酶）活性、无重金属污染。

7. 限制性内切核酸酶的星号活性

星号活性（star activity）：也称星活性，同一类限制性内切核酸酶在某些反应条件变化时，例如酶浓度过高、反应液离子强度过低、pH 改变、反应液中 Mg^{2+} 被 Mn^{2+} 代替、有机溶剂影响等，酶的专一性发生改变，这个特性称为星号活性，在这些酶制剂的包装和产品说明书上注明“*”，以表示该酶易产生星号活性，提示使用者注意。

导致星号活性的因素：

① 较高的甘油浓度：酶切反应体系中甘油浓度＞5% *V/V*。

② 酶与底物 DNA 比例过高：不同的酶情况不同，通常为＞100U/mg。

③ 盐浓度＜25mmol/L。

④ 高 pH 值：pH＞8.0。

⑤ 存在有机溶剂：如 DMSO、乙醇、乙烯乙二醇、二甲基乙酰胺、二甲基甲酰胺等。

⑥ 二价离子的改变：如 Mn^{2+}、Cu^{2+}、Co^{2+}、Zn^{2+} 等代替 Mg^{2+}。

以上因素的影响程度因酶的不同而有所不同。例如 *Eco*RⅠ比 *Pst*Ⅰ对甘油浓度更敏感，而后者则对高 pH 值更敏感一些。

避免星号活性产生的方法如下：

① 尽量用较少的酶进行完全消化反应，这样可避免过度消化以及过高的甘油浓度。

② 尽量避免有机溶剂（如制备 DNA 时引入的乙醇）的污染。

③ 将离子浓度提高到 100～150mmol/L（若酶活性不受离子强度影响）。

④ 将反应缓冲液的 pH 值降到 7.0。

⑤ 二价离子用 Mg^{2+}。

（三） DNA 连接酶

DNA 连接酶（DNA ligase）是催化 DNA 双链上相邻的 5′-PO_4 和 3′-OH 之间形成 3′，5′-磷酸二酯键的酶，能封闭 DNA 链上的缺口或连接两个 DNA 片段（图 7-5）。

1. DNA 连接酶的种类

(1) T4 DNA 连接酶

来源于 T4 噬菌体，是 T4 噬菌体基因 30 的编码产物，为一条多肽链，分子量为 60，催化过程需要 ATP 辅助因子，该酶既可连接黏性末端，也可连接平头末端。由于 T4 噬菌体 DNA 连接酶可连接的底物范围较广，尤其对平头末端 DNA 分子的连接更为有效，因此在 DNA 重组技术中广泛应用。

(2) 大肠杆菌 DNA 连接酶

来源于大肠杆菌，是大肠杆菌基因组中 *lig* 基因的编码产物，为一条多肽链，分子量为 75kD，对胰蛋白酶敏感，可被其水解。该酶的辅助因子是 NAD^{+}，可用于连接黏性末端，连接平末端效率低。

(3) 热稳定的 DNA 连接酶

来源于嗜热高温放线菌，能够在高温下催化两条寡核苷酸探针发生连接反应。在 85℃

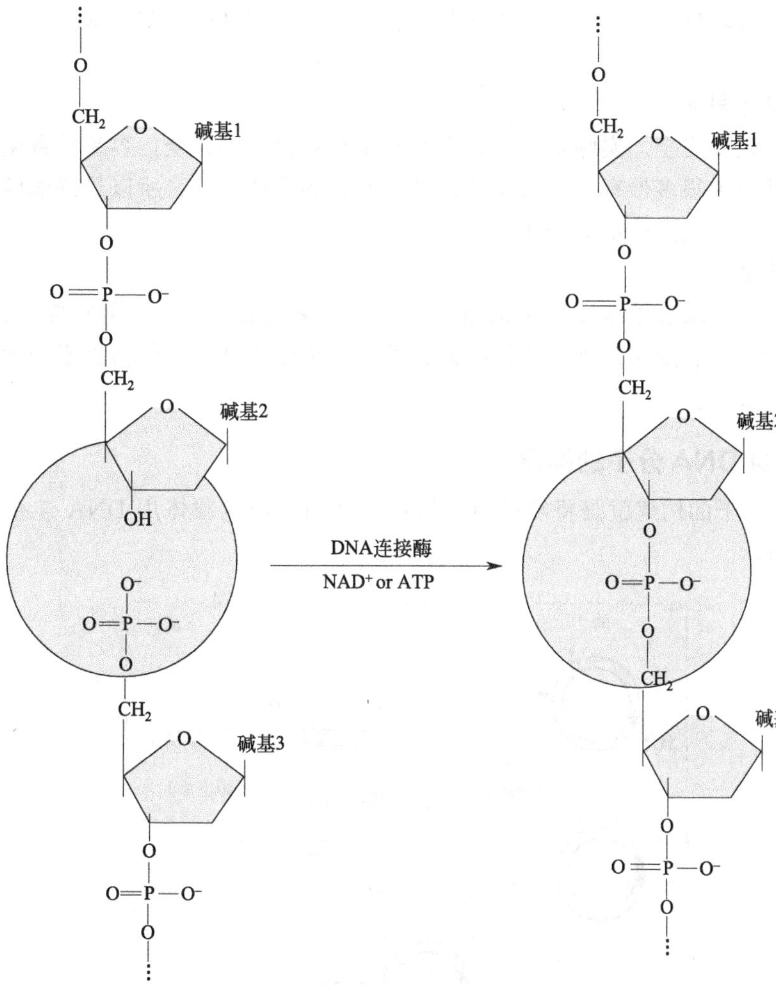

图 7-5　T4 DNA 连接酶连接反应示意图

高温下都具有连接酶的活性，而且在重复多次升温到 94℃之后也仍然保持连接酶的活性。

2. 影响连接反应效率的因素

（1）连接酶的用量

在一般情况下，酶浓度高，反应速度快，产量也高，但连接酶是保存在 50%甘油中，若连接反应体系中甘油含量过高，会影响连接效果，因此连接酶的用量不要过多。DNA 连接酶用量与 DNA 片段的性质有关，连接平末端必须加大酶量，一般使用连接黏性末端酶量的 10～100 倍。另外，需要注意 T4 DNA 连接酶的缓冲液是否包含 ATP，商品化的连接酶缓冲液中一般都含有 ATP，如果没有，则需要另行加入。

（2）作用时间与温度

反应时间是与温度有关的，因为反应速度随温度的提高而加快。虽然 DNA 连接酶的最适温度是 37℃，但在 37℃时，黏性末端之间的氢键结合是不稳定的，而在低温下更加稳定。所以在实际操作中，连接黏性末端时，一般采用 12～16℃，保温 12～16h。

（3）载体 DNA 和外源 DNA 之间的比例

建立连接反应体系时，外源基因的量要多些，载体的量要少些，这样碰撞的机会就会多些，否则载体自身环化严重。如果使用质粒载体，一般载体 DNA 与外源 DNA 的物质的量比值为 1∶（1～3）。

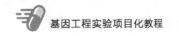

(4) 载体消化程度

酶切消化一定要完全。实际操作中，常常发生载体消化不完全，容易导致阳性重组率下降，转化后的菌落中很多带有的是没有插入外源基因的载体分子，所以最好能够在载体酶切后进行胶回收，得到完全酶切的载体大片段。

(5) 其他因素

连接反应是一个取决于众多因素的过程，这些因素包括 DNA 末端的特性、DNA 片段的纯度、浓度和大小、反应温度、连接时间、酶量、离子浓度等，任何因素的改变都会直接影响连接反应的效率。

（四）重组 DNA 分子的构建

重组 DNA 分子的构建就是将经过酶切的目的基因与质粒载体用 DNA 连接酶连接的过程，如图 7-6 所示。

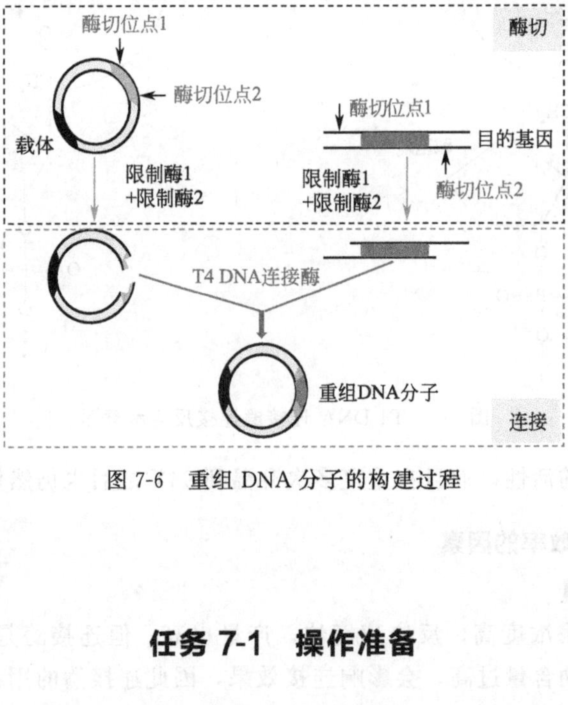

图 7-6　重组 DNA 分子的构建过程

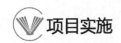

项目实施

任务 7-1　操作准备

【任务描述】

将 L-天冬酰胺酶Ⅱ基因（*ansB*）克隆至质粒 pET-28a，就是在体外对基因 *ansB* 和质粒 pET-28a 进行酶切和连接，相关操作准备主要有限制性内切核酸酶 *Bam*HⅠ、*Hin*dⅢ和 T4 DNA 连接酶的购买、恒温水浴锅的校准以及基因和质粒的酶切、酶切产物的纯化回收及其连接等方面工作。

1. DNA 样品

项目五小量制备的质粒 pET-28a，项目六 PCR 扩增获得的大肠杆菌 L-天冬酰胺酶Ⅱ基因（*ansB*）片段（调整浓度为 0.2～0.5μg/μL）。

2. 试剂及配制

① 限制性内切核酸酶 *Bam*HⅠ/*Hin*dⅢ，10×通用酶切缓冲液。

② T4 DNA 连接酶，10×T4 连接缓冲液。

③ 碱性磷酸酶（CIP）及其缓冲液。

④ 凝胶回收试剂盒（AxyPrep DNA Gel Extraction Kit Protocol）。

⑤ 0.5mol/L EDTA（pH 8.0）。

见任务 2-2 常用溶液和抗生素的配制。

⑥ 50×TAE 琼脂糖凝胶电泳缓冲液。

见任务 6-1 操作准备。

⑦ 琼脂糖凝胶（1.0%）。

称取 0.5g 琼脂糖，加入 50mL 1×TAE 缓冲液，于微波炉中加热至沸腾，轻轻振荡，使其充分溶解（溶液澄清透明，无颗粒状悬浮物）。待溶化的琼脂糖溶液冷却至 60℃左右时，倒入已置好梳子的电泳板中，室温下放置 45min 左右，待胶凝固后进行电泳。

⑧ 6×电泳上样缓冲液。

0.25%溴酚蓝，40%（体积分数）甘油，贮存于 4℃备用。

⑨ 溴乙锭染色液。

见任务 6-1 操作准备。

⑩ DNA 分子量标记。

1kb DNA 片段梯度分子量标记，2000bp DNA 片段梯度分子量标记，分子量标准品储备溶液用上样缓冲液稀释后用于每次电泳实验。

⑪ 其它。

无水乙醇，Tris-HCl 饱和酚（pH 7.6），无菌双蒸水，氯仿，乙酸钠，异丙醇等。

3. 仪器及耗材

电泳仪，凝胶成像系统，恒温水浴锅，电子天平，高压蒸汽灭菌锅，超净工作台，台式高速离心机，微波炉或电磁炉，旋涡振荡器，三角烧瓶，离心管（0.5mL、1.5mL），不同量程的移液器，枪头及枪头盒（2.5μL、10μL、20μL、100μL、1mL），冰盒（可用泡沫盒代替），浮漂，手术刀，一次性 PE 手套，乳胶手套，保鲜膜，标签纸，记号笔等。

任务 7-2　目的基因 *ansB* 和质粒 pET-28a 的双酶切

【任务描述】

应用限制性内切核酸酶的常规实验包括单酶消化单个 DNA 样品、消化多个样品以及多酶消化 DNA 样品等。本任务主要完成用限制性内切核酸酶 *Bam*HⅠ、*Hin*dⅢ 双酶切目的基因 *ansB* 和质粒 pET-28a 任务。

1. 原理

基因的克隆需要对 DNA 分子特定位点进行特异性酶切。虽然 DNA 很容易断裂（比如震动就可使 DNA 链断裂），但是对于基因克隆，则需要以一种准确的、可重复的方式在特定部位切断 DNA 分子，具有“分子刀”美誉的限制性内切核酸酶就是实现这一操作的工具。

为了使目的基因 *ansB* 能定向插入质粒 pET-28a 并得以表达，任务 4-2 已在目的基因 *ansB* 两端引入了 *Bam*HⅠ和 *Hin*dⅢ两个限制性内切核酸酶的酶切位点，本任务用 *Bam*HⅠ和 *Hin*dⅢ这两个限制性内切核酸酶同时对目的基因 *ansB* 和表达质粒 pET-28a 进行双酶切，两个 DNA 片段产生同样的黏性末端，在后续任务 7-4 中再将它们混合，二者的黏性末端通过碱基间氢键配对而互补，再在 DNA 连接酶作用下，使目的基因 *ansB* 和表达质粒 pET-28a 连接而成为完整的重组 DNA 分子。

2. 材料准备

(1) DNA 样品

大肠杆菌 L-天冬酰胺酶Ⅱ基因（*ansB*），质粒 pET-28a。

(2) 试剂

限制性内切核酸酶 *Bam*HⅠ和 *Hin*dⅢ，10×通用酶切缓冲液，无菌双蒸水。

(3) 仪器及耗材

高压蒸汽灭菌锅，超净工作台，台式高速离心机，恒温水浴锅，2.5μL、10μL、100μL 移液器及配套枪头，灭菌的 200μL PCR 管，浮漂，冰盒，记号笔等。

3. 任务实施

① 取清洁干燥灭菌的 200μL 离心管，编号；

② 20μL 酶切体系的建立。用移液器分别在不同管中按照表 7-3 依次加入 10×酶切缓冲液、质粒载体/DNA 片段、无菌双蒸水，将管内溶液充分混匀。最后每管分别加入 *Bam*HⅠ和 *Hin*dⅢ酶液，用手指轻弹管壁使溶液混匀，微量离心机短暂离心，使溶液集中在底部（这一步操作是酶切实验成败的关键，防止错加、漏加）。

表 7-3 酶切反应体系

组成成分	加入体积/μL	组成成分	加入体积/μL
10×酶切缓冲液	2	*Bam*HⅠ	1
pET-28a 或 *ansB* 片段(0.2μg/μL)	2	*Hin*dⅢ	1
ddH_2O	14	总体积	20

③ 37℃保温 2～3h，或者 16℃酶切过夜；

④ 保温结束后，65～70℃条件下加热 15min 灭活，置于冰箱中保存备用。

温馨提示：①酶切所用微量离心管、枪头及双蒸水均需灭菌；②建立酶切反应体系时，将除酶以外的所有成分加入后即加以混匀，再从冰箱内取出贮酶管，立即放置于冰上。每次取酶时都应换一个无菌枪头，操作要尽可能快，用完后立即将酶放回冰箱；③尽量减少反应中的加水量以使反应体积减到最小，但要确保酶体积不超过反应总体积的 1/10，否则酶活性将受到甘油的抑制；④双酶切时，如果两种酶的缓冲液盐浓度要求相同，可在同一反应体系中完成双酶切，但如果两种酶所需缓冲液盐浓度要求不同，此时需先使用低盐浓度的限制性内切酶，随后调节盐浓度，再用高盐浓度的限制性内切酶水解。

4. 思考与分析

(1) 如果遇到酶切不动或切不完全，该怎么办？

通常从下面几个因素去考虑：

① 限制性内切核酸酶是否有活性。

② DNA 性质（线状、超螺旋）是否清楚。

③ DNA 纯度是否够。

④ 甲基化程度对酶的活性是否有影响。

⑤ 酶切反应条件是否合适。

⑥ 反应体系成分添加方式是否正确。

(2) 酶切反应完成后，终止酶切反应的方法有哪些？

① 加 EDTA 以螯合 Mg^{2+}，使酶失去辅助因子而终止酶切反应。

② 65℃下保温 5～10min 而使酶失活。但是有些酶在此温度下仍有活性，这种酶就不能用高温失活方法来终止酶切反应。

③ 加 SDS 至终浓度 0.1％或加尿素至 0.5mol/L，使酶蛋白解聚变形。

④ 用等体积 Tris 饱和酚抽提酶解产物，这种方法使酶活性丧失最彻底，灭活后的样品用乙醇沉淀法回收 DNA。

任务 7-3　目的基因 *ansB* 和质粒 pET-28a 酶切产物的检测、纯化和回收

【任务描述】

酶切反应体系成分较为复杂，为保证目的基因正确连接到载体中，需要对酶切产物进行琼脂糖凝胶电泳检测及纯化回收。本任务主要完成目的基因 *ansB* 和质粒 pET-28a 酶切产物的检测、纯化和回收。

1. 实验原理

利用限制性内切核酸酶 *Bam*HⅠ和 *Hin*dⅢ对目的基因 *ansB* 和质粒 pET-28a 进行酶切。在整个酶切反应体系中，成分较为复杂，如限制酶、带有黏性末端的酶切产物、切下的小核酸片段等。为保证目的基因正确连接到载体中，可以通过琼脂糖凝胶电泳分离带有黏性末端的酶切产物片段，经过熔化凝胶、酚-氯仿抽提并用无水乙醇沉淀带有黏性末端的酶切产物，从而实现对酶切产物片段的纯化回收。

琼脂糖凝胶电泳原理详见项目六基础知识部分，酶切原理详见本项目基础知识部分。

2. 材料准备

(1) DNA 样品

目的基因 *ansB* 和质粒 pET-28a 的 *Bam*HⅠ/*Hin*dⅢ酶切产物。

(2) 试剂

6×DNA 上样缓冲液，50×TAE 电泳缓冲液储备液（使用时按照 1∶50 稀释成 1×TAE 工作液），溴乙锭（10mg/mL），1kb DNA 片段梯度分子量标记，2000 bp DNA 片段梯度分子量标记，AxyPrep DNA 凝胶回收试剂盒，琼脂糖，双蒸水，Tris-HCl 饱和酚（pH 7.6），氯仿，乙酸钠，无水乙醇，异丙醇等。

(3) 仪器及耗材

电泳仪，凝胶成像系统，恒温水浴锅，电子天平，离心机，微波炉或电磁炉，旋涡振荡

器，三角烧瓶，离心管（0.5mL、1.5mL），不同量程的移液器及配套枪头（10μL、20μL、100μL、1mL），手术刀，一次性 PE 手套，乳胶手套，保鲜膜，记号笔等。

3. 任务实施

方法一：醇沉法纯化回收

① 按任务 7-1 制备琼脂糖凝胶（1.0%），取任务 7-2 获得的酶解液各 2μL，与 2μL 上样缓冲液混合，上样进行电泳检测。如果酶切完全，可观察到单一的 DNA 条带。剩余酶解液按下述步骤纯化回收 DNA。

② 在酶裂解液中加入 150μL 双蒸水以扩大反应体积，再加入等体积的酚-氯仿，轻轻颠倒混匀，10000r/min 离心 10min。

③ 小心吸取上清液至一干净灭菌的离心管中，加入 2 倍体积预冷的无水乙醇，混匀后冰箱 −20℃放置 30min。

④ 10000r/min，4℃离心 15min。

⑤ 弃上清液，用 75%乙醇浸洗沉淀 1 次。

⑥ 沉淀在室温干燥后，*ansB* 溶于 10μL 双蒸水（0.5mL 清洁干燥灭菌的离心管中），pET-28a 溶于 20μL 双蒸水（干燥灭菌的 1.5mL 离心管中），−20℃保存备用。

温馨提示：DNA 在干燥过程中，注意不要过分干燥，以刚刚闻不到乙醇味道为宜，否则会影响 DNA 的溶解性。

方法二：冻融法切胶回收

① 将任务 7-2 获得的酶解液与上样缓冲液混合，采用 1.0%的琼脂糖凝胶进行电泳检测。如果酶切完全，可观察到单一的 DNA 条带。

② 紫外灯下仔细切下含待回收 DNA 的胶条，将切下的胶条（小于 0.6g）捣碎，置于 1.5mL 离心管中。

③ 加入等体积 Tris-HCl 饱和酚（pH 7.6），振荡混匀。

④ −20℃放置 5～10min。

⑤ 10000r/min，4℃离心 5min，上层液转移至另一离心管中。

⑥ 加入 1/4 体积无菌去离子水于含胶的离心管中，振荡混匀。

⑦ −20℃，放置 5～10min。

⑧ 10000r/min，4℃离心 5min，合并上清液。

⑨ 用等体积酚-氯仿、氯仿分别抽提一次，取上清。

⑩ 加入 1/10 体积 3mol/L NaAc（pH 5.2）、2.5 倍体积预冷的无水乙醇，混匀。

⑪ −20℃，静置 30min。

⑫ 12000r/min，4℃离心 10min，弃上清，75%乙醇洗沉淀 1～2 次，晾干。

⑬ 加适量无菌去离子水或 TE 溶解沉淀。

方法三：试剂盒法

① 在紫外灯下切下含目的 DNA 的琼脂糖凝胶，计算凝胶重量（100mg 凝胶，计 100μL 体积）（尽量缩短暴露在 UV 灯下的时间）。

② 加入 3 倍凝胶体积的 Buffer（缓冲液）DE-A（600μL），混合均匀后，于 65℃加热，直至凝胶完全熔化。

③ 加 0.5 倍 Buffer DE-A 体积的 Buffer DE-B（300μL），混合均匀，当分离的 DNA 片段小于 400 bp 时，加入 1 倍凝胶体积的异丙醇。

④ 吸取③中混合液，转移到 DNA 制备管（置于 2mL 离心管中），12000r/min 离心 1min，弃滤液。

⑤ 将制备管置于 2mL 离心管，加 500μL Buffer W1，12000r/min 离心 30s，弃滤液。

⑥ 将制备管置于 2mL 离心管，加 700μL Buffer W2，12000r/min 离心 30s，弃滤液。重复一次。

⑦ 将制备管置于 2mL 离心管中，12000r/min 离心 1min，除净残余的液体。

⑧ 将制备管置于 1.5mL 离心管中，在制备膜中央，加 25～30μL 65℃洗脱液或去离子水，室温静置 1min，12000r/min 离心 1min，洗脱 DNA。

4. 思考与分析

见项目六任务 6-3。

任务 7-4 目的基因 *ansB* 和质粒 pET-28a 的连接

【任务描述】

任务 7-2 获得了经限制性内切核酸酶 *Bam*HⅠ/*Hin*dⅢ双酶切的目的基因 *ansB* 和表达质粒 pET-28a 片段，任务 7-3 对上述酶切片段进行了纯化和回收，本任务则要完成经 *Bam*HⅠ/*Hin*dⅢ酶切并纯化回收的目的基因 *ansB* 和表达质粒 pET-28a 片段的连接，形成重组质粒 pET-28a-*ansB*。

1. 原理

DNA 分子的体外连接就是在一定条件下，由 DNA 连接酶催化两个双链 DNA 片段相邻的 5′端磷酸基团与 3′端羟基之间形成磷酸二酯键的过程。DNA 分子的连接是在酶切反应获得同种酶的互补序列基础上进行的。带有相同末端的外源 DNA 片段必须克隆到具有匹配末端的线性化质粒载体中，但在连接反应时外源 DNA 和质粒都可能发生环化，也有可能形成串联寡聚物，因此必须仔细调整连接反应中两个 DNA 的浓度，以便使“正确”连接产物的数量达到最佳水平。此外还常使用碱性磷酸酶去除 5′-磷酸基团以抑制载体 DNA 的自身环化。利用 T4 DNA 连接酶进行目的 DNA 片段和载体的体外连接反应，也就是在双链 DNA 5′-磷酸基团与相邻 3′-羟基之间形成新的共价键。

详细实验原理见本项目基础知识部分“DNA 连接酶”。

2. 材料准备

(1) DNA 样品

经任务 7-2 酶切和任务 7-3 纯化回收的目的基因 *ansB* 和表达质粒 pET-28a 片段。

(2) 试剂

T4 DNA 连接酶，10×T4 连接缓冲液，无菌双蒸水。

(3) 仪器及耗材

高压蒸汽灭菌锅，超净工作台，台式高速离心机，恒温水浴锅，移液器及配套枪头，200μL PCR 管，浮漂，记号笔等。

3. 任务实施

① 取清洁干燥灭菌 200μL 离心管，编号，按表 7-4 建立酶链反应体系。

表 7-4 连接反应体系

组成成分	10μL 酶接体系	组成成分	10μL 酶接体系
10×T4 DNA 连接酶缓冲液	1μL	T4 DNA 连接酶	1μL(约 350 U)
DNA 片段	0.3μg	ddH_2O	补足至 10μL
载体 DNA	0.1μg		

② 将 0.1μg 质粒 DNA 转移到无菌离心管中，加入 3 倍量的外源 DNA 片段。

③ 加双蒸水至体积为 8μL，于 45℃保温 5min。

④ 将混合物迅速置于冰盒中，直至冷却到 0℃。

⑤ 加入 1μL 10×T4 DNA 连接酶缓冲液和 1μL T4 DNA 连接酶，充分混匀。

⑥ 用微量离心机短暂离心，将溶液全部集中在管底，于 16℃保温 8～24h。

⑦ 70℃热灭活 15min（室温冷却 15s，4℃冷却 15s，使离心管内水汽冷凝。12000r/min 离心 1min 收集管壁残液，同时使产生的沉淀聚集于管底，使用上层清液用于后续的转化反应）。各组连接产物各取 5μL，电泳检测连接效率，剩余连接产物置于 4℃冰箱保存备用。

温馨提示：①设置两个实验对照组，其中一组有质粒载体无外源 DNA 片段，另一组有外源 DNA 片段没有质粒载体；②DNA 连接酶用量与 DNA 片段的性质有关，连接平头末端必须加大酶量，一般为连接黏性末端酶量的 10～100 倍；③连接反应后，反应液在 4℃可储存数天，－80℃储存 2 个月，但是在－20℃冰冻保存会降低转化效率。

4. 思考与分析

提高基因重组率的方法主要有哪些？

① 优化连接反应条件。

外源 DNA 片段：载体＝5：1～10：1（分子数），会增加碰撞机会，减少自身环化。

② 防止线性载体分子的自我环化。

a. 提高插入片段用量。在连接反应体系中，插入片段比载体多 10 倍以上。

b. 用碱性磷酸酶处理限制酶酶解产生的线性载体分子。碱性磷酸酶可除去线性载体 DNA 分子的 5′-磷酸，而留下 3′-羟基基团。经过碱性磷酸酶处理的线性载体分子，除非插入外源 DNA 片段，否则就不能重新环化为有功能的载体分子。

c. 用非同尾酶进行双酶切。用不同的限制酶（非同尾酶，双酶切）切割载体和插入 DNA，形成不同的黏性末端。

d. 采用同聚物加尾连接技术。切割后形成的线性 DNA 分子的两个 3′-OH 末端，此时都已被加上具有同样碱基结构的同聚物尾巴。

e. 应用柯斯质粒。柯斯质粒是一类由人工构建的含有 λDNA 的 *cos* 序列和质粒复制子的特殊类型的质粒载体。

能力拓展

（一）DNA 甲基化酶及其它工具酶

1. 甲基化酶

原核生物甲基化酶（methylase）是作为限制修饰系统中的一员，用于保护宿主 DNA 不被相应的限制酶所切割。当使用限制性核酸内切酶消化 DNA 时，要考虑是否有甲基化的问题，这是因为如果识别序列中某个特定碱基被甲基化后，切割就会被完全或不完全阻断。在 *E. coli* 中，大多数都有三个位点特异性的 DNA 甲基化酶。

（1）甲基化酶的种类

① Dam 甲基化酶。

Dam 甲基化酶可在 GATC 序列中的腺嘌呤 N^6 位置上引入甲基。一些限制酶（*Pvu* Ⅱ、*Bam*HⅠ、*Bcl* Ⅰ、*Bgl* Ⅱ、*Xho* Ⅱ、*Mbo* Ⅰ、*Sau*3AⅠ）的识别位点中含 GATC 序列，另一些酶 *Cla* Ⅰ（1/4）、*Xba* Ⅰ（1/16）、*Taq* Ⅰ（1/16）、*Mbo* Ⅰ（1/16）、*Hph* Ⅰ（1/16）的部分识别序列含此序列，如平均 4 个 *Cla* Ⅰ位点（ATCGATN）中就有一个该序列（N 代表任何一种碱基）。

有些限制酶对 Dam 甲基化的 DNA 敏感，不能切割相应的序列，如 *Bcl* Ⅰ、*Cla* Ⅰ、*Xba* Ⅰ等。对甲基化不敏感的有 *Bam*HⅠ、*Sau*3AⅠ、*Bgl* Ⅱ、*Pvu* Ⅰ等。*Mbo* Ⅰ和 *Sau*3A Ⅰ识别和切割位点相同，但其差异就在于前者对甲基化敏感。

② Dcm 甲基化酶。

Dcm 甲基化酶识别 CCAGG 和 CCTGG 序列，在第二个胞嘧啶 C 的 C5 位置上引入甲基。受 Dcm 甲基化作用影响的酶有 *Eco*RⅡ（↓CCWGG）。大多数情况下，其同裂酶 *Bst*N Ⅰ（CC↓WGG）可避免这一影响，因为二者识别序列虽然相同，但切点不同。

受此甲基化酶影响的酶还有 *Acc*65Ⅰ、*Alw*NⅠ、*Apa* Ⅰ和 *Eae* Ⅰ等。不受此甲基化影响酶有 *Ban*Ⅱ、*Bst*NⅠ、*Kpn* Ⅰ和 *Nar* Ⅰ等。

③ *Eco*KⅠ甲基化酶。

*Eco*KⅠ甲基化酶可将 AAC（N^6A）GTGC 和 GCAC（N^6A）GTT 序列中腺嘌呤 A 的 N^6 位置进行甲基化修饰，但 *Eco*KⅠ甲基化酶的识别位点少，所以研究较少。

如果限制性内切酶的识别位点是从表达 Dam 或 Dcm 甲基化酶的菌株中分离而得，并且其甲基化识别位点与内切酶识别位点有重叠，那么该限制性内切酶的部分或全部酶切位点有可能不被切割。例如，从 Dam^+ *E. coli* 中分离的质粒 DNA 完全不能被识别序列为 GATC 的 *Mbo* Ⅰ所切割。

E. coli 菌株中的 DNA 甲基化程度并不完全相同。pBR322 DNA 能被完全修饰（因此完全不能被 *Mbo* Ⅰ切割），而 λDNA 只有大约 50%的 Dam 位点被甲基化，这是因为在 λDNA 被包装到噬菌体头部之前，甲基化酶还没来得及将 DNA 完全甲基化。因此，被 Dam 或 Dcm 甲基化完全阻断的酶却能对这些 λDNA 进行部分切割。

（2）甲基化酶对限制酶酶切的影响

① 修饰酶切位点。

*Hin*cⅡ可识别四个位点（GTCGAC、GTCAAC、GTTGAC 和 GTTAAC），甲基化酶 M. *Taq*Ⅰ可甲基化 TCGA 中的 A，所以 M. *Taq*Ⅰ处理 DNA 后，GTCGAC 将不受 *Hin*cⅡ切割。

② 产生新的酶切位点。

通过甲基化修饰可产生新的酶切位点。*Dpn* Ⅰ是依赖甲基化的限制酶，TCGATCGA 受 M. *Taq* Ⅰ处理后形成甲基化（A）产物 TCG＊ATCG＊A，其中 G＊ATC 即为 *Dpn* Ⅰ位点。

③ 对基因组作图的影响。

利用限制酶对甲基化的敏感性差异，可研究哺乳动物 m^5CG、植物 m^5CG 和 m^5CNG、肠道细胞 Gm^6ATC 的甲基化水平和分布。

2. 其它工具酶

(1) DNA 聚合酶

大肠杆菌 DNA 聚合酶、大肠杆菌 DNA 聚合酶Ⅰ的 Klenow 大片段酶（Klenow 酶）、T4 DNA 聚合酶、T7 DNA 聚合酶、反转录酶及 *Taq* DNA 聚合酶等均是基因工程中常用的 DNA 聚合酶，其共同特点是能够把脱氧核糖核苷酸连续地加到 dsDNA 分子引物链的 3′-OH 端，催化 DNA 分子聚合，而引物不从 DNA 模板上解离。几种 DNA 聚合酶的特性见表 7-5。

表 7-5 DNA 聚合酶特性

聚合酶名称	来 源	3′→5′外切活性	5′→3′外切活性	聚合反应速率	持续合成能力
E. coli DNA 聚合酶	大肠杆菌	低	有	中	低
Klenow 大片段酶	大肠杆菌	低	无	中	低
T4 DNA 聚合酶	T4 噬菌体	高	无	中	低
T7 DNA 聚合酶	T7 噬菌体	高	无	高	高
反转录酶	肿瘤病毒	无	无	低	中
Taq DNA 聚合酶	栖热水生菌	无	有	快	高

(2) 碱性磷酸酶

有两种不同来源的碱性磷酸酶，一种是从大肠杆菌中分离纯化出的，称为细菌碱性磷酸酶（BAP）；另一种是从小牛肠中分离纯化出的，叫做小牛肠碱性磷酸酶（CAP）。其共同特性是特异性切去 DNA 或 RNA 分子的 5′-P，从而使 DNA 或 RNA 分子的 5′-P 末端转换为 5′-OH 末端，即所谓的核酸分子脱磷酸作用。碱性磷酸酶的底物可以是 ssDNA 或 dsDNA 或 RNA，也可以是核糖或脱氧核糖核苷二磷酸。其主要作用是防止 DNA 重组中载体的自身环化。

(3) 末端转移酶

末端脱氧核苷酸转移酶，简称末端转移酶，是从小牛胸腺中纯化出的一种分子量较小的碱性蛋白酶。催化 5′脱氧核苷三磷酸转移到另一个 DNA 分子的 3′-OH 末端，即进行 5′→3′方向聚合作用。与 DNA 聚合酶不同，末端转移酶不需要模板的存在，就可以催化 DNA 分子聚合。末端转移酶的模板是具有 3′-OH 末端的 ssDNA 或具有延伸 3′-OH 末端的 dsDNA。其主要作用是制备 3′末端标记的 DNA 探针，末端转移酶可催化标记的 dNTP 掺入到 DNA 片段的 3′-OH 末端，制备 3′末端标记的探针。

（二）Ⅱ型限制性内切核酸酶的几种特殊类型

1. 同裂酶

来源不同识别序列相同的酶称为同裂酶。该类酶切割 DNA 的位点或方式可相同，亦可不同。如 *Sma* Ⅰ与 *Xma* Ⅰ，这两种酶识别序列相同，但酶切位点不同。

Sma Ⅰ CCC↓GGG

Xma Ⅰ　C↑CCGGG

又如 *Hpa* Ⅱ与 *Msp* Ⅰ，它们的识别与切割序列均相同（C↓CGG），但 *Msp* Ⅰ还可以识别切割已甲基化的序列，如 GG↓mCC。

2. 同尾酶

识别序列与切割位点相互有关的一类酶称同尾酶。它们来源各异，识别序列也各不相同，但都可以产生出相同的黏性末端。如：

Hpa Ⅱ　CC↓GG

Sma Ⅰ　CCC↑GGG

Sma Ⅰ所识别的 6 个核苷酸序列中，包含有 *Hpa* Ⅱ识别的 4 个核苷酸序列，所以，*Hpa* Ⅱ能识别并切割 *Sma* Ⅰ的核苷酸序列，但反之则不行。又如：

Mbo Ⅰ　↓GATC　　　*Bcl* Ⅰ　T↓GATCA

*Bam*HⅠ　G↑GATCC　　　*Bgl* Ⅱ　A↑GATCT

上述四种酶的识别序列中都有 GATC，酶切后均产生相同的黏性末端 GATC。但仅有 *Mbo* Ⅰ能识别并切割其他三个酶的识别序列，而其他三种酶之间却不能互相识别其核苷酸序列。

同尾酶产生的 DNA 片段，由于具有相同的黏性末端，因而能够通过黏性末端之间的碱基互补而彼此连接，形成的位点称之为杂种位点（hybrid site）。但此类杂种位点不能够再被原来的任何一种同尾酶识别切割。

同裂酶与同尾酶在基因工程中有一定的作用。由于消化条件和来源的限制，不能用一种酶消化某类底物时，则可用以上两种酶代替。

3. 远距离裂解酶

此类酶在 DNA 链上的识别序列与切割位点是不一致的，它们在某一核苷酸区域与识别序列结合，然后滑行到识别序列以外的另一个位点进行切割，这一点与Ⅰ型酶相似，但不同的是其切点与识别位点的距离是一定的，而且不像Ⅰ型酶那么遥远，一般为 10 个碱基左右。如：

Mbo Ⅱ：GAAGANNNNNNNN↓，切点与识别位点相隔 8 个碱基；

Hga Ⅰ：GACGCNNNNN↓，切点与识别位点相隔 5 个碱基。

此类酶在基因工程中具有一定的应用价值。

4. 可变酶

此类酶是Ⅱ型酶中的特例，其识别序列中的一个或几个核苷酸是可变的，该识别序列往往超过 6 个核苷酸。如：

*Bst*pⅠ：GGTNACC，识别 7 个核苷酸序列，其中 1 个碱基可变。

Bgl Ⅰ：GCC$(N)_4$NGGC，识别 11 个核苷酸序列，其中 5 个碱基可变。

（三）目的基因片段与载体分子的连接方法

由于 DNA 片段末端性质不同，载体分子和目的基因 DNA 片段进行连接时，可有下述不同的连接方法：

1. 黏性末端连接法

同一限制酶切割不同DNA片段，产生完全相同的末端，只要切割后产生单链突出的黏性末端，且酶切位点附近的DNA序列不影响连接，在DNA连接酶的作用下即可形成重组DNA分子，但该连接法中易发生自我环化作用，故需采用碱性磷酸酶预先处理线性的载体DNA分子，去除其5′末端的磷酸基。此外，由两种不同的限制酶切割DNA片段，产生具有相同类型的黏性末端（彼此称为互补末端），也可采用黏性末端连接法。

2. 平端连接法

某些限制酶切割DNA产生的片段只有平末端，在T4 DNA连接酶催化下，可将相同或不同的限制酶切割的平末端进行连接。平末端连接的效率仅为黏性末端连接效率的1%，故在DNA片段的平端连接中需增加DNA的浓度和连接酶的用量。

3. 同聚物加尾连接法

利用末端转移酶可催化dNTP加到单链或双链DNA的3′-OH的能力，在目的DNA和质粒载体上加入互补同聚物，两者再通过互补同聚物间的氢键形成重组子。通过DNA加尾，既可连接两个具平末端的DNA片段，也可连接具平末端的DNA片段与黏性末端的DNA片段，但该连接法只对质粒载体有效。

4. 人工接头连接法

人工接头是一种化学合成的DNA寡核苷酸连杆，通过先将其与待连接的1种或2种DNA片段连接起来，再用适当的限制酶切割具有人工合成连杆的目的DNA分子和克隆载体分子，使二者产生彼此互补的黏性末端，按照常规的黏性末端连接法进行连接。此法是实现DNA重组既有效又实用的手段，兼具同聚物加尾连接法和黏性末端连接法的优点。

5. 加DNA衔接物连接法

DNA衔接物是人工合成的一小段双链寡核苷酸，其一头为平整末端（与双链目的DNA平端连接），另一头带有某种限制酶的黏性末端（与载体的相应黏性末端相连）。其与双链目的DNA连接后无需限制酶消化，便可与去磷酸化载体DNA进行连接反应。

（四）末端转换常用的方法和使用的主要工具酶

当目的基因片段的末端与载体不匹配时，必须转换其中一个或两个片段的末端形式，以便使之连接。

1. 末端转换的主要方法

（1）3′凹端补平

采用大肠杆菌DNA聚合酶Ⅰ Klenow片段将不匹配的3′凹端转换为黏端，或将其完全补平，产生平端DNA分子，与任何其他平端DNA相连接。

（2）3′突端切除

T4噬菌体DNA聚合酶有强烈的3′→5′外切核酸酶活性，可将3′突端切除。

（3）平端加上人工合成接头

在平端DNA加接头，可形成带一个或多个限制性酶切位点的平端双链体，从而为其亚克隆操作增加一个或多个限制性酶切位点。

2. 主要工具酶

使用的主要工具酶包括大肠杆菌 DNA 聚合酶Ⅰ Klenow 片段和 T4 噬菌体 DNA 聚合酶。

实践练习

1. 限制性内切核酸酶的命名一般以微生物______的第一个字母和______的前两个字母表示该酶的种属来源，第四个字母或者阿拉伯数字代表来源该种属的______，第五个一般为罗马数字代表______。

2. 限制性内切核酸酶的识别序列一般为 4～8bp，大多呈回文结构，即双链 DNA 中含有两个______相同、______相反的序列。

3. 基因工程常用的限制酶是指（　　）。A. Ⅰ型限制酶；B. Ⅱ型限制酶；C. Ⅲ型限制酶。

4. 星号活性是指同一类限制酶在某些反应条件变化时，______发生改变的现象，诱发产生星号活性的因素主要有高浓度的酶、高浓度的______、高______以及低离子强度等。

5. 提高限制酶对低纯度 DNA 酶切效率的方法有（　　）。A. 增加酶的用量；B. 扩大反应体积；C. 延长酶切时间；D. 增加 BSA 浓度。

6. DNA 连接酶能催化双链 DNA 分子中切口处的______和相邻的______之间形成磷酸二酯键。DNA 连接酶的最适反应温度为______，但在此温度下，黏性末端的氢键结合很不稳定，折中的方法是______。

7. 用于基因克隆的连接酶包括（　　）。A. T4 噬菌体 DNA 连接酶；B. 大肠杆菌 DNA 连接酶；C. T7 噬菌体 DNA 连接酶；D. T4 噬菌体 RNA 连接酶。

8. 同裂酶是指来源不同______相同的酶，该类酶切割 DNA 的位点或方式可相同，亦可不同。同尾酶是指识别序列与______相互有关的一类酶。它们来源各异，识别序列也各不相同，但都可以产生出相同的______末端。

9. 提高限制酶对低纯度 DNA 酶切效率的方法有（　　）。A. 增加酶的用量；B. 扩大反应体积；C. 延长酶切时间；D. 增加 BSA 浓度。

10. 试根据 GenBank 数据库中酿酒酵母 L-天冬酰胺酶Ⅱ基因序列，查找酶切位点，结合 pET-28a 质粒多克隆位点，设计酶切位点引入策略。

（马菱蔓、陈海龙）

项目八　将重组质粒 pET-28a-ansB 转化至大肠杆菌 BL21

学习目标

通过本项目的学习，了解体外构建的重组质粒只有转入合适的受体细胞，才能进行复制、增殖和表达，能制备感受态细胞并用热激法和电穿孔法将重组质粒转入大肠杆菌。

1. 知识目标

(1) 了解细菌自然转化和转基因技术；

(2) 掌握重组 DNA 分子转化至细菌的常用方法；

(3) 掌握感受态的概念及感受态细胞的制备方法；

(4) 熟悉重组子筛选的原理和方法；

(5) 了解重组 DNA 分子转化至酵母和动物细胞的方法。

2. 能力目标

(1) 掌握大肠杆菌感受态细胞的制备技术；

(2) 掌握用热激法和电穿孔法将重组质粒转化至大肠杆菌的操作技术；

(3) 能分析影响感受态细胞制备质量的因素及提高转化效率的途径。

项目说明

项目七先用限制性内切核酸酶 *Bam*HⅠ和 *Hin*dⅢ分别酶切质粒 pET-28a 和目的基因 *ansB* 以产生黏性末端，然后再用 T4 DNA 连接酶将带有相同黏性末端的二种酶切产物连接起来，这样就构建了重组质粒 pET-28a-*ansB*，这种在体外构建的重组 DNA 分子只有转入合适的受体细胞，才能大量地进行复制、增殖和表达。但是，在自然条件下重组 DNA 分子难以进入受体细胞，需要通过人工手段将重组 DNA 分子导入受体细胞，同时也需要对受体细胞进行遗传处理，使其丧失对外源 DNA 分子的降解作用以确保较高的转化效率。受体细胞有原核细胞、低等真核细胞、植物细胞和动物细胞等几种类型，其中以原核细胞更为常见。将重组 DNA 分子导入原核受体细胞的方法主要有 $CaCl_2$ 法、电穿孔法、接合转化法、显微注射法和聚乙二醇介导的原生质体转化法等，其中以 $CaCl_2$ 法最为常用。所以，本项目主要采用 $CaCl_2$ 法将重组质粒 pET-28a-*ansB* 转化至作为原核受体细胞的大肠杆菌 BL21 (DE3) 中。

基础知识

（一）细菌自然转化

1. 自然转化概念

细菌自然转化是指细菌能够自发从外界环境中摄取游离 DNA 分子并整合到自身基因组上的过程。目前已报道至少 80 多种细菌能够发生自然转化，对自然转化机制研究较清楚的主要有肺炎链球菌、枯草芽孢杆菌、奈瑟氏菌、流感嗜血杆菌以及幽门螺杆菌等。自然界的转化现象，一般发生在同一物种或近缘物种中，自然转化对细菌适应环境、获取营养、修复 DNA 损伤、进化以及新物种形成等方面具有重要作用。

自然转化现象最初由 Griffith 于 1928 年在肺炎双球菌中发现，他将活的、无毒的 R 型肺炎双球菌或加热杀死的有毒的 S 型肺炎双球菌注入小白鼠体内，结果小白鼠安然无恙；将活的、有毒的 S 型肺炎双球菌或将大量经加热杀死的有毒的 S 型肺炎双球菌和少量无毒、活的 R 型肺炎双球菌混合后分别注射到小白鼠体内，结果小白鼠患病死亡，并从小白鼠体内分离出活的 S 型菌（图 8-1）。Griffith 的体内转化实验表明 S 型细菌中有一种物质（转化因子），能将 R 型活菌转化产生 S 型细菌。

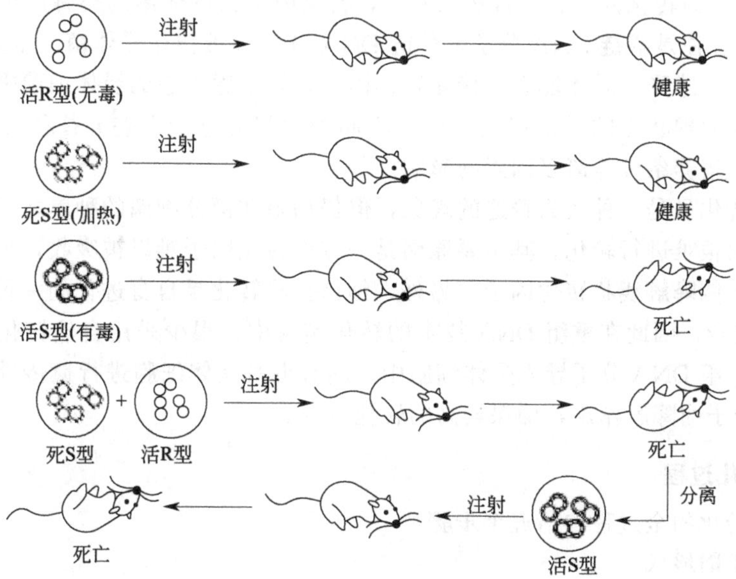

图 8-1　Griffith 的肺炎双球菌转化实验

1944 年 Avery 等人在 Griffith 工作的基础上，对转化的本质进行了深入的研究。他们从 S 型活菌体内提取 DNA、RNA、蛋白质、脂类和荚膜多糖，将它们分别和 R 型活菌混合均匀后注射入小白鼠体内，结果只有注射 S 型菌 DNA 和 R 型活菌的混合液的小白鼠才死亡，这是一部分 R 型菌转化产生了有毒的、有荚膜的 S 型菌所致，并且它们的后代都是有毒、有荚膜的（图 8-2）。Avery 等人的体外转化实验证实了转化因子就是 DNA，从而为遗传学的发展作出重大贡献。

细菌自然转化的本质是受体菌直接吸收来自供体菌的游离 DNA 片段，并在细胞中通过同源交换将之重组至自身的基因组中，从而获得供体菌的相应遗传性状，其中来自供体菌的

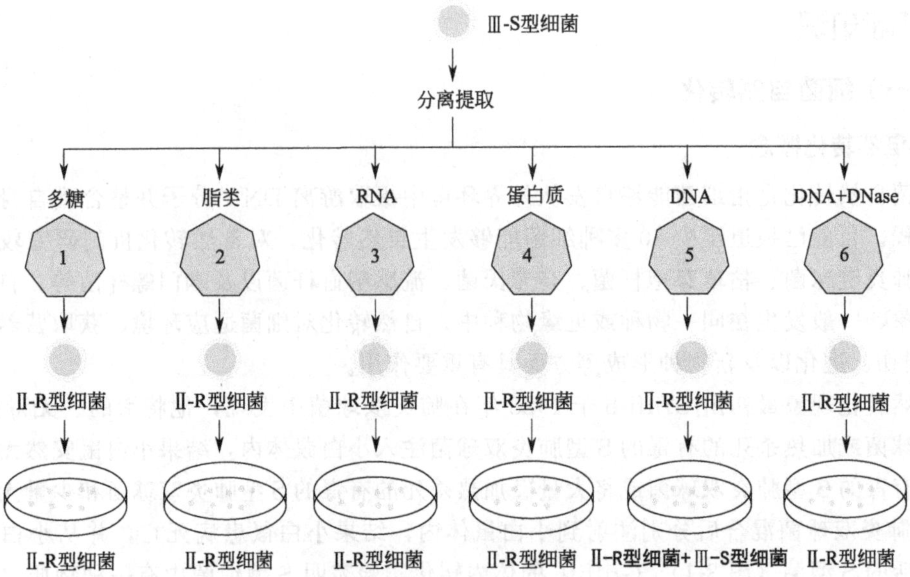

图 8-2 Avery 等人证明转化因子是 DNA 的实验

游离 DNA 片段称为转化因子。在自然条件下，转化因子由供体菌的裂解产生。具有转化能力的 DNA 片段往往是双链 DNA 分子，单链 DNA 分子很难转化受体菌。就受体细菌而言，只有当其处于自然感受态时才能有效接受转化因子，处于感受态的受体细菌吸收转化因子的能力为一般细菌生理状态的千倍以上，而且不同细菌间的感受态差异往往受自身的遗传特性、菌龄、生理培养条件等诸多因素的影响。

细菌自然转化虽是一种较为普遍的现象，但仍局限在部分细菌的种属之间，在肠杆菌科的一些细菌之间很难进行转化，其主要原因是一方面转化因子难以被吸收，另一方面受体细胞内存在核酸酶能降解线状转化因子。另外，细菌自然转化是自身进化的一种方式，通常伴随着 DNA 的整合，因此在重组 DNA 技术的转化实验中，很少采用自然转化方法，而是通过人工手段将重组 DNA 分子导入受体细胞中，同时也对受体细胞进行遗传处理，使其丧失对外源 DNA 分子的降解作用，确保较高的转化效率。

2. 自然转化过程

细菌自然转化的全过程包括五个步骤：

(1) 感受态的形成

典型的革兰氏阳性菌由于细胞壁较厚，形成感受态时细胞表面发生明显变化，出现多种蛋白因子和酶类，负责转化因子的结合、切割及加工。感受态细胞能分泌一种分子量较小的激活蛋白或感受因子，其功能是与细胞表面受体结合，诱导某些与感受态有关的特征性蛋白（如细菌溶素）的合成，使细菌胞壁部分降解，局部暴露出细胞膜上的 DNA 结合蛋白和核酸酶等。

(2) 转化因子的结合

受体菌细胞膜上的 DNA 结合蛋白可与转化因子的双链 DNA 结构特异性结合，单链 DNA 或 RNA、双链 RNA 以及 DNA-RNA 杂合双链均不能结合在膜上。

(3) 转化因子的吸收

双链 DNA 分子与结合蛋白作用后激活邻近的核酸酶，导致一条链被降解，而另一条链被吸收至受体菌中，这个吸收过程被 EDTA 所抑制，可能是因为核酸酶活性需要二价阳离子的存在。

(4) 整合复合物前体的形成

进入受体细胞的单链 DNA 与另一种游离的蛋白因子结合，形成整合复合物前体结构，它能有效保护单链 DNA 免受各种胞内核酸酶的降解，并将其引导至受体菌染色体 DNA 处。

(5) 转化因子单链 DNA 的整合

供体单链 DNA 片段通过同源重组，置换受体染色体 DNA 的同源区域。形成异源杂合双链 DNA 结构。

革兰氏阴性菌细胞表面的结构和组成与革兰氏阳性菌不同，供体 DNA 进入受体细胞的转化机制还不十分清楚。革兰氏阴性菌在感受态建立过程中伴随着几种膜蛋白的表达，它们负责识别和吸收外源 DNA 片段。革兰氏阴性菌在转化过程中对供体 DNA 的吸收具有一定的序列特异性，受体细胞只吸收其自身或与其亲缘关系很近的 DNA 片段，外源 DNA 片段虽能结合在感受态细胞表面，但极少被吸收。与革兰氏阳性菌不同，革兰氏阴性菌的 DNA 是以完整的双链形式被吸收的，在整合作用发生之前，进入受体细胞内的双链 DNA 片段与相应的 DNA 结合蛋白结合，不为核酸酶所降解，DNA 整合同样发生在单链水平上，另一条链以及被取代的受体菌单链 DNA 则被降解。

（二）重组 DNA 分子的转化

1. 转化的含义

重组 DNA 分子的转化是把重组 DNA 分子人工导入到受体细胞的操作过程，它沿用了细菌自然转化的概念，但无论在原理还是在方式上均与细菌的自然转化有所不同，同时也与哺乳动物正常细胞突变为癌细胞的细胞转化有着本质区别。重组 DNA 人工导入受体细胞有多种方法，包括转化、转染、接合以及其他人工手段，如受体细胞的电穿孔和显微注射等，这些导入方法在重组 DNA 技术中统称为转化。

2. 转化的方法

依据细胞的复杂程度和预处理的不同，常见的受体细胞有原核细胞、低等真核细胞、植物细胞和动物细胞等几种类型。在基因工程操作中，构建的重组 DNA 分子大多是在原核细胞内进行扩增和表达，所以下面以原核受体细胞为例介绍重组 DNA 分子导入受体细胞的方法。

(1) $CaCl_2$ 法

1970 年，Mandel 和 Higa 发现用 $CaCl_2$ 处理过的 *E. coli* 细胞能吸收 λ 噬菌体 DNA，此后不久 Cohen 等人用此法实现了将质粒 DNA 转化到 *E. coli* 的感受态细胞。具体转化方法是：将处于对数生长期的 *E. coli* 细胞置于 0℃ 的 $CaCl_2$ 低渗溶液中，使细胞膨胀，同时 Ca^{2+} 使细胞膜磷脂层形成液晶结构，使得位于外膜与内膜间隙中的部分核酸酶离开所在区域，这就形成了人工诱导的感受态细胞。此时加入 DNA，Ca^{2+} 又与 DNA 结合形成抗 DNase 的羟基-磷酸钙复合物，并黏附在细菌细胞膜的外表面上。经短暂的 42℃ 热脉冲处理后，细菌细胞膜的液晶结构发生剧烈扰动，随之出现许多间隙，致使通透性增加，DNA 分子便趁机渗入细胞内。此外，在上述转化过程中，Mg^{2+} 的存在对 DNA 的稳定性起很大作用，$MgCl_2$ 与 $CaCl_2$ 又对 *E. coli* 某些菌株感受态细胞的建立具有独特的协同效应。1983

年，Hanahan 除了用 $CaCl_2$ 和 $MgCl_2$ 处理细胞外，还设计了一套用二甲基亚砜（DMSO）和二巯基苏糖醇（DTT）进一步诱导细胞产生高频感受态的程序，从而大大提高了 *E. coli* 的转化效率。目前，Ca^{2+} 诱导法已广泛用于大肠杆菌、葡萄球菌以及其他一些革兰氏阴性菌的 DNA 转化。

(2) 电穿孔法

电穿孔是一种电场介导的细胞膜可渗透化处理技术。受体细胞在电场脉冲的作用下，细胞壁上形成一些微孔通道，使得 DNA 分子直接与裸露的细胞膜磷脂双层结构接触，并引发吸收过程。具体操作程序因转化细胞的种属而异。对于 *E. coli* 而言，大约 50μL 的细胞悬浮液与 DNA 样品混合后，置于装有电极的槽内，然后选用大约 25μF、2.5kV 和 200Ω 的电场强度处理 4.6ms，即可获得理想的转化效率。虽然电穿孔法转化较大重组质粒（＞100kb）的转化效率比小质粒（约 3kb）低 1 000 倍，但该法比 Ca^{2+} 诱导和原生质体转化法更有优势，因为后两种方法几乎不能转化大于 100kb 的质粒 DNA。而且，几乎所有的细菌均可找到一套与之匹配的电穿孔操作条件，因此电穿孔转化法已成为细菌转化的标准程序。

(3) 聚乙二醇介导的原生质体转化法

在高渗培养基中生长至对数生长期的细菌，用含适量溶菌酶的等渗缓冲液处理，剥除其细胞壁，形成原生质体，后者丧失了一部分定位在膜上的 DNase，有利于环状双链 DNA 分子的吸收。此时，再加入含待转化的 DNA 样品和 PEG 的等渗溶液，均匀混合，离心除去 PEG，将菌体涂布在特殊的固体培养基上再生细胞壁，最终得到转化细胞。这种方法不仅适用于芽孢杆菌和链霉菌等革兰氏阳性细菌，而且对酵母菌、霉菌甚至植物等真核细胞也有效，只是不同种属的细胞，其原生质体的制备与再生的方法不同，而细胞壁的再生率严重制约转化效率。

(4) 接合转化法

接合转化是通过供体细胞与受体细胞间的直接接触而传递外源 DNA 的方法。该转化系统一般需要三种不同类型的质粒，即接合质粒、辅助质粒和运载质粒（载体）。这三种质粒共存于同一宿主细胞，与受体细胞混合，通过宿主细胞与受体细胞的直接接触，使运载质粒进入受体细胞，并在其中稳定维持。现在常把接合质粒和辅助质粒同处于一宿主细胞（辅助细胞），再与单独含有运载质粒的宿主细胞（供体细胞）和被转化的受体细胞混合，使运载质粒进入受体细胞，并在其中稳定维持。也有把接合质粒和运载质粒处于同一宿主细胞，再与单独含有辅助质粒的宿主细胞和被转化的受体细胞混合进行转化的。由于整个接合转化过程涉及三种有关的细菌菌株，因此称为三亲本接合转化法。此方法主要用于微生物细胞的基因转化。

(5) 基于 λ 噬菌体感染的大肠杆菌转染

以 λDNA 为载体的重组 DNA 分子，由于其分子量较大。通常采取转染的方法将之导入受体细胞。在转染之前必须对重组 DNA 分子进行人工体外包装，使之成为具有感染活力的噬菌体颗粒。用于体外包装的蛋白质可直接从 *E. coli* 的溶原菌株中制备，现已商品化。这些包装蛋白通常分成分离放置且功能互补的两部分，一部分缺少 E 组分，另一部分缺少 D 组分。包装时，只有当这两部分的包装蛋白与重组 λDNA 分子三者混合后，包装才能有效进行。任何一种蛋白包装溶液被重组分子污染后均不能包装成有感染活力的噬菌体颗粒，这种设计基于安全考虑。整个包装操作过程与转化一样简单：将 λDNA 载体和外源 DNA 片段的连接反应液与两种包装蛋白组分混合，在室温下放置 1h，加入一滴氯仿，离心除去细菌碎片，即得重组噬菌体颗粒的悬浮液。将之稀释合适的倍数，并与处于对数生长期的 *E.coli* 受体细胞混合涂布，过夜培养即可获得含透明噬菌斑的转化平板，后者用于筛选与鉴定操作。

上述几种常用的转化方法，习惯上都用转化率来评价得到转化子的效率。一般情况下，如果待转化的 DNA 分子数大于受体细胞数时，表示转化率的方式是转化得到的细胞数，即转化子数与受体细胞总数的比率，直接反映了受体细胞中感受态的含量。如果受体细胞数比待转化的 DNA 分子数多很多时，转化率的表示方式是每 μg DNA 转化所得到的转化子数，即每 μg DNA 进入受体细胞的分子数。

（三）受体细胞与感受态

1. 受体细胞选择原则

重组 DNA 分子是由外源的目的基因或目的 DNA 片段与载体连接形成，它必须在合适的受体细胞内才能大量扩增或表达。受体细胞就是能够摄取外源 DNA 并能使其稳定存在的细胞，又称宿主细胞或寄主细胞等。野生型细菌一般不能直接用作基因工程的受体细胞，因为它对外源 DNA 的转化效率较低，并且有可能对其他生物种群存在感染寄生性，因此必须通过诱变手段对野生型细菌进行遗传性状改造。依据不同的实验目的，受体细胞的选择和作用也会有所不同，比如目的是要重组 DNA 大量扩增，就要求宿主能对重组 DNA 进行多拷贝复制，若是为了得到大量目的基因的表达产物，则选择的宿主细胞应能启动目的基因的高效表达。选择受体细胞有如下原则：

① 细胞要比较安全，无致病性，不会对外界环境造成生物污染。常选择致病缺陷型细胞或营养缺陷型的细胞作为受体细胞。

② 重组 DNA 分子导入受体细胞要方便。例如 *E.coli* DH5α、BL21 菌株比较容易制备感受态细胞，常被选择作为受体细胞。

③ 重组 DNA 分子要能在受体细胞内稳定存在。通过对受体细胞进行修饰改造，如选择某些限制性内切核酸酶缺陷的细胞作为受体细胞，以避免其对外源重组 DNA 分子降解破坏。

④ 重组 DNA 分子的筛选要方便。比如选择与载体的选择性标记相匹配的受体细胞基因型，以便于对重组子的筛选。

⑤ 遗传稳定性要高，以利于扩大培养或长期培养。

⑥ 选择蛋白水解酶基因缺失或蛋白酶含量低的细胞，以利于大量收集目的蛋白产物。

2. 感受态的概念

所谓感受态，即指受体细胞最容易接受外源 DNA 片段并实现其转化的一种生理状态，它是由受体菌的遗传性所决定的，同时也受菌龄、外界环境的影响。细胞的感受态一般出现在对数生长期，新鲜幼嫩的细胞是感受态细胞制备和成功转化的关键。感受态形成后，细胞生理状态随之发生改变，会出现各种蛋白质和酶（负责供体 DNA 的结合和加工等），细胞表面正电荷增加，通透性增加，形成能接受外源 DNA 分子的受体位点等。

3. 感受态细胞的制备方法

常用的细菌感受态细胞制备方法有 $CaCl_2$ 法、电穿孔法、RbCl（KCl）法、聚乙二醇法等，其中 RbCl（KCl）法制备的感受态细胞转化效率较高，但 $CaCl_2$ 法简单易操作，且经 Ca^{2+} 处理的感受态细胞，其转化率一般能达到 10^6～10^7 转化子/μg 质粒 DNA，可以满足一般基因工程实验的要求。如在 Ca^{2+} 的基础上，联合其它的二价金属离子（如 Mn^{2+}、Co^{2+}）、DMSO 或还原剂等物质处理细菌，则可使转化率提高 100～1000 倍。另外，$CaCl_2$ 法制备出的感受态细胞暂时不用时，可加入占总体积 15% 的无菌甘油于 −70℃保存（半年）。因此，$CaCl_2$ 法使用更为广泛。

4. 感受态细胞制备的原理

细菌（受体细胞）经过理化方法处理后，细胞膜的通透性发生暂时性变化，成为允许外源 DNA 分子通过质膜的感受态细胞。$CaCl_2$ 法制备细菌感受态细胞的原理是：对数生长期的细菌在 0℃（冰预冷）的 $CaCl_2$ 低渗溶液中，细胞膨胀成球形，此时细胞膜的通透性发生变化，容易吸收外源的 DNA。

5. 感受态细胞制备的影响因素

（1）细胞的生长状态和密度

不要使用经过多次传代、存藏于 4℃或室温的细菌，最好使用从 −70℃或 −20℃甘油中保存的菌种，活化后直接用于制备感受态细胞的菌液。细胞生长密度以刚进入对数生长期时为好，即每毫升培养液中细胞数在 5×10^7 个左右，可通过监测培养液的 A_{600} 值来控制，*E. coli* DH5α 或 BL21 菌株的 A_{600} 值为 0.5，A_{600} 值与细胞数之间的关系因菌株而异，密度过高或不足均会影响转化效率。

（2）试剂的质量

所用的试剂，如 $CaCl_2$ 等均需是高纯度的分析纯，并用纯净水配制，配制好的 $CaCl_2$ 溶液应分装成小份，避光保存于冷处。

（3）杂菌和杂 DNA 污染

感受态制备的整个操作过程均应在无菌条件下进行，所用器皿，如离心管、移液器吸头等最好是新的，并经高压灭菌处理。所有的试剂都要灭菌，且注意防止被其它试剂、DNA 酶或造成杂 DNA 所污染，否则均会影响转化效率或造成杂 DNA 的转入，为以后的筛选、鉴定带来不必要的麻烦。

（4）温度

整个操作均需在冰上进行，不能离开冰浴，否则细胞转化率将会降低。

项目实施

任务 8-1　操作准备

【任务描述】

将重组质粒（pET-28a-*ansB*）转化至 *E. coli* BL21（DE3）主要包括三个方面的工作：一是制备感受态细胞，二是用热激法或电穿孔法将重组质粒转化至感受态细胞内，三是给予适当的培养条件，使已导入重组质粒的感受态细胞正常生长，并方便重组子的筛选。这三个方面工作涉及的操作准备主要有 LB 液体和固体培养基的配制、菌种准备和活化、$CaCl_2$ 溶液的配制以及微量离心管、枪头的灭菌处理等工作。

1. 菌种及培养

(1) 菌种

E. coli BL21（DE3）菌株，重组质粒（pET-28a-*ansB*）。

(2) 培养基配制

① LB 液体培养基：胰蛋白胨 10g，酵母提取物 5g，NaCl 10g，蒸馏水 1000mL，pH 7.0～7.4，121℃灭菌 20min。

② LB 固体培养基：在 LB 培养基基础之上，加 15～20g 琼脂粉，121℃灭菌 20min。

③ 含 50μg/mL 卡那霉素的 LB 液体培养基：在 LB 培养基基础之上，加入终浓度 50μg/mL 的卡那霉素。

④ 含 50μg/mL 卡那霉素的 LB 平板的制备：

a. 配制：100mL LB 液体培养基加入 1.5～2.0g 琼脂粉。

b. 抗生素的加入：高压灭菌后，将融化的 LB 固体培养基置于 55℃的水浴中，待培养基温度降到 55℃时（手可触摸）加入抗生素，以免温度过高导致抗生素失效，并充分摇匀。

c. 倒板：一般 15～20mL 倒 1 个 9mm 培养皿。培养基倒入培养皿后，打开盖子，在紫外灯下照 10～15min。

d. 保存：用封口胶封边，并倒置放于 4℃保存，一个月内使用。

(3) 菌种培养

从超低温冰箱中取出 *E. coli* BL21（DE3）菌种甘油菌，在超净工作台中以平板划线法接种 *E. coli* BL21（DE3），倒置于 37℃培养箱内培养 12～24h，备用。

> 温馨提示：平板划线时菌液不能蘸取过多，轻轻划线，不要弄破培养基。培养时一定要倒置摆放在培养箱内。

2. 试剂及配制

(1) 0.1mol/L $CaCl_2$ 溶液

准确称取分析纯 $CaCl_2$ 1.11g，用去离子水溶解，定容至 100mL，121℃高压灭菌 20min，4℃保存。

(2) 100mg/mL 卡那霉素溶液

准确称取卡那霉素 0.5g，用去离子水溶解并定容至 5mL，用微孔滤器过滤除菌后，分装于 Eppendorf 管中，−20℃保存。

(3) 10%甘油溶液

量取 10mL 甘油，溶于 90mL 去离子水中，121℃高压灭菌 20min。

(4) 含 15%甘油的 0.1mol/L $CaCl_2$ 溶液

分析纯 $CaCl_2$ 1.11g，甘油 15mL，加去离子水溶解，定容至 100mL，分装，121℃高压灭菌 20min。

(5) 75%乙醇，无水乙醇，去离子水

> 温馨提示：离心管、枪头、牙签等也需 121℃高压灭菌 20min。

3. 仪器及耗材

超净工作台，分光光度计，台式高速冷冻离心机，水浴锅，恒温培养箱，摇床，超低温冰箱，高压灭菌锅，制冰机，电转化仪，电子天平，微波炉，微量移液器，枪头，1.5mL离心管，50mL离心管，三角瓶，培养皿，涂布棒，封口膜，记号笔，牙签等。

任务 8-2 大肠杆菌 BL21 感受态细胞的制备

【任务描述】

感受态细胞的制备是质粒 DNA 能否成功转化的关键之一。本任务是用 $CaCl_2$ 法制备大肠杆菌 BL21（DE3）感受态细胞，为热激法或电击法转化重组质粒（pET-28a-*ansB*）提供受体材料。

1. 原理

见本项目基础知识部分“感受态细胞制备的原理”。

2. 材料准备

（1）菌种

E. coli BL21（DE3）菌株。

（2）培养基

LB 液体培养基，LB 固体培养基（平板）。

（3）试剂

0.1mol/L $CaCl_2$ 溶液，含 15%甘油的 0.1 mol/L $CaCl_2$ 溶液，10%的甘油溶液，去离子水。

（4）仪器及耗材

超净工作台，分光光度计，高速冷冻离心机，培养箱，恒温水浴锅，制冰机，摇床，微量移液器，1.5mL 离心管，50mL 离心管，枪头，培养皿，封口膜，记号笔，牙签等。

3. 任务实施

（1）受体菌 *E. coli* BL21（DE3）的培养

① 将 *E. coli* BL21（DE3）划线接种于 LB 平板上活化，置于培养箱中 37℃ 培养 12～24h。

② 从 LB 平板上挑取新活化的 *E. coli* BL21（DE3）单菌落接种于 3～5mL LB 液体培养基中，37℃下振荡培养过夜。

③ 将该过夜培养物以 1∶100～1∶50 的比例接种于 100mL LB 液体培养基中，37℃振荡培养 2～2.5h 至 A_{600} 为 0.5 左右（此时细菌处于对数生长期）。

> 温馨提示：菌体的生长状态和密度很重要，直接用－70℃或－20℃甘油保存的原种接种培养，不要使用经过多次传代、存藏于 4℃或室温的培养物，细胞生长密度以刚进入对数生长期时为好，即细胞密度在 5×10^7 个/mL 左右，细胞数必须$<10^8$/mL。

（2）$CaCl_2$ 法制备感受态细胞

① 在无菌条件下将上述培养物转入预冷的 50mL 无菌离心管中，冰上放置 10min，然

后于 4℃下 3000r/min 离心 10min。

② 弃上清，保留细胞沉淀，用预冷的 0.1mol/L $CaCl_2$ 溶液 10mL 轻轻悬浮细胞，冰上放置 15～30min 后，4℃下 3000r/min 离心 10min。

③ 尽量弃净 $CaCl_2$ 溶液，保留细胞沉淀，加入 4mL 预冷的、含有 15%甘油的 0.1mol/L $CaCl_2$ 溶液，轻轻悬浮细胞，冰上放置几分钟，即成感受态细胞悬液，可直接用于转化，或分装成 200μL 一份，贮存于－70℃可保存半年。

温馨提示：感受态细胞制备的整个过程均应在冰上进行，不能离开冰浴，并且保证氯化钙的处理时间，否则影响转化效率。

$CaCl_2$ 法制备大肠杆菌感受态细胞的流程如图 8-3 所示。

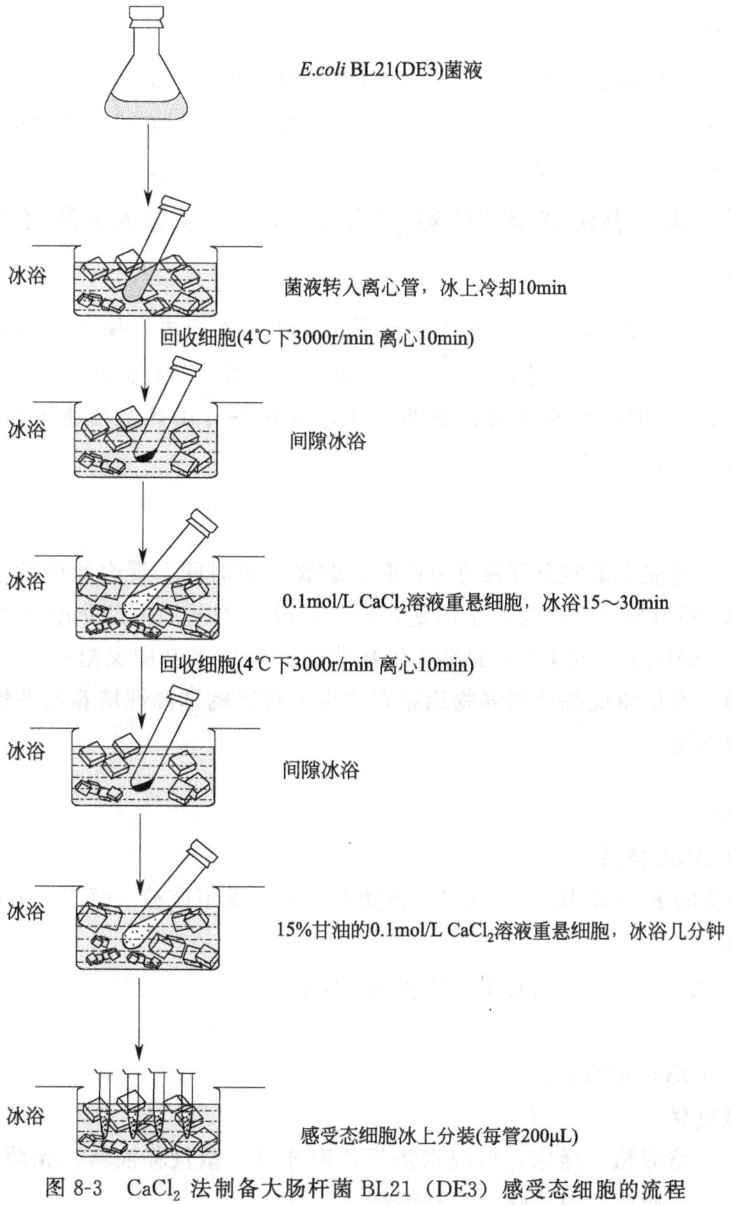

图 8-3　$CaCl_2$ 法制备大肠杆菌 BL21（DE3）感受态细胞的流程

(3) 电转化感受态细胞的制备

① 在无菌条件下将生长到 A_{600} 为 0.5 左右的培养物转入预冷的 50mL 无菌离心管中，冰上放置 10min，然后于 4℃下 4000r/min 离心 10min。

② 弃上清，保留细胞沉淀，加入少量预冷的去离子水悬浮细胞，再加入去离子水至离心管 2/3 处，4℃下 6000r/min 离心 10min。

③ 弃上清，保留细胞沉淀，在离心管中加入 4mL 预冷的 10%甘油溶液，轻轻悬浮细胞，即成感受态细胞悬液，可直接用于电穿孔转化，或者分装成 200μL 一份，贮存于 −70℃，备用。

温馨提示：感受态制备过程应用去离子水洗净细胞，否则影响电穿孔转化效率。

4. 思考与分析

(1) 为什么大肠杆菌生长至 A_{600} 为 0.5 时制备的感受态细胞，转化效率最高？

(2) 分析 $CaCl_2$ 法制备 *E. coli* BL21 (DE3) 感受态细胞过程中存在的问题。

(3) 在感受态细胞制备过程中，如何避免杂菌和杂 DNA 的污染。

任务 8-3 用热激法将重组质粒 pET-28a-*ansB* 导入大肠杆菌 BL21

【任务描述】

将重组 DNA 分子导入细菌的方法主要有 $CaCl_2$ 法、电击法、接合转化法、显微注射法和 PEG 介导的原生质体转化法等，其中 $CaCl_2$ 法是最常用的转化方法。在任务 8-2 用 $CaCl_2$ 法制备 *E. coli* BL21 (DE3) 感受态细胞基础上，本任务再以热激法将重组质粒 pET-28a-*ansB* 导入 *E. coli* BL21 (DE3)。

1. 原理

将重组质粒与感受态细胞悬浮液在 0℃混合放置一定时间，混合物中的质粒 DNA 形成抗 DNase 的羟基-钙磷酸复合物黏附于细胞表面，经过 42℃短时间的热激处理，促进细胞吸收 DNA 复合物。吸收了外源 DNA 的细菌先在非选择性培养基中保温一段时间，球状细胞复原并分裂增殖，然后将此细菌培养物涂布在含卡那霉素的选择性培养基平板上，可获得含有重组质粒的单菌落。

2. 材料准备

(1) 菌种及 DNA 样品

$CaCl_2$ 法制备的 *E. coli* BL21 (DE3) 感受态细胞，重组质粒 (pET-28a-*ansB*)。

(2) 培养基

LB 液体培养基，含 50μg/mL 卡那霉素的 LB 平板。

(3) 试剂

100mg/mL 卡那霉素溶液。

(4) 仪器及耗材

超净工作台，培养箱，摇床，恒温水浴锅，制冰机，微量移液器，无菌 1.5mL 离心管及枪头，培养皿，涂布棒，封口膜，记号笔等。

3. 任务实施

① 取按任务 8-2 制备好的、存放于超低温冰箱的 *E. coli* BL21（DE3）感受态细胞，冰上放置 5～10min，待其完全溶解。

② 在超净工作台上，将 5μL 重组质粒（pET-28a-*ansB*）（含量不超过 50ng，体积不超过 10μL）加入到分装后的 200μL *E. coli* BL21（DE3）感受态细胞中，轻轻摇匀，冰上放置 30min。

> 温馨提示：转化效率与外源 DNA 的浓度在一定范围内成正比，但当加入的外源 DNA 量过多或体积过大时，转化效率就会降低。1ng 的 cccDNA 可使 50μL 的感受态细胞达到饱和。一般情况下，DNA 溶液的体积不应超过感受态细胞体积的 5%。

③ 42℃热激 90s，时间一定要准确，迅速置于冰上冷却 3～5min。

> 温馨提示：42℃热处理很关键，转移速度要快，温度要准确。

④ 在超净工作台上，加入 1mL 不含抗生素的 LB 液体培养基，混匀后置 37℃摇床振荡培养 1h，使细菌恢复正常生长状态。

⑤ 取 200μL 步骤④菌液，用无菌的涂布棒均匀地涂布在含有卡那霉素的 LB 固体培养基平板上。经质粒转化的细菌和未转化的对照各涂一个平板。

> 温馨提示：涂布棒应先在酒精灯上作灭菌处理，但一定要放凉后使用，否则容易烫死刚恢复正常生长状态的细菌。另外，菌液涂布应避免反复来回涂布。

⑥ 待菌液完全被培养基吸收后，将培养皿倒置，在 37℃培养箱内培养 16～24h。未转化的对照培养皿中应无菌落出现，涂布有经质粒转化细菌的培养皿中有菌落长出。

⑦ 记录现象，并进行菌落计数。如实验需要，可按以下步骤进一步鉴定。

⑧ 用转化的菌落 PCR 鉴定重组子：对转化的菌落先行预变性（94℃、10min），然后以变性菌落为模板进行 PCR 反应。

⑨ 以 DNA 分子量标记为参照，进行琼脂糖凝胶电泳检测，确定其分子量。

用热激法将重组质粒转化至 *E. coli* BL21（DE3），其流程如图 8-4 所示。

4. 结果与分析

若重组质粒转化入感受态细胞，在选择性培养基上应有菌落长出。

如果阴性对照长出菌落，可以考虑以下原因：

① 在实验过程中感受态细胞被具有抗生素耐药性的细菌菌株污染。

② 转化过程使用的试剂、溶液被污染。

③ 选择性平板有问题。可能是忘记添加抗生素，或者加入抗生素时培养基温度太高导致抗生素失效。

④ 选择性平板被具有抗生素耐药性的细菌菌株污染。

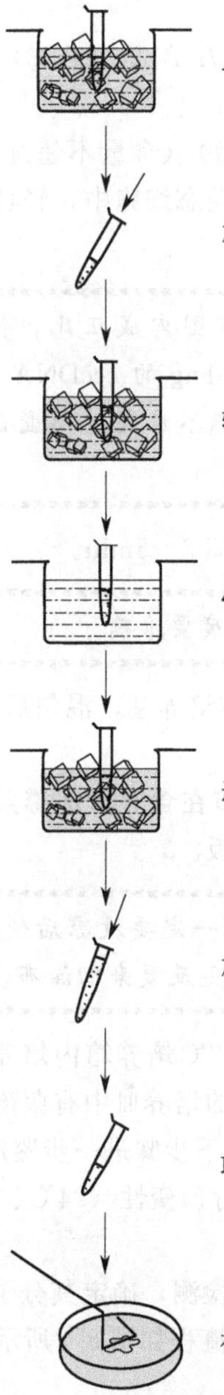
-70℃冰箱取出感受态细胞置于冰上5～10min
加入重组 DNA 5μL(DNA 含量小于50ng，体积小于10μL)
轻轻混匀，冰上放置30min
42℃水浴中热激90s
迅速置于冰上冷却3～5min
加入1mL LB 液体培养基，37℃缓慢振荡培养 1h
取 200μL 菌液
在超净工作台上均匀地涂布在抗性筛选平板上

图 8-4　用热激法将重组质粒转化至大肠杆菌 BL21（DE3）的流程

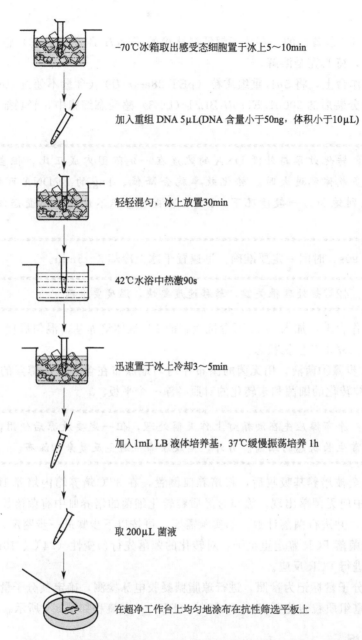

任务 8-4　用电穿孔法将重组质粒 pET-28a-*ansB* 导入大肠杆菌 BL21

【任务描述】

电穿孔法又称电击法或电转化法，是另一种常用转化方法。本次任务要求完成用电击法将重组质粒 pET-28a-*ansB* 导入大肠杆菌 BL21（DE3）。

1. 原理

短暂的高压电击，会引起细胞膜分子的瞬时重排，从而使得细胞通透性改变，细胞膜出现电穿孔，DNA 容易进入细菌。

2. 材料准备

(1) 菌种及 DNA 样品

用于电击法的 *E. coli* BL21（DE3）感受态细胞，重组质粒（pET-28a-*ansB*）。

(2) 培养基

LB 液体培养基，含 50μg/mL 卡那霉素的 LB 平板。

(3) 试剂

75％乙醇，无水乙醇，100mg/mL 卡那霉素溶液。

(4) 仪器及耗材

电转化仪，超净工作台，培养箱，摇床，恒温水浴锅，制冰机，微量移液器，无菌 1.5mL 离心管及枪头，培养皿，记号笔等。

3. 任务实施

① 将电击杯浸泡于无水乙醇中备用。

② 用无水乙醇清洗电击杯，放在超净工作台中吹干，将重组质粒、1mm 的电击杯和 LB 液体培养基一起置于冰上预冷，备用。

③ 从－70℃冰箱中取出用于电击法的感受态细胞，置于冰上待其完全溶解。

④ 在超净工作台上，取 5μL 重组质粒（pET-28a-*ansB*）DNA 溶液，加入 200μL 感受态细胞中，轻轻混匀后转入预冷的电击杯中。

⑤ 打开电转化仪，设定输出电压 1800V，然后将电击杯放入，立即按电钮电击。

⑥ 听到蜂鸣声后，向电击杯中迅速加入 1mL LB 液体培养基，重悬细胞后，转移到 1.5mL 离心管中。

⑦ 置于 37℃摇床振荡培养 1h，使细菌恢复正常生长状态。

⑧ 取 200μL 步骤⑦菌液，用无菌的涂布棒均匀地涂布在含有相应抗生素的 LB 固体培养基平板上。经质粒转化的细菌和未转化的对照各涂一个平板。

⑨ 待菌液完全被培养基吸收后，将培养皿倒置，在 37℃培养箱内培养 16～24h。未转化的对照培养皿中应无菌落出现，涂布有经质粒转化细菌的培养皿中有菌落长出。

⑩ 按照电转化仪的维护要求，清洗处理电击杯，备用。

⑪ 记录现象，并进行菌落计数。

4. 结果与分析

提高电击法转化效率的方法有哪些？

(1) 保持细胞的良好生长状态

不同种类的细胞有不同的最佳电转化时期，处于对数生长早中期的细菌细胞转化效率最高。

(2) 保证质粒的纯度

电穿孔可以将质粒 DNA、RNA、蛋白质、糖类等大分子物质转入细胞，一般转入 cccDNA 的效果最好，但是线性质粒有利于穿孔并整合进宿主基因组。同时，质粒的纯度对转化效果有明显影响，不纯质粒的转化效率很低。

(3) 去掉电穿孔介质中的离子

大部分微生物在高电阻介质中穿孔效果较好，但培养基中的微量离子、DNA 乙醇沉淀物中的残留盐分会引起样品在电击时电阻显著降低并引发电弧，干扰电转化的效果。因此，在制备电转化感受态细胞时，需要彻底清洗细胞以除去干扰，一般用去离子水或无离子溶液（葡萄糖、甘油、蔗糖或山梨醇）清洗 3 次以上。DNA 乙醇沉淀物中的残留盐分必须在将 DNA 沉淀物溶入水之前洗去。对大多数微生物来说，10%～15%的甘油溶液是一种方便的穿孔介质，因为它是细胞培养物贮存抗冻保护剂。在一些细菌的电穿孔缓冲液中加入少量的 $MgCl_2$（约 1mmol/L）可以提高转化效率。Mg^{2+} 可能起到维持细胞膜结构完整性的作用。

(4) 提供低温环境

电穿孔时，细胞的温度对电穿孔的效率有影响。①电脉冲穿过细胞时产生热量，低温状态的细胞可以减少热量的产生从而增加细胞的存活率；②电穿孔时在细胞膜上产生一些过渡态的空隙，低温状态的细胞有助于脉冲后空隙维持较长的开放时间，以便 DNA 进入；③溶液的电导会随温度变化，温度升高会降低介质电阻和时间常数；④扩散速率与温度直接相关，低温环境可减少分子的跨膜扩散。对于多数细菌细胞，整个过程保持在低于 4℃ 的环境具有最好的电敏性。

(5) 适宜的电场强度、脉冲时间

不同菌株适宜转化的条件需要摸索及优化。一般菌株在电压 2.5kV，电阻 200Ω，电容 25μF，脉冲时间 4.3～5ms 和低离子强度电击缓冲液的条件下，能获得较高的电击转化效率。

能力拓展

（一）重组 DNA 转化至酵母的方法

酵母转化的常见方法有四种：原生质球法、电击转化法、PEG 方法和 Li^+ 盐转化方法。一般来说，原生质球和电击转化法效率较高。电击转化方法比较简单，原生质球法较复杂，容易形成多倍体细胞，菌落再生时间长，且细胞再生困难。PEG 方法和 Li^+ 盐方法很简单，但是这两种方法转化效率较低。进行酵母转化时，主要采用电击转化法和 Li^+ 盐转化方法，但电击转化法的转化效率明显高于 Li^+ 盐转化方法。

1. 原生质球法

首先，酶解酵母细胞壁，产生原生质球，再将原生质球置于 DNA、$CaCl_2$ 和多聚醇（如聚乙二醇）中，多聚醇可使细胞壁具有穿透性，并允许 DNA 进入，然后使原生质球悬浮于琼脂中，并使其再生新的细胞壁。

2. Li^+ 盐转化法

酿酒酵母的完整细胞经碱金属离子（如 Li^+ 等）或 β—巯基乙醇处理后，在 PEG 存在下和热休克之后可高效吸收质粒 DNA，虽然不同的菌株对 Li^+ 或 Ca^{2+} 的要求不同，但 LiCl 介导的全细胞转化法同样适用于非洲酒裂殖酵母、乳酸克鲁维亚酵母以及脂解雅氏酵母系统。这种方法不需要消化酵母细胞壁，产生原生质球，而是将整个细胞暴露在 Li^+ 盐（如 0.1mol/L LiCl）中一段时间，再与 DNA 混合，经过一定处理后，加 40% PEG 4000，然后经热激等步骤，即可获得转化子。该法主要缺点是：如果用自主复制的质粒进行转化，转化子的数量比用原生质球低 10～100 倍。1982 年 Singh 等人的实验表明，利用单链 DNA 进行酵母转化更为容易。单链 DNA 载体转化酵母细胞比同样序列的双链 DNA 转化效率高 10～30 倍。转化子的鉴定一般分两步进行，先通过与寄主突变发生互补的手段选择转化子，然后用菌落杂交技术进一步验证转化子中是否确实存在某种质粒。这样才能彻底排除低频率的营养缺陷型的回复突变所带来的假象。乙酸锂对酿酒酵母有效，对毕赤酵母无效，毕赤酵母转化一般用氯化锂（LiCl），PEG 4000 可屏蔽高浓度 LiCl 的毒害作用。

3. 电击转化法

电击转化法的原理是利用高压电脉冲作用，造成细胞膜的不稳定，形成电穿孔以及可逆的瞬间通道，不仅有利于离子和水进入细胞，也有利于外源 DNA 等大分子的进入。电击转化法的效率受电场强度、电脉冲时间和外源 DNA 浓度等参数的影响，通过优化这些参数，每微克 DNA 可以得到更多的转化子。电击转化条件为：电压 1.5kV，电容 25μF，电阻 200Ω，电击时间为 4～10ms。

4. PEG 转化法

PEG 1000 可促进酵母菌摄取外源 DNA，另外加入的鲑鱼精单体 DNA 为短的线形单链 DNA，在转化实验中主要是用来保护转化 DNA 免于被 DNA 酶降解。

（二）重组 DNA 转化至动物细胞的方法

在真核细胞的表达研究中，细胞转染是一个关键步骤。在基因治疗中，也需要用基因转移技术导入外源基因，因此细胞转染技术的研究已越来越受到重视，至今已开发了许多新技术和新方法。不同的细胞系，摄取和表达外源 DNA 的能力可相差几个数量级，在一种细胞上有效的方法，在另一种细胞上则可能无效。因此，如果采用某种特定的细胞系，就必须比较几种不同方法的效率。目前用于重组 DNA 转染哺乳动物细胞的方法主要有光穿孔法、冲击波法、基因枪法、电穿孔法、磷酸钙转染法、二乙氨乙基葡聚糖介导法、脂质体法及抗体转染法等。

1. 光穿孔法

光穿孔法是利用激光产生的热量，使细胞壁产生孔洞，将外源 DNA 导入细胞。将一束蓝色氩激光通过 100 倍物镜作用于培养基中的细胞，在酚红存在下，受照部位细胞壁的通透性增加，从而使悬浮于培养基中的 DNA 进入细胞。该部位直径可由照射时间和照射强度控制，通透性持续时间很短，1～2min 内即自动消失，其间细胞无明显伤害。光穿孔优点是：利用培养基中常规成分酚红作用，无须任何添加剂；可以有选择地对细胞进行转染，即当有不同的细胞混在一起时，只要形态上可分，就可被光穿孔法选择性转染。

2. 冲击波法

冲击波法是利用细胞受冲击后细胞膜通透性瞬时增加的特性，使外源基因导入细胞。这种物理的 DNA 转移方法操作非常简单，被转移的 DNA 大小、序列可灵活多样，也可作用于固体器官中的细胞、活体，应用非常安全。此时产生于体外的冲击波，可使组织中多种接触 DNA 的细胞得到转染。该方法可用于活体局部的基因转移。

3. 基因枪法

基因枪法又叫微粒轰击法、生物发射技术或高速微粒子发射技术。基因枪技术最早是一种在植物中应用的基因转移方法，这项技术通过提供给包裹有 DNA 的微小金颗粒（或钨粉）很高的初速度，使其穿透植物细胞壁而达到转移外源质粒 DNA 的目的。由于纯金没有化学活性，不会对机体产生毒性，所以这项技术后来被用到哺乳动物类实验中，将报告基因和功能基因成功地转入了各种培养细胞和各种活体组织中。

4. 电穿孔法

电穿孔是指在高压脉冲作用下使细胞膜上出现微小的孔洞，从而导致不同细胞之间的原生质膜发生融合作用的细胞生物学过程。同时，电穿孔可促使细胞吸收外界环境中的 DNA 分子。在高压电场作用下，细胞膜因发生临时性破裂所形成的微孔，可使大分子及小分子从外界环境进入细胞内部或反向流出细胞。细胞膜上微孔的关闭是一种衰减过程，此过程在 0℃下会被延缓进行。微孔开启时，细胞外的 DNA 分子便穿孔而入，最终进入细胞核内部。具有游离末端的线性 DNA 分子，容易发生重组，因而更容易整合到寄主染色体中形成永久性转化子。超螺旋 DNA 比较容易被包装进染色质，对于瞬时基因表达更有效。该方法的主要特点是操作简便、持续时间短、转染率高。

5. 磷酸钙转染法

磷酸钙转染法是把含外源基因的质粒或已克隆化的基因作为转染物，与磷酸钙转染液混合，加入到宿主细胞的培养环境中，在磷酸钙转染液的媒介下能使转染的 DNA 被整合到受体细胞的基因组中。磷酸钙法转染细胞简单、实用，但有一定的局限性，对细胞有一定的选择性，平均每个培养皿中约有 10% 的细胞可捕获外源 DNA。影响磷酸钙转染效率的主要因素有：DNA-磷酸钙共沉淀物中 DNA 的数量，共沉淀物与细胞接触的保温时间，以及甘油或 DMSO 等促进因子作用的持续时间等。

6. 二乙氨乙基葡聚糖介导法

该方法最初是用来促进脊髓灰质炎病毒、SV40 和多瘤病毒导入细胞的。其原理是带正电的二乙氨乙基葡聚糖与核酸带负电的磷酸骨架相互作用形成的复合物能够被细胞内吞。方法是先制备出葡聚糖混合液，加入目的基因混合后转染入培养细胞。该方法转染效率较高，但突变性也较高，不适于分离稳定的转染细胞。

7. 脂质体法

脂质体是由天然脂类和类固醇组成的微球，根据其结构所包含的双层膜层数可分为单室脂质体和多室脂质体，含有一层类脂双分子层的囊泡称单室脂质体，含有多层类脂双分子层的囊泡称为多室脂质体。脂质体转染法可能的机制是阳离子脂质体与带负电的基因依靠静电作用形成脂质体基因复合物，该复合物因阳离子脂质体的过剩正电荷而带正电，借助静电作用吸附于带负电的细胞表面，再通过与细胞膜融合或细胞内吞作用而进入细胞内，脂质体基因复合物在细胞质中可能进一步传递到细胞核内释放基因，并在细胞内获得表达。

脂质体介导的基因转移包括两个步骤，首先是脂质体与 DNA 形成复合物，然后复合物与细胞作用将 DNA 释放到细胞中。脂质体介导基因转移的机制可能存在两种模式：细胞内吞作用介导的脂质体-细胞融合；脂质体与质膜直接融合。脂质体作为基因转移载体具有以下优点：易于制备，使用方便，不需要特殊的仪器设备；无毒，与生物膜有较大的相似性和相容性，可生物降解；目的基因容量大，可将 DNA 特异性地传递到靶细胞中，使外源基因在体外细胞中有效表达。但也存在一些不足，如表达量较低、持续时间较短，稳定性欠佳等。脂质体转染所需的 DNA 用量与磷酸钙法相比大为减少，而转染效率却高 5～100 倍，具有广谱、高效、快速转染的特点，已成为一种常用的转染方法。

8. 抗体转染法

利用抗体作为载体，介导基因进入表达特定表面抗原细胞的方法为抗体转染法。该方法具有简单、安全和适用性广泛等特点。将抗 CD3、CD34 或表面免疫球蛋白的抗体与质粒共价耦联，可以自体内或体外转染正常脾 B 细胞或类淋巴细胞。通过抗体介导这一生理过程，基因被传送到特定细胞，该方法可望用于基因治疗研究。

（三）转基因技术

1. 概念

将人工分离和修饰过的基因导入到生物体基因组中，由于导入基因的表达，引起生物体性状的可遗传的修饰，这一技术称之为转基因技术。经转基因技术修饰的生物体常被称为遗传修饰体（genetically modified organism，GMO）。

目前已发展了许多用于植物基因转化的方法，可分为三大类：一类是载体介导的转化方法，即将目的基因插入到农杆菌的质粒或病毒的 DNA 等载体分子上，随着载体 DNA 的转移而将目的基因导入到植物基因组中。农杆菌介导和病毒介导法就属于这种方法。第二类为基因直接导入法，是指通过物理或化学的方法直接将外源目的基因导入植物的基因组中。物理方法包括基因枪转化法、电激转化法、超声波法、显微注射法和激光微束法等；化学方法有 PEG 介导转化法和脂质体法等。第三类为种质系统法，包括花粉管通道法、生殖细胞浸染法、胚囊和子房注射法等。植物常用的转基因方法包括花粉管通道法、基因枪法、农杆菌介导转法等。

2. 原理

(1) 花粉管通道法

花粉管通道法是由中国科学院周光宇等（1983）建立，并在长期科学研究中发展起来的。该法的主要原理是：在授粉后向子房注射含目的基因的 DNA 溶液，利用植物在开花、受精过程中形成的花粉管通道，将外源 DNA 导入受精卵细胞，DNA 进一步被整合到受体细胞的基因组中，随着受精卵的发育而成为带转基因的新个体。花粉管通道法的基本程序包括：①外源 DNA（基因）的制备；②根据受体植物的受精过程及时间，确定导入外源 DNA（基因）的时间及方法；③将外源 DNA（基因）导入受体植物。

(2) 根癌农杆菌介导转化法

根癌农杆菌是普遍存在于土壤中的一种革兰氏阴性细菌。它能在自然条件下感染大多数双子叶植物的受伤部位，并诱导其产生冠瘿瘤。根癌农杆菌细胞中含有 Ti 质粒（tumor-inducing plasmid，瘤诱导质粒）。在 Ti 质粒上有一段 T-DNA（T-DNA region），即转移 DNA（transfer DNA），又称为 T 区（T region）。根癌农杆菌通过侵染植物伤口进入细胞后，可将 T-DNA 插入到植物基因组中。因此，根癌农杆菌是一种天然的植物遗传转化体系。人们将目的基因插入到经过改造的 T-DNA 区，借助根癌农杆菌的感染实现外源基因向植物细胞的转移与整合，然后通过细胞和组织培养技术，再生出转基因植株。

(3) 基因枪法

基因枪法是由美国 Comel 大学生物化学系 Santord 等 1983 年研究成功的。1987 年，Vlein 首先应用此技术将 TMV（烟草花叶病毒）RNA 吸附到钨粒表面，轰击洋葱表皮细胞，经检测发现病毒 RNA 能进行复制。

基因枪根据动力系统可分为火药引爆、高压放电和压缩气体驱动三类。其基本原理是通过动力系统将带有基因的金属颗粒（金粒或钨粒），将 DNA 吸附在表面，然后在高压的作用下，微粒被高速射入受体细胞或组织，微粒上的外源 DNA 进入细胞后，整合到植物染色体上，得到表达，从而实现基因的转化。由于小颗粒穿透力强，故不需除去细胞壁和细胞膜而进入基因组，它具有无宿主限制、受体类型广泛、方法简单快速、转化时间短、转化频率高等优点。基因枪法是将直径 4μm 的钨粉或金粉在供体 DNA 中浸泡，然后用基因枪将这些粒子打入细胞、组织或器官中，具有一次处理多个细胞的优点，但转化效率较低，另外这种方法也用于基因治疗和抗体制备，并已取得初步成效。基因枪法是目前单子叶作物转基因的主要方法。然而，基因枪法仍存在一些不足，如易形成嵌合体、多基因拷贝的整合，易出现共抑制和基因沉默现象，而且基因枪法所用的仪器设备昂贵，也限制其广泛应用。

3. 应用

自 1983 年第一株转基因作物——转基因烟草诞生以来，作物转基因技术得到了迅速发展。目前，几乎所有的作物都开展了转基因研究，该技术已在烟草、水稻、小麦、黑麦草、甘蔗、棉花、大豆、莱豆、洋葱、番木瓜、甜橙、葡萄等多种作物上成功。育种目标涉及高产、优质、高效兼抗性及多用途等诸多方面。一批抗病、抗虫、抗逆、抗除草剂等转基因作物已进入商品化生产阶段，如抗除草剂草甘膦的转基因大豆，抗虫转基因棉花、玉米、油菜、马铃薯、西葫芦、番茄和木瓜等。

值得一提的是，1991 年国家“863”计划启动抗虫棉研制工作后，我国科学家于 1992 年底成功研制出具有自主知识产权的杀虫基因，转入棉花，创造出转基因单价抗虫棉。1996 年又成功研制出双价抗虫棉。转基因单价抗虫棉是将一种细菌来源的、可专门破坏棉铃虫消化道的 Bt 杀虫蛋白基因经过改造，转到了棉花中，使棉花细胞中存在这种杀虫蛋白质，专门破坏棉铃虫等鳞翅目害虫的消化系统，导致其死亡，而对人畜无害的一种抗虫棉花（图 8-5）。其核心技术于 1995 年申请国家发明专利，1998 年正式授权，2001 年该专利被国际知识产权组织及国家知识产权局授予发明专利金奖。它标志着我国成为继美国之后，世界上第二个独立自主研制出抗虫棉的国家。

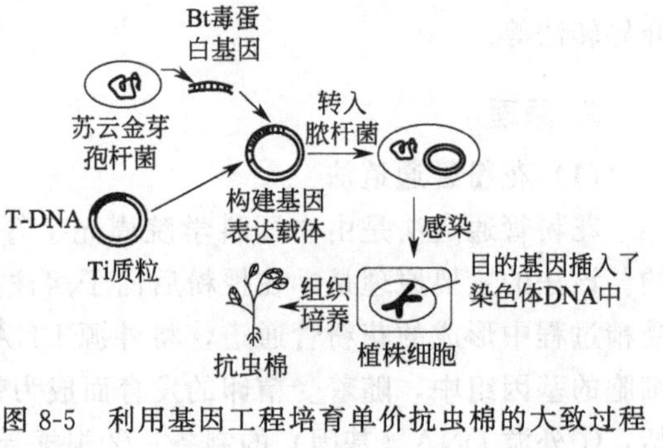

图 8-5 利用基因工程培育单价抗虫棉的大致过程

转基因双价抗虫棉是我国科学家将杀虫机理不同的两种抗虫基因（Bt 杀虫基因和修饰的豇豆胰蛋白酶抑制剂基因）同时导入棉花，研制出的一种抗虫棉花。由于这两种杀虫蛋白功能互补且协同增效，使双价抗虫棉不但可以有效延缓棉铃虫对单价抗虫棉产生抗性，还可增强抗虫性。双价抗虫棉的核心技术于 1998 年申请国家发明专利，2002 年正式授权，使我国在抗虫棉的研究及应用领域达到了国际先进水平。双价抗虫棉的广泛推广应用，大大提高了我国生物防治病虫害的水平，降低了棉农的劳动强度和生产成本，提高了生产效益。

实践练习

1. 细菌自然转化是指细菌能够自发从______摄取游离 DNA 分子并______到自身基因组上的过程。重组 DNA 技术中的转化是把外源 DNA 分子人工导入到______细胞的单元操作过程。

2. 感受态是指受体细胞______接受外源 DNA 片段并实现其转化的一种生理状态，它是由受体菌的遗传性所决定的，同时也受菌龄、外界环境的影响。制备感受态细胞时，细胞生长状态以______时为好，可通过检测培养液的______值来控制。

3. 用 $CaCl_2$ 制备大肠杆菌感受态细胞时，菌体生长的适宜密度为（　　）。A. A_{600} = 0.6～0.7；B. A_{600} = 0.4～0.5；C. A_{600} = 0.5～0.6；D. A_{600} = 0.3～0.4。

4. $CaCl_2$ 制备感受态细胞的原理是细菌处于 0℃的 $CaCl_2$ 低渗溶液中，会膨胀成球形，细胞膜通透性发生变化，转化混合物中的质粒 DNA 形成抗 DNase 的______复合物黏附于细胞表面，经过______处理，促进细胞吸收 DNA 复合物，在______培养基上生长一定时间后，球状细胞复原并分裂增殖，实现遗传信息的转移，使受体细胞出现新的遗传性状。

5. 制备大肠杆菌感受态细胞最常用的方法是（　　）。A. $CaCl_2$ 法；B. 电击法；C. RbCl（KCl）法；D. PEG 法。

6. 影响感受态细胞制备的因素主要有：(1) 细胞的生长状态和______；(2) 试剂的质量；(3) 杂菌和杂______污染；(4) 温度。

7. 提高电击法转化效率的方法主要有：(1) 保持细胞的良好______；(2) 保证质粒的纯度；(3) 去掉电穿孔介质中的______；(4) 提供______环境；(5) 适宜的电场强度和脉冲时间。

8. 将重组 DNA 分子转化至酵母和动物细胞的方法分别有哪些？

9. 对 Griffith（1928 年）和 Avery（1944 年）的肺炎双球菌转化实验，你有哪些想法？

10. 受体细胞是能够摄取外源 DNA 并能使其稳定存在的细胞，其选择原则是什么？

（朱年青、韦平和）

项目九 重组子的鉴定及 *ansB* 基因表达产物分析

学习目标

通过本项目的学习，了解鉴定重组子的常用方法以及诱导目的基因表达的原理，掌握用 SDS-聚丙烯酰胺凝胶电泳和酶活反应对基因表达产物进行分析的原理及方法。

1. 知识目标

（1）熟悉重组子鉴定的常用方法及原理；

（2）熟悉目的基因诱导表达的原理和方法；

（3）掌握 SDS-聚丙烯酰胺凝胶电泳的基本原理；

（4）掌握 L-天冬酰胺酶酶活测定的原理和方法；

（5）了解核酸分子杂交的种类、方法以及蛋白质工程的技术方法。

2. 能力目标

（1）掌握用 IPTG 诱导目的基因表达和表达产物初步纯化的操作技术；

（2）掌握用 SDS-聚丙烯酰胺凝胶电泳检测表达产物的操作技术；

（3）掌握 L-天冬酰胺酶酶活测定的操作技术。

项目说明

项目八获得的转化子仍然是多种类型的 DNA 分子，包括载体自连、目的 DNA 分子自连、未发生连接的载体和 DNA 片段等，需要进行后续重组子的筛选和鉴定以及对基因表达产物进行正确性分析，特别是需要搞清楚转化子所含质粒是空载质粒（pET-28a）还是重组质粒（pET-28a-*ansB*）？如何诱导外源目的基因（*ansB*）表达？表达产物是否为 L-天冬酰胺酶Ⅱ？表达产物 L-天冬酰胺酶Ⅱ有无酶活性？本项目在抗生素（Kan）抗性筛选基础上，对筛选为阳性的转化子，通过 IPTG 诱导目的基因（*ansB*）表达，然后采用 SDS-聚丙烯酰胺凝胶电泳对目的基因的表达情况（是否表达、表达产物是否为 L-天冬酰胺酶Ⅱ、表达量等）进行分析，并对表达产物 L-天冬酰胺酶Ⅱ进行酶活测定，以确证基因表达产物是否达到预期。

基础知识

（一）重组子的筛选与鉴定

经过转化、转导或者转染后，外源 DNA 分子导入宿主细胞，必须从大量的菌落和细胞中筛选出含有正确的重组 DNA 的菌落或者细胞。迄今为止，已建立起多种根据不同特征的重组子筛选方法，这些方法大体可以分为三大类，即根据重组子遗传重组表型改变的筛选法、根据重组子结构特征的筛选法和根据目的基因表达产物特征建立的免疫化学筛选法。

1. 根据重组子遗传重组表型改变的筛选法

由于外源 DNA 插入载体 DNA 中有特定功能的区域，导致其特定遗传表型的丧失或改变，这种改变往往以直接的方式表现出来。

(1) 利用抗生素抗性基因进行筛选

质粒载体一般都带有抗生素抗性基因，如氨苄青霉素抗性、四环素抗性和卡那霉素抗性等。当培养基中含有某种抗生素时，只有携带相应抗生素抗性基因的质粒载体的细胞才能生长繁殖，这就把未接受质粒载体的细胞全部筛除掉了。

插入失活筛选是指将外源基因插入用于筛选的遗传标记中，使菌落在选择性培养基上的生长状态出现明显差异，从而进行选择的方法。例如质粒 pBR322 是分子克隆中使用最广泛的基因载体之一，它有两个抗生素抗性基因，一个是氨苄青霉素抗性，另一个是四环素抗性，如果在氨苄青霉素抗性基因上插入外源基因，进行筛选时，能在含有四环素的培养基上生长而不能在含氨苄青霉素的培养基上生长的菌落，则是我们所需要的转入外源基因的菌落（图 9-1）。

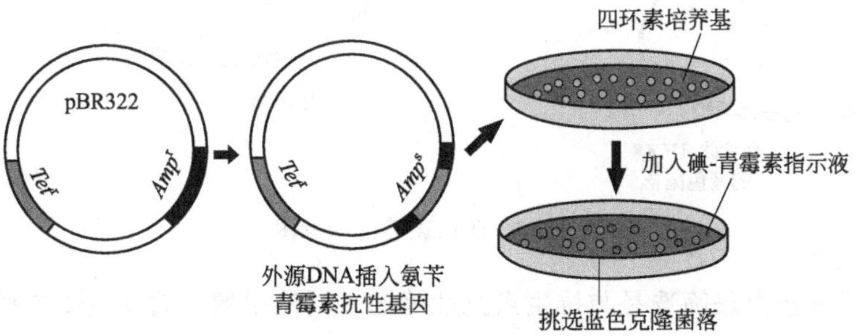

图 9-1　氨苄青霉素抗性插入失活选择过程

(2) 通过 α-互补使菌落产生颜色进行筛选

通过 α-互补使菌落产生颜色进行筛选，通常称为蓝白斑筛选，其依据是载体的遗传特征，主要为 α-互补、抗生素抗性基因等。

一些载体（如 pUC 系列质粒）带有 β—半乳糖苷酶（*lacZ*）N 端 α 片段的编码区，该编码区中含有多克隆位点（MCS），可用于构建重组子。这种载体适用于仅编码 β—半乳糖苷酶 C 端 ω 片段的突变型宿主细胞。因此，宿主和质粒编码的片段虽都没有半乳糖苷酶活性，但它们同时存在时，α 片段与 ω 片段可通过 α-互补形成具有酶活性的 β—半乳糖苷酶。β—半乳糖苷酶可将无色化合物 X-gal（5—溴—4—氯—3—吲哚—β—D—半乳糖苷）切割成半乳糖和深蓝色的物质 5—溴—4—靛蓝。当外源 DNA 与含 *lacZ* 的载体连接时，会插入 MCS，使 α 肽链阅读框破坏，这种重组质粒不再表达 α 肽链，将它导入宿主缺陷菌株，无法形成 α 互补，所以不产生活性 β—半乳糖苷酶，即不可分解培养基中的 X-gal 产生蓝色，菌落呈现白色（图 9-2）。

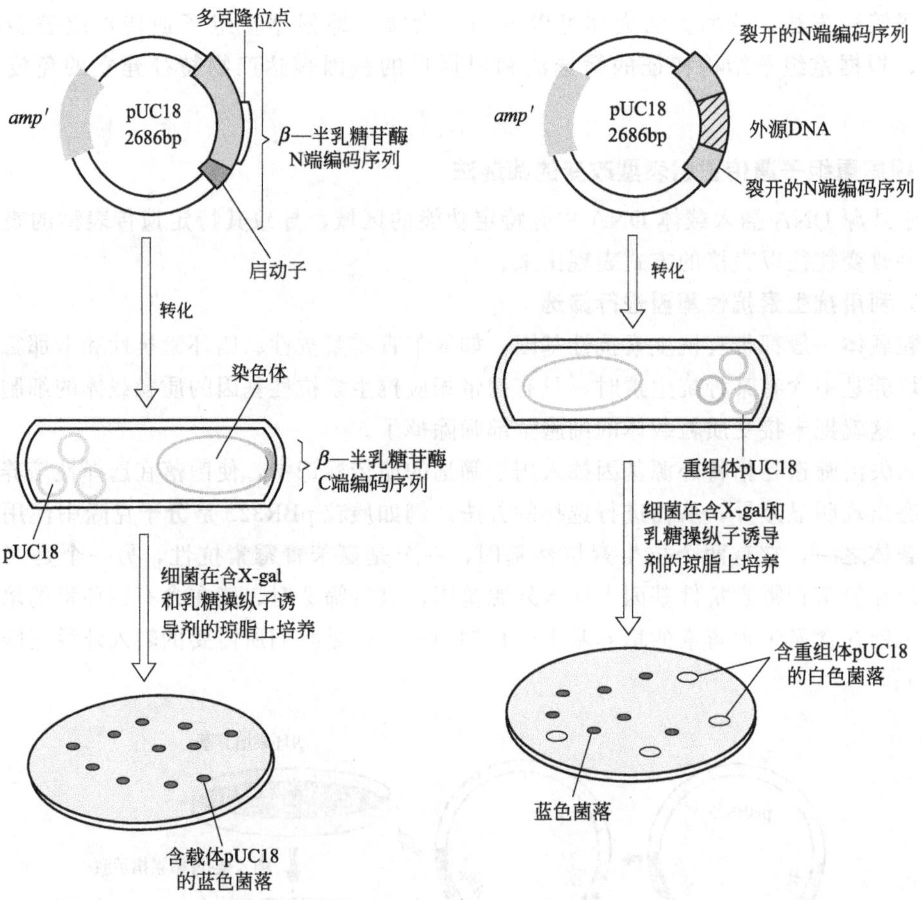

图 9-2　蓝白斑筛选示意图

实验中，通常蓝白斑筛选是与抗生素抗性筛选一同使用的。含 X-gal 的平板培养基中同时含有一种或多种载体所携带抗性相对应的抗生素，一次筛选就可以判断出：未转化的菌不具有抗性，不生长；转化了空载体，即未重组质粒的菌，长成蓝色菌落；转化了重组质粒的菌，即目的重组菌，长成白色菌落。

(3) 利用报告基因表达产物进行筛选

对于那些不宜利用选择标记进行筛选的宿主细胞，一般在目的基因上游或下游连接一个报告基因。报告基因是一种编码可被检测的蛋白质或酶的基因，从而在其表达后，使细胞表现出特定的可检测性状。含有报告基因的重组 DNA 导入宿主细胞后，根据报告基因的表达产物来进行筛选。常用的报告基因有氯霉素乙酰转移酶基因（*CAT*）、β-葡萄糖苷酸酶基因（*GUS*）、荧光素酶基因（*LUC*）、分泌型碱性磷酸酶基因（*SEAP*）和绿色荧光蛋白基因（*GFP*）等（图 9-3）。

2. 根据重组子结构特征的筛选法

(1) 琼脂糖凝胶电泳比较重组 DNA 分子大小

对于插入比较大的重组 DNA 分子可以直接裂解菌落获得重组质粒 DNA，与原载体进行琼脂糖凝胶电泳比较，根据电泳迁移率的差别进行重组子的初步筛选。

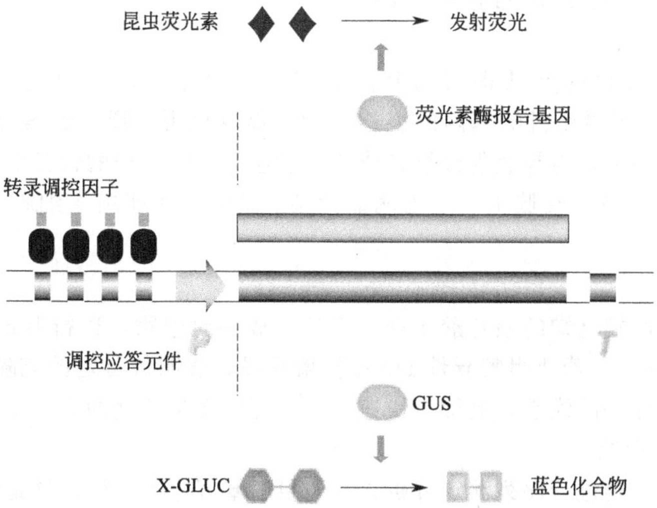

图 9-3　利用报告基因筛选重组子示意图

(2) 限制性内切核酸酶分析

从转化菌落中随机挑选少数菌落，快速提取质粒 DNA，用限制性内切核酸酶进行酶切，根据片段大小和酶谱特征与预计的重组 DNA 酶谱特征进行比较和分析，判断是否为正确的重组 DNA。

(3) 原位杂交

原位杂交可分为克隆和噬菌斑原位杂交，两者的基本原理是相同的。将转化后得到的菌落或重组噬菌体感染菌体所得到的噬菌斑原位转移到硝酸纤维素滤膜或尼龙膜上，得到一个与平板菌落或噬菌斑分布完全一致的复制品，然后进行菌落的裂解及 DNA 的变性、中和，再与放射性核素标记的探针进行杂交，将滤膜干燥后进行放射自显影。最后将胶片与原平板上的菌落或噬斑的位置对比，就可以得到杂交阳性的菌落或噬斑。此方法适用于大规模的筛选工作。

(4) 斑点杂交

斑点杂交或点杂交的基本操作与菌落杂交相同，只是将现成的转化子 DNA 直接点在硝酸纤维素膜上。由于杂交分子预先没有进行像 Southern 杂交和 Northern 杂交之前的电泳分离，也没有像原位杂交那样，杂交一方的分子已经表现出组织细胞分布的位置特异性，所以点杂交的结果判断完全视杂交信号的强弱，其信息量没有其它杂交形式的信息量丰富。但点杂交操作简单、结果直观，适用于大批样品的检测，因此它在许多方面也得到了广泛应用。

(5) Southern 杂交

Southern 印迹杂交是将重组子 DNA 用限制性内切核酸酶消化之后，再用凝胶电泳分离，然后将 DNA 转移到硝酸纤维素膜上，变性中和后，再与放射性核素标记的相关探针进行杂交。Southern 杂交可以作为重组子 DNA 准确性的进一步鉴定方法。

(6) Northern 杂交

通过筛选和鉴定，证实含目的基因的 DNA 片段已随克隆载体进入宿主细胞，以不同方式进行复制。但还需用 Northern 印迹法进一步推测目的基因能否在宿主细胞内进行有效转录，根据转录的 RNA 在一定条件可以与转录该种 DNA 的模板 DNA 链进行杂交的特性，制备目的基因 DNA 探针，变性后与克隆子总 RNA 杂交，若出现明显杂交信号，可认定进入宿主细胞的目的基因转录出相应的 RNA。

(7) Western 杂交

基因工程的最终目的是获得目的基因的表达产物蛋白质，因此常用蛋白质印迹法（Western blotting）来检测目的基因的表达产物。提取总蛋白质，经 SDS-聚丙烯酰胺凝胶电泳后转移到杂交膜上，再与放射性核素或非放射性标记物标记的特异性抗体结合，通过一系列抗原-抗体反应，在杂交膜上显示出明显的杂交信号，表明宿主细胞中有一定目的基因表达产物。

(8) PCR 法

根据目的基因两端已知的核苷酸序列，设计合成一对引物，以待鉴定克隆子的总 DNA 为模板进行 PCR 反应，若获得特异性 DNA 扩增片段，表明待鉴定的克隆子含有目的基因，就是阳性克隆子。此法的优点是灵敏、快速，并且可证实是完整的目的基因。

(9) DNA 序列分析

将可能的重组克隆进行序列测定分析，并与目的基因序列比较，这是最后确定分离的基因是否与原定的目的基因序列相同的唯一方法，也是最精确的方法。随着 DNA 序列分析技术的自动化和商品化，DNA 序列分析变得越来越快速、方便和实用。

3. 根据目的基因表达产物特征的免疫化学筛选法

利用特异抗体与目的基因表达产物之间的相互作用进行筛选，免疫学方法特异性强，灵敏度高，能检测出不同宿主提供的可选择标记的任何克隆基因。但使用这种方法的前提条件是需制备目的蛋白的抗体以及所克隆的基因能在细胞中忠实转录与翻译。免疫测定法有放射性抗体测定法和酶联免疫法等。

放射性免疫抗体测定法的基本原理是：将琼脂平板上的转化子菌落经三氯甲烷蒸气裂解，释放抗原。同时，把抗体固定在聚乙烯塑料膜上，并将此薄膜覆盖于裂解的菌落上，在薄膜上得到抗原-抗体复合物，然后使^{125}I-lgG 与薄膜反应，^{125}I-lgG 即可结合于抗原不同位点，经放射自显影检出阳性反应菌落，可在复制培养板相应位置找到含目的基因的菌落。

酶联免疫法是通过化学方法将酶与抗原或抗体结合在一起形成酶标记物，或通过免疫学方法使酶与抗原、抗体结合形成抗原-抗体-酶复合物，这些酶的标记物或复合物仍保持免疫学活性和酶活性，它们能与相应的目的基因表达产物（抗原或抗体）反应，形成酶标的（或含酶的）免疫复合物。结合在免疫复合物上的酶，催化相应的无色底物产生可溶性的有色物质，可用酶标仪进行快速筛选与鉴定。

（二）目的基因在宿主细胞中的表达

基因工程的主要目的是使外源基因表达相应获得的编码蛋白质。如何使外源基因在宿主细胞中高效表达，成为基因工程研究中的关键问题。基因表达包括转录、翻译、加工等过程，这些过程必须在调控元件控制下进行。外源基因首先转录出 mRNA，然后在核糖体上进行蛋白质合成，以获得酶、结构蛋白、激素、抗体等功能蛋白。在多数情况下，表达产物需经翻译后加工，如糖基化、磷酸化等才能成为有功能的蛋白质。因此，基因的表达、合成功能都依赖于基因的有效转录和 mRNA 的正确翻译以及翻译后加工，任何一个环节不能正确地进行，均可导致基因表达的失败。目的基因高效表达需考虑以下几个因素。

1. 阅读框架

制约目的基因表达最重要的因素是外源目的基因必须置于正确的阅读框之中。阅读框

(reading frame) 是由每三个核苷酸为一组连接起来的编码序列。阅读框规定了 DNA 或 mRNA 中哪三个核苷酸成为一组而被读作一个密码子，这是由起始密码子决定的，如果改变阅读框，则新的三联体编码的氨基酸就完全改变了。因此，通过选择适当的酶切位点，使外源目的基因与载体连接后，其阅读框恰好与载体的起始密码子吻合。现在已有很多方法来保证目的基因处于正确的阅读框之中，如选用适当的酶切位点；用人工接头调节阅读框，构建一组适合不同阅读框的载体等。

2. 启动子

启动子（promoter）是 RNA 聚合酶识别、结合和开始转录的一段 DNA 序列（40～60 bp)。启动子 DNA 序列有明显特点，都包括两个高度保守的区域。原核基因启动子的两个保守序列，一处位于转录起始点上游 10bp 的－10 区域 TATAAT 序列（Pribnow box)，另一处位于转录起始点上游 35bp 的－35 区域 TTGACA 序列。研究表明，－35 区为 RNA 聚合酶的识别与结合位点，当酶与－35 区结合后，即沿 DNA 链滑向 Pribnow 框，Pribnow 框富含 AT，易于解链，当 RNA 聚合酶沿单链 DNA 滑行至＋1 位置时即开始转录。

转录起始的速率是基因表达的主要限速步骤，因此选择强的可调控的启动子及相关的调控序列，是组建一个高效表达载体首先要考虑的问题。最理想的强的可调控的启动子应该是：在发酵的早期阶段，表达载体的启动子被紧紧地阻遏，这样可以避免出现表达载体不稳定，细胞生长缓慢或由于产物表达而引起细胞死亡等问题。当细胞数目达到一定密度，通过多种诱导（如温度、药物等）使阻遏物失活，RNA 聚合酶快速启动转录，对于原核细胞而言，*lac*、*trp*、*tac*、*λPL*、*λPR*、*phoA* 都是属于这一类启动子。

3. SD 序列

在翻译过程中，mRNA 必须首先与核糖体相结合才能进行蛋白质合成，在原核生物中，mRNA 分子上有两个核糖体结合位点，一个是起始密码子 AUG，另一个是位于起始密码子上游 3～11 个核苷酸处的 3～9bp 的核苷酸序列，后者是由澳大利亚学者 Shine 及 Dalgarno 发现，故称为 SD（Shine-Dalgarno）序列。SD 序列富含嘌呤核苷酸，核糖体 16S rRNA3′端富含嘧啶核苷酸，两者互补，也就是说必须有这一序列 mRNA 才能顺利进入核糖体。因此，基因重组过程中应将结构基因接于 SD 序列之后，以便为 mRNA 提供核糖体结合位点，提高基因表达效率。AUG 与 SD 序列之间的距离以及 SD 序列的核苷酸组成对翻译效率有明显的影响。

4. 表达产物的形式

目的基因表达的蛋白质能否在宿主细胞中稳定积累，不被内源蛋白酶降解，这是基因高效表达的一个重要考量，很多表达的蛋白质被宿主细胞视为异己而加以水解，可通过以下方法来避免表达的蛋白质被选择性地降解。

(1) 选择合适的宿主表达系统

如选择蛋白水解酶基因缺陷型的宿主细胞（如 *E. coli*）品系。宿主细胞的选择是保证外源基因高效表达的最重要的因素之一。要根据所用载体的特点，从多个基因型不同的细胞中选择合适的宿主细胞。

(2) 以包涵体的形式表达蛋白质

包涵体是外源基因在原核细胞中表达时，尤其在大肠杆菌中高效表达时，形成的致密地集聚在一起的不溶性蛋白质颗粒，这种水不溶性的蛋白质聚集体由于包埋了酶攻击的位点，可以最大限度地抵抗蛋白酶的降解，也便于分离纯化，但以包涵体表达的蛋白质没有活性，须经过变性、复性处理才能恢复部分活性。

(3) 以可分泌的形式表达蛋白质

外源蛋白质的分泌表达是通过将外源基因融合到编码原核蛋白质的信号肽序列的下游来实现的，将外源基因接在信号肽之后，使之在胞质内有效转录和翻译，当表达的蛋白质进入细胞内膜与细胞外膜之间的周质后，被信号肽酶识别而切掉信号肽，释放出有生物活性的外源基因表达产物。分泌表达有以下特点：一些可被细胞内蛋白酶所降解的蛋白质在周质中是稳定的，由于有些蛋白质能按一定的方式进行折叠，所以在细胞内表达时无活性的蛋白质分泌表达时却具有活性。

(4) 构建融合基因产生融合蛋白

该融合蛋白的氨基端是原核序列，羧基端是真核序列，这样的蛋白质是由一条短的原核多肽和真核蛋白质结合在一起的，故称为融合蛋白。表达融合蛋白的优点是基因操作简便，蛋白质在宿主内比较稳定，不易被宿主蛋白酶降解，表达效率高，缺点是融合蛋白还需经特异蛋白酶或化学处理以切掉融合蛋白氨基端的原核多肽，以获得具有生物活性的真核天然蛋白质分子。

（三）基因表达产物的电泳分析及酶活检测

基因表达产物蛋白质可用 SDS-聚丙烯酰胺凝胶电泳进行检测，即蛋白质在加热变性以后与十二烷基硫酸钠（SDS）结合，带上相同密度的负电荷，在电场作用下，向正极移动，结果按分子量大小排列在胶板上，含量多的蛋白条带纹粗。亦可用 Western 印迹杂交、酶活检测等方法。

1. 聚丙烯酰胺凝胶电泳

聚丙烯酰胺凝胶电泳（polyacrylamide gel electrophoresis，PAGE）是以聚丙烯酰胺凝胶作为支持介质的一种常用电泳技术。聚丙烯酰胺凝胶由丙烯酰胺和亚甲基双丙烯酰胺聚合而成，聚合过程由自由基催化完成。催化聚合的常用方法有两种：化学聚合法和光聚合法。其中，化学聚合以过硫酸铵（APS）为催化剂，以四甲基乙二胺（TEMED）为加速剂。在聚合过程中，TEMED 催化过硫酸铵产生自由基，后者引发丙烯酰胺单体聚合，同时亚甲基双丙烯酰胺与丙烯酰胺链间产生亚甲基键交联，从而形成三维网状结构（图 9-4）。

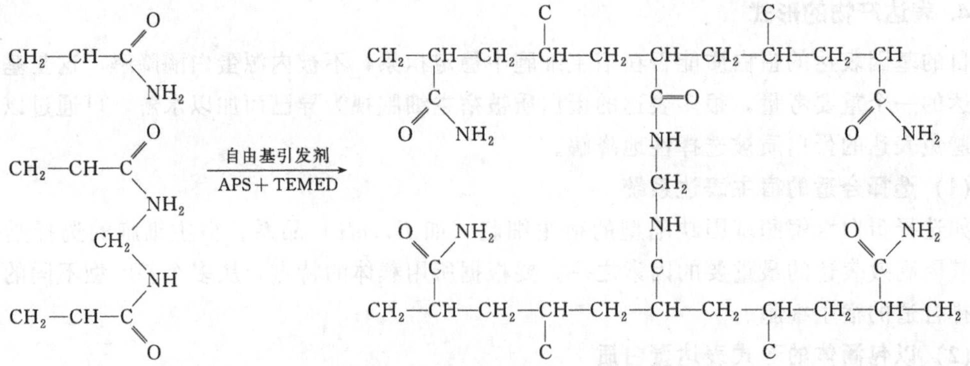

图 9-4 聚丙烯酰胺凝胶的聚合过程

PAGE 根据其有无浓缩效应，分为连续系统和不连续系统两大类，连续系统电泳体系中缓冲液 pH 值及凝胶浓度相同，带电颗粒在电场作用下，主要靠电荷和分子筛效应。不连续系统中带电颗粒在电场中泳动不仅有电荷效应和分子筛效应，还具有浓缩效应。

(1) 浓缩效应

由于电泳基质四个不连续性，样品在电泳时，受浓缩效应影响，区带变窄，然后再被分离。

① 凝胶层的不连续性。

浓缩胶为大孔凝胶，凝胶浓度 2.5%左右，用光聚合法制备，有防对流和浓缩样品的作用。分离胶为小孔凝胶，凝胶浓度 7%左右，采用化学聚合法制备，有防对流和分子筛作用。由于凝胶层的不连续性，蛋白质分子在大孔与小孔凝胶中受到的阻力不同，移动速度由快变慢，在界面处就会使样品浓缩，区带变窄。

② 缓冲液离子成分和 pH 的不连续性。

在不连续系统中，电泳缓冲液是 Tris-Gly，浓缩胶和分离胶缓冲液为 Tris-HCl。浓缩胶 pH 为 6.7，分离胶 pH 为 8.9，电极缓冲液 pH 为 8.3。在浓缩胶与分离胶之间 pH 的不连续性，控制了慢离子解离度，从而控制其有效迁移率。

③ 电位梯度的不连续性。

在不连续的缓冲系统和 pH 条件下，HCl 几乎全部解离成 Cl^-，Gly（pI=6.0，pK_a=9.7）只有很少部分解离成 Gly 的负离子，蛋白质也可解离出负离子。这些离子在电泳时都向正极移动。Cl^- 速度最快（先导离子），其次为蛋白质，Gly 负离子最慢（尾随离子）。由于 Cl^- 很快超过蛋白离子，因此在其后面可形成一个电导较低的区域，因为电导与电位梯度成反比，所以该区电位梯度较高，这是在电泳过程中形成的电位梯度的不连续性，导致蛋白质和 Gly 离子加快移动，结果使蛋白质在进入分离胶之前，快、慢离子之间浓缩成一薄层，有利于提高电泳的分辨率。

(2) 分子筛效应

蛋白质离子进入分离胶后，缓冲液条件有很大变化。由于 pH 升高，使 Gly 解离成负离子的效应增加，同时因凝胶浓度升高，蛋白质的泳动受到影响，迁移率明显下降。此两项变化，使 Gly 的移动超过蛋白质，上述高电位梯度不复存在，蛋白质便在一个较均一的 pH 和电位梯度环境中，按其分子的大小移动。分离胶的孔径有一定的大小，对不同分子量的蛋白质来说，通过时受到的阻滞程度不同，即使净电荷相等的颗粒，也会由于这种分子筛效应，把大小不同的蛋白质相互分开。

(3) 电荷效应

由于每种蛋白质分子所载有效电荷不同，因而迁移率不同。承载有效电荷多的，泳动的快，反之则慢。在较均一的电位梯度和 pH 的分离胶中，由于各种蛋白质的等电点不同，其所带电荷量也不同，在电场中所受引力不同，经过一定时间电泳后，各种蛋白质就以一定顺序排列成一条条蛋白带区。

由于这三种物理效应，使样品分离效果好，分辨率高。如血清用醋酸纤维素薄膜电泳只能分成 5～7 个条带，而用不连续 PAGE 则可分成 20～30 个清晰的条带。

2. SDS-聚丙烯酰胺凝胶电泳

蛋白质在聚丙烯酰胺凝胶中电泳时，它的迁移率取决于它所带净电荷以及分子的大小和形状等因素。如果加入一种试剂使电荷因素消除，那电泳迁移率就取决于分子的大小，就可以用电泳技术测定蛋白质的分子量。1967 年，Shapiro 等发现 SDS 具有这种作用。当向蛋白质溶液中加入足够量 SDS 和 β-巯基乙醇或二硫苏糖醇（DTT），可使蛋白质分子中的二硫键还原。蛋白质在 SDS 存在下能形成 SDS-蛋白质复合物，由于 SDS 带负电，使各种 SDS-蛋白质复合物都带上相同密度的负电荷，而且每克蛋白质能与 1.4g SDS 结合，这样复合物中 SDS 的负电荷量大大超过了蛋白质分子原有的电荷量，因而掩盖了不同种类蛋白质分子间原有的电荷差别。同时，在水溶液中，SDS 能打开蛋白质的氢键、疏水键，SDS 与蛋白质结合后，改变了蛋白质原有的构象，所有的 SDS-蛋白质复合物形成近似“雪茄烟”形的长椭圆棒，并且不同 SDS-蛋白质复合物的短轴长度趋于一致，而长轴与分子量成正比。这样，SDS-蛋白质复合物在凝胶中的迁移率，不再受蛋白质原有电荷和形状的影响，而取决于其分子量大小，并且在一定条件下迁移率与分子量的对数值成线性关系，故可采用 SDS-PAGE 测定目的蛋白质的分子量。

当分子量在 15kD 到 200kD 之间时，蛋白质的迁移率和分子量的对数呈线性关系，符合下式：$\log MW = K - bX$，式中 MW 为分子量，X 为迁移率，K、b 均为常数。若将已知分子量的标准蛋白质的迁移率对分子量对数作图，可获得一条标准曲线，未知蛋白质在相同条件下进行电泳，根据它的电泳迁移率即可在标准曲线上求得分子量。

由于 SDS-PAGE 可将凝胶电泳时蛋白质电荷差异这一因素除去或减小至可忽略不计的程度，因此本方法常用来检测蛋白质样品的纯化程度，如果蛋白质样品很纯，只含有一种具三级结构的蛋白质或含有相同分子量亚基的具四级结构的蛋白质，那么经过 SDS-PAGE 后，就只出现一条蛋白质条带。但如果蛋白质是由不同的亚基组成的，它在电泳中会形成分别对应于各个亚基的几条带。

3. 基因表达产物 L-天冬酰胺酶Ⅱ及其酶活检测

L-天冬酰胺酶Ⅱ（L-Asparaginase Ⅱ，EC 3.5.1.1）是一种能专一性地催化 L-天冬酰胺水解成 L-天冬氨酸和氨的水解酶，呈白色粉末状，微有湿性，可溶于水，不溶于丙酮、氯仿、乙醚和甲醇，其冻干后的酶在水溶液 20℃储存 7d 或 5℃储存 14d 均不减少酶的活力。L-天冬酰胺酶活性的最适 pH 为 8.5，最适温度为 37℃。

L-天冬酰胺酶Ⅱ是一种重要的蛋白类抗肿瘤药物，临床上被广泛用于淋巴瘤和儿童急性淋巴细胞白血病（ALL）的治疗。1953 年 Kidd 观察到豚鼠血清具有破坏小鼠 Gardner 癌细胞的作用。1961 年 Broome 对豚鼠血清进行分离提纯，发现具有抗肿瘤活性的组分同时表现出极强的 L-天冬酰胺酶活力，并推测豚鼠血清中起抗肿瘤作用的关键物质可能是 L-天冬酰胺酶。1964 年 Mashburn 等从 *E. coli* 中分离出 L-天冬酰胺酶，并且发现该酶具有与豚鼠血清中分离到的 L-天冬酰胺酶相似的抗癌作用，这为豚鼠血清中抗肿瘤活性物质是 L-天冬酰胺酶的推测提供有力证据，并为大量生产和临床应用创造了条件。1967 年 Campbell 等发现 *E. coli* B 中 L-天冬酰胺酶有 EC-1 和 EC-2 两个，仅后者有抗癌作用，并将后者命名为 L-天冬酰胺酶Ⅱ。此后，L-天冬酰胺酶Ⅱ成为抗肿瘤研究方面的一大热点。现有研究表明下述来源的 L-天冬酰胺酶Ⅱ具有抗癌作用：黏质赛氏杆菌、梨型嗜热菌、胡萝卜软腐欧氏杆菌、普通变形杆菌、柠檬杆菌等。

L-天冬酰胺酶Ⅱ抗肿瘤的机制是 L-天冬酰胺酶Ⅱ能“剥夺”肿瘤细胞所需的 L-天冬酰胺，从而起到抑制肿瘤生长的作用。研究表明，L-天冬酰胺在细胞代谢中起重要作用，该氨基酸缺乏将致使细胞氨基酸、蛋白质和核酸代谢出现紊乱。一些对 L-天冬酰胺酶Ⅱ敏感的癌细胞如卵巢癌细胞在体外培养时，需添加 L-天冬酰胺作为营养物，而机体正常细胞却可以依靠自身合成 L-天冬酰胺。将 L-天冬酰胺酶Ⅱ用于淋巴瘤和儿童急性淋巴细胞白血病的治疗中，外源 L-天冬酰胺酶能使血液中的天冬酰胺分解成天冬氨酸，降低机体中 L-天冬酰胺含量，低含量的 L-天冬酰胺无法满足肿瘤细胞生长所需，从而达到抑制肿瘤生长的目的。同时，机体正常细胞的生长不受影响。

pET-28a-*ansB* 转化至大肠杆菌 BL21（DE）的表达产物 L-天冬酰胺酶Ⅱ能专一催化 L-天冬酰胺水解成天冬氨酸和氨。其酶活检测原理：L-天冬酰胺酶最基本的生物学功能是能催化 L-天冬酰胺水解成 L-天冬氨酸和氨，因此可以设计相应的酶反应体系，即将适量的 L-天冬酰胺和 L-天冬酰胺酶Ⅱ过表达菌的发酵液混合并反应，用三氯乙酸终止反应，最后使用奈氏试剂显色，于 500nm 波长处比色测定产生氨的吸光度值。

项目实施

任务 9-1　操作准备

【任务描述】

项目九的主要任务包括重组菌中 *ansB* 基因的诱导表达以及表达产物 L-天冬酰胺酶Ⅱ的粗提取、SDS-聚丙烯酰胺凝胶电泳检测和酶活测定，本任务就是为这些工作准备相关的菌种、试剂及配制和所需仪器耗材。

1. 菌种及培养

（1）菌种

含 pET-28a-*ansB* 重组质粒的 *E. coli* BL21（DE3）重组菌。

（2）培养基配制

LB 培养基，配制方法见任务 3-1 操作准备。

含 50μg/mL 卡那霉素的 LB 培养基，配制方法见任务 5-1 操作准备。

（3）菌种培养

① 重组菌的培养。

接种转化了 pET-28a-*ansB* 的 *E. coli* BL21 于含卡那霉素（50μg/mL）的 LB 液体培养基中，37℃，200r/min，振荡培养过夜。转接 2mL 过夜培养物于 100mL 的 LB 液体培养基，于 37℃，200r/min，振荡培养。

② 重组菌外源基因的诱导表达。

向扩大培养的培养液（A_{600} 为 0.5 时）中加入 1mL 0.1mol/L IPTG（至终浓度 1mmol/L），于 37℃振荡培养 3～4h。

2. 试剂及配制

（1）30%丙烯酰胺

丙烯酰胺 29g，亚甲基双丙烯酰胺 1g，60mL 蒸馏水 37℃溶解，定容至 100mL，置 4℃保存。

> 温馨提示：丙烯酰胺具有很强的神经毒性并可通过皮肤吸收，其作用具有累积性。称量操作时，应戴手套和面罩。应放在棕色瓶中避光保存。

(2) 分离胶 Tris-HCl 缓冲液 (1.5mol/L, pH8.8)

在 60mL 蒸馏水中溶解 18.17g Tris 碱，用 1mol/L HCl 调 pH8.8，补加蒸馏水至总体积为 100mL，于 4℃保存。

(3) 浓缩胶 Tris-HCl 缓冲液 (1mol/L, pH6.8)

在 40mL 蒸馏水中溶解 12.11g Tris 碱，用 1mol/L HCl 调 pH6.8，补加蒸馏水至总体积为 100mL，于 4℃保存。

(4) 10×Tris-Gly 电泳缓冲液

29.0g Tris，144.0g 甘氨酸，10.0g SDS，用蒸馏水定容到 1000mL，无需调节 pH。

(5) 2×SDS-PAGE 上样缓冲液 (30mL)

2.4mL 浓缩胶 Tris-HCl 缓冲液（1mol/L，pH6.8），二硫苏糖醇 0.9g（或 β-巯基乙醇 1.8mL），10% SDS 6mL，溴酚蓝 0.1mg，甘油 3.75mL，蒸馏水稀释至 30mL。分装为 1mL/支，保存于－20℃。

> 温馨提示：不含二硫苏糖醇或 β-巯基乙醇的加样缓冲液可在室温保存，二硫苏糖醇或 β-巯基乙醇最好临用前加入。

(6) 10%过硫酸铵溶液

1.0g 过硫酸铵，加水定容至 10mL，4℃保存。

> 温馨提示：由于过硫酸铵会缓慢分解，故应隔周新鲜配制。

(7) 考马斯亮蓝 R-250 染色液 (100mL)

考马斯亮蓝 0.25g，甲醇 45mL，蒸馏水 45mL，冰醋酸 10mL。

(8) 脱色液

甲醇∶水∶冰醋酸（4.5∶4.5∶1）（*V/V/V*），配制 200mL。

(9) PBS 缓冲液 (0.1mol/L pH8.3)

称取磷酸氢二钠 3.53g，磷酸二氢钾 3.39g，溶于蒸馏水后稀释至 1L。用盐酸和氢氧化钠稀溶液调节 pH 至 8.3。

(10) 0.1mol/L IPTG

在 8mL 蒸馏水中溶解 2.38g IPTG 后，用蒸馏水定容至 10mL，用 0.22μm 滤器过滤除菌，分装成 1mL 小份贮存于－20℃。

(11) 100mg/mL 卡那霉素

见任务 2-2 常用溶液和抗生素的配制。

(12) 硼酸缓冲液 (pH8.4)

0.858g 硼砂，0.680g 硼酸，用蒸馏水稀释至 100mL。

(13) 奈氏溶液

将 10g 碘化汞和 7g 碘化钾溶于 10mL 水中，另将 24.4g 氢氧化钾溶于内有 70mL 水的 100mL 容量瓶中，并冷却至室温。将上述碘化汞和碘化钾溶液慢慢注入容量瓶中，边加边摇动。加水至刻度，摇匀，放置 2d 后使用。

(14) 福林酚试剂盒

(15) 低分子量标准蛋白 (14.4～116kD)

(16) 其他

10% SDS，TEMED，0.04mol/L 天冬酰胺，三氯乙酸，25% NaOH 等。

3. 仪器及耗材

培养箱，摇床，台式离心机，高压灭菌锅，超声波细胞破碎仪，垂直电泳系统，紫外透射检测仪，分光光度计，天平，超净工作台，脱色摇床，微量注射器，10mL 离心管，1.5mL 离心管，移液器及枪头，移液管，烧杯，试剂瓶，三角瓶，试管，记号笔等。

任务 9-2 重组菌中 *ansB* 基因的诱导表达和粗提取

【任务描述】

重组质粒 pET-28a-*ansB* 转化至大肠杆菌 BL21（DE3）后，因为 pET-28a 的启动子为 T7/*lac*，所以必须添加 IPTG 诱导才能使 *ansB* 基因表达，而且表达的质量直接影响后续表达产物检测、产物大规模生产等后续试验。本任务主要是培养重组菌，诱导 *ansB* 表达 L-天冬酰胺酶Ⅱ，并对表达产物进行粗提取，为后续 SDS-聚丙烯酰胺凝胶电泳检测提供实验材料。

1. 原理

表达质粒 pET-28a，其启动子为 T7/*lac*，因此可用异丙基—β—D—硫代半乳糖苷（IPTG）诱导 pET-28a-*ansB* 在大肠杆菌 BL21（DE3）中表达。先让宿主菌生长，*lac* I 产生的阻遏蛋白与 *lac* 操纵基因结合，从而阻遏外源基因的转录及表达，此时宿主菌正常生长。然后，向培养基中加入 *lac* 操纵子的诱导物 IPTG，阻遏蛋白不能与操纵基因结合，则目的基因大量转录并高效表达。

2. 材料准备

(1) 菌种

含 pET-28a-*ansB* 重组质粒的 *E. coli* BL21（DE3）重组菌。

(2) 培养基

LB 培养基，含 50μg/mL 卡那霉素的 LB 培养基。

(3) 试剂

100mg/mL 卡那霉素，0.1mol/L IPTG 溶液，0.1mol/L pH8.3 的 PBS 缓冲液，福林酚试剂盒等。

(4) 仪器及耗材

超净工作台，培养箱，摇床，台式离心机，高压灭菌锅，超声波细胞破碎仪，10mL 离心管，1.5mL 离心管，移液器及枪头，三角瓶，试管等。

3. 任务实施

(1) 重组菌的培养

接种转化了 pET-28a-*ansB* 的 *E. coli* BL21（DE3）于含卡那霉素（50μg/mL）的 LB 液体培养基中，37℃，200r/min，振荡培养过夜。转接 2mL 过夜培养物，于 100mL 的 LB 液体培养基，于 37℃，200r/min，振荡培养。

(2) 外源基因的诱导表达

向扩大培养的培养基（A_{600} 为 0.5 时）中加入 1mL 0.1mol/L IPTG（至终浓度

1mmol/L)，于 37℃振荡培养 3～4h。

> 温馨提示：一般培养至对数中期（A_{600} 约 0.5）添加 IPTG，也可以用乳糖代替 IPTG。

(3) 蛋白样品的制备

将诱导后菌液，于 4℃，5000r/min，离心 10min，弃去上清。将所得菌体沉淀，用 0.1mol/L pH8.3 的 PBS 缓冲液悬浮，并转移到 10mL 离心管中，向管中继续加入 PBS 至适宜采用超声波细胞破碎仪破碎为止，大约 5mL。用移液器吹打，充分悬浮细胞后，将离心管放到盛有冰块的烧杯中。清洗并擦拭超声波细胞破碎仪金属杆，然后将金属杆插入到离心管中，调整好位置，打开电源，设置程序：功率 400W，工作 2s，间隔 8s，破碎时间 10min。破碎处理后的细菌细胞，10000r/min 离心 10min，吸取上清液至新的离心管中，即为所抽提的蛋白样品，可用于后续基因表达产物测定。

4. 思考与分析

IPTG 诱导重组菌外源基因表达的机制是什么？

在原核细胞中表达蛋白质的载体常用启动子有 T7 启动子、*trp* 启动子、*tac* 启动子及 *lac* 启动子等。其中 *lac* 启动子来自大肠杆菌的乳糖操纵子，受分解代谢系统的正调控和阻遏物的负调控。正调控通过形成 cAMP 与 CAP 复合物并与启动子结合，促使转录进行。负调控则是由调节基因产生阻遏蛋白，该阻遏蛋白能与操纵基因结合阻止转录。乳糖及某些类似物如 IPTG 可与阻遏蛋白形成复合物，使其构象发生改变，不能与操纵基因结合，从而解除这种阻遏，诱导转录发生。本项目中所采用的质粒 pET-28a，其启动子为 T7/*lac*，故可用 IPTG 作为诱导剂。

任务 9-3　基因表达产物的 SDS-聚丙烯酰胺凝胶电泳检测

【任务描述】

SDS-聚丙烯酰胺凝胶电泳是基因工程实验中非常重要的操作技术，利用 SDS-PAGE 对任务 9-2 中目的基因（*ansB*）在大肠杆菌 BL21（DE3）中的诱导表达情况（是否表达、表达产物是否为 L-天冬酰胺酶Ⅱ、表达量等）进行检测和分析，以确证基因表达产物是否达到预期。

1. 原理

蛋白质在加热变性并与 SDS 结合后，带上相同密度的负电荷，在电场作用下，向正极移动，结果按分子量大小排列在凝胶板上，含量多的蛋白条带纹粗。因为 SDS-蛋白质复合物上的负电荷量大大超过蛋白质分子原有电荷量，可以掩盖不同蛋白质分子间原有的电荷差别，所以蛋白质在电泳中的迁移率不再受电荷和形状影响，而只与其分子量有关，并且一定条件下迁移率与分子量的对数呈线性关系，故可采用 SDS-PAGE 测定目的蛋白质的分子量。

实验原理详见本项目基础知识“基因表达产物的电泳分析及酶活检测”部分。

2. 材料准备

(1) 蛋白质样品

任务 9-2 通过超声波破碎法制备的蛋白质样品。

(2) 试剂

30%丙烯酰胺，10%过硫酸铵，10×Tris-Gly 电泳缓冲液（pH8.3），1.5mol/L Tris-HCl 缓冲液（pH8.8），1.0mol/LTris-HCl 缓冲液（pH6.8），2×SDS-PAGE 上样缓冲液，考马斯亮蓝 R-250 染色液，脱色液，低分子量标准蛋白（14.4～116kD，蛋白质分子量标记），10% SDS，TEMED。

(3) 仪器及耗材

垂直电泳系统（电泳仪和电泳槽），脱色摇床，微量注射器，1.5mL 离心管，移液器及枪头，移液管，烧杯，记号笔等。

3. 任务实施

① 将重组菌（pET-28a-*ansB*/*E. coli* BL21）经诱导破碎后的菌体上清、诱导破碎后的沉淀悬浮液，以及对照组（pET-28a/*E. coli* BL21）经诱导破碎后的菌体上清、诱导破碎后的沉淀悬浮液，分别与 2×上样缓冲液按 1∶1 混匀于微量离心管中。

② 将上述四个微量离心管插入浮漂，沸水中煮 5min，然后立即插入冰中，样品冷却至室温，5000r/min 离心 5min。

③ 按要求组装电泳装置，查验是否泄漏。

④ 配制分离胶和浓缩胶。

根据目的蛋白分子量大小，选择合适的凝胶浓度。不同浓度的 SDS-PAGE 的有效分离范围见表 9-1。

表 9-1　SDS-PAGE 的有效分离范围

蛋白质分子量范围/kD	适宜的凝胶浓度/%	蛋白质分子量范围/kD	适宜的凝胶浓度/%
12～43	15	36～94	7.5
16～68	10	57～212	5.0

a. 配制分离胶

按表 9-2 在一个 50mL 的小烧杯中配制 12%分离胶 10mL。

表 9-2　SDS-PAGE 分离胶反应体系

体系组成	体积	体系组成	体积
双蒸水	3.3mL	10%过硫酸铵溶液	0.1mL
30% Acr-Bis(29∶1)	4.0mL	TEMED	4.0μL
1.5mol/L Tris-HCl,pH8.8	2.5mL	总体积	10mL
10% SDS	0.1mL		

温馨提示：按顺序取上表所列溶液，注意体积单位（mL 和 μL），Tris-HCl 缓冲液 pH 为 8.8（不是 6.8）。

加完试剂后，拿起烧杯轻轻晃动，将溶液混匀后，立即用 1000μL 移液器，缓缓把胶液注入玻璃夹缝，每次剩余部分胶液于枪头内，以免产生气泡。然后在上界面用 200μL 移液器轻轻地沿玻璃壁均匀地加蒸馏水，从左到右，以免造成胶面不平整，两液面的交界处呈波浪形。静置 30min，待凝胶完全聚合，倒出蒸馏水，并倒置玻璃装置，尽可能把水倒尽，并用滤纸吸去残留的水。

温馨提示：若凝胶与水封层间出现折射率不同的界线，则表示凝胶完全聚合。

b. 配制浓缩胶

按表 9-3 在一个 50mL 的小烧杯中配制 5%浓缩胶 3mL。

表 9-3　SDS-PAGE 浓缩胶反应体系

体系组成	体积	体系组成	体积
双蒸水	2.1mL	10%过硫酸铵溶液	30μL
30% Acr-Bis(29：1)	0.5mL	TEMED	3μL
1.0mol/L Tris-HCl，pH6.8	0.38mL	总体积	3mL
10% SDS	30μL		

温馨提示：按顺序取上表所列溶液，注意体积单位（mL 和 μL），Tris-HCl 缓冲液 pH 为 6.8（不是 8.8）。

加完后，拿起烧杯轻轻晃动，将溶液混匀后，立刻用 1000μL 移液器，缓缓把胶液注入玻璃夹缝中，液面与玻璃上边缘齐平。然后再慢慢插入梳子，静置约 20min。

温馨提示：丙烯酰胺为神经毒剂，使用时要小心，戴上手套。过硫酸铵需新鲜配制，并注意浓度，否则影响胶凝固。残余胶液可暂时留存，便于参考胶凝固时间。

⑤ 待浓缩胶完全聚合后，小心地垂直拔出梳子，用蒸馏水冲洗加样孔 1～2 次，然后用滤纸吸干。电泳槽的上部倒满 Tris-Gly 电泳缓冲液（约 250mL，淹没过加样槽的液面），电泳槽的下部倒入一半电泳缓冲液（约 180mL）。

⑥ 用微量移液器在靠边缘的一个加样槽中加入 5μL 蛋白质分子量标记，其它槽中加入 20μL 样品。加样体积可根据凝胶厚度及样品浓度灵活掌握。

温馨提示：加样时不要留空孔以防电泳时临近带的扩散；每个凹形样品槽内只加一个样品或蛋白质分子量标记；若样品槽中有气泡，可用微量移液器枪头挑除；加样时，微量移液器枪头应尽量接近加样槽底部，但枪头勿碰破凹形槽胶面。

⑦ 接好电极，按 8V/cm 确定所需电压，待溴酚蓝移到分离胶后，将电压提高到 15V/cm。当溴酚蓝到达分离胶底部时（约需 3h），停止电泳，关闭电源。

温馨提示：电极不要接错，正极应接下槽。电泳期间注意观察电泳槽上部的电泳缓冲液是否有泄漏，泄漏导致液面下降，电流中断。

⑧ 倒掉电泳缓冲液，取下玻璃板，用刀片轻轻撬开两层玻璃，取出凝胶，并切掉一小角，以标记样品顺序。小心地将凝胶从玻璃板上剥离到培养皿中，加入考马斯亮蓝 R-250 染色液，盖上盖，在脱色摇床上染色 30min。

温馨提示：剥离凝胶应戴手套，防止污染胶面。

⑨ 回收染色液，凝胶先用蒸馏水漂洗一次，再浸入脱色液中，放在脱色摇床上于室温

平缓摇动，期间更换脱色液 2～3 次，直至条带清晰。

⑩ 观察脱色后凝胶中的蓝色条带。对照、寻找异常条带，并比较其分子量，判断是否为预期目的基因产物。

4. 结果与分析

(1) 检测参数与检测结果

凝胶浓度：分离胶 12%，浓缩胶 5%；

电压：浓缩胶 80V，分离胶 120V；

上样量：蛋白质分子量标记 5μL，蛋白质样品 20μL；

电泳时间：3.5h。

参照已知分子量的蛋白质分子量标记，观察 IPTG 诱导后培养物样品的电泳情况。如诱导后通过超声波破碎法制备的蛋白质样品所在泳道在 35kD 处出现特异的蛋白质条带，表明目的基因（*ansB*）已在大肠杆菌 BL21（DE3）中表达出目的蛋白——L-天冬酰胺酶Ⅱ（图 9-5），并可通过薄层扫描测定 L-天冬酰胺酶Ⅱ的表达量。

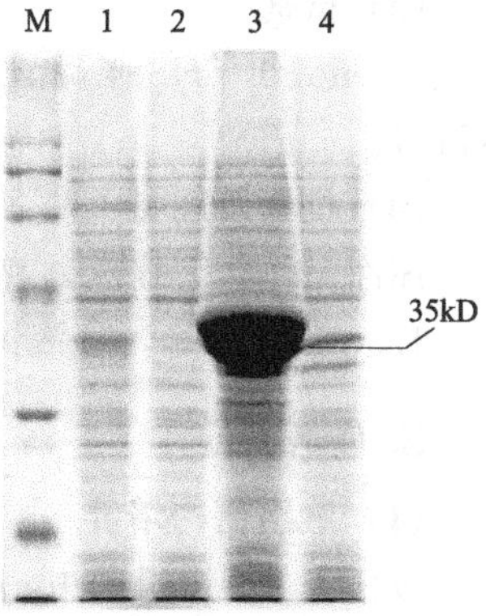

图 9-5　表达产物 SDS-PAGE 检测结果

M：蛋白质分子量标记；1：含 pET-28a-*ansB* 的菌体沉淀悬液；2：含 pET-28a 的菌体沉淀悬液；3：含 pET-28a-*ansB* 的菌体上清液；4：含 pET-28a 的菌体上清液

(2) 在 SDS-聚丙烯酰胺凝胶电泳中，SDS 的作用是什么？

SDS 是一种很强的阴离子表面活性剂，它可以断开分子内和分子间的氢键，破坏蛋白质分子的二级和三级结构。强还原剂 β-巯基乙醇（或二硫苏糖醇）可以断开二硫键，破坏蛋白质的四级结构，使蛋白质分子被解聚成肽链，形成单链分子。解聚后的肽链与 SDS 充分结合形成带负电荷的蛋白质-SDS 复合物。蛋白质分子结合 SDS 阴离子后，所带负电荷的量远远超过了它原有的净电荷，从而消除了不同种蛋白质之间所带净电荷的差异。蛋白质的电泳迁移率主要决定于亚基的分子量，而与其所带电荷的性质无关。

任务 9-4　基因表达产物的酶活检测

【任务描述】

任务 9-3 通过 SDS-聚丙烯酰胺凝胶电泳检测了 *ansB* 的表达情况，但 *ansB* 表达的产物属于酶，有无酶活性呢？本任务通过建立相应的酶活反应对重组菌中 *ansB* 的表达产物 L-天冬酰胺酶Ⅱ进行酶活力测定，以确证基因表达产物是否达到预期。

1. 原理

L-天冬酰胺酶Ⅱ能专一催化 L-天冬酰胺水解成 L-天冬氨酸和氨，因此可以设计相应的酶反应体系，即将适量的 L-天冬酰胺和 L-天冬酰胺酶Ⅱ过表达菌的发酵液混合反应，三氯乙酸终止反应后，使用奈氏试剂显色，于 500nm 波长处比色测定产生氨的吸光度值，以此检测重组菌基因表达产物的活力。

2. 材料准备

(1) 菌种

含 pET-28a-*ansB* 重组质粒的 *E. coli* BL21（DE3）重组菌。

(2) 培养基

含 50 μg/mL 卡那霉素的 LB 培养基。

(3) 试剂

0.1mol/L pH8.4 硼酸缓冲液，0.04mol/L L-天冬酰胺，三氯乙酸，25% NaOH，奈氏溶液等。

(4) 仪器及耗材

超净工作台，摇床，离心机，灭菌锅，超声波细胞破碎仪，紫外分光光度计，电子天平，1.5mL 离心管，移液器及枪头，试管，记号笔等。

3. 任务实施

(1) 重组菌的培养

按任务 9-2 重组菌中 *ansB* 基因的诱导表达和粗提取。

(2) 外源基因的诱导表达

按任务 9-2 重组菌中 *ansB* 基因的诱导表达和粗提取。

(3) 细胞悬液的制备

按任务 9-2 重组菌中 *ansB* 基因的诱导表达和粗提取。

(4) 酶活测定

准备两支试管，编号 1 和 2，每管加入 3.5mL 蒸馏水。另取两支试管，分别加入 0.04mol/L L-天冬酰胺底物、0.1mol/L 硼酸缓冲液（pH8.4）各 1mL，37℃ 水浴 5min，其中一只加入细胞悬液 20μL，另一只为对照管（加水）。反应 15min 后，分别加入 50%三氯乙酸 1mL 终止反应。再从终止反应管中各取 500μL 进蒸馏水管中，每管中分别加入与 25% NaOH 以 1：1 配好的奈氏溶液 1mL 显色，测定 500nm 处的吸光值。

酶活力单位定义：每分钟催化 L-天冬酰胺水解生成 1μmol 氨所需的酶量。

酶活力(U)＝$[(A_{500}\times1000)/(0.07\times15X)]\times(3+X/1000)$，其中 X 为取样体积 (20μL)。

4. 思考与分析

本任务 L-天冬酰胺酶Ⅱ酶活检测的注意事项有哪些？

所用试管等均应保持干燥、无酶，防止其它酶对实验产生影响；遵循平行原则，必须在完全相同的条件下进行反应与比较，即应选择相同的试剂、仪器，在同一光源、同一衬底上，以相同的方式（一般是自上而下）观察，加入试剂的种类、数量、顺序和反应时间等也应一致。

能力拓展

（一）蛋白质工程

蛋白质工程的概念是由美国科学家 Ulmer 于 1983 年首次提出，即通过对蛋白质化学、蛋白质晶体学和蛋白质动力学的研究，获得有关蛋白质理化特性和分子特性的信息，在此基础上对编码蛋白质的基因进行有目的的设计和改造。蛋白质工程可设计出符合工业应用的酶分子，在一定程度上加速酶分子的进化历程。

1. 技术方法

蛋白质工程技术主要包括非理性设计（irrational design）、半理性设计（semi-rational

design）以及理性设计（rational design）三种方法。

（1）非理性设计

非理性设计，又称为定向进化，是利用人工技术手段在目的蛋白结构基因中引入随机突变并产生突变体库，目前最常用的技术主要有易错 PCR、DNA 改组和交错延伸重组等，随后按照特定的需要和目的给予选择压力，筛选获得性能改善的突变体，实现分子水平的模拟进化。非理性设计方法是目前改善酶分子性能最有效的方法之一，经过多轮突变和筛选可以逐步获得满足实际应用需求的突变体。定向进化策略中，最关键的两个环节是目的基因突变体库的构建和突变基因表达蛋白的筛选。该方法无需事先了解目的蛋白的空间结构和催化机制，尤其适用于结构信息不清晰、催化机制不明确的酶类，但研究过程中需对数量庞大的突变体库进行筛选，通常需要结合有效的高通量筛选方法，高通量筛选方法的灵敏度、高效性决定了该策略是否有效。

（2）理性设计

理性设计是基于蛋白序列、空间结构及催化机理等信息，利用计算机辅助设计或从头设计的技术，对目的蛋白进行精确改造或重新塑造，从而获得具有特定催化性能的突变体。与非理性设计相比，理性设计需充分了解目的蛋白相关信息，其策略更明确、方法更高效、实验更快捷。

理性设计方法主要分为两种：基于实验结果的设计和计算机辅助设计。基于实验结果的设计主要是对酶的活性中心进行改造，可以通过定点突变引入新的催化活性、改变酶的专一性、增加催化多样性；可以通过改造酶分子的环状（loop）区域直接影响活性中心的结构以及重要氨基酸残基的分布、调节酶分子反应通道；可以通过辅因子金属离子的替换影响酶分子的活性、立体选择性等特性。计算机辅助设计是通过引入一种或者几种算法对氨基酸的序列和结构信息进行直接分析和排序，能够更精确地预测关键氨基酸及其突变体的催化特性，如 K^* 算法（K^* algorithm）、基于序列的数据库挖掘方法、从头设计等。

（3）半理性设计

非理性设计方法需建立在庞大的筛选工作之上，而理性设计方法依赖于对蛋白结构功能的充分了解。研究者基于这两种方法的优缺点提出了“半理性设计”的概念，即在非理性设计高通量筛选的基础上引入理性设计的元素。

在一定蛋白结构信息的辅助下将突变目标限制在某些位点或某个区域，比如活性中心附近；利用丙氨酸扫描突变、定点饱和突变和迭代饱和突变等方法，结合简并密码子进行“精简”突变体库的构建，比如代表 20 种氨基酸的密码子 NNK（32∶20，密码子∶氨基酸）、代表亲水性氨基酸的密码子 VRK（12∶8）、代表疏水性氨基酸的密码子 NYC（8∶8）、代表小型结构氨基酸的密码子 KST（4∶4）、代表带电荷氨基酸的密码子 RRK（8∶7）和代表中性氨基酸的密码子 NDT（12∶12）；最后结合有效的筛选方法可获得催化性能提高的突变体。

蛋白质工程技术是提升酶分子性能的重要技术手段。在多数情况下，为获得满足实际应用需求的酶分子，采用单一的突变技术对酶分子进行改造往往效果并不明显。因此，需要将多种蛋白质工程技术手段进行组合，逐步改造酶分子的结构特性，最终大幅提升酶分子应用能力。

2. 定点突变

定点突变是一种基于实验结果的设计方法，它是指通过聚合酶链式反应（PCR）等方法向目的DNA片段（可以是基因组，也可以是质粒）中引入所需变化（通常是表征有利方向的变化），包括碱基的添加、删除、点突变等。定点突变能迅速、高效地提高DNA所表达的目的蛋白的性状及表征，是基因研究工作中一种非常有用的手段。根据突变位点的个数，可将定点突变分为单点突变和多点突变。目前常用的定点突变方法包括重叠延伸PCR（gene splicing by overlap extension PCR，SOE PCR）和全质粒PCR（whole plasmid PCR）等方法。

重叠延伸PCR是采用具有互补末端的引物，使PCR产物形成了重叠链，从而在随后的扩增反应中通过重叠链的延伸，将不同来源的扩增片段重叠拼接起来。利用该技术能够在体外进行有效的基因重组，而且不需要内切酶消化和连接酶处理。重叠延伸PCR技术成功的关键是重叠互补引物的设计，在基因的定点突变、融合基因的构建、长片段基因的合成、基因敲除以及目的基因的扩增等方面有其广泛而独特的应用。当重叠延伸PCR技术用于定点突变时，只需在所要突变的位点设计两个带有突变碱基的互补引物（如引物b和引物c），然后分别与5′引物和3′引物（引物a和引物d）作PCR，这样得到的两个PCR产物分别带有突变碱基，并且彼此重叠，在重叠部位经重组PCR就能得到突变的PCR产物（图9-6）。

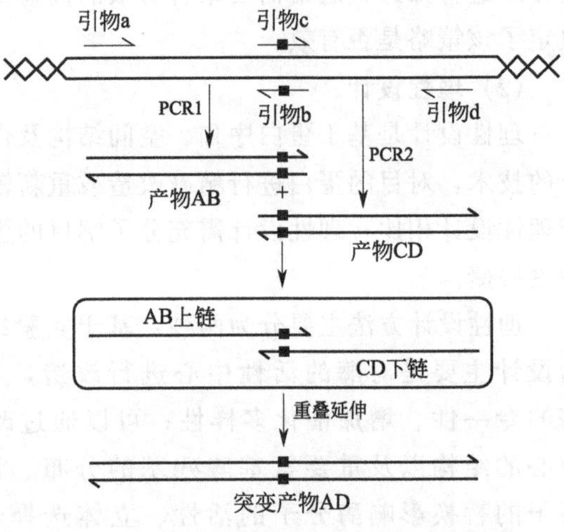

图9-6 重叠延伸PCR定点突变示意图

全质粒PCR是以包含目的基因的质粒为模板，设计一对包含突变位点的引物（正、反向），与模板质粒退火后用高保真DNA聚合酶“循环延伸”，正反向引物的延伸产物退火后配对成为带缺口的开环质粒，然后用*Dpn*Ⅰ消化被甲基化修饰的质粒模板，新合成DNA链由于没有被甲基化而不会被降解。该方法的优点是利用高保真的DNA聚合酶扩增全长的质粒，利用一次PCR就可以得到突变体，而不需要进行亚克隆。此方法只需一步PCR反应不需要对目的基因酶切和连接等操作，极大地提高了定点突变的效率，具体流程如图9-7所示。

（二）大肠杆菌L-天冬酰胺酶Ⅱ的结构与改造

1. 大肠杆菌L-天冬酰胺酶Ⅱ的结构特征

大肠杆菌L-天冬酰胺酶Ⅱ的晶体结构于1993年被解析出来。如图9-8(a)所示，该酶是由四个相同亚基两两（A、B、C、D）组成的，光由单个亚基两两（A和C，B和D）组装成二聚体，再由二聚体组装成四聚体。在相邻的两个亚基界面构成L-天冬酰胺酶Ⅱ的4个底物口袋。每一个亚基由330个氨基酸组成，分为N结构域（1～206）和C结构域（222～330），这两个结构域通过一个无规则的柔性环（loop）(207-221)连接［图9-8(b)］。

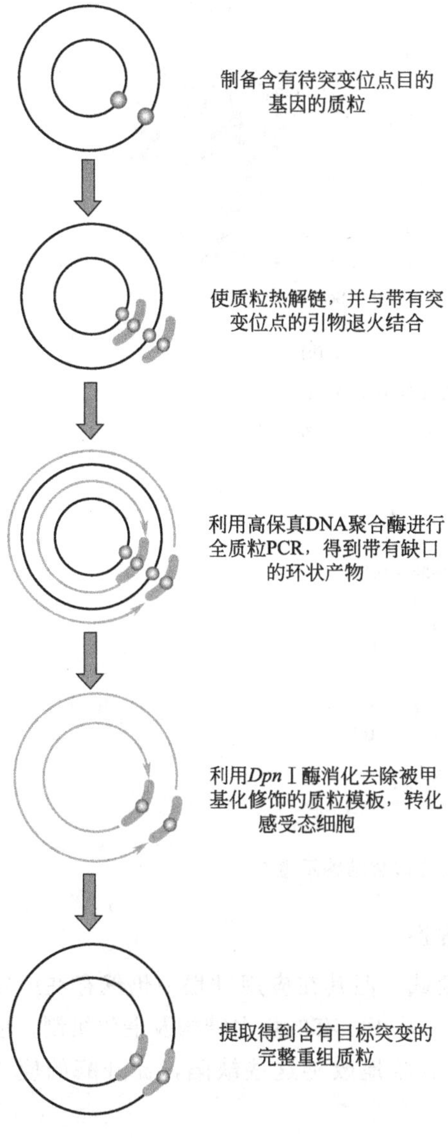

制备含有待突变位点目的基因的质粒
使质粒热解链，并与带有突变位点的引物退火结合
利用高保真DNA聚合酶进行全质粒PCR，得到带有缺口的环状产物
利用*Dpn* Ⅰ酶消化去除被甲基化修饰的质粒模板，转化感受态细胞
提取得到含有目标突变的完整重组质粒

图 9-7　全质粒 PCR 定点突变示意图

大肠杆菌 L-天冬酰胺酶Ⅱ的底物口袋由 N 端与 C 端的多个环状结构共同构成（图 9-9）。其中，Nguyen 等研究表明，N 端的环状结构 2（残基 12～32）组成一个类似于盖子的结构，在底物催化过程中这个盖子呈现打开与关闭构象，其分别对应于大肠杆菌 L-天冬酰胺酶Ⅱ的活性与非活性构象。同时也指出该环状结构的闭合程度决定大肠杆菌 L-天冬酰胺酶Ⅱ催化效率及底物特异性。环状结构 5（残基 119～125）有助于底物口袋的闭合，突变该环状结构能改变底物口袋的闭合程度，进而影响到大肠杆菌 L-天冬酰胺酶Ⅱ的底物特异性。而环状结构 3（残基 60～64）及环状结构 4（残基 93～97）则起到固定底物的作用。此外，所有的 L-天冬酰胺酶Ⅱ结构中都有一个罕见的左手交叉环状结构（残基 119～153）。Miller 等指出这个特殊的结构可能有助于维持大肠杆菌 L-天冬酰胺酶Ⅱ的催化活性。

进一步分析大肠杆菌 L-天冬酰胺酶Ⅱ结构显示，在组成底物口袋的环状结构中包含有多个活性位点，分别为 Thr15、Tyr29、Ser62、Thr95、Asp96 和 Lys168，且这些残基在所有大肠杆菌 L-天冬酰胺酶Ⅱ中均高度保守。Jaskolski 等分析大肠杆菌 L-天冬酰胺酶Ⅱ的结构表明，Thr89、Lys162 和 Asp90 等 3 个极性氨基酸组成大肠杆菌 L-天冬酰胺酶Ⅱ的催化三联体，即 Thr-Lys-Asp，其对大肠杆菌 L-天冬酰胺酶Ⅱ酶活至关重要。Nguyen 等分析大肠杆菌 L-天冬酰胺酶Ⅱ与底物的复合结构显示，Thr15 直接与底物相结合，不同底物之间相互作用强度存在差异，其中天冬酰胺与 Thr15 之间的相互作用比谷氨酰胺与 Thr15 之间的相互作用大，这有利于底物口袋的闭合。因此，大肠杆菌 L-天冬酰胺酶Ⅱ对天冬酰胺的催化效率远高于谷氨酰胺的催化效率。Thr15 和 Tyr29 位于 N 端高柔性环状结构中，这两个残基之间形成一个稳定的氢键，其距离在 2.5～4Å（$1Å=10^{-10}m=0.1nm$）。该相互作用在不同来源的 L-天冬酰胺酶Ⅱ内部均普遍存在，其对于环状结构的闭合与大肠杆菌 L-天冬酰胺酶Ⅱ的催化至关重要。Ser62、Thr95 及 Asp96 则与底物直接相连，在催化过程中起到固定底物的作用。此外，在大肠杆菌 L-天冬酰胺酶Ⅱ中，两个高保守性疏水性残基 Met121 和 Pro125（非活性位点）分别为 Thr15 和 Thr95 提供一个疏水环境，其有利于限制 Thr16 和 Thr95 的旋转，从而固定底物进行催化。

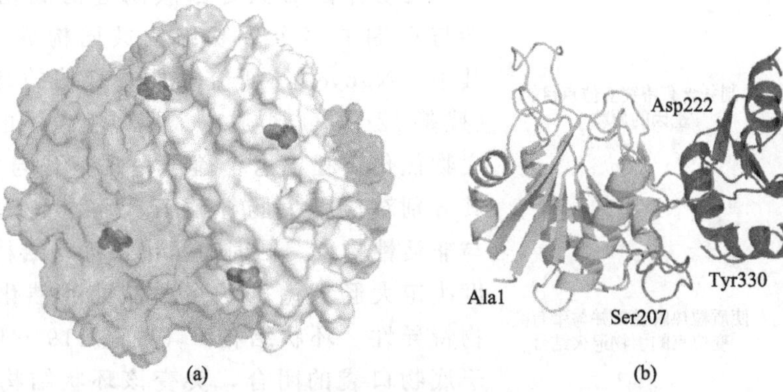

图 9-8　大肠杆菌 L-天冬酰胺酶Ⅱ结构示意图

(a) 四聚体结构图，最深色标记为底物口袋；(b) 亚基结构图

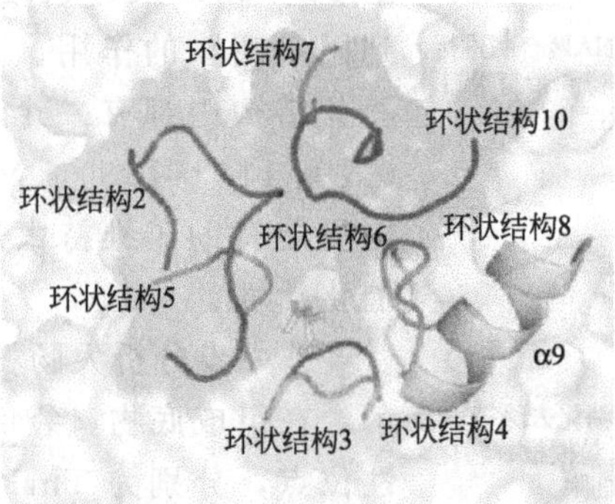

图 9-9　大肠杆菌 L-天冬酰胺酶Ⅱ活性口袋结构示意图

2. 大肠杆菌 L-天冬酰胺酶Ⅱ的应用缺陷及分子改造

尽管大肠杆菌 L-天冬酰胺酶Ⅱ已被应用于医药领域，但其在应用过程中仍然存在一定的缺陷，这些缺陷对其应用效果有着严重的不良影响。基于已有的蛋白结构及催化机制，应用定点突变等蛋白质工程技术对酶分子进行改造能有效地改善这些缺陷，提升酶的应用前景。

(1) 底物特异性

由于谷氨酰胺与天冬酰胺在结构上具有较高的相似性，因而大部分的 L-天冬酰胺酶Ⅱ均表现出一定的谷氨酰胺酶活性，能催化谷氨酰胺生成谷氨酸和氨，在体内会产生一定的副作用。研究表明，在使用大肠杆菌 L-天冬酰胺酶Ⅱ治疗时，由于谷氨酰胺活性的存在，患者血液中谷氨酰胺含量会显著下降。而谷氨酰胺作为体内蛋白合成的关键氨基酸，从而导致蛋白质合成水平降低进而造成免疫抑制、血栓栓塞和神经障碍等副作用。因此，消除大肠杆菌 L-天冬酰胺酶Ⅱ内源性的谷氨酰胺活性是大肠杆菌 L-天冬酰胺酶Ⅱ应用过程中亟待解决的问题。

目前，利用蛋白质工程技术改变大肠杆菌 L-天冬酰胺酶Ⅱ底物特异性，产生低谷氨酰胺酶活性的突变体受到国内外学者的广泛关注。Derst 等发现突变大肠杆菌 L-天冬酰胺酶Ⅱ第 248 位氨基酸残基能显著降低该酶催化谷氨酰胺的活性，但也造成其对天冬酰胺活性的明显降低。Chan 等通过分子动力学模拟并结合定点饱和突变，鉴定出一个与大肠杆菌 L-天冬酰胺酶Ⅱ谷氨酰胺活性相关的谷氨酰胺残基（Gln59）。结果表明，突变酶 Q59L 消除了谷氨酰胺活性，同时保留 60%的天冬酰胺活性。应用实验表明，该突变体能够有效杀死低天冬酰胺合酶水平的细胞株。另一项研究基于蛋白结构，利用分子动力学模拟和定点突变技术对大肠杆菌 L-天冬酰胺酶Ⅱ进行改造，结果显示突变体 N24A 和 Y250L 能消除其谷氨酰胺活性，但这些突变体损失了 30%的天冬酰胺活性。此外，除了这些活性口袋附近的残基，Verma 等证明大肠杆菌 L-天冬酰胺酶Ⅱ突变体 Y176F 和 W66Y 均表现出较低的谷氨酰胺活性，同时其天冬酰胺活性与野生型相比无差异，但其影响谷氨酰胺活性的机制仍不清楚。

（2）稳定性

大肠杆菌 L-天冬酰胺酶Ⅱ在应用过程中会产生过敏等免疫学副作用和酶失活等副作用，血清中 L-天冬酰胺酶Ⅱ的稳定性和低半衰期是制药业的关键问题，其高稳定性及长半衰期，可以避免大剂量的给药，从而降低触发超敏反应的可能性。

利用蛋白质工程技术改变大肠杆菌 L-天冬酰胺酶Ⅱ的稳定性是一种行之有效的方法。Patel 等研究表明，突变大肠杆菌 L-天冬酰胺酶Ⅱ N 端环状结构上的氨基酸残基 Asn24，构建突变体 N24A 和 N24T 能提升该酶的稳定性，提升其抗蛋白酶降解的能力。Maggi 等通过结构分析发现，大肠杆菌 L-天冬酰胺酶Ⅱ结构中 N 域包含活性位点柔性环（残基 3～27），作为一种特殊的结构元件，在底物结合时起着打开或关闭活性中心的作用，并携带两个必需的催化残基（Thr 和 Tyr）。该柔性环中氨基酸残基 Asn24 虽不直接参与催化，但与催化残基 Thr12 存在相互作用，在稳定酶活性位点方面起着至关重要的作用。将 N24S 突变引入该酶中，突变体展现出更好的温度稳定性和抗蛋白酶降解能力，同时催化活性无明显降低，该研究还指出大肠杆菌 L-天冬酰胺酶Ⅱ耐蛋白酶的稳定性和免疫原性是密切相关的。Verma 研究表明，位于大肠杆菌 L-天冬酰胺酶Ⅱ表面二聚体亚基接触界面的残基（Asn24、Asp138 和 Tyr250）及四聚体接触界面的残基（Asn37、Asn124、Lys139、Tyr181 和 Lys207）对于维持大肠杆菌 L-天冬酰胺酶Ⅱ的稳定性具有较重要的作用。Li 等将位于大肠杆菌 L-天冬酰胺酶Ⅱ某一 β-转角的残基 Asp178 突变为 Pro，与野生型酶相比，该突变体催化活性虽无明显变化，但热稳定性得到了有效提升。

（三）重组菌 L-天冬酰胺酶Ⅱ的纯化策略

1. 阴离子纤维素交换层析

本策略以高效表达 L-天冬酰胺酶Ⅱ的基因工程菌为材料，采用蔗糖溶液渗透振扰提取法和酶解法联用提取大肠杆菌 L-天冬酰胺酶Ⅱ，再用硫酸铵分级沉淀、DEAE-52 阴离子纤维素交换层析等步骤提取和纯化，得到较高纯度表达产物 L-天冬酰胺酶Ⅱ。具体实施方案如下：

① 蔗糖溶液渗透振扰法和酶解法联用提取酶：将发酵收获的菌体细胞悬浮于 5 倍体积的破壁液中，在 30℃温和振荡 70min 后搅拌下加入大量水中，4℃，边搅拌边加入 1mol/L $MnCl_2$（7.5%，*V/V*），沉淀核酸和菌体碎片，8000r/min，离心 30min，收集上清液，即得酶提取液。

② 硫酸铵分级沉淀：在酶提取液中加入硫酸铵至 55%饱和度，调 pH7.0，冰水浴磁力搅拌 60min，4℃静置过夜，12000r/min 离心 10min，除去沉淀。在上清液中加入硫酸铵至 90%饱和度，调 pH 至等电点附近（约 pH5.0），搅拌 60min，4℃静置过夜，12000r/min 离心 10min，收集沉淀。

③ 透析脱盐：上述沉淀物用5mol/L磷酸缓冲液（pH6.4）溶解，透析脱盐。

④ DEAE-52阴离子交换柱层析：DEAE-纤维素色谱柱经5mmol/L磷酸缓冲液（pH6.4）平衡后，上样品脱盐酶液，用相同缓冲液洗涤至基线平稳，改用50mmol/L磷酸缓冲液（pH6.4）洗脱，分部收集，1.5mL/min，每管收集6mL，测定每管的A_{280}值和酶活性。绘制洗脱曲线。收集显示酶活性组分，冷冻干燥后即得高纯度的L-天冬酰胺酶Ⅱ粉。采用Lowry法和Peterson修订法分别检测目的蛋白重组L-天冬酰胺酶Ⅱ含量和酶活性及进行12% SDS-PAGE电泳分析。计算收率。

2. 固定化金属螯合亲和色谱

固定化金属螯合亲和色谱是一种有效的生物分子分离纯化技术，基于蛋白质表面氨基酸与固定化金属离子的亲和力不同对蛋白进行分离。过渡态金属离子能与电子供体氮、硫、氧等原子以配位键结合，金属离子上剩余的空轨道是电子供体的配位点，在溶液中被水分子或阴离子占据。当蛋白质表面氨基酸残基与金属离子的结合力较强时，氨基酸残基的供电原子将取代金属离子结合的水分子或阴离子，与金属离子形成复合物，从而使蛋白质分子结合在固相介质表面。氨基酸中的α-氨基和α-羧基，以及某些氨基酸侧链基团含有孤对电子的活性原子都能参与螯合反应，由于蛋白质表面这些氨基酸的种类、数量、位置和空间构象不同，因而与金属配基的亲和力大小不同，从而可选择性地加以分离纯化。固定化金属螯合亲和层析具有配基简单、吸附量大、分离条件温和、通用性强等特点。因此，其在蛋白质纯化、复性和空间定位以及酶的固定化和金属离子清除等方面具有广泛应用。

由于pET-28a自带6×His标签，因此纯化的蛋白与镍离子之间具有亲和力，可以通过镍亲和层析纯化。镍琼脂糖凝胶具有高载量，物理和化学稳定性好，批次重复性好，使用寿命长，已经螯合好镍离子，使用更方便。由于颗粒粒度均匀，粒径小，所以分离效果更好。

重组菌L-天冬酰胺酶Ⅱ的纯化策略如下：

① 镍琼脂糖凝胶装柱，1.6cm×20cm，柱床体积10mL。

② 用PBS平衡2～5个柱体积，流速为2mL/min。

③ 将20mL细胞破碎液经过0.45μm滤膜过滤，上样，流速为1mL/min。

④ 用PBS再洗2～5个柱体积，流速2mL/min。

⑤ 用分别含10、20、50、100、200、300、400mmol/L咪唑的梯度洗脱缓冲液进行阶段洗脱，流速为2mL/min，收集各阶段洗脱峰，用SDS-PAGE检测融合蛋白的分子量大小和纯度。

⑥ 用纯水洗5个柱体积，再用20%乙醇洗3个柱体积，流速为2mL/min，柱子置于4～8℃环境中保存。

实践练习

1. 外源DNA分子导入宿主细胞后需筛选出含有正确重组DNA的菌落，重组子的筛选方法大体可分为三类，即根据重组子______改变的筛选法、分析重组子______特征的筛选法和根据目的基因______特征建立的免疫化学方法筛选法。

2. 含X-gal的平板中同时含有载体所携带抗性的抗生素，一次筛选就可以判断出：未转化的菌不具有抗性，______生长；转化了空载体，即未重组质粒的菌，长成______菌落；转化了重组质粒的菌，即目的重组菌，长成______菌落。

3. 在原核生物中，______分子上有两个核糖体结合位点，一个是起始密码子 AUG，另一个是位于起始密码子上游 3～11 个核苷酸处的 3～9bp 的核苷酸序列，后者是由 Shine 及 Dalgarno 发现，故称为______序列。

4. 重组质粒 pET-28a-*ansB* 在受体细胞 *E. coli* BL21 中表达需加入______作为诱导剂。

5. 聚丙烯酰胺凝胶是由单体______和交联剂______丙烯酰胺在催化剂作用下聚合而形成的具有三维网状立体结构的大分子物质。

6. 在不连续聚丙烯酰胺凝胶电泳过程中有三种物理效应，即样品______效应，凝胶分子筛效应和______效应。由于这三种物理效应，使样品分离效果好，分辨率高。

7. 在 SDS-PAGE 中，蛋白质与 SDS 形成 SDS-多肽复合物，使各种 SDS-多肽复合物都带有相同密度的______电荷，这样复合物中 SDS 的______电荷量大大超过了蛋白质多肽分子原有的______量，因而掩盖了不同种类蛋白质多肽分子间原有的电荷差别。

8. L-天冬酰胺酶能专一催化 L-天冬酰胺水解成______和氨，其酶活检测原理是将适量的 L-天冬酰胺和 L-天冬酰胺酶过表达菌的发酵液混合、反应，用三氯乙酸终止反应，最后使用______试剂显色，于______波长处比色测定产生氨的吸光度值。

9. Southern 印迹杂交是（　　）。A. 将 DNA 转移到膜上所进行的杂交；B. 将 RNA 转移到膜上所进行的杂交；C. 将蛋白质转移到膜上所进行的杂交；D. 将多糖转移到膜上所进行的杂交；E. 将脂类转移到膜上所进行的杂交。

10. 根据大肠杆菌 L-天冬酰胺酶Ⅱ的结构特征，结合文献报道的酶分子改造研究，利用定点突变技术，制定降低 L-天冬酰胺酶Ⅱ谷氨酰胺酶活性的方案。

（王洲、高新星、沈雯）

参考文献

[1] 叶棋浓．现代分子生物学技术及实验技巧．北京：化学工业出版社，2015.
[2] 邹全明．生物技术制药实验指导．北京：人民卫生出版社，2016.
[3] 王凤山．生物技术制药．北京：人民卫生出版社，2011.
[4] 夏焕章，熊宗贵．生物技术制药．北京：高等教育出版社，2006.
[5] 陈丽梅．分子生物学实验——实用操作技术与应用案例．北京：科学出版社，2017.
[6] 邱业先．生物技术生物工程综合实验指南．北京：化学工业出版社，2013.
[7] 朱平．PCR 基因扩增实验操作手册．北京：中国科学技术出版社，1992.
[8] 孙明．基因工程．2 版．北京：高等教育出版社，2013.
[9] 盛小禹，蔡武城．基因工程实验技术教程．上海：复旦大学出版社，1999.
[10] 杜昌升．分子生物学与基因工程实验教程．北京：清华大学出版社，2013.
[11] 陈建业，王含彦．生物化学实验技术．双语版．北京：科学出版社，2015.
[12] 徐涛．实验室生物安全．北京：高等教育出版社，2010.
[13] 彭加平，田锦．基因操作技术．北京：化学工业出版社，2013.
[14] 实验室生物安全通用要求．中华人民共和国国家标准 GB 19489—2008.
[15] 生产安全事故报告和调查处理条例．中华人民共和国国务院令第 493 号，2007.
[16] 实验室生物安全手册．3 版．WHO，2004.
[17] 王金枝，李琳，刘正华，等．现场触电急救实用技能．国网技术学院学报，2016，19 (4)：82-85.